W0260631

Informationsmanagement in der Systembiologie

Silke Eckstein

Informationsmanagement in der Systembiologie

Datenbanken, Integration, Modellierung

 Springer

Dr. Silke Eckstein
Institut für Informationssysteme
TU Braunschweig
Deutschland
s.eckstein@tu-bs.de

ISBN 978-3-642-18233-4   e-ISBN 978-3-642-18234-1
DOI 10.1007/978-3-642-18234-1
Springer Heidelberg Dordrecht London New York

Die Deutsche Nationalbibliothek verzeichnet diese Publikation in der Deutschen Nationalbibliografie;
detaillierte bibliografische Daten sind im Internet über http://dnb.d-nb.de abrufbar.

Einbandentwurf: deblik, Berlin

Gedruckt auf säurefreiem Papier

Springer ist Teil der Fachverlagsgruppe Springer Science+Business Media (www.springer.com)

Vorwort

Die Systembiologie wäre in ihrer heutigen Form ohne Beiträge aus der Informatik nicht denkbar. Die Aufgaben, die die Informatik – in Kooperation mit anderen Disziplinen – übernehmen kann, umfassen die Strukturierung, Speicherung und Bereitstellung der verschiedensten Arten von Daten sowie die Entwicklung von Austauschformaten und Integrationsansätzen. Die Entwicklung von Analyse- und Simulationsmethoden und deren effiziente Implementierung gehören ebenso dazu wie die Erstellung von Visualisierungswerkzeugen und Modelldatenbanken.

Das vorliegende Buch bietet eine Informatikperspektive auf die Systembiologie. Der Fokus liegt dabei auf Verwaltung, Austausch und Integration der anfallenden Daten sowie auf der Modellbildung mit unterschiedlichen, insbesondere algorithmischen Methoden. Dabei wird der Leser schrittweise von den Daten über die zur Verfügung stehenden Datenbanken und deren Intergrationsmöglichkeiten hin zu verschiedenen Modellierungsansätzen mit unterschiedlichen Analysemöglichkeiten geführt. Ein Kapitel über die biologischen Grundlagen ermöglicht Nicht-Biologen einen raschen Einstieg in das Thema.

Damit eignet sich das Buch zum einen für Informatiker, die sich in Richtung Systembiologie orientieren wollen, aber auch für (System-)Biologen, die eine Informatikperspektive auf ihr Fach kennen lernen möchten, sowie für Personen anderer Disziplinen, die in dem interdisziplinären Gebiet der Systembiologie arbeiten.

Das Buch wendet sich somit an alle, die einen breiten, fundierten Überblick über das Gebiet gewinnen wollen und gibt zahlreiche Hinweise auf vertiefende Literatur zu den einzelnen Themen. Es ist sowohl zum Selbststudium als auch als Grundlage für eine entsprechende Vorlesung geeignet.

Dieses Buch ist im Rahmen meiner Tätigkeit als Leiterin der Bioinformatikgruppe am Institut für Informationssysteme der TU Braunschweig entstanden. Diese habe ich ab 2002 im Rahmen des Braunschweiger Bioinformatik-Kompetenzzentrums „Intergenomics" mit aufgebaut. Unsere direkten Kooperationspartner im Rahmen des Kompetenzzentrums waren die Arbeitsgruppen für Mikrobiologie von Prof. Dieter Jahn und für Pflanzengenetik von Prof. Reinhard Hehl der TU Braunschweig, mit denen wir unsere ersten fachübergreifenden Diskussionen führten. Später kamen Kooperationen mit der Biotechnologiefirma Biobase aus Braunschweig-Wolfenbüttel, der Bioinformatikgruppe der TU Braunschweig von

Prof. Dietmar Schomburg sowie der Arbeitsgruppe für zelluläre Proteomforschung des Helmholtzzentrums für Infektionsforschung in Braunschweig von Dr. Lothar Jänsch hinzu.

Allen Kooperationspartnern möchte ich für ihre Diskussionsbereitschaft und ihre Anregungen danken, die direkt oder indirekt zur Entstehung dieses Buchs beigetragen haben. Daher geht mein Dank für fachübergreifende Diskussionen an Lorenz Bülow, Reinhard Hehl, Karsten Hiller, Lothar Jänsch, Dieter Jahn, Thorsten Johl, Frank Klawonn, Mathias Krull, Maren Lang, Richard Münch, Claudia Pommerenke, Susanne Quester, Ida Retter, Alexander Riemer, Maurice Scheer und Thomas Ulas.

Prof. Hans-Dieter Ehrich danke ich ganz herzlich dafür, dass er es mir ermöglicht hat, die Bioinformatikgruppe an seinem Institut aufzubauen, und Prof. Wolf-Tilo Balke dafür, dass er mich darin unterstützt, die Bioinformatikgruppe an seinem Institut weiterzuführen.

Ohne die ehemaligen Mitglieder meiner Gruppe wäre dieses Buchprojekt sicher nicht entstanden. Sie haben sich mit Ideen, Einsatz, Kritik, Unterstützung und Diskussionsbeiträgen in die Gruppe eingebracht und sie durch unterschiedliche Charaktereigenschaften und Ansichten lebendig werden lassen. Ein herzliches Dankeschön geht daher an Andreas Kupfer, Brigitte Mathiak und Claudia Täubner. Unterstützt wurden wir durch vorübergehende „Importe" aus der Biologie: Britta Reis, Caroline Rio-Bartulos und Sophie von Elsner waren immer zur Stelle, um alle möglichen biologischen Fragen zu beantworten und uns auch sonst auf vielfältige Weise zu unterstützen.

Auch meinen früheren und aktuellen Kolleginnen und Kollegen möchte ich für Unterstützung und Anregungen ganz unterschiedlicher Art danken: Peter Ahlbrecht, Regine Dalkıran, Patrick Hennig, Silviu Homoceanu, Benjamin Köhncke, Maik Kollmann, Andreas Kupfer, Christoph Lofi, Thomas Mack, Brigitte Mathiak, Karl Neumann, Olivera Pavlovic, Ralf Pinger, Joachim Selke, Claudia Täubner, Sarah Tauscher, Sascha Tönnies und Jörg Weimar.

Bei dem Team vom Springer-Verlag – insbesondere bei Dorothea Glaunsinger – bedanke ich mich für die professionelle und engagierte Unterstützung.

Mein ganz spezieller Dank gilt meiner Familie und insbesondere Rainer und Bjarne für ihre Liebe, ihre Geduld mit mir und ihre Unterstützung, ohne die dies Alles nicht möglich gewesen wäre. Danke!

Braunschweig   Silke Eckstein
Januar 2011

Inhaltsverzeichnis

Kapitel 1
Einleitung

Wie interagieren die Komponenten einer Zelle, um die Struktur und das spezifische Verhalten dieser Zelle hervorzurufen?

Wie interagieren Zellen, um die Struktur und das Verhalten von Organen und Organismen hervorzurufen?

Diese beiden Fragen nach den intra- und den interzellulären Abläufen sind nach [Wol07] die Kernfragen der Systembiologie. Beantworten lassen sie sich nur durch ein iteratives Vorgehen, bei dem experimentell erzeugte Daten integriert und in Modelle umgesetzt werden, deren Analyse und Simulation das Verständnis dieser zellulären Abläufe erweitern und wiederum Anregungen zu neuen Experimenten geben. Dabei ist eine interdisziplinäre Zusammenarbeit zwischen Biologie, Mathematik und Informatik notwendig, um die benötigten Daten, Methoden und Werkzeuge zur Verfügung zu stellen.

Das vorliegende Buch bietet eine Informatikperspektive auf die Systembiologie mit einem Fokus auf Verwaltung, Austausch und Integration der anfallenden Daten sowie auf die Modellbildung mit informatischen Methoden.

1.1 Systembiologie

Was genau ist mit der Erforschung der intra- und interzellulären Abläufe gemeint? Laut [Kit00] ist es das Hauptanliegen der Systembiologie, biologische Organismen in ihrer Gesamtheit zu verstehen. Es soll ein integriertes Bild aller ablaufenden Prozesse über alle Ebenen, vom Genom über das Proteom bis hin zum Verhalten und zur Biomechanik des Gesamtorganismus, gewonnen werden.

Oder etwas anders ausgedrückt: Die Systembiologie untersucht, wie die Komponenten einer Zelle oder eines Organismus Interaktionsnetzwerke bilden und wie diese Netzwerke die Funktionen der Zelle hervorrufen, die dem beobachtbaren Erscheinungsbild – dem Phänotyp – entsprechen [Pal06].

In [IGH01] wird darüber hinaus betont, dass die zu untersuchenden biologischen Systeme systematisch pertubiert und die Antworten auf Gen-, Protein- und Interaktions-Ebene beobachtet werden. Diese Daten werden integriert und bilden die Basis, um Modelle aufzustellen, die die Struktur des biologischen Systems und seine Antworten auf die verschiedenen Pertubationen beschreiben.

S. Eckstein, *Informationsmanagement in der Systembiologie*,
DOI 10.1007/978-3-642-18234-1_1, © Springer-Verlag Berlin Heidelberg 2011

Möglich geworden ist die Bearbeitung solcher Fragestellungen durch immense
Fortschritte bei der Sequenzierung von Genomen sowie durch die Entwicklung von
Hochdurchsatzexperimenten zum Beispiel zur Gen- und zur Proteinexpressionsana-
lyse, die darüber Auskunft geben, unter welchen Bedingungen welche Gene aktiv
sind bzw. welche Proteine exprimiert werden. Ein Anliegen der Systembiologie
ist es also, solche Daten so zu integrieren und in Modelle zu fassen, dass sie die
biologischen Systeme möglichst genau beschreiben und dadurch helfen, ihre Funktionsweise zu verstehen.

Um dieses Ziel zu erreichen, ist ein interdisziplinäres Vorgehen nötig. Die Durchführung von Experimenten und Messungen, die Interpretation der Daten und die
Aufstellung von Hypothesen ist Aufgabe der beteiligten Biologen. Die Unterstützung bei der Modellierung, die Simulation der Modelle und die Analyse der Ergebnisse ordnet [SJW06] der Systemtheorie zu und die Datenverwaltung, die Visualisierung sowie die Erstellung von Softwarewerkzeugen der Informationstechnik.

In [KHK$^+$05] wird auf eine genaue Festlegung, wer (welche Disziplin) was zu
tun hat, verzichtet. Dafür halten die Autoren die Beteiligung aus Biologie, Chemie,
Physik, Mathematik, Ingenieurswissenschaften, Regelungstechnik und Informatik
für angezeigt.

1.2 Systembiologie aus einer Informatikperspektive

Die Beiträge, die die Informatik – in Kooperation mit den anderen Disziplinen – zur
Systembiologie leisten kann, sind vielfältig. Sie umfassen zum Beispiel die Strukturierung, Speicherung und Bereitstellung der verschiedensten Arten von Daten sowie
die Entwicklung von Austauschformaten und Integrationsansätzen. Die Entwicklung von Analyse- und Simulationsmethoden und deren effiziente Implementierung
gehören ebenso dazu wie die Erstellung von Visualisierungswerkzeugen und Modelldatenbanken.

Mit der fast schon klassischen Bioinformatik, die Hütt und Dehnert als „die
Entwicklung und das Betreiben von Datenbanken, Software und mathematischen
Werkzeugen zur Analyse, Organisation und Interpretation biologischer Daten" de-
finieren [HD06], gibt es starke Überschneidungen. In typischen Bioinformatik-
Lehrbüchern stehen aber neben den biologischen Datenbanken Algorithmen zum
Sequenzvergleich und zur Berechnung von phylogenetischen Stammbäumen sowie
zur Strukturvorhersage von Proteinen im Vordergrund. Diese Methoden werden in
der Systembiologie selbstverständlich verwendet, aber ihre Entwicklung ist nicht
Kernaufgabe der Systembiologie. Hier erhält dagegen etwa die Zusammenführung
von Daten aus verschiedenen Datenquellen und die Umsetzung in Modelle ein viel
größeres Gewicht.

Bei der Modellbildung kann die Informatik Beiträge leisten, die über das Bereitstellen effizienter Werkzeuge hinausgehen: In [Pri09] prägt Priami den Begriff der
„algorithmischen Systembiologie". Er versteht darunter die Modellierung biologischer Systeme mit algorithmischen Ansätzen und operationaler Semantik im Gegensatz zur klassischen mathematischen Modellierung in Form von Gleichungen und

mit einer denotationalen Semantik. Beide Ansätze unterscheiden sich grundsätzlich und erlauben unterschiedliche Sichtweisen auf die zu modellierenden Systeme.

In Anbetracht der vielfältigen Aufgaben, die die Informatik in der Systembiologie wahrnehmen kann, könnte die Perspektive dieses Buches auch als „datenorientierte Bioinformatik und algorithmische Systembiologie" bezeichnet werden. Nach einer Einführung in die biologischen Grundlagen im nächsten Kapitel widmen wir uns den verschiedenen Arten von Daten und Datenbanken in diesem Gebiet, der Integration der Daten sowie der Modellierung biologischer Netzwerke. Alle drei Themen wollen wir im Folgenden kurz motivieren.

1.3 Datenbanken

Die Systembiologie wäre nicht möglich ohne eine ausreichend große und breite Datenbasis. Will man die intra- und interzellulären Vorgänge erforschen, so muss man die Bestandteile der Zelle kennen. Damit ist zum einen der prinzipielle Aufbau aus Zellmembran, Zytoplasma, Zellkern, DNA etc. gemeint. Zum anderen müssen aber auch die miteinander interagierenden Moleküle bekannt sein, die die verschiedenen Arten von Interaktionsnetzwerken in der Zelle aufspannen. Man braucht Informationen über die Gensequenz des Organismus, die vorhandenen Gene und deren Funktionsweise. Man muss die Struktur der Proteine kennen, um ihre Reaktionsmöglichkeiten zu bestimmen und vieles mehr.

Für alle diese und noch viele weitere Arten von Informationen wurden molekularbiologische Datenbanken entwickelt, deren Anzahl und Umfang seit Jahren rapide ansteigt.

Um eine Orientierung in diesem Gebiet zu ermöglichen, geben wir einen Überblick über die Datenbanken, der sich an den biologischen Grundlagen orientiert, die wir im Kapitel vorher eingeführt haben. Außerdem stellen wir exemplarisch die wichtigsten Datenbanken jeder Art kurz vor. Dadurch bekommt der Leser einen Eindruck von den verschiedenen Arten molekularbiologischer Datenbanken. Er kann solche, von denen er z. B. in einem Projektkontext zum ersten Mal hört, mit wenigen Nachfragen inhaltlich einordnen und kennt zudem die großen Datenbanken in dem jeweiligen Gebiet, deren Einsatz auch in Betracht gezogen werden könnte.

Zunehmend finden Austauschformate für die verschiedensten Arten von molekularbiologischen Daten Verbreitung. Da einer der Schwerpunkte dieses Buches auf der Modellierung biologischer Netzwerke liegt, konzentrieren wir uns auf Austauschformate in diesem Bereich. Wir stellen mehrere XML-Formate zum Austausch von Interaktionsdaten und Netzwerken vor und vergleichen diese miteinander. Der Leser wird dadurch in die Lage versetzt, zu entscheiden, welches Austauschformat für ein bestimmtes Projekt am besten geeignet ist.

Die in den molekularbiologischen Datenbanken vorhandenen Daten werden oft nicht direkt von ihren Erzeugern an diese Datenbanken übermittelt, sondern in Publikationen veröffentlicht. Diese Publikationen werden dann wiederum von den Datenbankbetreibern auf relevante Daten hin untersucht, die sie in ihre Datenbanken aufnehmen wollen. Wir geben einen Überblick über die relevanten digitalen Bibliotheken im Gebiet der Systembiologie sowie über Information-Retrieval und Text-Mining-Methoden zur automatischen Textanalyse. Der Leser weiß anschließend, welche digitalen Bibliotheken Veröffentlichungen zu welchen Themen bereitstellen und er bekommt einen Einstieg in die automatische Textanalyse.

1.4 Integration

Damit die ambitionierten Ziele der Systembiologie erreicht werden können, ist eine breite Datenbasis zwar unumgänglich, die verschiedensten Arten von Daten müssen aber zur Erstellung aussagekräftiger Modelle auch zusammengeführt werden. Hier sind die im letzten Abschnitt erwähnten Austauschformate hilfreich und auch notwendig aber nicht ausreichend. Benötigt werden vielmehr Integrationsansätze, die auch die Semantik der Daten berücksichtigen.

Daher stellen wir zunächst die verschiedenen Dimensionen der Informationsintegration vor und betrachten die Ansätze etwas genauer, die bei der Integration biologischer Daten häufig eingesetzt werden. Das Hauptthema ist aber die semantische Integration von Daten mit Hilfe von Ontologien.

Die zur Zeit am weitesten verbreitete Ontologiesprache ist die Web Ontology Language (OWL), die wir ausführlich vorstellen. Als Grundlage dafür führen wir zunächst Ontologien als solche ein. Als formale Basis für viele existierende Ontologiesprachen werden Beschreibungslogiken verwendet. Es handelt sich dabei um entscheidbare Teile der Prädikatenlogik, die je nach unterstützten Konzepten unterschiedlich ausdrucksstark sind und sich entsprechend auch in ihrer Berechnungskomplexität unterscheiden. Neben den Beschreibungslogiken bilden RDF, das Resource Description Framework, und RDF Schema die Grundlagen von OWL, welche wir ebenfalls einführen.

In der Molekularbiologie gibt es einige weit verbreitete Ontologien, von denen wir die in unserem Kontext wichtigsten vorstellen: die Gene Ontology (GO), die Open Biomedical Ontologies (OBO) sowie BioPAX (Biological Pathway eXchange) für den Austausch von Pathwaydaten. Die Grundideen der semantischen Integration von Daten werden anhand eines Ansatzes zur Synchronisation von Datenbanken und Ontologien vorgestellt, der systemübergreifende Anfragen unterstützt.

Der Leser wird in die Lage versetzt, Integrationsansätze nach bestimmten Kriterien klassifizieren zu können. Er kennt die häufigsten zur Integration biologischer Datenbanken eingesetzten Verfahren und kann ihre Vor- und Nachteile abschätzen. Er hat eine ausführliche Einführung in OWL, RDF und RDF Schema bekommen, sodass er nun in der Lage ist, entsprechende Ontologien zu verstehen und selbst zu erstellen. Außerdem hat er deren formale Grundlagen kennen gelernt. Er hat die wichtigsten Informationen zu Gene Ontology, OBO und BioPAX bekommen und anhand eines ganz konkreten Ansatzes gesehen, wie semantische Integration funktionieren kann.

1.5 Modellierung

Die Modellierung, Simulation und Analyse biologischer Netzwerke bildet die Grundlage dafür, die intra- und interzellulären Prozesse zu verstehen und ein integriertes Bild der Abläufe in einem Organismus zu entwickeln. Dabei erlauben es die Gensequenzierung und die funktionale Analyse von Genomen erstmals, biologische Netzwerke in einem großem Stil zu rekonstruieren. Am Beispiel von metabolischen Netzwerken zeigen wir, wie eine solche Rekonstruktion durchgeführt wird. Darauf aufbauend können verschiedenste Arten der Modellierung und der Analyse zum Einsatz kommen:

- Graphentheoretische Ansätze, mit denen die topologischen Eigenschaften der biologischen Netzwerke untersucht werden, mit dem Ziel, daraus Rückschlüsse auf ihre funktionellen Eigenschaften zu ziehen.
- Stöchiometrische Analysen der Netzwerke mit dem Ziel, die wahrscheinlichsten Stoffflüsse zu finden.
- Verschiedenste Arten von mathematischer und algorithmischer Modellierung zur Beantwortung unterschiedlicher Fragestellungen.

Während sich Fachbücher häufig auf bestimmte Modellierungsansätze oder -richtungen konzentrieren, werden hier ganz unterschiedliche Ansätze nebeneinander gestellt. Dies geschieht zum einen, um einen breiten Einstieg in das Gebiet zu geben und den Blick dafür zu öffnen, welche Methoden in einem konkreten Projekt die vielversprechendsten sind. Die andere Motivation ist die, dass es für das Hauptanliegen der Systembiologie, biologische Organismen in ihrer Gesamtheit zu verstehen, unbedingt notwendig ist, diese unter ganz unterschiedlichen Gesichtspunkten zu betrachten und die so gewonnenen Erkenntnisse wiederum zusammen zu bringen.

Da Modelle immer Abstraktionen von der Wirklichkeit sind, lassen sie sich auch nach der Art der Abstraktionen, die sie vornehmen, klassifizieren. Wir diskutieren verschiedene Modellierungsdimensionen und ordnen unterschiedliche Ansätze darin ein.

Nach der breiten Einführung in die Modellierung fokussieren wir auf algorithmische Modellierungsansätze und geben einen Überblick über die verschiedenen Sprachen, die hier zum Einsatz kommen können. Anschließend greifen wir uns einen Ansatz heraus – die Petri-Netze – den wir ausführlich präsentieren. Die Entscheidung ist dabei auf die Petri-Netze gefallen, da sie eine graphische Repräsentation genauso mitbringen wie eine rigorose mathematische Fundierung. Verschiedene Petri-Netz-Erweiterungen greifen unterschiedliche Modellierungsansätze auf und die zugehörigen Werkzeuge stellen vielfältige Analysemöglichkeiten zur Verfügung.

Der Leser erhält einen breiten Überblick über die verschiedenen Modellierungsrichtungen und Analysemöglichkeiten. Außerdem bekommt er die Gelegenheit, einen konkreten Ansatz zu vertiefen, was wiederum die Anwendung anderer Modellierungsansätze erleichtert.

Kapitel 2
Biologische Grundlagen

Ein Organismus wie zum Beispiel der menschliche Körper besteht aus Billionen von Zellen, die jeweils einen Zellkern enthalten. Jeder dieser Zellkerne wiederum enthält einen Chromosomensatz in doppelter Ausführung, der als Genom bezeichnet wird. Das menschliche Genom besteht aus 23 Chromosomenpaaren. Jedes Chromosom ist ein langes DNA-Molekül, das die Form einer Doppelhelix hat und funktionale Regionen enthält, die Gene.

Auf den zwei Chromosomen eines Chromosomenpaars befinden sich dieselben Gene an denselben Stellen, aber meistens mit unterschiedlicher Ausprägung. Jedes Gen kann in verschiedenen Ausprägungen existieren, die auch als Allele bezeichnet werden. Jedes Allel eines bestimmten Gens kodiert für eine andere Version einer bestimmten Eigenschaft, zum Beispiel grüne versus blaue Augenfarbe.

Die Gene wiederum beeinflussen bzw. steuern den gesamten Organismus: Sie kodieren für bestimmte Proteine, d. h., dass durch die Aktivierung bestimmter Gene bestimmte Proteine hergestellt werden (vgl. Abschn. 2.5). Proteine nehmen in jedem Organismus eine zentrale Rolle ein, da sie verschiedenste Funktionen haben: vom Transport über Stoffwechsel und Strukturaufbau bis hin zur Signalweiterleitung.

Proteine interagieren miteinander in Netzwerken, die neben Signalweiterleitung und Stoffwechselfunktionen wiederum auch genregulatorische Aufgaben übernehmen können. Das bedeutet, dass Proteine Gene aktivieren können, was wiederum zur Synthese anderer Proteine führt. Solche Interaktionen von Proteinen sind es, die einen Organismus am Leben erhalten und sein Agieren ermöglichen. Diese grundlegenden Zusammenhänge werden wir in den nachfolgenden Abschnitten ausführlicher erörtern.

Durch die Sequenzierung von Genomen hat die Forschung in diesem Gebiet in den letzten zwei Jahrzehnten erhebliche Fortschritte gemacht. Wir beginnen daher mit einem Blick auf das Humangenomprojekt.

2.1 Das Humangenomprojekt

Das Humangenomprojekt startete 1990 in den USA als öffentlich finanziertes Projekt mit dem Ziel, bis 2010 das menschliche Genom sequenziert zu haben. 1995 schloss sich Deutschland diesem Ziel mit dem deutschen Humangenomprojekt

S. Eckstein, *Informationsmanagement in der Systembiologie*,
DOI 10.1007/978-3-642-18234-1_2, © Springer-Verlag Berlin Heidelberg 2011

(DHGP) an. Insgesamt arbeiteten mehr als 1.000 Wissenschaftler in über 40 Ländern im Rahmen dieses Projekts zusammen. Konkurrenz bekam das Projekt 1998 durch die private Firma Celera von Graig Venter, die mit 100 Wissenschaftlern und 50 Technikern an den Start ging.

2001 verkündeten beide Gruppen die Sequenzierung des menschlichen Erbguts in einer Draft-Version, das öffentliche Projekt publizierte in Nature [Int01] und das private in Science [VAM⁺01]. Der Begriff Draft-Version ist in diesem Zusammenhang so zu verstehen, dass es beiden Gruppen gelang, den euchromatischen Anteil des menschlichen Genoms nahezu vollständig zu sequenzieren, also die Bereiche auf der DNA, die genetisch aktiv sind, d. h. aus denen Proteine exprimiert werden können. Im Oktober 2004 veröffentlichte das öffentlich finanzierte Projekt eine vorläufig endgültige Sequenz [Int04].

Wie muss man sich die Sequenzierung eines Genoms vorstellen? Das menschliche Genom besteht aus 23 Chromosomenpaaren, die die Erbinformationen enthalten. Das sind 46 lange DNA-Moleküle, die sich im Zellkern befinden. Jedes dieser Chromosomen besteht aus einem DNA-Doppelstrang, der sich wiederum aus Abfolgen von 4 verschiedenen Nukleotiden zusammensetzt. Diese 4 Nukleotide werden mit den Buchstaben A,C,G und T bezeichnet. Das menschliche Genom lässt sich daher als eine lange Zeichenkette über dem Alphabet A, C, G, T beschreiben. Ziel der Sequenzierung ist es somit, diese Zeichenkette zu entziffern. Die Sequenziermaschinen sind heutzutage aber noch nicht in der Lage, die langen DNA-Moleküle in einem Schritt zu lesen. Das Vorgehen ist daher wie folgt:

1. Zunächst wird die DNA repliziert, um mehrere identische Kopien zu erhalten.
2. Anschließend werden diese Kopien in Stücke zerlegt, was zum Beispiel mit Ultraschall geschehen kann. Dabei muss dafür gesorgt werden, dass jede der Kopien in unterschiedliche Stücke zerlegt wird.
3. Diese Einzelstücke können von den Sequenziermaschinen verarbeitet werden, das heißt ihre Buchstabenfolge kann abgelesen werden.
4. Durch die überlappenden Teilstücke der DNA-Kopien kann auf die Gesamtabfolge zurückgeschlossen werden. Dazu werden Einzelstücke gesucht, deren Anfangsstück mit dem Endstück eines anderen Einzelstücks überlappt.
5. Diese überlappenden Einzelstücke werden dann in der richtigen Reihenfolge zusammengesetzt. Diesen Vorgang nennt man Assemblierung. Dabei muss eine gute Fehlerbehandlung erfolgen, da mit mehrfach vorkommenden Teilsequenzen und Lesefehlern umgegangen werden muss. Die Assemblierungsalgorithmen müssen sehr effizient sein, da die Anzahl der Einzelstücke und somit auch die Anzahl der durchzuführenden paarweisen Vergleiche auf mögliche Überlappungen sehr hoch ist.

In den Medien wurde in diesem Zusammenhang häufig von der Entschlüsselung des menschlichen Erbguts gesprochen. Dies ist nicht korrekt, da das Wort Entschlüsselung impliziert, dass die Funktionsweise des Erbguts bekannt sei. Das ist aber nicht oder nur in kleinen Teilbereichen der Fall. Was seit 2001 bekannt ist, ist die Sequenz des menschlichen Erbguts, also die Abfolge der Basen auf der DNA. An der tatsächlichen Entschlüsselung wird man noch Jahre oder Jahrzehnte arbeiten.

2.2 Zellen und Organismen

Alle lebenden Organismen, so unterschiedlich sie auch sein mögen, bestehen aus Zellen, kleinen Kompartimenten, die im Großen und Ganzen dieselben Bestandteile besitzen. Man geht sogar davon aus, dass es vor über 3 Milliarden Jahren eine Urzelle gab, von der alle heutigen Zellen abstammen. Folgende Eigenschaften sind allen Zellen gemein [ABH+05]:

- Sie wachsen und vermehren sich, sie wandeln verschiedene Energieformen ineinander um, sie nehmen ihre Umgebung wahr und reagieren auf Reize.
- Das Innere einer Zelle wird durch eine Plasmamembran von der Umgebung abgetrennt.
- In allen Zellen sind Erbinformationen in Form von DNA enthalten. Mit Hilfe der Gene auf der DNA können die Zellen Proteine synthetisieren.
- Obwohl alle Zellen in vielzelligen Organismen die gleiche DNA besitzen, können sie sich sehr unterschiedlich verhalten. Das bedeutet, dass sie ihre biochemischen Aktivitäten entsprechend der Reize steuern, die sie aus ihrer Umgebung empfangen.
- 96,5% der Masse von lebenden Zellen bestehen aus den vier Elementen Kohlenstoff (C), Wasserstoff (H), Stickstoff (N) und Sauerstoff (O).

Es gibt zwei grundsätzlich unterschiedliche Arten von Zellen: Als Eukaryoten werden solche bezeichnet, die einen Zellkern und eine Zellmembran besitzen, und als Prokaryoten diejenigen ohne Zellkern. Die Bezeichnung Eukaryot kommt aus dem Griechischen und setzt sich aus den zwei Bestandteilen *eu*, echt und *karyos*, Kern zusammen: mit einem echten Kern ausgestattet. Zu den Eukaryoten gehören beispielsweise alle Tiere und Pflanzen sowie Hefearten. Die DNA der Eukaryoten befindet sich, verteilt auf mehrere Chromosomen, im Zellkern. Die restlichen Bestandteile der Zelle – außer dem Zellkern – bilden das Cytoplasma.

Die DNA der Prokaryoten ist nicht auf mehrere Chromosomen aufgeteilt und wird nicht durch einen speziellen Zellkern vom Rest der Zelle abgetrennnt. Zu den Prokaryoten gehören z. B. alle Bakterien. Alle Prokaryoten sind Einzeller aber nicht alle Einzeller sind auch Prokaryoten. Backhefe (baker's yeast, *Saccharomyces cerevisiae*) ist ein Beispiel für einen eukaryotischen Einzeller.

Zellen bestehen aus Molekülen, die – abgesehen vom Wasser – fast alle organischer Natur sind. Als organische Moleküle werden solche bezeichnet, die aus Kohlenstoffverbindungen bestehen, alle anderen werden anorganisch genannt. Darüberhinaus lassen sich die in Zellen vorkommenden Moleküle in vier grundlegende Gruppen einteilen: kleine Moleküle („small molecules"), Proteine, DNA und RNA. Die letzteren drei werden auch als Makromoleküle bezeichnet und in den nächsten Abschnitten ausführlicher besprochen.

Wasser ist ein Beispiel für ein anorganisches kleines Molekül. Organische kleine Moleküle zeichnen sich dadurch aus, dass sie aus bis zu 30 Kohlenstoffverbindungen bestehen. Beispiele sind Fettsäuren, aus denen die Zellmembranen aufgebaut sind, Zucker, Nukleotide und Aminosäuren. Nukleotide bestehen, wie wir weiter unten noch genauer sehen werden, aus jeweils einem Zucker, einem Phospahtrest und einer Base. Sie sind die Grundbausteine für DNA- und RNA-Moleküle. Aminosäuren werden zu Proteinen zusammengesetzt.

2.3 Genome, Chromosomen und DNA

Die Gesamtheit der genetischen Information eines Organismus wird als Genom bezeichnet und ist in DNA-Molekülen gespeichert. Eukaryoten besitzen mehrere DNA-Moleküle, die in Chromosomen strukturiert sind. Das menschliche Genom besteht aus 23 Chromosomenpaaren mit etwa 3 Milliarden Basenpaaren und ca. 25.000 Genen, wobei allerdings über die genaue Anzahl der Gene noch Unsicherheit besteht. Damit besitzt der Mensch nur doppelt so viele Gene wie eine Fliege und fünfmal so viele wie das Bakterium *E. coli*. Eine lebensfähige Zelle benötigt vermutlich weniger als 400 Gene.

Die Abkürzung DNA steht für *deoxyribonucleic acid* (oder auf deutsch *Desoxyribonukleinsäure*) und DNA-Moleküle bestehen aus zwei langen Molekülketten, die zu einer Doppelhelix zusammengesetzt sind. Das heißt die Molekülketten winden sich schraubenförmig um eine gemeinsame, fiktive Achse. Dabei verlaufen die Stränge in entgegengesetzter Richtung, sind also antiparallel. Die Doppelhelix verläuft von oben her betrachtet im Uhrzeigersinn, ist also rechtsherum gedreht. Diese dreidimensionale Struktur der DNA (vgl. Abb. 2.1) entdeckten James D. Watson und Francis H.C. Crick 1953 [WC53a, WC53b].

Am spezifischen Aufbau der DNA sind zwei Arten chemischer Bindungen beteiligt, kovalente Bindungen und Wasserstoffbrückenbindungen.

2.3.1 Chemische Bindungen

Es gibt unterschiedlich starke chemische Bindungen, also Bindungen zwischen den kleinsten Teilchen in chemischen Stoffen (z. B. zwischen Atomen, Anionen, Kationen oder Molekülen). Starke Bindungen sind z. B. kovalente Bindungen, die auch als Atom- oder Elektronenpaarbindungen bezeichnet werden. Charakteristisch für diese Bindungen ist, dass sich zwei Atome die Elektronen in ihrer äußeren Schale teilen (vgl. Abb. 2.2, linke Seite), wodurch sie ihre äußeren Schalen auffüllen und somit eine stabilere Elektronenanordnung erreichen. Kovalente Bindungen kommen in Zellen nur mit Hilfe von Enzymen als Katalysatoren zustande und können auch nur mit Hilfe von Enzymen wieder gelöst werden [ABH$^+$05]. Sie sorgen somit für den festen Zusammenhalt von Atomen in Verbindungen. Beispiele für solche Verbindungen sind Moleküle.

Insbesondere Kohlenstoff (C) ist aufgrund seines Aufbaus dazu in der Lage, mit Hilfe kovalenter Bindungen große Moleküle zu bilden. Das liegt daran, dass die recht kleinen Kohlenstoffatome vier Elektronen und vier freie Plätze in ihrer äußeren Schale besitzen und somit vier kovalente Bindungen zu anderen Atomen

Abb. 2.1 Doppelhelixstruktur
der DNA

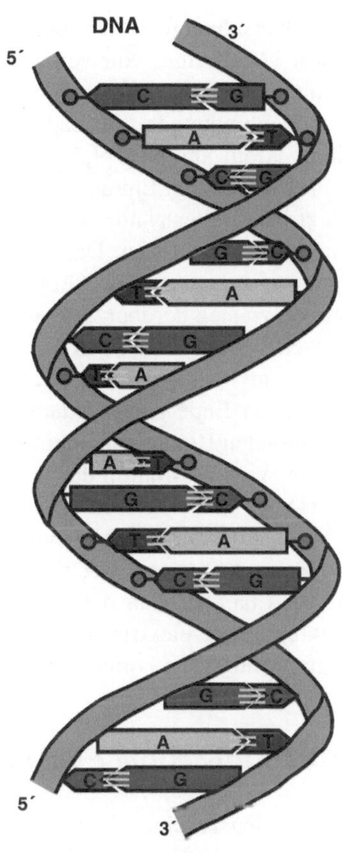

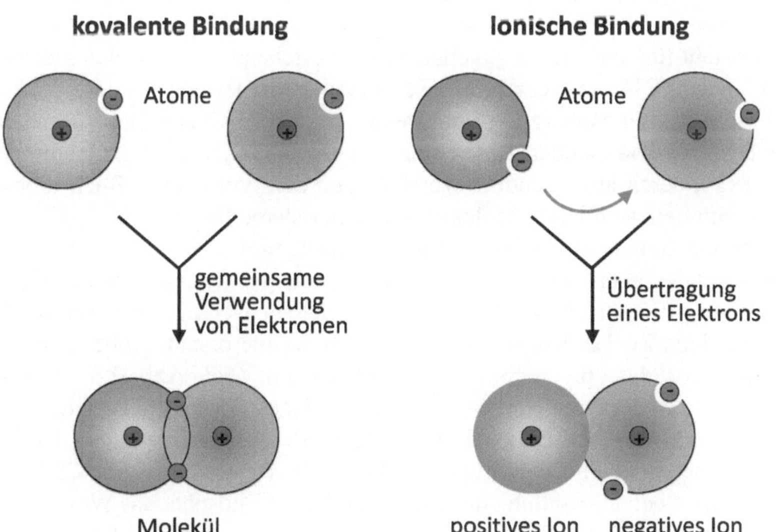

Abb. 2.2 Atom- und Ionenbindungen (angelehnt an [ABH$^+$05])

eingehen können. Besonders stabil sind dabei kovalente C-C-Bindungen, die die Form von Ketten, von verzweigten Strukturen oder auch von Ringen annehmen können [ABH$^+$05].

Ionenbindungen, die dadurch entstehen, dass ein Atom Elektronen an ein anderes Atom abgibt (vgl. Abb. 2.2, rechte Seite), sind ein Beispiel für nichtkovalente Bindungen. Ein anderes Beispiel sind Wasserstoffbrückenbindungen, welche elektrostatischer Natur sind. Sie kommen dadurch zustande, dass polare kovalente Bindungen existieren. Das bedeutet, dass bei einer kovalenten Bindung ein Atom (aufgrund der relativen Größe seines positiven Atomkerns) die Elektronen etwas stärker zu sich herüberzieht als das andere Atom. Dadurch entstehen unterschiedliche elektrische Ladungen an den verschiedenen Enden eines Moleküls. Dies führt wiederum dazu, dass zwischen dem positiv geladenen Ende eines und dem negativ geladenen Ende eines anderen Moleküls Anziehungskräfte entstehen. Die darauf basierenden Bindungen nennt man Wasserstoffbrückenbindungen, da typischerweise ein Wasserstoffatom das positive Ende eines Moleküls bildet und mit Sauerstoff oder Stickstoff eine solche Bindung eingeht. Die Bindungen sind sehr schwach und können z. B. durch Erhitzen gelöst werden.

Ebenfalls sehr schwache Bindungen entstehen durch Van-der-Waals-Anziehungen. Es handelt sich dabei um elektrostatische Wechselwirkungen, welche durch flukturierende elektrische Ladungen zwischen Atomen entstehen, wenn diese sich lange genug nahe kommen.

2.3.2 Aufbau und Funktion der DNA

Die beiden zu einer Doppelhelix zusammengesetzten DNA-Stränge sind Polynukleotidketten, die über Wasserstoffbrückenbindungen miteinander verbunden sind. Dabei sind Polynukleotide lineare, aperiodische, aus Nukleotiden zusammengesetzte chemische Verbindungen, die auch Polymere genannt werden. Die Bezeichnung Polymer steht für „aus vielen gleichen Teilen bestehend". Die „vielen gleichen Teile" sind in der DNA vier verschiedene Nukleotide, die jeweils aus dem Zucker Desoxyribose, einer Phosphatgruppe und einer stickstoffhaltigen Base bestehen. Die in der DNA vorkommenden Basen sind Adenin (A), Cytosin (C), Guanin (G) und Thymin (T), deren abkürzende Bezeichnungen den typischen 4-Buchstaben-Code ergeben, mit dem sich DNA-Moleküle charakterisieren lassen.

Die Basen kodieren also die genetische Information.

Chemisch gesehen sind Zucker Moleküle mit der Summenformel $C_n H_{2n} O_n$, weshalb sie oft auch als Kohlenhydrate bezeichnet werden. In unserem Kontext sind die beiden Zucker Ribose und Desoxyribose interessant, wobei letzterer eine Ausnahme von der obigen Summenformel darstellt (vgl. Abb. 2.3). Der Zucker Desoxyribose ist auch der Namensgeber für die DNA (Desoxyribonukleinsäure).

Nukleotide entstehen also durch kovalente Bindungen zwischen dem Zucker Desoxyribose, einer Phosphatgruppe und einer Base, wie es in Abb. 2.4 zu sehen ist. Dabei wird bei der Bindung des Zuckers mit dem Phosphat das Wasserstoffatom abgespalten und bei der Bindung des Zuckers mit der Base die OH-Gruppe. Die

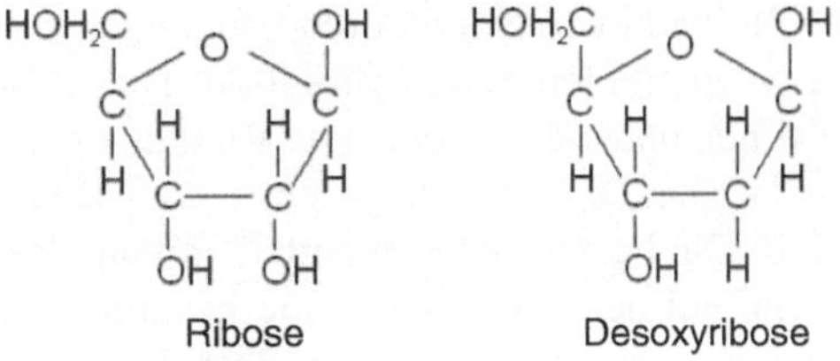

Abb. 2.3 Strukturformeln für
die Zucker Ribose und
Desoxyribose

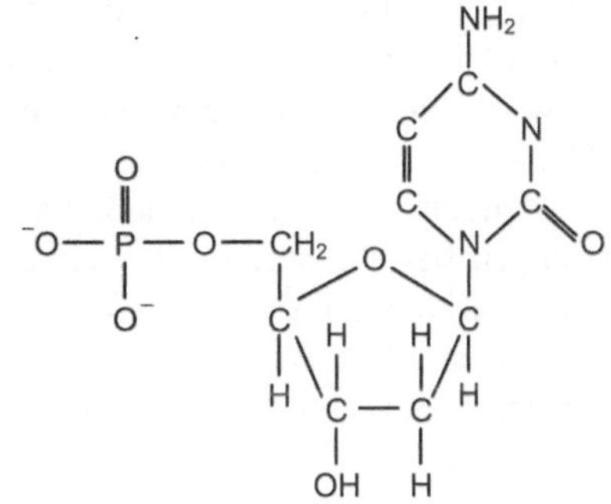

Ribose   Desoxyribose

Abb. 2.4 Nukleotid

Basen Thymin und Cytosin bestehen aus einem Ring und werden auch als Pyrimi-
dine bezeichnet. Adenin und Guanin dagegen bestehen aus zwei Ringen und werden
als Purine bezeichnet (vgl. auch Abb. 2.5).

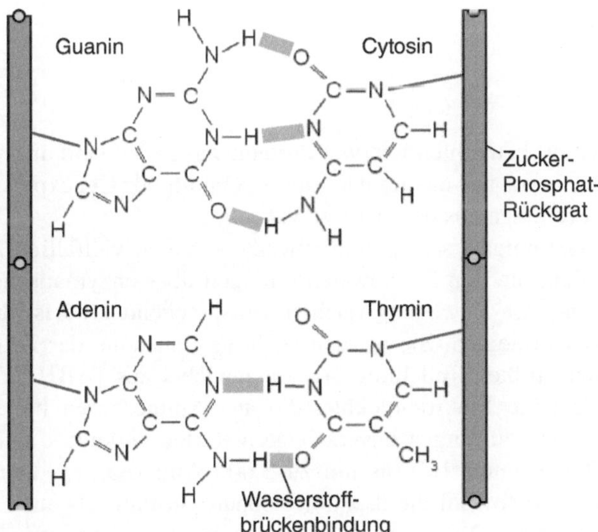

Abb. 2.5 Wasserstoffbrückenbindungen zwischen den Basen A und T bzw. C und G (angelehnt
an [ABH$^+$05])

Nukleotide werden durch Bindungen zwischen dem 3′ und dem 5′-Kohlenstoff-atom zu Nukleinsäuren verknüpft. Die DNA-Moleküle haben daher ein 5′- und ein 3′-Ende und werden in dieser Richtung gelesen.

Wir hatten ja bereits gesehen, dass DNA-Moleküle als Doppelhelices aufgebaut sind. Die beiden Stränge enthalten komplementäre Informationen. Das heißt, dass, wenn auf der einen Seite eine bestimmte Base auftritt, auf der anderen Seite immer eine bestimmte andere Base vorhanden ist. Die Basenpaare, die sich dabei zusammenfinden, sind aufgrund ihrer chemischen und räumlichen Struktur A und T sowie C und G. Bei den dabei auftretenden Bindungen handelt es sich um Wasserstoffbrückenbindungen, die im Gegensatz zu kovalenten oder Ionenbindungen eher schwach sind. In Abb. 2.5 sind die Wasserstoffbrückenbindungen zwischen A und T bzw. C und G dargestellt.

Dadurch dass die Doppelhelixstruktur der DNA aus komplementären Basensträngen besteht, reicht also zur Beschreibung eines DNA-Moleküls die Angabe eines der beiden Basenstränge aus. Der Aufbau der DNA als Doppelhelix mit komplementären Basensträngen sorgt dafür, dass sich die genetische Information vererben lässt: Bei der Zellteilung muss jede Kindzelle eine Kopie des elterlichen Genoms erhalten, d. h. die DNA muss repliziert werden. Dies geschieht dadurch, dass die Doppelhelix in 2 einzelne Stränge aufgespalten wird, für die dann jeweils neue komplementäre Stränge gebildet werden.

Die Funktionen der DNA sind das Speichern, Abrufen und Übersetzen von genetischen Anweisungen zur Erzeugung und zum „Betrieb" eines Organismus. Dabei enthalten nur bestimmte Abschnitte auf der DNA genetische Informationen – die Gene. Sie sind für die Proteinsynthese zuständig. Das heißt, die Gene enthalten die Information, wie bestimmte Proteine hergestellt werden.

2.4 Proteine

In diesem Abschnitt betrachten wir, wie Proteine aufgebaut sind und welche Funktionen sie haben, bevor wir uns im nächsten Abschnitt der Genexpression, also der Erstellung von Proteinen aus der DNA zuwenden.

Proteine – oder umgangssprachlich Eiweiße – haben vielfältige Aufgaben innerhalb von Zellen, die von Signalweiterleitungen über enzymatische Funktionen bis zur Erzeugung von Bewegung reichen. Entsprechend groß ist die Anzahl an unterschiedlichen Proteinen. Sie werden auch als Bausteine der Zelle bezeichnet und machen den größten Teil ihres Trockengewichts aus [ABH+05]. Chemisch gesehen sind Proteine Makromoleküle, die aus Aminosäuren bestehen, welche mit Peptidbindungen zu langen unverzweigten Ketten verknüpft sind. Die Proteingröße variiert von unter 100 bis hin zu 3.000 Aminosäuren. Durch die Aminosäuresequenz wird sowohl die dreidimensionale Struktur als auch die Funktion des Proteins bestimmt. Wir betrachten daher im Folgenden den Aufbau von Aminosäuren.

2.4.1 Aminosäuren

Aminosäuren bestehen aus einem zentralen Kohlenstoffatom (C), einem Wasserstoffatom (H), einer Carboxylgruppe (einer Säure, COOH), einer Aminogruppe (H_2N) und einem Rest, der auch als Seitengruppe bezeichnet wird (vgl. Abb. 2.6). Es gibt 20 verschiedene Aminosäuren, die sich jeweils durch ihre Seitengruppe unterscheiden. Einen Überblick gibt Tabelle 2.1. Dort sind die Aminosäuren zusammen mit ihren gebräuchlichsten Abkürzungen dargestellt, dem Drei-Buchstaben-Code (Three-Letter-Code, 3LC) und dem Ein-Buchstaben-Code (One-Letter-Code, 1LC).

In Tabelle 2.1 ist eine 21. Aminosäure – Selenocystein – aufgeführt, die aber selbst nicht direkt in der DNA kodiert wird. Es wird immer zunächst Cystein gebildet, das dann durch weitere Prozesse in Selenocystein umgewandelt wird. Des Weiteren kommt diese Aminosäure extrem selten vor, sodass man im Allgemeinen von 20 in Proteinen vorkommenden Aminosäuren spricht.

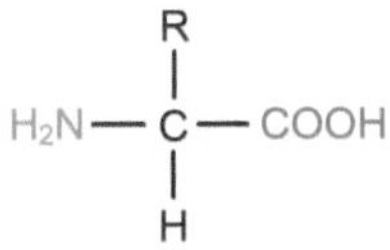

Abb. 2.6 Aminosäure

Tabelle 2.1 Die Aminosäuren mit ihren Abkürzungen

Aminosäure	3LC	1 LC
Alanin	Ala	A
Arginin	Arg	R
Asparagin	Asn	N
Asparaginsäure	Asp	D
Cystein	Cys	C
Glutamin	Gln	Q
Glutaminsäure	Glu	E
Glyzin	Gly	G
Histidin	His	H
Isoleuzin	Ile	I
Leuzin	Leu	L
Lysin	Lys	K
Methionin	Met	M
Phenylalanin	Phe	F
Prolin	Pro	P
Serin	Ser	S
Threonin	Thr	T
Tryptophan	Trp	W
Tyrosin	Tyr	Y
Valin	Val	V
Selenocystein	Sec	U
Asparginsäure oder Aspargin	Asx	B
Glutaminsäure oder Glutamin	Glx	Z
Beliebige Aminosäure	Xaa	X

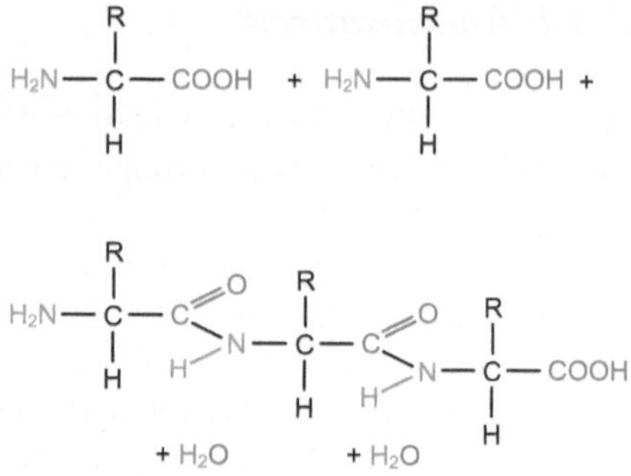

Abb. 2.7 Kurze Aminosäurenkette

Proteine sind Makromoleküle, die aus Aminosäuren bestehen, welche mit Peptidbindungen zu langen unverzweigten Ketten verknüpft sind. Kurze Aminosäureketten von weniger als 100 Aminosäuren werden Peptide genannt, Proteine auch Polypeptide, daher auch die Bezeichnung „Peptidbindung" für die Bindung zwischen den Anminosäuren. Ein anderer häufig verwendeter Name für diese kovalente Bindung ist Amidbindung. Dabei bindet jeweils die Carboxylgruppe der einen Aminosäure unter Abspaltung von Wasser an die Aminogruppe der nächsten. Es handelt sich also um eine Kondensationsreaktion. Abbildung 2.7 zeigt eine kurze Kette von Aminosäuren. Auch Proteine haben eine Lesereihenfolge: Und zwar vom Amino- oder N-Terminus, das ist die freie Amino-Gruppe auf der linken Seite, zum Carboxyl- oder C-Terminus, der freien Carboxyl-Gruppe auf der rechten Seite. Typischerweise wird zur Darstellung von Peptiden oder Proteinen nicht die Strukturformel angegeben sondern ihre Aminosäuresequenz im Ein- oder Drei-Buchstaben-Code.

2.4.2 Struktur von Proteinen

Die Struktur von Proteinen wird auf vier verschiedenen Ebenen betrachtet:

- Als **Primärstruktur** wird die Aminosäuresequenz bezeichnet (vgl. Abschn. 2.4.1), also eine Zeichenreihe über einem 20-elementigen Alphabet.
- Die **Sekundärstruktur** beschreibt Regelmäßigkeiten in der lokalen Struktur, z. B. α-Helices und β-Faltblätter.
- Als **Tertiärstruktur** wird die 3-D-Struktur von Proteinen bezeichnet.
- Und eine **Quartärstruktur** besitzen Proteine, die aus mehreren Polypeptidketten bestehen.

Beispiele für die räumliche Struktur von Proteinen auf allen vier Ebenen sind in Abb. 2.8 zu sehen. Die Sekundärstruktur von Proteinen wird durch nichtkovalente Bindungen – Ionen-, Wasserstoffbrücken- und Van-der-Waals-Bindungen – gebildet, die zwischen der CO-Gruppe (Carboxyl-Gruppe) einer Peptidbindung und der NH-Gruppe (Amino-Gruppe) einer anderen Peptidbindung entstehen. Zur Bildung

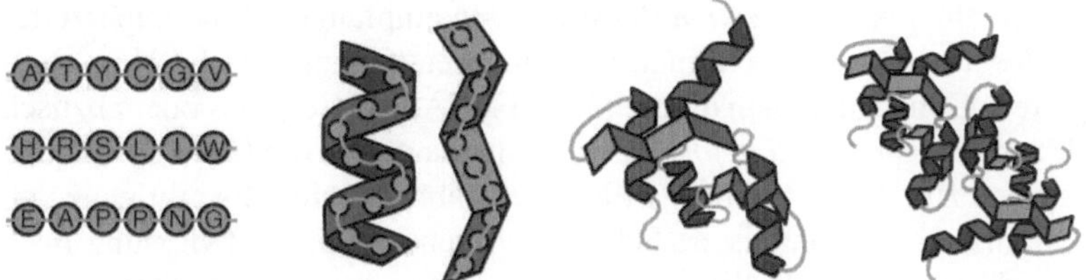

Abb. 2.8 Primär-, Sekundär-, Tertiär- und Quartärstruktur von Proteinen

der Tertiärstruktur tragen wiederum nichtkovalente Bindungen bei sowie spezifische räumliche Anordnungen. Wir wollen hier nicht weiter auf die Proteinstrukturen eingehen, diese sind allein schon ein umfangreiches Forschungsgebiet. Wichtig in unserem Kontext ist lediglich zu wissen, dass zum einen die dreidimensionale Struktur der Proteine für ihre Funktion ausschlaggebend ist und dass diese Struktur allein durch die Aminosäuresequenz festgelegt wird.

2.4.3 Arten und Funktionen von Proteinen

Es wurde bereits angedeutet, dass Proteine viele verschiedene Aufgaben in Zellen wahrnehmen. Die wichtigsten werden im Folgenden besprochen (Klassifikation und Beispiele nach [ABH+05]): **Enzyme** katalysieren Auf- oder Abbau kovalenter Bindungen. In Zellen sind tausende unterschiedlicher Enzyme enthalten, die jeweils als Katalysator für eine bestimmte Reaktion dienen. Beispiele sind das Enzym *Pepsin*, das im Magen Proteine aus der Nahrung abbaut, *Ribulosebisphosphat-Carboxylase*, das in Pflanzen bei der Umwandlung von Kohlendioxid zu Glucose beteiligt ist und die Gruppe der *Proteinkinasen*, die Phosphatgruppen in Proteinmoleküle einbauen.

Strukturproteine stützen Zellen und Gewebe mechanisch. *α-Keratin* etwa ist der Hauptbestandteil von Haar und Horn. Kleine Moleküle oder Ionen werden von **Transportproteinen** transportiert. Beispielsweise transportieren *Hämoglobin* Sauerstoff und *Transferrin* Eisen im Blutstrom. In Zellmembranen eingebettet sind viele Proteine, die kleine Moleküle oder Ionen durch die Membran transportieren. **Motorproteine** sind für die Bewegung in Zellen oder Geweben zuständig. In den Skelettmuskelzellen des Menschen liefert *Myosin* die Antriebskraft für Bewegungen.

Speicherproteine speichern kleine Moleküle oder Ionen. Zum Beispiel wird Eisen in der Leber an das kleine Protein *Ferritin* gebunden und dadurch gespeichert. Im Kontext dieses Buches sehr wichtig sind **Signalproteine**, die Signale von Zelle zu Zelle und innerhalb von Zellen übertragen. Ein Beispiel ist das kleine Protein *Insulin*, das den Glucosespiegel im Blut kontrolliert, ein anderes ist der *Epidermiswachstumsfaktor (EGF)*, der das Wachstum und die Teilung von Epithelzellen stimuliert. Epithel ist eine der vier Grundgewebearten; die anderen sind Binde-, Muskel- und Nervengewebe.

Von **Rezeptorproteinen** werden Signale erkannt und ins Innere der Zelle weitergeleitet. Von Nervenenden ausgesendete chemische Signale werden in der Membran

von Muskelzellen durch *Acetylcholinrezeptoren* empfangen. Eine Leberzelle erhält
über den *Insulinrezeptor* das Signal, mit Glucoseaufnahme auf das Hormon Insulin
zu reagieren. **Genregulatorproteine** binden DNA, um Gene an- oder abzuschalten.
So stellt zum Beispiel der *Lactoserepressor* in Bakterien die Gene für die Synthese
von Enzymen zum Lactoseabbau (Milchzuckerabbau) ruhig. Es gibt viele verschiedene Proteine, die als genetische Schalter wirken, um die Entwicklung in vielzelligen Organismen zu kontrollieren. Daneben gibt es noch jede Menge Proteine mit
speziellen Aufgaben, die sich nur schwer in Klassen zusammenfassen lassen.

Proteine haben in Organismen also vielfältige Funktionen und sie reagieren miteinander auf ebenso vielfältige Art und Weise. Diese Interaktionen von Proteinen
werden mit Hilfe von sogenannten Pathways oder Netzwerken beschrieben, die häufig auch graphisch in semi-formaler Weise repräsentiert werden. Man unterscheidet
zwischen verschiedenen Arten von Pathways und Netzwerken (vgl. Abschn. 2.7).
Metabolische Pathways beschreiben Stoffwechselvorgänge, also die Umsetzung
von Stoffklassen in andere. Regulatorische Pathways hingegen regeln die Antworten
von Zellen auf externe Stimuli, indem sie zum Beispiel die Synthese oder den Abbau
anderer Moleküle bewirken. Hier steht nicht die Stoffumwandlung im Vordergrund
sondern die Weiterleitung von Signalen. Man spricht daher auch von Signaltransduktionswegen.

Ein solcher Signaltransduktionsweg ist der TLR4-Pathway. Um einen ersten Eindruck von Pathway-Darstellungen zu vermitteln, ist er in Abb. 2.9 in der Form dargestellt, wie man ihn in der TRANSPATH-Datenbank findet [KPV+06]. Man sieht

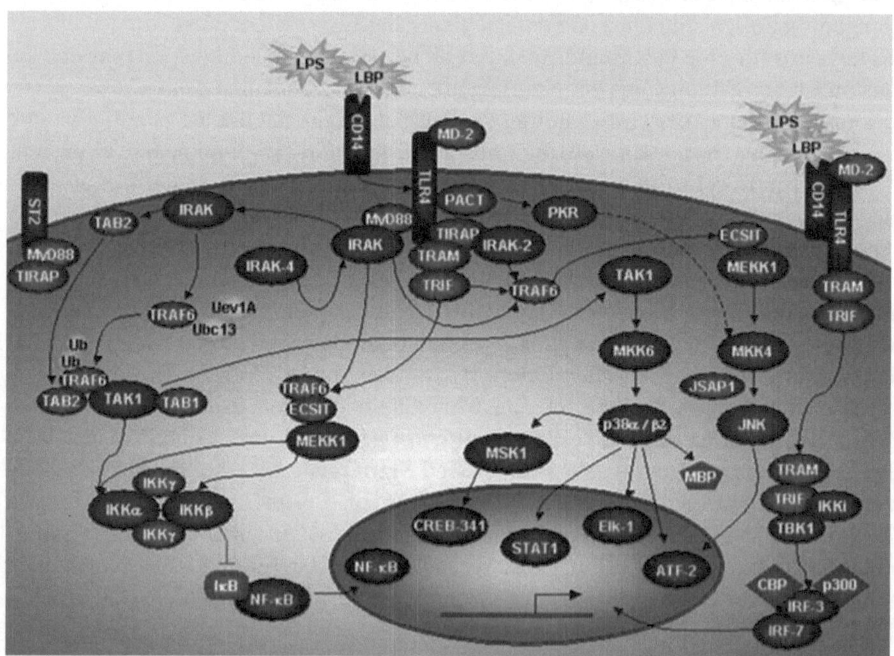

Abb. 2.9 Der TLR4-Pathway aus der TRANSPATH-Datenbank

unter anderem rechteckig dargestellte Rezeptoren, an die Signalmoleküle binden können, verschiedene andere Moleküle und Molekülkomplexe sowie Interaktionen zwischen diesen.

Bevor wir uns aber ausführlicher mit den verschiedenen Arten biologischer Netzwerke beschäftigen, schauen wir uns zunächst einmal den Zusammenhang zwischen Genen und Proteinen an, die Genexpression.

2.5 Genexpression

Gene sind bestimmte Teilbereiche von Genomen, die Proteine kodieren. Proteine werden, wie wir in Abschn. 2.4 gesehen haben, durch ihre Aminosäuresequenz charakterisiert. Diese wird in Genen durch Basen-Triplets – sogenannte Codons – kodiert. Das bedeutet, dass jede Aminosäure durch drei Basen beschrieben wird. Diesen Code nennt man auch den genetischen Code.

Allerdings wird die Information auf der DNA nicht direkt in Proteine umgesetzt sondern das entsprechende Segment der DNA wird zunächst in ein ähnliches Molekül abgebildet, die RNA. Dieser Schritt, der tatsächlich selbst noch aus diversen Einzelschritten besteht, wird auch als Transkription bezeichnet. Anschließend werden aus der RNA Proteine gebildet. Man spricht hier von Translation. Die Erstellung von Proteinen aufgrund der in der DNA kodierten Information wird Genexpression genannt, die also aus den Schritten Transkription und Translation besteht. Dieser Zusammenhang zwischen DNA, RNA und Proteinen ist die Basis der Molekularbiologie und wird oft auch als „zentrales Dogma" bezeichnet.

Zwischen DNA und RNA bestehen sowohl chemische als auch strukturelle Unterschiede. Die Abkürzung RNA steht für Ribonukleinsäure, was darauf hindeutet, dass ihre Nukleotide mit einem anderen Zucker, nämlich Ribose, aufgebaut sind. Die Strukturformel dieses Zuckers wurde schon weiter oben in Abb. 2.3 in Abschn. 2.3 gezeigt. Der zweite chemische Unterschied besteht darin, dass anstelle der Base Thymin (T) in der RNA Uracil (U) zum Einsatz kommt.

Strukturell unterscheidet sich RNA von DNA zum einen dadurch, dass RNA einzelsträngig vorliegt statt wie DNA eine doppelsträngige Helix auszubilden. Des weiteren kann sich RNA intramolekular falten, dass heißt sie bildet ähnlich wie Proteine Sekundärstrukturen aus (vgl. Abb. 2.10).

Ganz abstrakt kann man Transkription und Translation als Abbildungen von einem Alphabet in ein anderes betrachten. Diese Sicht wird in Abb. 2.11 dargestellt. Bei der Transkription werden alle Ts in Us umgewandelt. Bei der Translation werden Basentripletts oder Codons in Aminosäuren umgesetzt. Da die RNA ein lineares Polymer aus 4 verschiedenen Nukleotiden ist, gibt es $4*4*4 = 64$ mögliche Kombinationen aus drei Buchstaben. Da nur 20 verschiedene Aminosäuren kodiert werden und auch alle Tripletts tatsächlich vorkommen, ist der Code redundant, d. h. die meisten Aminosäuren werden durch mehrere verschiedene Tripletts kodiert. Tabelle 2.2 zeigt den genetischen Code. Dabei befindet sich die erste Base eines Codons in der Spalte ganz links, die zweite Base in der obersten Zeile und die dritte Base in der Spalte ganz rechts.

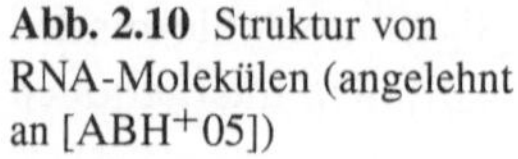

Abb. 2.10 Struktur von
RNA-Molekülen (angelehnt
an [ABH[+]05])

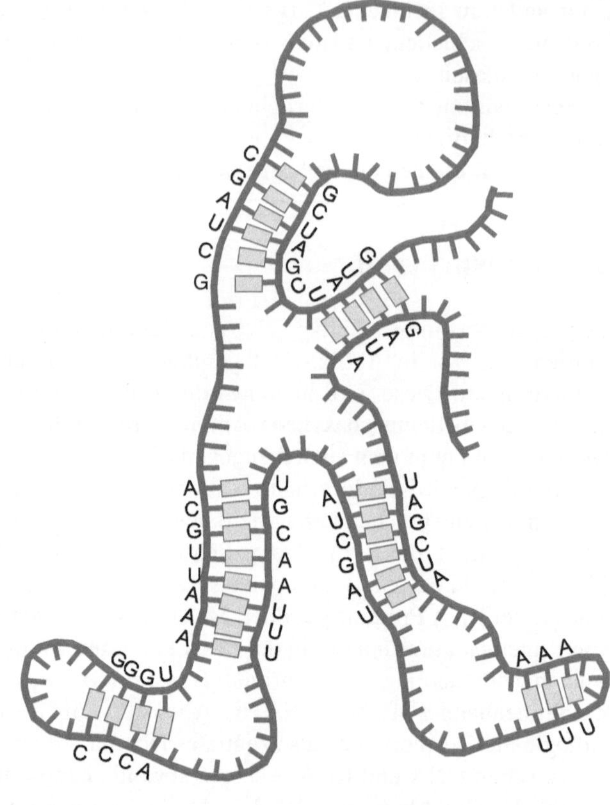

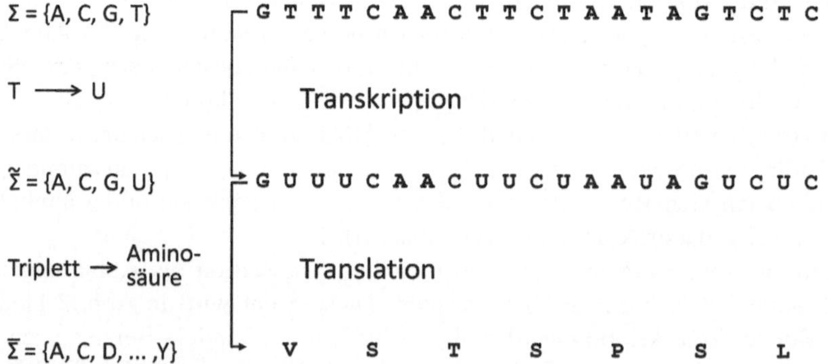

Abb. 2.11 Transkription und Translation (Darstellung nach [HD06])

Einige Codons haben Sonderfunktionen: AUG dient als Startcodon, das den Beginn einer kodierenden Sequenz anzeigt. Es kodiert gleichzeitig für die Aminosäure Methionin, so dass die allermeisten Proteine mit Methionin beginnen. Drei Codons stehen nicht für Aminosäuren sondern zeigen als Stopp-Codons das Ende einer kodierenden Sequenz an.

Tabelle 2.2 Der genetische Code

1. Base	2. Base									3. Base
	U		C		A			G		
U	UUU	Phe/F	UCU		UAU	Tyr/Y		UGU	Cys/C	U
	UUC		UCC	Ser/S	UAC			UGC		C
	UUA	Leu/L	UCA		UAA	Ochre	Stop	UGA	Opal	Stop A
	UUG		UCG		UAG	Amber	Stop	UGG	Trp/W	G
C	CUU		CCU		CAU	His/H		CGU		U
	CUC	Leu/L	CCC	Pro/P	CAC			CGC	Arg/R	C
	CUA		CCA		CAA	Gln/Q		CGA		A
	CUG		CCG		CAG			CGG		G
A	AUU		ACU		AAU	Asn/N		AGU	Ser/S	U
	AUC	Ile/I	ACC	Thr/T	AAC			AGC		C
	AUA		ACA		AAA	Lys/K		AGA	Arg/R	A
	AUG	Met/M Start	ACG		AAG			AGG		G
G	GUU		GCU		GAU	Asp/D		GGU		U
	GUC	Val/V	GCC	Ala/A	GAC			GGC	Gly/G	C
	GUA		GCA		GAA	Glu/E		GGA		A
	GUG		GCG		GAG			GGG		G

Gene machen nur einen Bruchteil eines Genoms aus. Beim menschlichen Genom sind es beispielsweise nur etwa 2%. Auch sind nicht alle Gene eines Genoms gleichzeitig aktiv. Es findet eine Genregulation statt, die festlegt, wann welches Gen exprimiert wird. Beispielsweise kann durch Genregulation flexibel auf unterschiedliche Arten und Mengen von Nahrung reagiert werden, indem jeweils passende Stoffwechselenzyme in ausreichender Menge produziert werden. Auch Zelldifferenzierung wird so überhaupt erst ermöglicht. Nur dadurch kann ein Organismus unterschiedliche Typen von Zellen besitzen, die ganz unterschiedliche Aufgaben wahrnehmen, obwohl sie doch alle identische Kopien der DNA enthalten. Insgesamt wird die Genexpression durch eine Vielzahl von intra- und extrazellulären Signale kontrolliert.

Solche Signale sorgen für die Synthese von Genregulatorproteinen, die als Aktivatoren oder Repressoren an die regulatorischen Bereiche der DNA binden können und dadurch die Expression bestimmter Gene erst ermöglichen oder aber verhindern. Aktivatoren und Repressoren können auch zusammenspielen, indem beispielsweise zur Expression eines bestimmten Gens sowohl ein bestimmter Bereich aktiviert als auch ein anderer gehemmt sein muss und in allen anderen Kombinationen dieses Gen nicht exprimiert wird.

Daneben gibt es auch unregulierte Genexpression, die auch als konstitutiv bezeichnet wird und dafür sorgt, dass bestimmte Proteine, die immer vorhanden sein müssen, ständig in kleinen Mengen synthetisiert werden.

Damit ein Gen überhaupt transkribiert werden kann, müssen bestimmte Proteine – sogenannte Transkriptionsfaktoren – an die Promotorregion dieses Gens binden, die sich vor dem kodierenden Bereich befindet. Während prokaryotische Gene durch jeweils einen Promotor gesteuert werden und jeweils für ein Protein kodieren, ist die Situation in Eukaryoten deutlich komplexer: Auch hier gehen den Genen auf der DNA Promotorregionen voraus. Darüber hinaus sind aber die Gene selbst in verschiedene Abschnitte, sogenannte Exons und Introns, unterteilt, von denen erstere kodierende und letzere regulatorische Funktionen ausüben. Dabei müssen die Introns nicht unbedingt die Expression des Gens regulieren, in dem sie sich befinden, sondern können auch Auswirkungen auf ein oder mehrere auf der DNA-Sequenz weiter entfernt liegende Gene haben.

Diese genregulatorischen Bereiche kontrollieren die Promotoren, indem Aktivator- oder Repressorproteine an sie binden, die dann wiederum die Bindung der allgemeinen Transkriptionsfaktoren an bestimmte Promotorregionen ermöglichen oder verhindern. Ein Gen wird also durch seinen Promotor und dieser durch verschiedene Introns reguliert. Außerdem können mehrere Gene gemeinsam ein Protein kodieren sowie Gene an der Kodierung mehrerer Proteine beteiligt sein. Man spricht in diesem Zusammenhang auch von kombinatorischer Kontrolle.

Letztlich kann so die Expression verschiedener Gene auch von einem einzigen Protein gesteuert werden, nämlich demjenigen, das als letztes noch an ein bestimmtes Intron binden muss, damit alle Voraussetzungen für die Expression verschiedener Gene erfüllt sind.

Die jeweils aktuelle Konstellation aller Proteine einer Zelle wird als ihr Proteom bezeichnet. Dies ändert sich permanent durch die Synthese und den Abbau von Proteinen in Abhängigkeit von intra- und extrazellulären Signalen. Die dahinter liegende Genregulation mit ihren netzwerkartigen Abhängigkeiten nennt man Transkriptom.

2.6 Enzymatische Reaktionen

Enzyme sind hochspezialisierte Proteine, die quasi alle Reaktionen katalysieren, die in lebenden Organismen ablaufen [Mun00]. Sie sind daher auch ein wesentlicher Bestandteil der biochemischen Netzwerke, die wir im nächsten Abschnitt betrachten. Ein grundlegendes Verständnis enzymatischer Reaktionen ist aber insbesondere auch für die Modellierung und Simulation biochemischer Netzwerke in Kap. 5 wesentlich.

Enzyme steigern die Geschwindigkeit biochemischer Reaktionen oftmals ganz erheblich. In [Mun00] werden Faktoren von bis zu 10^{22} angegeben. Die Enzyme selbst werden durch die Reaktionen nicht verändert, sondern stehen anschließend wieder zur Verfügung. Allerdings sind nicht alle Enzyme zu jedem Zeitpunkt und unter allen Umständen katalytisch aktiv. Vielmehr wird ihre katalytische Aktivität streng reguliert und dadurch auch die in einem Organismus ablaufenden biochemischen Reaktionen. Die Regulation der Enzymaktivität spielt also eine Schlüsselrolle bei der Betrachtung von biochemischen Netzwerken.

Die Enzymaktivität kann auf verschiedenen Ebenen reguliert werden. Angefangen bei der Regulation der Genexpression, durch die beeinflusst wird, wieviele Moleküle eines Enzyms produziert werden, über die Synthese inaktiver Vorstufen von Enzymen, die erst an ihrem vorgesehenen Wirkungsort aktiv werden bis hin zur direkten Änderung der Enzymaktivität. Die Enzymaktivität kann im Wesentlichen auf zwei Arten geändert werden, durch allosterische Effekte sowie durch kovalente Modifikationen.

Als allosterische Effekte werden Konformationsänderungen eines Enzyms bezeichnet, die durch einen Regulator hervorgerufen werden und aktivierend oder inhibierend wirken. Um für allosterische Effekte zugänglich zu sein, muss ein Enzym über eine weitere Bindungsstelle neben seinem aktiven Zentrum verfügen. An dieses allosterische Zentrum kann ein Regulator binden, der eine Änderung der 3-dimensionalen Faltung des Enzyms (eine Konformationsänderungen) bewirkt. Dadurch wird entweder das aktive Zentrum für das Substrat besser oder überhaupt erst zugänglich – der Regulator wirkt aktivierend auf das Enzym ein – oder das aktive Zentrum ist schwieriger bis gar nicht mehr für das Substrat zugänglich, dann wirkt der Regulator inhibierend. Im Aktivierungsfall wird die Reaktionsgeschwindigkeit, mit der das Substrat der katalysierten Reaktion gebunden wird, erhöht und im Inhibierungsfall wird diese verringert oder die Substratbindung auch vollkommen verhindert. Durch allosterische Effekte kann es in biochemischen Pathways auch zu Feedback-Hemmungen und Feedforward-Stimulierungen kommen, indem Produkte von Pathways Einfluss auf Enzyme am Anfang desselben Pathways nehmen (vgl. auch Abb. 2.20 auf S. 35).

Unter kovalenter Modifikation versteht man die Übertragung einer Gruppe auf ein Enzym, die dort kovalent gebunden wird und zu Konformationsänderungen des Enzyms führt. Durch diese wird entweder das aktive Zentrum des Enzyms für das Substrat zugänglich oder unzugänglich, sodass die kovalente Modifikation eine Aktivierung oder eine Inaktivierung des Enzyms bewirkt. Diese Modifikationen sind reversibel, sodass das Enzym von einem in den anderen Zustand und zurück überführt werden kann. Im Gegensatz zum allosterischen Effekt wirkt die kovalente Modifikation wie ein Schalter: das Substrat kann entweder an das Enzym binden oder nicht [Mun00]. Die am häufigsten vorkommende kovalente Modifikation ist die Phosphorylierung, bei der eine Phosphatgruppe an ein Protein gehängt wird.

Die Phosphorylierung wird ihrerseits durch bestimmte Enzyme katalysiert: die Kinasen, von denen zur Zeit ca. 500 verschiedene bekannt sind. In einer Phosphorylierungsreaktion wird die endständige Phosphatgruppe des Energieträgers ATP mit Hilfe einer Kinase auf die Hydroxyl-(OH-)Gruppe einer Aminosäureseitenkette eines Proteins übertragen. Dadurch wird ADP freigesetzt. Dieser Vorgang ist in der oberen Hälfte von Abb. 2.12 zu sehen, in der die Reaktionen als Hypergraph darstellt werden (vgl. etwa [Mun00]).

Dieses Hinzufügen einer Phosphatgruppe ruft im Allgemeinen eine Konformationsänderung des Proteins hervor: Die Phosphatgruppe trägt zwei negative Ladungen, die zum Beispiel positiv geladene Aminosäure-Seitenketten des Proteins anziehen [ABH+05]. Je nach Beschaffenheit des Proteins wird es dadurch aktiviert oder inaktiviert. Die Dephosphorylierung, also die Entfernung einer Phosphatgruppe von einem Protein unter Freisetzung von anorganischem Phosphat, wird durch Phosphatasen katalysiert. Dies ist im unteren Teil der Abbildung zu sehen. Abbildung 2.13 zeigt die Strukturformel des anorganischen Phosphats, das oft – wie in Abb. 2.12 – als P_i geschrieben wird.

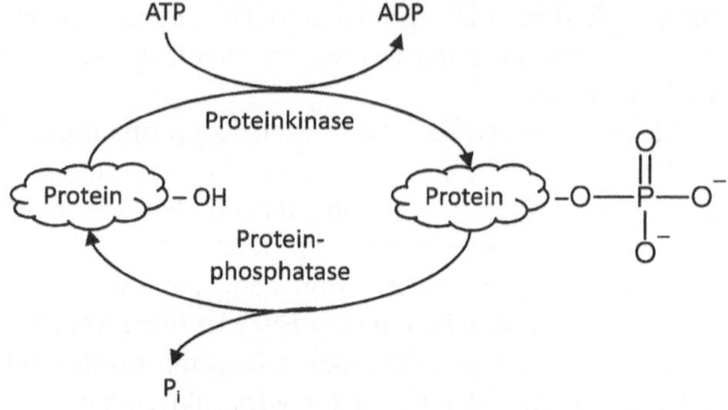

Abb. 2.12 Phosphorylierung und Dephosphorylierung von Proteinen

Abb. 2.13 Strukturformel des anorganischen Phosphations P_i

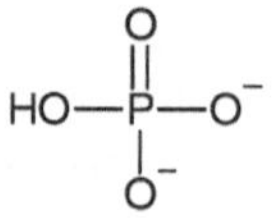

Die Dephosphorylierung setzt das Protein in seinen Ausgangszustand zurück. Oftmals werden Proteine durch diese Art von Reaktionen immer wieder von einem inaktiven in einen aktiven Zustand und zurück versetzt. Da auch die Aktivität von Kinasen und Phosphatasen reguliert wird, reagieren die Proteine so auf einen bestimmten Stimulus und leiten ihn ihrerseits weiter. Auch ganze Folgen von Phosphorylierungsschritten kommen häufig vor. Wir gehen auf diese Signalkaskaden weiter unten im Abschnitt über Signaltransduktionsnetzwerke noch genauer ein (vgl. Abschn. 2.7.2).

Entsprechend ihrer Wirkungsmechanismen werden die Enzyme in 6 Hauptgruppen unterteilt:

1. Oxidoreduktasen katalysieren Oxidation- und Reduktionsreaktionen,
2. Transferasen übertragen die funktionelle Gruppe (z. B. die Phosphatgruppe) von einem Substrat auf ein anderes,
3. Hydrolasen spalten Bindungen unter Einsatz von Wasser,
4. Lyasen und Synthasen eliminieren Gruppen unter Bildung von Doppelbindungen bzw. bilden chemische Bindungen unter Auflösung von Doppelbindungen,
5. Isomerasen beschleunigen die Umwandlung von chemischen Isomeren,
6. Ligasen (oder Synthetasen) bilden kovalente Bindungen unter Verbrauch von Nucleosidtriphosphaten.

Jede dieser Hauptgruppen enthält diverse Untergruppen. Zum Beispiel gehören die oben angesprochenen Kinasen zu den Transferasen, da sie Phosphatgruppen übertragen. Die Phosphatasen gehören zur Gruppe der Hydrolasen. Diese Einteilung der Enzyme ist die Basis für die vom „Nomenclature Committee" der „International Union of Biochemistry and Molecular Biology (NC-IUBMB)" herausgegebenen EC-Nummern, auf die wir im Zusammenhang mit den Enzymdatenbanken noch zu sprechen kommen werden (vgl. Abschn. 3.1.4). Mit Hilfe der systematisch aufgebauten EC-Nummern werden alle Enzyme eindeutig und standardisiert bezeichnet.

Enzymatische Reaktionen lassen sich zum Beispiel wie folgt aufschreiben: $S \xrightarrow{E} P$. Das Substrat S wird also durch eine vom Enzym E katalysierte Reaktion in das Produkt P umgewandelt. Typischerweise sind biochemische Reaktionen reversibel, und beide Reaktionsrichtungen werden von demselben Enzym katalysiert. Eine Ausnahme haben wir oben bereits kennen gelernt: die Phosphorylierungen werden durch Kinasen katalysiert und die Dephosphorylierungen durch Phosphatasen. Hierbei unterscheiden sich die Reaktionsrichtungen auch dadurch, dass bei der Phosphorylierung ATP verbraucht wird und in der Rückrichtung freies Phosphat entsteht (vgl. Abb. 2.12).

Die Enzymkinetik untersucht, mit welcher Geschwindigkeit enzymkatalysierte Reaktionen ablaufen, wobei die Reaktionsgeschwindigkeit dabei als Konzentrationsänderung über der Zeit angegeben wird. Diese Umsatzgeschwindigkeit kann für jeden Bestandteil der Reaktion – also für jedes Substrat, jedes Enzym und jedes (Zwischen-) Produkt – als Differentialgleichung

$$v = \frac{d[S]}{dt} \tag{2.1}$$

angegeben werden, deren Lösung es erlaubt, die Konzentration $[S]$ der Spezies S zu verschiedenen Zeiten vorherzusagen. Die Enzymkinetik liefert also quantitative Beschreibungen der jeweiligen Reaktionen. Der auch heute noch verwendete Ansatz geht auf Michaelis und Menten zurück, die zu Beginn des 20. Jahrhunderts experimentell gezeigt haben, dass sich die Kinetik enzymatisch katalysierter Reaktionen durch folgende Gleichung – die Michaelis-Menten-Gleichung – beschreiben lässt:

$$v = \frac{v_{max}[S]}{K_M + [S]} \tag{2.2}$$

Diese Funktion beschreibt eine Hyperbel mit den Asymptoten $v = v_{max}$ und $[S] = -K_M$.

Dabei stellt v_{max} die maximale Geschwindigkeit dar, mit der die Reaktion bei Substratsättigung ablaufen kann. $[S]$ ist die Substratkonzentration und K_M die Michaeliskonstante, auf die wir weiter unten noch zu sprechen kommen. Da sich die Geschwindigkeit während des Ablaufs der Reaktion in Abhängigkeit von der Substratkonzentration ändert, sich dieser Sachverhalt aber schwierig messen lässt, basiert die Michaelis-Menten-Gleichung jeweils auf den Anfangsgeschwindigkeiten der Reaktion für unterschiedliche Substratkonzentrationen. Das bedeutet auch, dass Feedback-Effekte wie zum Beispiel eine Hemmung des Enzyms durch das Produkt nicht berücksichtigt werden.

Die Michaelis-Konstante ist die Konzentration des Substrats, für die die Reaktionsgeschwindigkeit die Hälfte des Maximalwerts erreicht: Setzt man in Gl. (2.2) für die Substratkonzentration $[S]$ K_M ein, so ergibt sich

$$v = \frac{v_{max}}{2} \tag{2.3}$$

Damit lassen sich Differentialgleichungen aufstellen, die die Konzentrationen von Substrat und Produkt in Abhängigkeit von der Zeit angeben:

$$\frac{d[S]}{dt} = -\frac{d[P]}{dt} = \frac{v_{max}[S]}{K_M + [S]} \tag{2.4}$$

Allerdings lassen sich die ablaufenden Vorgänge auch detaillierter betrachten: Im ersten Schritt bindet das Substrat an das Enzym und es entsteht der Enzym-Substrat-Komplex – auch Michaelis-Komplex genannt. Anschließend findet die eigentliche Reaktion statt, das Produkt P wird gebildet und das Enzym wieder freigegeben. Alternativ kann im zweiten Schritt auch eine Dissoziation des Enzym-Substrat-Komplexes erfolgen. Die Reaktion lässt sich daher auch wie folgt angeben:

$$E + S \underset{k_{-1}}{\overset{k_1}{\rightleftharpoons}} ES \overset{k_2}{\rightarrow} E + P \tag{2.5}$$

Dabei sind k_1, k_{-1} und k_2 Geschwindigkeitskonstanten, die angeben wie schnell die einzelnen Reaktionen ablaufen. Die Dynamik der einzelnen Schritte lässt sich durch folgendes Differentialgleichungssystem beschreiben:

$$\frac{d[S]}{dt} = -k_1[E] \cdot [S] + k_{-1}[ES] \tag{2.6}$$

$$\frac{d[ES]}{dt} = k_1[E] \cdot [S] - (k_{-1} + k_2)[ES] \tag{2.7}$$

$$\frac{d[E]}{dt} = -k_1[E] \cdot [S] + (k_{-1} + k_2)[ES] \tag{2.8}$$

$$\frac{d[P]}{dt} = k_2[ES] \tag{2.9}$$

Aus diesem System von Differentialgleichungen lässt sich mit einigen vereinfachenden Annahmen wiederum die Michaelis-Menten-Gleichung auch rechnerisch herleiten:

Zunächst einmal gingen Michaelis und Menten davon aus, dass die Bildung des Substratenzymkomplexes ebenso wie dessen Dissoziation sehr schnell erfolgt, während die Herstellung des Produkts eher langsam abläuft und damit maßgeblich für die Geschwindigkeit der Gesamtreaktion ist. Es wird also angenommen, dass die Ratenkonstanten k_1 und k_{-1} sehr viel größer sind als k_2:

$$k_1, k_{-1} \gg k_2 \tag{2.10}$$

Darauf aufbauend wird davon ausgegangen, dass sich ein Fließgleichgewicht (Steady State) bei der Bildung des Enzymkomplexes ES einstellt, ab einem bestimmten Zeitpunkt die Konzentration des Enzymkomplexes also gleich bleibt.

Diese Annahme ist allerdings nur gerechtfertigt, falls die Substratkonzentration zu Beginn der Reaktion sehr viel größer ist als die Enzymkonzentration [KHK$^+$05]. Damit gilt dann:

$$\frac{d[ES]}{dt} = 0 \qquad (2.11)$$

Da das Enzym nach der Reaktion sofort wieder freigesetzt wird und erneut zur Bildung eines Substratenzymkomplexes zur Verfügung steht, ändert sich die Gesamtmenge an Enzym (gebunden oder ungebunden) nicht. Es gilt also:

$$[E_{gesamt}] = [E] + [ES] \qquad (2.12)$$

Wenn man nun die Annahme (2.11) in Gl. (2.7) berücksichtigt, so erhält man

$$0 = k_1[E] \cdot [S] - (k_{-1} + k_2)[ES] \qquad (2.13)$$

und unter Einsatz von 2.12:

$$[ES] = \frac{k_1[E_{gesamt}][S]}{k_1[S] + k_{-1} + k_2} \qquad (2.14)$$

bzw.

$$[ES] = \frac{[E_{gesamt}][S]}{[S] + \frac{k_{-1}+k_2}{k_1}} \qquad (2.15)$$

Da sich die Geschwindigkeit der Gesamtgreaktion auch als die Veränderung der Produktkonzentration über die Zeit beschreiben lässt, ergibt sich aus (2.9) und (2.15)

$$v = \frac{d[P]}{dt} = k_2[ES] = \frac{k_2[E_{gesamt}][S]}{[S] + \frac{k_{-1}+k_2}{k_1}} \qquad (2.16)$$

Die Maximalgeschwindigkeit der Reaktion ergibt sich aus der Reaktionsrate für die Produktbildung und der Gesamtenzymmenge:

$$v_{max} = k_2[E_{gesamt}] \qquad (2.17)$$

Mit der Michaeliskonstante

$$K_M = \frac{k_{-1} + k_2}{k_1} \qquad (2.18)$$

ergibt sich daraus die Michaelis-Menten-Gleichung

$$v = \frac{v_{max}[S]}{K_M + [S]}.$$ (2.19)

Unter Berücksichtigung des Fließgleichgewichts ergibt sich für die Michaelis-Konstante sogar:

$$K_M = \frac{k_{-1}}{k_1}.$$ (2.20)

Mit den von Enzymen katalysierten Reaktionen und ihrer Kinetik haben wir einen der Hauptbausteine für biologische Netzwerke kennen gelernt, die wir im Folgenden betrachten werden. Auf die enzymatischen Reaktionen selbst kommen wir in Kap. 5 zurück, wo wir verschiedene Modellierungsansätze dafür vorstellen.

2.7 Biologische Netzwerke

Die molekularen Interaktionen in der Zelle lassen sich als Netzwerke auffassen und beschreiben. Solche biologischen Netzwerke untersucht man bereits seit Jahrzehnten, um die generellen Abläufe innerhalb der Zelle zu verstehen. Allerdings hat sich die Situation in den letzten Jahren dahingehend dramatisch geändert, dass nun immer größere Mengen an Daten zur Verfügung stehen, die Auskunft geben über die Interaktionen bestimmter Moleküle. Die Datenbasis, aufgrund derer sich biologische Netzwerke erstellen lassen, wird also immer umfangreicher, sodass die Beschreibung der Netzwerke immer genauer wird. Auf der anderen Seite muss aber auch für immer mehr experimentell nachgewiesene Interaktionen eine Erklärung in den Netzwerken gefunden bzw. müssen diese entsprechend angepasst werden.

Netzwerke kann man dabei sowohl auf einer rein physikalischen Ebene beschreiben, in der ausschließlich die direkten Interaktionen zwischen den beteiligten Molekülen dargestellt werden, als auch auf einer logischen Ebene, die auch indirekte Interaktionen wie z. B. Feedbackloops enthält [Les07]. Die Topologie solcher Netze lässt sich mit Hilfe von Graphen beschreiben, die die Abfolge von biochemischen Reaktionen sowie die dazu benötigten Enzyme darstellen. Damit wird sozusagen ein qualitativer Rahmen des jeweiligen Netzwerks aufgestellt, der Strukturanalysen unterzogen werden kann. Darauf aufbauend können dann dynamische Aspekte wie z. B. Stoffwechsel- und Signalflüsse im quantitativen Sinn und Genexpressionsraten modelliert und simuliert werden [Pot08].

Um biologische Netzwerke besser verstehen zu können, versucht man, generelle Prinzipien zu finden, nach denen sie aufgebaut sind [Alo07]. Das sind zum Beispiel sogenannte Netzwerkmotive – Muster, die als Grundbausteine fungieren und immer wieder auftreten. Biologische Netzwerke sind oft relativ robust gegenüber bestimmten Veränderungen in ihrer Umgebung. Die Art und Weise wie solche Robustheit erreicht wird, ist ein weiteres generelles Prinzip.

Auf molekularer Ebene lassen sich folgende Arten von biologischen Netzwerken unterscheiden [Jun08]:

- Genregulatorische Netzwerke beschreiben, welche Gene für die Synthetisierung welcher Proteine zuständig sind und welche Transkriptionsfaktoren wiederum die Aktivität dieser Gene steuern.
- Signaltransduktionsnetzwerke stellen die Signalweiterleitung mittels biochemischer Reaktionen in der Zelle dar.
- Metabolische Netze beschreiben Stoffwechselvorgänge.
- Proteininteraktionsnetzwerke sind das Ergebnis von Hochdurchsatzexperimenten, die darüber Auskunft geben, welche Proteine zu einem bestimmten Zeitpunkt nach einer Stimulation in der Zelle miteinander interagieren.

Genregulatorische Netzwerke werden oft auch als Transkriptionsnetze bezeichnet und zusammen mit den Signaltransduktionsnetzen unter dem Oberbegriff regulatorische Netze geführt [Les07]. Das Ergebnis der durch die Signaltransduktionsnetze beschriebenen Signalweiterleitung ist häufig eine Beeinflussung bestimmter Transkriptionsfaktoren und dadurch eine indirekte Regulation der Genexpression. Die direkte Regulation findet durch die Transkriptionsfaktoren selbst statt. Beide Arten von Netzwerken arbeiten allerdings auf unterschiedlichen Zeitskalen. Während die Signalweiterleitung im Subsekundenbereich liegt, findet die Genregulation eher im Minutenbereich statt [Les07].

Andere Autoren differenzieren die einzelnen Arten von Netzen noch weiter und vertreten auch eine etwas andere Begriffsbildung. In [Pot08] etwa wird der Terminus „Genregulatorisches Netzwerk" als Oberbegriff für Proteininteraktions-, Signaltransduktions-, Transkriptions-, Genexpressions- sowie Geninteraktionsnetzwerke verwendet.

Wir betrachten in den folgenden Abschnitten die oben aufgeführten Arten von Netzwerken genauer.

2.7.1 Genregulatorische Netzwerke

Genregulationsnetzwerke (Transkriptionsnetzwerke) kontrollieren die Genexpression in Zellen. Gesteuert wird die Genexpression durch spezielle Proteine, die Transkriptionsfaktoren (vgl. Abschn. 2.5), die die Expression bestimmter Gene aktivieren oder inhibieren. Sie sorgen dafür, dass sich die Zelle verschiedenen äußeren Umständen anpassen kann. Das geschieht durch die Produktion verschiedener Proteine mit unterschiedlichen Aufgaben. Wenn beispielsweise das Vorhandensein von Zucker registriert wird, beginnt die Zelle, Proteine herzustellen, die den Zucker in die Zelle transportieren und dort verwerten können [Alo07]. Proteine spielen bei der Genregulation eine ganz zentrale Rolle, denn sie sind zum einen die Produkte der Genexpression, regeln in Form von Transkriptionsfaktoren dieselbe aber auch [Pot08].

Transkriptionsfaktoren arbeiten wie Schalter, die sich, zum Beispiel durch Phosphorylierung bzw. Dephosphorylierung, schnell von passiv auf aktiv bzw. umgekehrt umschalten lassen. Da ein Transkriptionsfaktor an der Regulierung mehrerer Gene beteiligt sein kann und ein Gen durch mehrere Transkriptionsfaktoren reguliert werden kann, können Transkriptionsnetzwerke sehr komplex sein. Hinzu kommt, dass Transkriptionsfaktoren für bestimmte Gene auch Genprodukte anderer Transkriptionsfaktoren sein können.

Abbildung 2.14 veranschaulicht die Zusammenhänge zwischen Signalen aus der Umgebung der Zelle, Transkriptionsfaktoren und den durch sie regulierten Genen. Bei einer sehr abstrakten Betrachtungsweise kann man sagen, dass die Transkriptionsfaktoren eine interne Repräsentation der verschieden äußeren Einflüsse der Zelle oder auch der verschiedenen Zustände der Umgebung der Zelle darstellen. Diese interne Repräsentation ist letztlich eine sehr kompakte Darstellung oder Übersetzung der Milliarden von Faktoren der Umgebung der Zelle, die ihr Verhalten beinflussen [Alo07].

Die Wege von den externen Signalen zu den Transkriptionsfaktoren, die in Abb. 2.14 durch einfache Pfeile dargestellt werden, sind ebenfalls sehr komplex und werden durch Signaltransduktionsnetzwerke beschrieben, die wir im nächsten Abschnitt genauer betrachten werden. Während die Signalweiterleitung von den Rezeptoren der Zelle bis zu den Zustandsänderungen der Transkriptionsfaktoren im Subsekundenbereich liegt, benötigen Transkription und Translation Sekunden und der angestrebte Anstieg der Konzentration der Zielproteine sogar Minuten bis Stunden.

Strukturanalysen von Genregulationsnetzwerken haben ergeben, dass es typische Netzwerkmotive wie z. B. „feed-forward loops" oder „single input modules" gibt, die regelmäßig vorkommen [Jun08, LRR$^+$02]. Des Weiteren hat sich gezeigt, dass

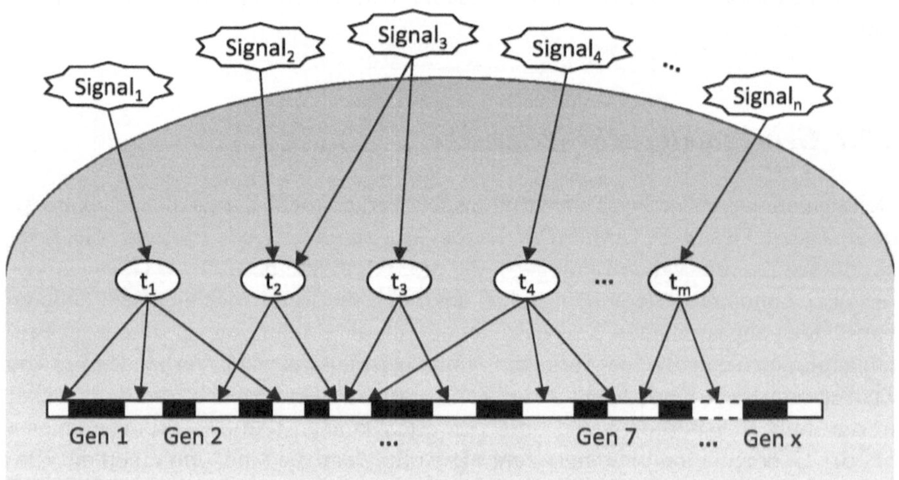

Abb. 2.14 Transkriptionsregulation (angelehnt an [Alo07])

Unterschiede zwischen verschiedenen Organismen viel stärker durch Unterschiede
in ihren Transkriptionsnetzwerken festgelegt werden als durch Unterschiede in ihrer
Gensequenz [Alo07]. Das erklärt, warum beispielsweise viele genetisch verwandte
Arten doch recht unterschiedlich sein können.

2.7.2 Signaltransduktionsnetzwerke

Signaltransduktionsnetzwerke beschreiben die Weiterleitung von Signalen innerhalb der Zelle mittels biochemischer Reaktionen. Man betrachtet häufig einzelne
Signaltransduktionswege (signal transduction pathways), die bestimmte extrazelluläre Signale empfangen, weiterleiten und letztlich eine Zellantwort initiieren. Der
prinzipielle Ablauf sieht so aus, dass ein extrazellulärer Ligand an ein Rezeptor-
protein bindet, welches sich in der Zellmembran befindet. Liganden können zum
Beispiel Hormone, Zytokine (zuckerhaltige Proteine), Wachstumsfaktoren etc. sein.
Die Bindung an den Rezeptor führt dazu, dass dieser das extrazelluläre Signal in
ein intrazelluläres übersetzt und eine Signalkaskade im Inneren der Zelle auslöst, in
deren Verlauf das Signal moduliert, verstärkt oder auch aufgeteilt werden kann.

Am Ende eines Signaltransduktionswegs stehen entweder Transkriptionsfaktoren
oder Stoffwechselenzyme, die aktiviert oder inhibiert werden, wodurch die Genregulation der Zelle oder ihr Stoffwechsel beeinflusst bzw. gesteuert wird. In beiden Fällen spricht man auch von einer Antwort der Zelle (cell response) auf das
extrazelluläre Signal. Da durch die Genregulation die Synthetisierung bestimmter
Proteine oder Enzyme aktiviert oder inhibiert wird, welche wiederum Einfluss auf
den Stoffwechsel, die Form oder die Bewegung der Zelle oder auf die Genregulation
selbst haben, können extrazelluläre Signale recht komplexe Zellantworten zur Folge
haben.

Signaltransduktionswege bestehen im Prinzip aus drei Teilen [Pal06]:

- Ereignissen in der Umgebung der Zellmembran (wie zum Beispiel die Bindung
  von Liganden an Rezeptoren)
- Ereignissen, die eine Verbindung zum Zellkern herstellen und
- Transkriptionsereignissen im Zellkern.

Für die Signalkaskaden zwischen Zellmembran und Zellkern gibt es im Wesentlichen zwei Mechanismen, aus denen sie aufgebaut sind: reversible chemische Modifikationen von Proteinen sowie die Bildung von Molekülkomplexen [Pot08]. Die
am häufigsten vorkommende chemische Modifikation ist die Phosphorylierung, die
wir im Zusammenhang mit den enzymatsichen Reaktionen in Abschn. 2.6 bereits
kennen gelernt haben.

Der durch Folgen von chemischen Modifikationen entstehende, kaskadenartige
Signalfluss ist schematisch in Abb. 2.15 gezeigt. Das Enzym E katalysiert eine che-
mische Reaktion, durch die Protein A zu A* modifiziert wird. Zum Beispiel könnte
E eine Kinase sein und A phosphoryliert werden. Dadurch wird A aktiviert und kann
seinerseits enzymatisch tätig werden und eine chemische Reaktion katalysieren, die
Protein B modifiziert, und so weiter.

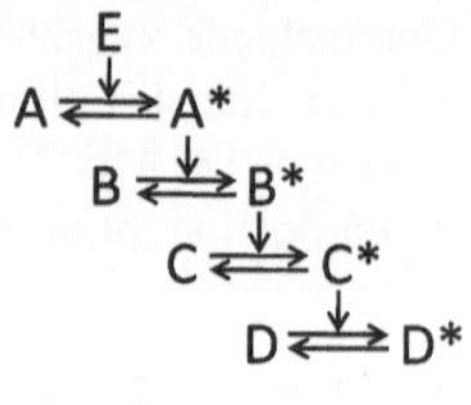

Abb. 2.15 Kaskadenartiger
Signalfluss

$$E$$
$$A \rightleftharpoons A^*$$
$$B \rightleftharpoons B^*$$
$$C \rightleftharpoons C^*$$
$$D \rightleftharpoons D^*$$

Signalkaskaden sind also vertikale Kompositionen einzelner enzymatisch katalysierter Reaktionen. Auch horizontale Kompositionen kommen vor, z. B. in Form von Doppelphosphorylierungen. Dabei tritt zweimal hintereinander die gleiche (durch die gleiche Kinase katalysierte) Reaktion auf und das Produkt der ersten wird das Substrat der zweiten, an derem Ende das ursprüngliche Substrat mit zwei Phosphatgruppen versehen ist. Für die Dephosphorylierung wird in einem solchen Fall auch die gleiche Phosphatase benötigt. Abbildung 2.16 zeigt eine solche Doppelphosphorylierung und Doppeldephosphorylierung.

Auch Doppelphosphorylierungen können in Kaskaden auftreten. Abbildung 2.17 zeigt eine solche. Wir werden auf diese für Signaltransduktionswege typischen Strukturen in Kap. 5 wieder zurückkommen, wenn wir Modellbildungsansätze diskutieren.

Signalkaskaden dienen oftmals dazu, das Signal zu verstärken. Manchmal allerdings lässt sich kaum eine Signalverstärkung beobachten [SEJGM02]. In diesen Fällen kann man davon ausgehen, dass der Zweck der Signalkaskaden darin besteht, das Signal durch Rückkopplungsschleifen (Feedback-Loops) zu regulieren.

Auch wenn Proteine eine sehr wichtige Rolle in Signalnetzwerken einnehmen, sind sie nicht die einzelen Komponenten, aus denen diese bestehen [Pot08]: Steroidhormone, sekundäre Botenstoffe (second messengers), Stress, UV-Licht etc. sind Beispiele für andere Komponenten, auf die wir hier aber nicht weiter eingehen wollen.

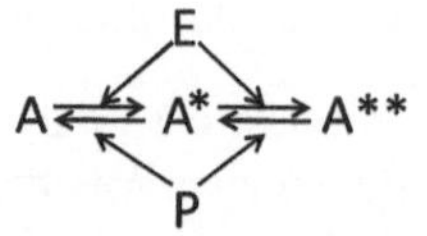

$$E$$
$$A \rightleftharpoons A^* \rightleftharpoons A^{**}$$
$$P$$

Abb. 2.16 Doppelphosphorylierung
und -dephosphorylierung

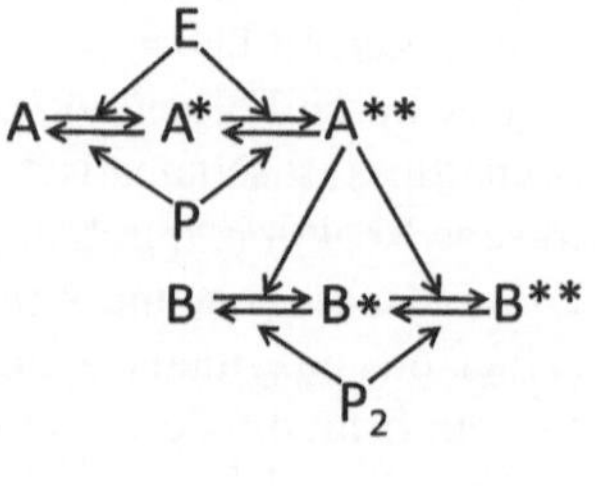

$$E$$
$$A \rightleftharpoons A^* \rightleftharpoons A^{**}$$
$$P$$
$$B \rightleftharpoons B^* \rightleftharpoons B^{**}$$
$$P_2$$

Abb. 2.17 Doppelphosphorylierungskaskade

Ein Beispiel für einen Signaltransduktionsweg ist der TLR4-Pathway. TLR steht dabei für die Klasse der Toll-like Rezeptoren, TLR4 ist ein bestimmter davon. In Abb. 2.9 ist eine graphische Repräsentation dieses Pathways zu sehen, wobei der graue Bereich das Innere der Zelle darstellt, während die Umgebung hell dargestellt wird. Der Zellkern wird durch eine dunkelgraue Ellipse repräsentiert. In dieser Abbildung werden Moleküle in verschiedenen Farben und Formen dargestellt, wodurch die Rolle, die die jeweiligen Moleküle in dem Pathway spielen, kodiert wird. Beispielsweise werden extrazelluläre Signale durch Sterne dargestellt und Rezeptoren durch Rechtecke, die über der Zellmembran liegen – also teils außerhalb und teils innerhalb der Zelle. Interaktionen zwischen Molekülen werden durch Linien und Pfeile repräsentiert, deren unterschiedliches Aussehen für verschiedene Arten von Interaktionen steht, wie zum Beispiel direkte oder indirekte Aktivierung oder Inhibierung. Moleküle interagieren auch dadurch, dass sie Molekülkomplexe bilden, welche durch leicht überlappende Darstellung mehrerer Moleküle repräsentiert werden.

Der TLR4-Pathway beschreibt die Immunantwort von Lungenepitheliumzellen auf eine Infektion mit dem Bakterium *Pseudomonas aeruginosa*. Nach einer Infektion mit *P. aeruginosa* erreicht das Signalmolekül LPS, das ein Bestandteil der Zellmembran des Bakteriums ist, die Membran einer Lungenepitheliumzelle, bindet an das Adapterprotein LBP und wird zum Rezeptor CD14 weitergeleitet (vgl. oberen Teil von Abb. 2.9). Daraufhin beginnt der eigentliche TLR4. Eine ausführliche Diskussion des Pathways ist beispielsweise in [DK06] zu finden.

Abbildung 2.18 stammt aus der KEGG-Datenbank [KAG$^+$08] und zeigt den Referenz-Pathway für die Toll-like-Rezeptoren TLR1 bis TLR6. Betrachtet man den

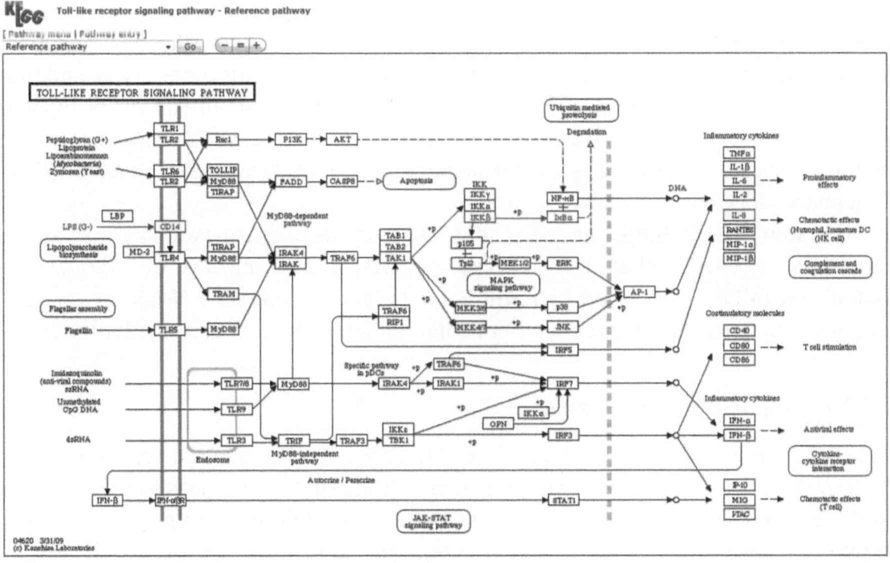

Abb. 2.18 Referenz-Pathway für die Toll-like-Rezeptoren TLR1 bis TLR6 aus der KEGG-Datenbank

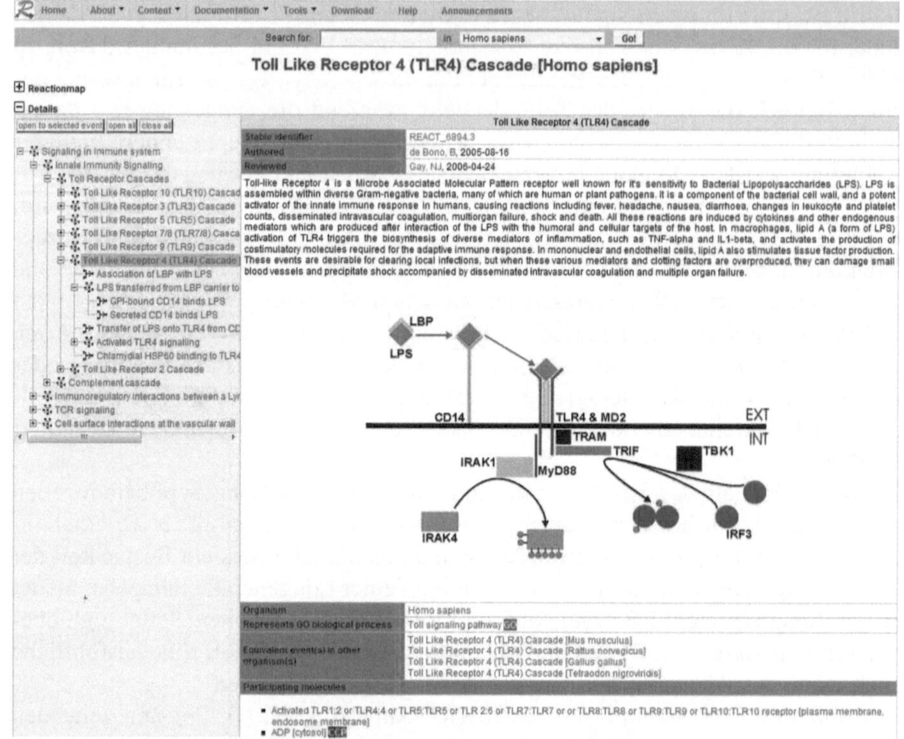

Abb. 2.19 TLR-4-Pathway für *Homo sapiens* aus der Reactome-Datenbank

Beginn des TLR4-Pathways in dieser Abbildung, so erkannt man die oben diskutierten Komponenten (LPS, LBP, CD14 etc.) wieder, die hier mit einer etwas anderen graphischen Darstellung angegeben werden. Ein Referenz-Pathway ist es in dem Sinn, als dass hier Informationen aus verschiedenen Pathways zusammengetragen wurden. Das gilt für die in Abb. 2.9 gezeigte Darstellung aus der TRANSPATH-Datenbank übrigens genauso.

Abbildung 2.19 hingegen zeigt den Anfang des TLR4-Pathway soweit er für *Homo sapiens* bekannt ist. Diese Abbildung stammt aus der Reactome-Datenbank [VDS⁺07]. Auch hier wurde eine eigene graphische Notation verwendet, aber die oben diskutierten Komponenten lassen sich auch hier wiederfinden.

2.7.2.1 Regulatorische Netzwerke

Transkriptions- und Signaltransduktionsnetzwerke werden auch als regulatorische Netzwerke bezeichnet (s.o.). Sie zeichnen sich dadurch aus, dass sie von einem Stimulus angestoßen werden, dass eine Signalweiterleitung erfolgt, die eine Reaktion der Zelle auf den Stimulus zur Folge hat, und dass schließlich ein Reset-Mechanismus die Bestandteile des regulatorischen Weges wieder in ihren Wartezustand zurückversetzt(vgl. Abb. 2.20 und [Les07]). Der Reset-Mechanismus einer

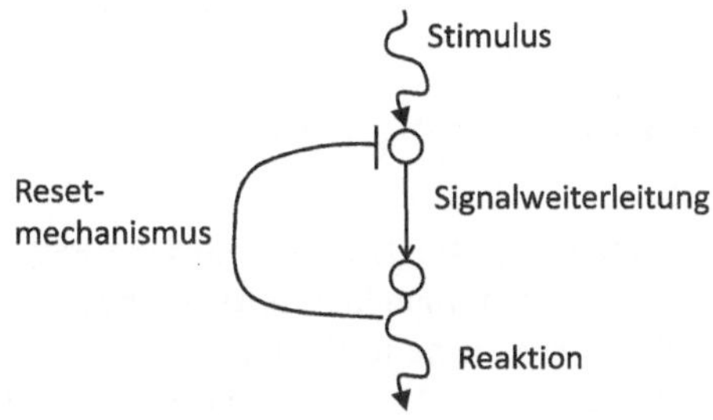

Abb. 2.20 Schritt in einem regulatorischen Netzwerk nach [Les07]

Phosphorylierung durch eine Proteinkinase beispielsweise ist eine Dephosphorylierung durch eine Proteinphosphatase.

Solche regulatorischen Netzwerke kann man wiederum in mindestens zwei Unterarten unterteilen: endogene und exogene Subnetzwerke [Pot08].

Das endogene Subnetzwerk reguliert intrinsische Prozesse wie zum Beispiel den Zellzyklus. Diese Subnetzwerke zeichnen sich durch eine hierarchische Architektur mit mehreren Ebenen und durch hohe lokale Konnektivität aus. Auch die zentralen Transkriptionsfaktoren haben nur eine eher kleine Menge an Zielgenen, von denen viele wiederum Transkriptionsfaktoren exprimieren. Dadurch sind diverse Interaktionen und Reaktionen notwendig, bevor die eigentliche beabsichtigte Regulation stattfindet. Es handelt sich also um einen sehr langsamen und komplexen Prozess.

Die exogenen Subnetzwerke hingegen, die sehr viel weniger komplex sind, reagieren auf externe Stimuli wie etwa Stress oder die Beschädigung der DNA. In ihnen kommen Transkriptionsfaktoren zum Einsatz, die eine große Anzahl von Genen gleichzeitig beeinflussen, deren Expression zügig stattfindet. Die Regulation insgesamt findet hier deutlich schneller statt [Pot08].

Zusammenfassend lässt sich für alle Arten regulatorischer Netzwerke folgendes feststellen [Les07]:

- Ein einziges Signal kann eine oder mehrere Reaktionen zur Folge haben.
- Und umgekehrt kann eine einzige Reaktion das Resultat eines oder mehrerer Signale sein.
- Reaktionen können stimulierend oder inhibierend sein, also bestimmte Aktivitäten verstärken oder abschwächen.
- Die Signalweiterleitung kann durch bestimmte Konstellationen verstärkt oder gedämpft werden.

2.7.3 Metabolische Netzwerke

Metabolische Netzwerke bestehen aus biochemischen Reaktionen, die durch Enzyme katalisiert werden und Metabolite in andere Metabolite umwandeln. Metabolite sind typischerweise kleine Moleküle (small molecules) wie zum Beispiel Glukose oder ATP, können aber auch Makromoleküle wie etwa Polysaccharide (z. B. Stärke) sein [RSM+08].

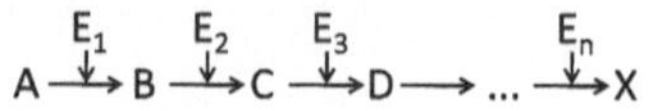

$$A \xrightarrow{E_1} B \xrightarrow{E_2} C \xrightarrow{E_3} D \longrightarrow \ldots \xrightarrow{E_n} X$$

Abb. 2.21 Typischer Aufbau metabolischer Pathways

Unter dem Begriff metabolische Pathways (Stoffwechselwege, metabolic pathways) versteht man kleine Ausschnitte aus dem gesamten metabolischen Netz einer Zelle, die bestimmte Funktionen im Stoffwechsel erfüllen und aus einer Folge von biochemischen Reaktionen bestehen. Ein Beispiel für einen solchen Pathways ist etwa der Glykolysepathway, der Glukose in Pyrovat umwandelt.

Im Gegensatz zum oftmals kaskardenartigen Aufbau von Signaltransduktionswegen (vgl. Abb. 2.15) haben Stoffwechselwege eher einen linearen Ablauf wie in Abb. 2.21 zu sehen. Dort wird ein Metabolit A in mehreren Schritten zu X umgewandelt. Dabei finden verschiedene biochemische Reaktionen statt, die von Enzymen katalisiert werden und Produkte erzeugen, die wiederum als Substrate in die nächste Reaktion eingehen bis schließlich das Endprodukt erreicht wird. Im Unterschied zum Signalweg aus Abb. 2.15 werden die für die nächsten Schritte jeweils benötigten Enzyme nicht im Verlauf des Pathways selbst produziert, sondern müssen in der Zelle zur Verfügung stehen, damit der Pathway ablaufen kann.

Hier sieht man auch sehr schön, wie die Signalverarbeitung in der Zelle den Stoffwechsel beeinflussen kann. Denn zum Beispiel können durch einen Signalweg Enzyme deaktiviert werden, die ein Stoffwechselweg zum Funktionieren benötigt. Das heißt, dass ein Signal unter Umständen dafür sorgen kann, dass ein Stoffwechselweg für eine gewisse Zeit unterbrochen wird. Die Beeinflussung kann auch auf eine weniger direkte Art erfolgen, indem zum Beispiel durch Signalwege die Genregulation so gesteuert wird, dass bestimmte Enzyme produziert oder nicht mehr produziert werden, die bestimmte Stoffwechselvorgänge katalysieren oder hemmen.

Der Glykolyse-Pathway ist einer der bekanntesten und bestuntersuchten Stoffwechselwege. Er kommt in jeder Zelle vor und besteht in praktisch allen Organismen aus einer Abfolge von zehn Schritten, in denen Glucose durch enzymatische Reaktionen zu Pyruvat abgebaut und Energie in Form von ATP konserviert wird. Wir stellen ihn im Folgenden kurz vor und verwenden ihn im weiteren Verlauf des Buches immer wieder als Beispiel für metabolische Pathways. Abbildung 2.22 zeigt den Ablauf als Hypergraph. Die katalysierenden Enzyme werden in der graphischen Übersicht weggelassen. Außerdem wird nur die Hautreaktionsrichtung, also der typische Stofffluss, gezeigt und von reversiblen Reaktionen abstrahiert.

Die zehn Schritte bzw. Reaktionen sind die folgenden:

1. Zunächst wird Glucose (Gluc) zu Glucose-6-Phosphat (G6P) phosphoryliert. Die Reaktion wird durch das Enzym Hexokinase katalysiert, verbraucht ein ATP- und erzeugt ein ADP-Molekül. Genauer gesagt wird die Phosphatgruppe von ATP auf die Glucose übertragen, wodurch aus Adenosintriphosphat (ATP) Adenosindiphosphat (ADP) wird.

2. Im zweiten Schritt wird Glucose-6-Phosphat in Fructose-6-Phosphat (F6P) umgewandelt. Das beteiligte Enzym ist Phosphoglucose-Isomerase. Hier findet ein leichter Umbau der chemischen Struktur – eine Isomerisierung – statt.

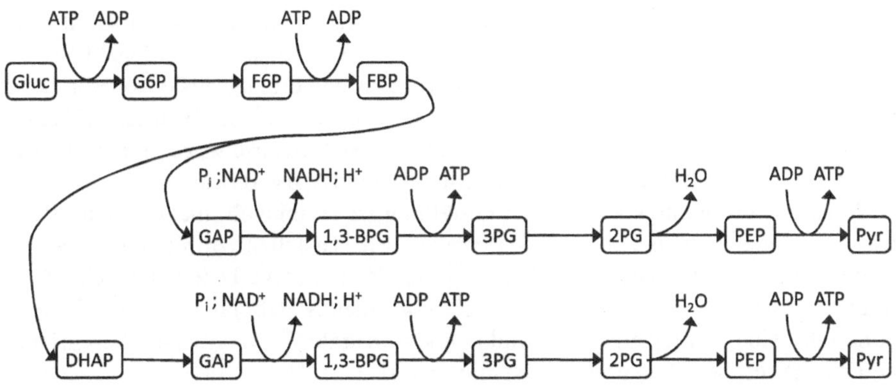

Abb. 2.22 Übersicht über den Glykolyse-Pathway als Hypergraph (Abkürzungen siehe Text)

3. Anschließend wird, wieder unter Verbrauch von ATP und Erzeugung von ADP, das Fructose-6-Phosphat mit Hilfe von Phosphofructokinase zu Fructose-1, 6-biphosphat (FBP) phosphoryliert.

4. Der Ausgangsstoff Glucose ist ein Zucker mit 6 Kohlenstoffatomen. In den ersten Schritten wurde er mehrfach phosphoryliert und isomerisiert aber nicht in seiner Grundstruktur geändert. In diesem vierten Schritt wird nun der Sech-Kohlenstoff-Zucker in zwei Drei-Kohlenstoff-Moleküle aufgespalten. Es entstehen Dihydroxyaceton-Phosphat (DHAP) sowie Glycerinaldehyd-3-phosphat (GAP). Die Reaktion wird von dem Enzym Aldolase katalysiert.

5. Dihydroxyaceton-Phosphat wird mit Hilfe von Triosephosphat-Isomerase ebenfalls in Glycerinaldehyd-3-phosphat (GAP) umgewandelt, sodass für die folgenden Schritte jeweils zwei Moleküle zur Verfügung stehen. In Abb. 2.22 wird das dadurch dargestellt, dass der Pathway ab dieser Stelle zwei gleiche Pfade enthält, die beide parallel ablaufen.

6. Nun wird aus Glycerinaldehyd-3-phosphat, NAD$^+$ und einer Phosphatgruppe 1,3-Biphosphoglycerat (1,3-BPG) und NADH gebildet sowie ein Wasserstoffatom freigesetzt. Diese Oxidation wird durch Glycerinaldehyd-3-phosphat-Dehydrogenase katalysiert.

7. Mit Hilfe von Phophoglycerat-Kinase wird die Phosphatgruppe in diesem Schritt auf ADP übertragen, welches somit zu ATP wird. Das Glycerinaldehyd-3-phosphat wird dadurch zu 3-Phosphoglycerat (3PG).

8. Die achte Reaktion wird durch das Enzym Phosphoglyceromutase katalysiert, das eine Isomerase ist und daher das Substrat 3-Phosphoglycerat in eine andere isomere Form bringt. Es entsteht 2-Phosphoglycerat (2PG).

9. Durch Abspaltung von Wasser wird aus 2-Phosphoglycerat Phosphoenolpyruvat (PEP). Diese Reaktion wird durch das Enzym Enolase katalysiert.

10. Im zehnten Schritt schließlich wird durch eine Pyruvatkinase eine Phosphatgruppe von Phosphoenolpyruvat auf ADP übertragen, welches dadurch zu ATP wird. Das Substrat wird in Pyruvat (Pyr) umgewandelt.

Letztlich erzeugt der Glykolyse-Pathway also aus einem Glucose-Molekül zwei Pyruvat-, zwei NADH und zwei ATP-Moleküle. Von letzteren werden in Schritt sieben und zehn je zwei erzeugt aber in Schritt eins und drei jeweils eins verbraucht, in der Gesamtbilanz also zwei erzeugt. Diese Übersicht reicht für unsere Zwecke. Eine detailliertere Beschreibung des kompletten Stoffwechselweges findet man in vielen Biologie-Lehrbüchern, z. B. in [Mun00] und [ABH$^+$05].

Je nach Anwendungsfall bzw. Fragestellung ist es sinnvoll, metabolische Pathways auf unterschiedlichen Abstraktionsstufen darzustellen. Abbildung 2.23 beispielsweise zeigt den Glykolyse-Pathway aus der MetaCyc-Datenbank [CFF$^+$08] in einer abstrakten Darstellung, in der die einzelnen Metabolite mit ihrem Namen aufgeführt sind und jeweils als Produkte und Substrate von nicht näher beschriebenen biochemischen Reaktionen präsentiert werden.

Dabei ist der oben besprochene erste Schritt nicht mit dargestellt. In der hier gezeigten Darstellung sind außerdem einzelne Zwischenprodukte weggelassen (zwischen den Schritten 6 und 7 sowie zwischen 8 und 9). Sie dient dazu, sich einen schnellen Überblick über den prinzipiellen Ablauf zu verschaffen.

In Abb. 2.24, die etwa die obere Hälfte von Abb. 2.23 für das Bakterium *Escherichia coli* (*E.coli*) detaillierter darstellt, sind alle Metabolite zusammen mit ihren Strukturformeln aufgeführt und die Reaktionen sind durch die Enzyme beschrieben, die sie katalysieren. So kann man zum Beispiel sehen, dass der zweite Schritt von einer Phosphoglucose-Isomerase katalysiert wird.

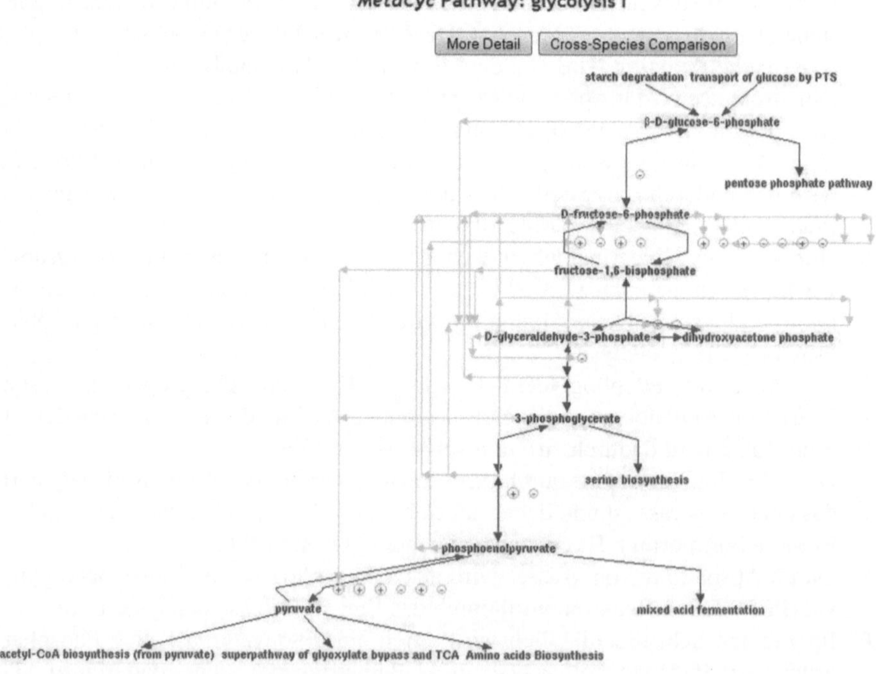

Abb. 2.23 Glykolyse-Pathway aus der MetaCyc-Datenbank

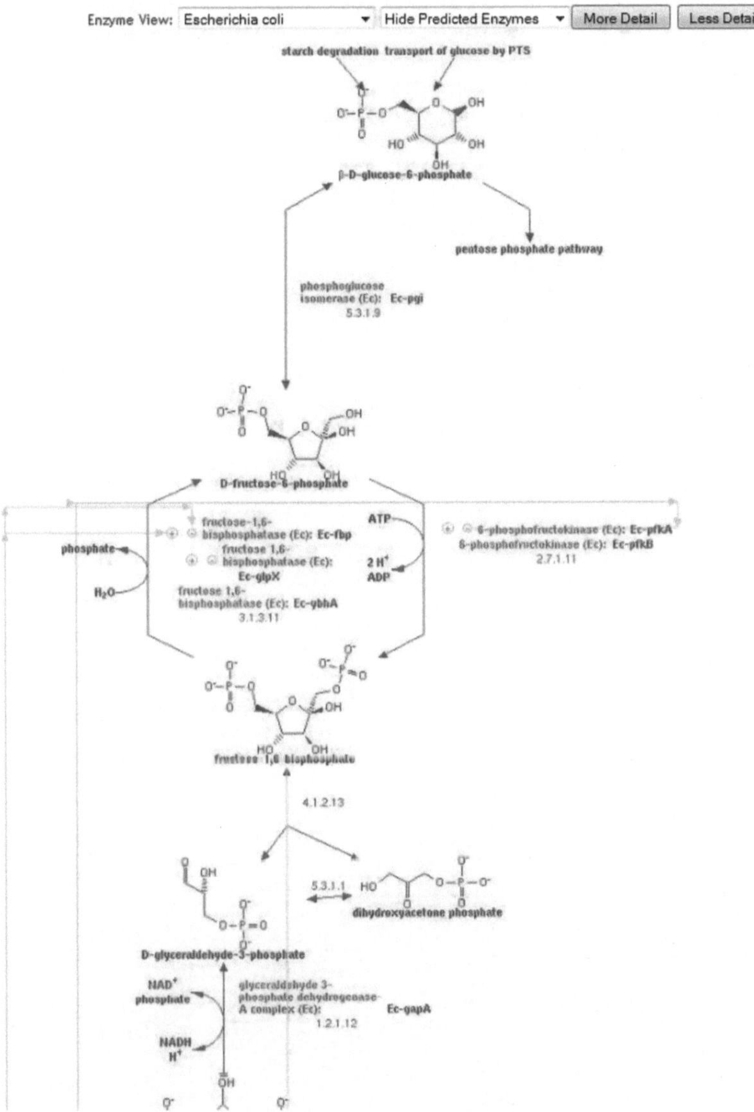

Abb. 2.24 Glykolyse-Pathway von *E. coli* K-12 MG1655, MetaCyc, detaillierter

Abbildung 2.25 zeigt das komplette zur Zeit in der KEGG-Datenbank [KAG+08] abgelegte Stoffwechselnetzwerk. In diese Darstellung kann man hineinzoomen und sich zum Beispiel ebenfalls den Glycolyse-Pathway anzeigen lassen, diesmal in der KEGG-Darstellung (vgl. Abb. 2.26).

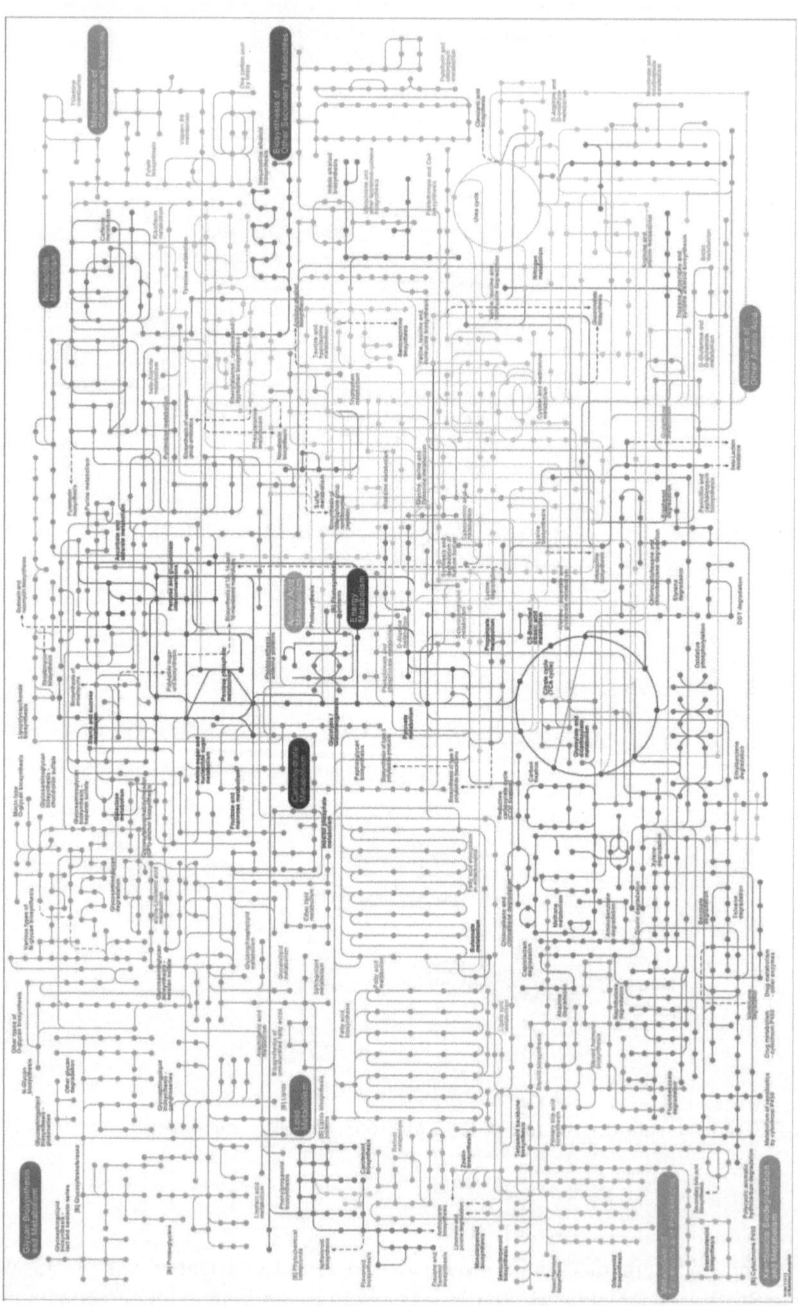

Abb. 2.25 KEGG – Metabolismus-Map

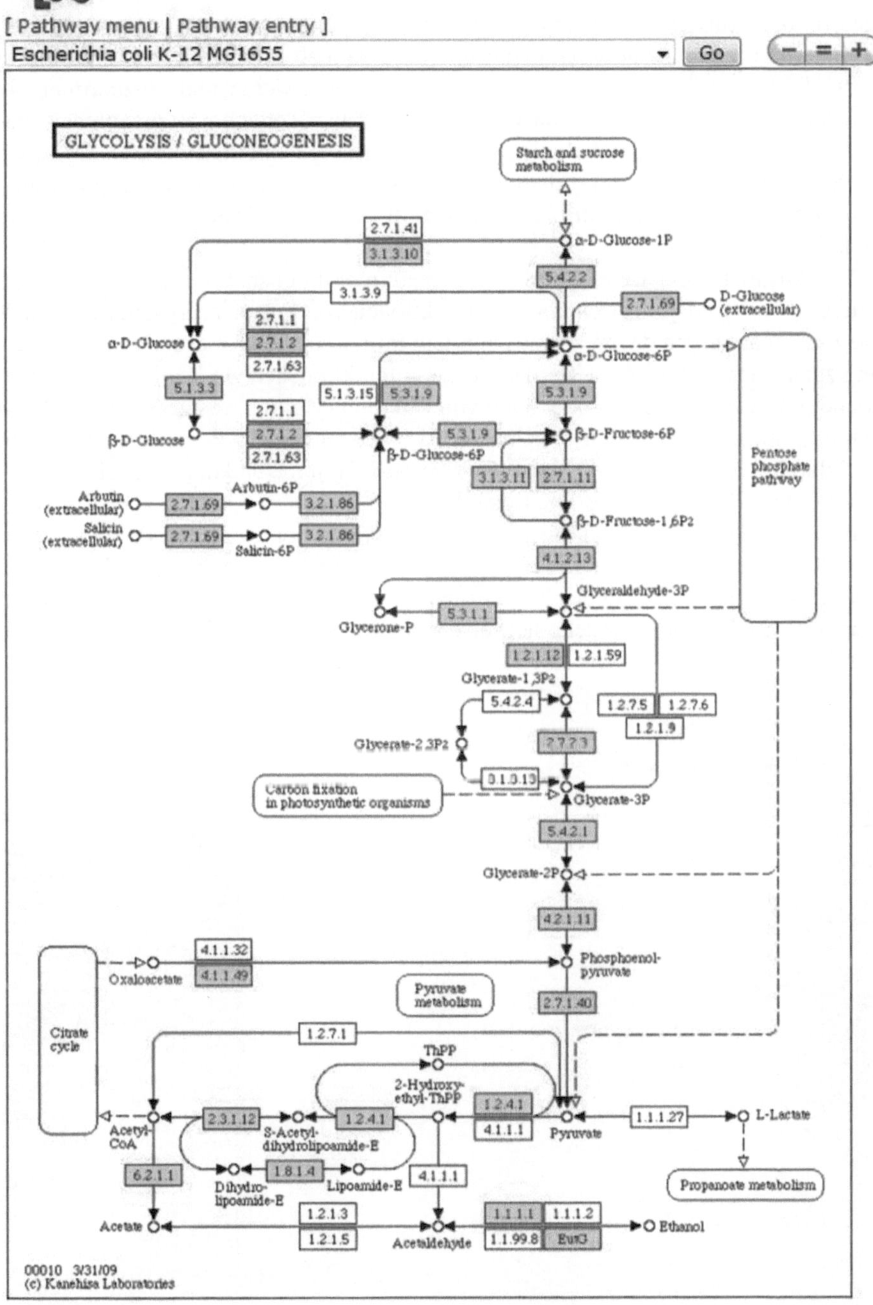

Abb. 2.26 Glykolyse-Pathway von *E. coli* K-12 MG1655, KEGG

2.7.4 Proteininteraktionsnetzwerke

Die drei oben diskutierten Arten molekularbiologischer Netzwerke haben das Ziel, die innerhalb einer Zelle ablaufenden Prozesse gemäß ihrer Funktion – Genregulation, Stoffwechsel, Signaltransduktion – zu kategorisieren und einzuordnen. Je nachdem, ob man jeweils das ganze bekannte Netzwerk oder einzelne Pathways betrachtet, untersucht man dabei alle zellulären Vorgänge einer bestimmten Art (etwa den Stoffwechsel insgesamt) oder einen bestimmten Ausschnitt aus dem jeweiligen Netzwerk, der eine bestimmte Aufgabe erfüllt (z. B. den TLR4-Pathway oder die Glykolyse).

Der Ansatz bei der Betrachtung von Proteininteraktionsnetzwerken ist ein etwas anderer: Hier werden die bekannten Interaktionen von Proteinen zusammengestellt und zwar unabhängig davon, ob sie eher dem Stoffwechsel oder der Signalweiterleitung zuzuordnen sind. Meist werden Proteininteraktionsnetzwerke als Ergebnis von Hochdurchsatzeperimenten oder auch von Literatur-Mining-Ansätzen oder anderen rechnergestützten Methoden erstellt [Jun08]. Die in diesem Bereich verwendeten Hochdurchsatzverfahren sind Yeast-Two-Hybrid-Systeme und massenspektrometrische Verfahren (vgl. z. B. [Bö08, Les07]).

Experimentell können oft nur paarweise Interaktionen zwischen Proteinen festgestellt werden. Durch die Integration dieser Einzelinformationen in Netzwerke will man die dahinterliegenden Strukturen erkennen und die Dynamik untersuchen können [Les07]. Man versucht sich also ein Bild vom gesamten „Interaktom" zu verschaffen [Bö08].

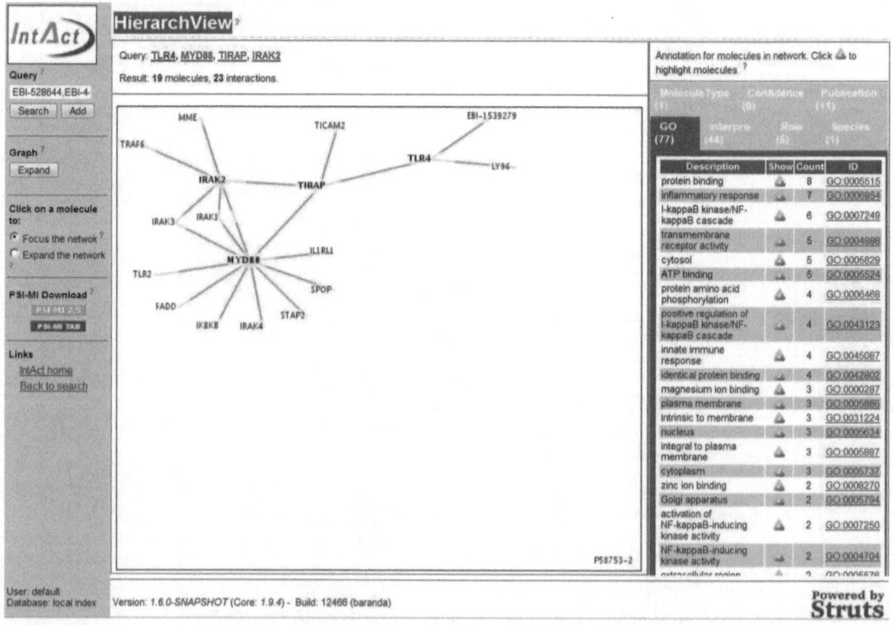

Abb. 2.27 Proteininteraktionen in IntAct

Dabei werden auch Veränderungen der Proteininteraktionen untersucht, die durch Veränderungen in der Umgebung der Zelle oder durch unterschiedliche Entwicklungsstadien oder sonstige Einflüsse hervorgerufen werden. Dies ist insbesondere auch deshalb interessant, weil Krankheiten oft die Proteininteraktionen verändern. Ist man in der Lage, diese Mechanismen zu verstehen, so bieten sich neue Ansatzpunkte für die Behandlung solcher Krankheiten.

Im Gegensatz zu den anderen drei diskutierten Arten von Netzen, sind die zugrundeliegenden Graphen zunächst ungerichtet, da man experimentell oft nur beobachten kann, welche Proteine miteinander reagieren. Aussagen über Abfolgen von Reaktionen und damit über eine Richtung bedürfen weitergehender Untersuchungen und Interpretationen.

Abbildung 2.27 zeigt einen Screenshot der IntAct-Datenbank [AAAF$^+$10], mit dem Suchergebnis für Interaktionspartner der Moleküle TLR4, MYD88, TIRAP und IRAK2.

2.8 Zusammenfassung

In diesem Kapitel wurde ein Überblick über die biologischen Grundlagen gegeben. Ziel dabei war es, das Hintergrundwissen zu vermitteln, das für das Verständnis der folgenden Kapitel benötigt wird, und Nicht-Biologen die Lektüre biologischer Fachbücher zu erleichtern.

Ausgehend vom Humangenomprojekt haben wir uns kurz mit Organismen und Zellen beschäftigt und den Zusammenhang zwischen Genomen, Chromosomen, DNA-Molekülen und Genen rekapituliert. DNA-Moleküle bestehen aus zwei Polynukleotidketten, die über Wasserstoffbrückenbindungen miteinander verbunden sind. Jedes Nukleotid besteht aus einem Zucker, einer Phosphatgruppe und einer Base. Die genetischen Informationen werden durch die Basen kodiert, von denen vier verschiedene in DNA-Molekülen vorkommen: Adenin, Cytosin, Guanin und Thymin. Die Anfangsbuchstaben dieser Basen ergeben den bekannten Vier-Buchstaben-Code, mit dem sich DNA-Moleküle charakterisieren lassen.

Bevor wir uns mit der Genexpression beschäftigt haben, haben wir uns den generellen Aufbau von Proteinen und die vielfältigen Funktionen, die sie in der Zelle wahrnehmen, angesehen. Proteine bestehen aus langen Aminosäureketten. Jede Aminosäure ist aus einem zentralen Kohlenstoffatom, einem Wasserstoffatom, einer Carboxylgruppe, einer Aminogruppe sowie einer Seitengruppe aufgebaut. Es gibt 21 verschiedene Aminosäuren, die sich jeweils in ihrer Seitengruppe unterscheiden. Die Aminosäuresequenz eines Proteins bezeichnet man auch als seine Primärstruktur. Bei der Beschreibung der räumlichen Struktur von Proteinen wird zwischen Sekundär-, Tertiär- und Quartärstruktur unterschieden. Die dreidimensionale Struktur der Proteine wird durch ihre Aminosäuresequenz festgelegt und ist ausschlaggebend für ihre Funktion.

Proteine lassen sich gemäß ihrer Funktion in verschiedene Kategorien einteilen: Die wichtigsten sind Enzyme, Strukturproteine, Transport-, Motor- und Speicherproteine sowie Signal-, Rezeptor- und Genregulationsproteine.

Der Prozess, in dem die Information der DNA verwendet wird, um Proteine zu synthetisieren, nennt man Genexpression. Er besteht – ganz abstrakt betrachtet – aus den beiden Schritten Transkription und Translation, die letztlich immer drei Nukleotide in eine Aminosäure überführen. Die Vorschrift, nach der das geschieht, wird als der genetische Code bezeichnet.

Nach diesen grundlegenden Zusammenhängen haben wir uns etwas ausführlicher mit enzymatischen Reaktionen beschäftigt, da quasi alle Reaktionen, die in lebenden Organismen ablaufen, von Enzymen katalysiert werden. Enzyme werden gemäß ihrer Wirkungsmechanismen in sechs verschiedene Hauptgruppen unterteilt. Ein Beispiel sind die Transferasen, welche funktionelle Gruppen von einem Substrat auf ein anderes übertragen. Eine Untergruppe der Transferasen – die Kinasen – beispielsweise übertragen Phosphatgruppen des Energieträgers ATP auf andere Proteine und phosphorylieren sie dadurch, was typischerweise eine Zustandsänderung des Proteins von Inaktiv in aktiv oder andersherum nach sich zieht.

Die molekularen Interaktionen in der Zelle lassen sich als Netzwerke auffassen:

- Genregulatorische Netzwerke kontrollieren die Genexpression.
- Signaltransduktionsnetzwerke stellen die Signalweiterleitung mittels biochemischer Reaktionen dar.
- Metabolische Netze beschreiben Stoffwechselvorgänge.
- Proteininteraktionsnetzwerke sind ungerichtete Graphen, die darüber Auskunft geben, welche Proteine in der Zelle miteinander interagieren.

Kapitel 3
Molekularbiologische Datenbanken und Austauschformate

Durch Experimente und deren Beobachtungen entstehen experimentelle Daten. Durch Massenexperimente – wie zum Beispiel Gensequenzierungen – und deren (automatische) Beobachtung entstehen experimentelle Massendaten – zum Beispiel Gensequenzdaten. Werden diese experimentellen Daten gesammelt, miteinander verknüpft und systematisiert, lassen sich aus ihnen wissenschaftliche Theorien entwickeln. Außerdem lassen sich neue Daten ableiten bzw. berechnen. Diese abgeleiteten Daten können wiederum gesammelt, miteinander verknüpft und systematisiert werden, sodass aus ihnen (und den experimentellen Daten) neue wissenschaftliche Theorien entwickelt und weitere Daten abgeleitet werden können. Sowohl die wissenschaftlichen Theorien als auch die abgeleiteten Daten sollten – soweit möglich – experimentell validiert werden, wodurch neue experimentelle Daten entstehen.

In diesem Kapitel geht es weder um Experimente noch darum, wie man aus Daten wissenschaftliche Theorien oder andere Daten ableitet, sondern um die Frage, wie diese ganzen Daten systematisch so gespeichert werden können, dass die ganzen anderen Schritte überhaupt möglich sind.

3.1 Molekularbiologische Datenbanken

Wenn man den Begriff Datenbank im Sinne von Datensammlung versteht, dann wurde die erste Sequenzdatenbank (PIR, Proteine Information Resource) bereits 1965 als „Atlas of Protein Sequence and Structure" von Margaret Dayhoff und einigen Koautoren in gedruckter Form herausgegeben [DECS65]. Seit 1972 wurden die Daten in elektronischer Form (zunächst auf Magnetbändern) zur Verfügung gestellt. Diese Datenbank existierte bis vor wenigen Jahren online unter dem Namen PIR (Proteine Information Resource) und ist inzwischen im UniProt-Verband aufgegangen (vgl. Abschn. 3.1.1). Ein ausführlicher Überblick über die Entstehung der ersten molekularbiologischen Datenbanken ist in [Apw05] zu finden.

In den letzten Jahren ist sowohl die Anzahl der Einträge in diesen Datenbanken als auch die Anzahl der Datenbanken selbst rapide gestiegen. Das hat verschiedene Gründe: Zum einen wurden durch die umfangreichen Sequenzierungsprojekte wie beispielsweise das Humangenomprojekt riesige Mengen an Daten erzeugt, die

S. Eckstein, *Informationsmanagement in der Systembiologie*,
DOI 10.1007/978-3-642-18234-1_3, © Springer-Verlag Berlin Heidelberg 2011

gespeichert und analysiert werden wollen. Des Weiteren machen diese Sequenzdaten bestimmte weiterführende Untersuchungen überhaupt erst möglich, deren Ergebnisse auch wiederum in Datenbanken abgelegt werden. Und drittens wurden in den letzten Jahren weitere Verfahren entwickelt, die Massendaten erzeugen, wie z. B. Microarray-Experimente, mit denen man Genexpressionsdaten im großen Stil erheben kann.

Seit 1996 ist die Januarausgabe der Zeitschrift Nucleic Acid Research ausschließlich den molekularbiologischen Datenbanken gewidmet. Sie enthält von den Datenbankbetreibern verfasste Artikel, die die Systeme und ihre Ziele kurz beschreiben. 1999 wurde erstmals zusätzlich eine 201 Einträge umfassende Liste dieser Datenbanken unter dem Titel „MBDL - Molecular Biology Database List" online zur Verfügung gestellt [Bur99], welche seit 2000 als „Molecular Biology Database Collection" gepflegt wird [Bax00]. Im Jahr 2000 enthielt die Liste 226, im Jahr 2004 548 und 2010 bereits 1.230 Einträge. Die bisher größte Zuwachsrate war 2005 mit 171 neuen Einträgen zu verzeichnen (vgl. Abb. 3.1).

Die aktuelle Liste ist unter http://www.oxfordjournals.org/nar/database/c/ und in [CG10] zu finden. Sie ist in 14 Haupt- und 40 Unterkategorien gegliedert, von denen jeweils zwei zur Einordnung einer Datenbank ausgewählt werden dürfen. Tabelle 3.1 zeigt die Hauptkategorien sowie die Anzahl der jeweiligen Unterkategorien.

Bei näherer Betrachtung der Liste mit ihren Unterkategorien und den zugeordneten Datenbanken wird schnell klar, dass die Kategorisierung historisch gewachsen ist und einen Einstieg in das Thema nicht gerade erleichtert. Die in Abb. 3.2 gezeigte Übersicht über die verschiedenen Arten von molekularbiologischen Datenbanken

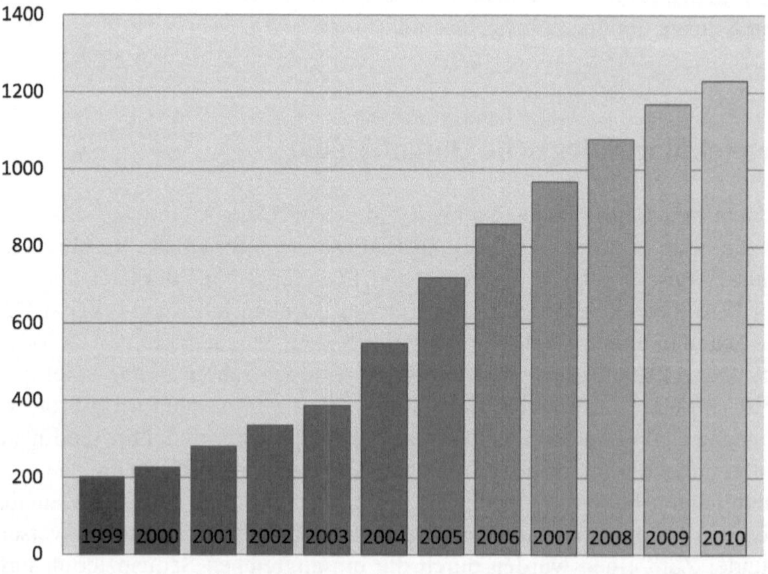

Abb. 3.1 Anzahl der in der Zeitschrift Nucleic Acid Research gelisteten Datenbanken

Tabelle 3.1 Hauptkategorien der Molecular Biology Database Collection

Hauptkategorie u. Anz. Unterkategorien	
Nucleotide Sequence Databases	4
RNA sequence databases	0
Protein sequence databases	6
Structure Databases	4
Genomics Databases (non-vertebrate)	8
Metabolic and Signaling Pathways	4
Human and other Vertebrate Genomes	3
Human Genes and Diseases	4
Microarray Data and other Gene Expression Databases	0
Proteomics Resources	0
Other Molecular Biology Databases	2
Organelle databases	1
Plant databases	4
Immunological databases	0

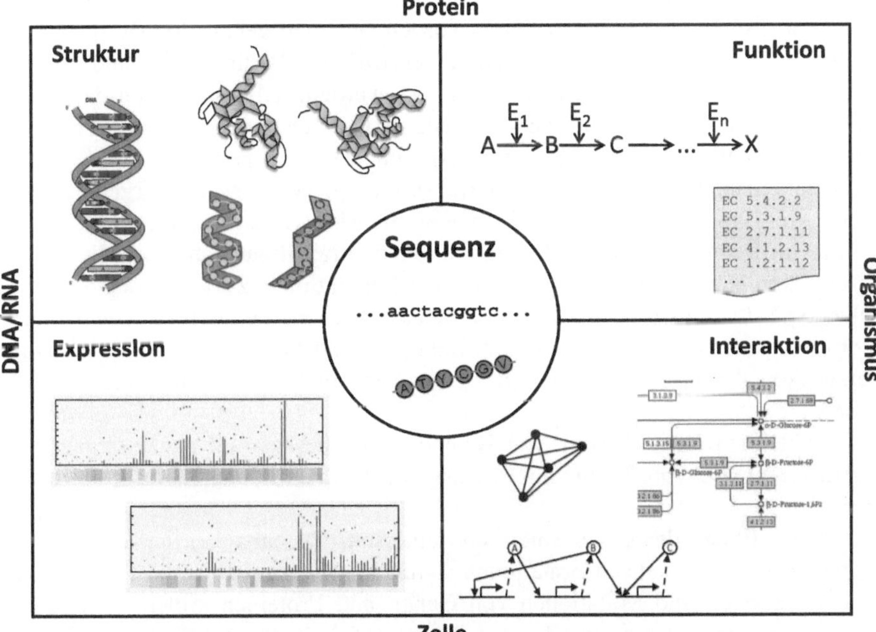

Abb. 3.2 Grobe Klassifikation molekularbiologischer Datenbanken

orientiert sich daher an den biologischen Zusammenhängen wie sie in Kap. 2 skizziert wurden.

Einen zentralen Platz nehmen die **Sequenzdatenbanken** ein, da sie die Grundlage für viele Untersuchungen darstellen, die zum Aufbau weiterführender Datenbanken führen. Sowohl für DNA und RNA als auch für Proteine gibt es Sequenzdatenbanken, die dementsprechend Nukleinsäure- bzw. Aminosäuresequenzen enthalten.

Diese Datenbanken gelten als Archive, die das Ziel haben, alle Sequenzen, die jemals gefunden wurden, auf Dauer zu speichern und zur Verfügung zu stellen.

Auch **Strukturdatenbanken** gibt es sowohl für DNA und RNA als auch für Proteine. Auf Seiten der Nukleinsäuren geht es dabei um die räumlichen Strukturen von DNA- und RNA-Molekülen und Strukturveränderung in Abhängigkeit von der Entwicklung der Zellen. Meistens meint man mit dem Begriff Strukturdatenbanken aber solche, in denen räumliche Proteinstrukturen abgelegt werden. Das können sowohl experimentell nachgewiesene als auch beispielsweise durch Sequenzvergleiche vorhergesagte Strukturen sein.

Aus Strukturvergleichen lassen sich bestimmte Proteinbereiche – sogenannte Proteindomänen – erkennen, die beispielsweise für die spezifischen Enzymfunktionen oder auch für Protein-Protein-Interaktionen verantwortlich sind. In den **Datenbanken über Proteinfunktionen** wird abgelegt, welche Reaktionen ein Enzym katalysiert, welche Kofaktoren ggf. beteiligt sind, wodurch es inhibiert werden kann etc. Auch kinetische Daten sind hier – soweit bekannt – zu finden.

Genexpressionsraten können Hinweise auf Zusammenhänge zwischen genetischen und funktionalen Eigenschaften von Organismen geben [MBD04]. Hier ist besonders interessant herauszufinden, unter welchen Bedingungen und zu welchen Zeitpunkten welche Gene exprimiert werden. Abschätzungen von Genexpressionsraten können auf verschiedene Arten gewonnen werden. Eine sehr verbreitete Methode sind Microarray-Experimente, eine neuere Methode ist die EST-Sequenzierung, wobei EST für Expressed Sequence Tag steht. Ergebnisse dieser Art von Experimenten sind in den **Genexpressionsdatenbanken** zu finden.

Interaktionen können sowohl inter- als auch intrazellulär stattfinden. Bei der interzellulären Kommunikation geht es um die Interaktionen zwischen den einzelnen Zellen eines Organismus. Intrazelluläre Interaktionen werden in Form von genregulatorischen, metabolischen, Signaltransduktions- und Protein-Protein-Interaktions-Netzwerken dargestellt (vgl. Abschn. 2.7). Auch Pathway-Datenbanken fallen in diese Kategorie.

Es gibt noch weitere Arten von Datenbanken, die sich auf ganze Organismen beziehen und von Abb. 3.2 nicht mit erfasst werden. Abbildung 3.3 fasst sie zusammen.

Auf der Ebene der Organismen sind einerseits Datenbanken anzusiedeln, die Organismen betreffende Informationen sammeln, wie zum Beispiel Datenbanken über Variationen und Mutationen von Genen und Proteinen. Solche Informationen werden benötigt, um im nächsten Schritt auf dadurch ausgelöste Krankheiten und krebsassoziierte Gene schließen zu können. Entsprechend gibt es auch Datenbanken über Krankheiten und hier speziell Datenbanken zur Immunbiologie. Eine weitere Säule bilden Datenbanken zur Medikamententwicklung, wie beispielsweise zur Antikörperforschung. Schließlich gibt es noch andere, Organismen umfassende Datenbanken wie zum Beispiel zur Gentechnik im landwirtschaftlichen Bereich.

Auf der anderen Seite ordnen wir hier auch diejenigen Datenbanken ein, die möglichst umfassende Informationen über spezielle Organismen, die sogenannten Modellorganismen, zusammenstellen. Die Idee dabei ist es, möglichst alle verfügbaren

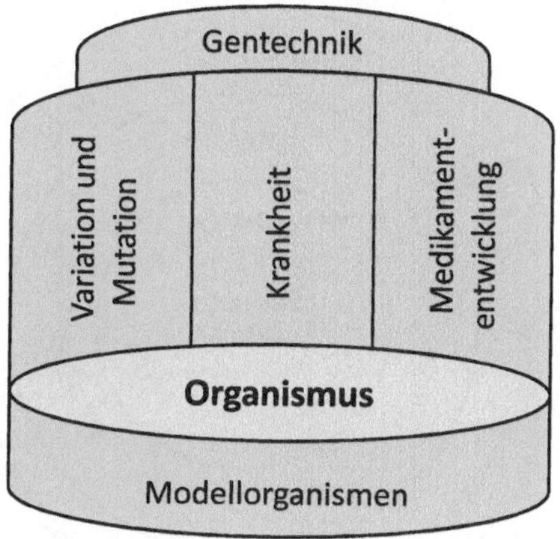

Abb. 3.3 Organismusbezogene Datenbanken

Informationen über den jeweiligen Organismus an einer Stelle zusammen zu tragen und in integrierter Form zur Verfügung zu stellen.

In den folgenden Abschnitten diskutieren wir exemplarisch die Einordnung wichtiger Datenbanken in diese Klassifikationen. Dabei ist die Zuordnung nicht immer so eindeutig wie von Abb. 3.2 und 3.3 suggeriert, da die Datenbanken oftmals neben ihrem eigentlichen Schwerpunkt noch weitere Informationen anbieten. Wir ordnen sie ihrem Schwerpunkt entsprechend ein, um eine grobe Orientierung zu ermöglichen.

Noch schwieriger ist die Einordnung naturgemäß bei Informationsportalen, da es deren Aufgabe ist, einen integrierten Zugriff auf eine Reihe von aufeinander aufbauenden bzw. sich inhaltlich ergänzender Datenbanken zu bieten. Dadurch hat der Nutzer die Möglichkeit, komfortabel datenbankübergreifende Anfragen zu stellen, Zwischenergebnisse zu speichern und mit diesen Zwischenergebnissen in anderen Datenbanken weiter zu suchen. In unsere Klassifikation ordnen wir nicht die Portale sondern die einzelnen Datenbanken ein und geben ggf. Hinweise darauf, zu welchem Portal sie dazugehören. Die wichtigsten Portale stellen wir in Abschn. 3.1.7 vor.

3.1.1 Sequenzdatenbanken

Abbildung 3.4 zoomt sozusagen in die Mitte von Abb. 3.2 hinein und zeigt die Situation der **Sequenzdatenbanken** genauer. Auf Seiten der DNA-Sequenzen übernehmen GenBank [BKML+08], EMBL-Bank (EMBL Nucleotide Sequence Database) [CAA+08] und DDBJ (DNA Data Bank of Japan) [SOO+08] die Rolle von Archiven für Nukleotidsequenzen, d. h. in ihnen werden alle noch so kleinen Sequenzen gesammelt und archiviert. Diese Datenbanken werden auch als Primärdatenbanken bezeichnet, da sie experimentell gewonnene Daten aufnehmen und ihre Aufgabe nicht so sehr in der Interpretation dieser Daten besteht.

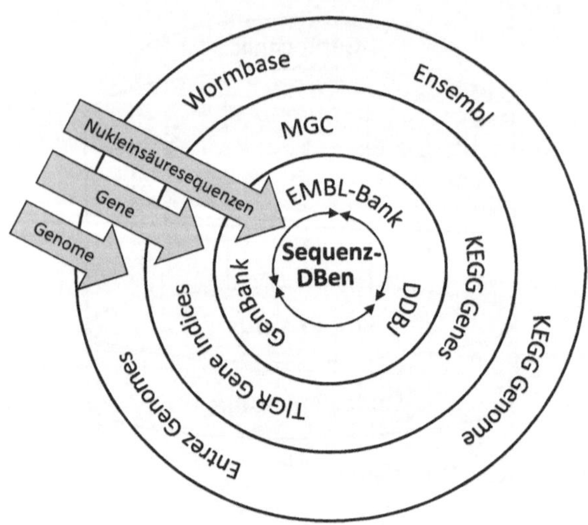

Abb. 3.4 Sequenzdatenbanken

Die drei Sequenzdatenbanken wurden zunächst unabhängig von einander am NCBI, dem National Center for Biotechnology Information in den USA, am EMBL, dem European Molecular Biology Laboratory in Heidelberg, sowie am NIG, dem National Institute of Genetics in Japan, entwickelt und haben sich später zur International Sequence Database Collaboration zusammengeschlossen. Sie bestehen alle drei eigenständig weiter, gleichen aber alle 24 Stunden ihre Daten miteinander ab. Sie verfügen also alle über die gleichen Rohdaten, speichern und veröffentlichen sie aber in unterschiedlichen Datenformaten. Auch die Annotationen unterscheiden sich teilweise.

Auf Seiten der DNA gibt es dann noch spezielle Gensequenz- und Genomdatenbanken. Gensequenzdatenbanken enthalten Sequenzen von Genen, die meist experimentell bestätigt wurden. Das heißt, dass die Expression dieser Gene durch das Vorhandensein entsprechender RNA-Abschnitte nachgewiesen werden konnte oder dass sie durch Mutation aufgefallen sind bzw. dass für sie eine Funktion beschrieben werden konnte. Das Ziel von Genomdatenbanken ist es, möglichst vollständig die genomische DNA verschiedenster Organismen wie zum Beispiel Menschen, Pflanzen und Viren zu sammeln und zur Verfügung zu stellen.

Beispiele für **Gendatenbanken** sind TIGR Gene Indices [LTS+05] und die Mammalian Gene Collection (MGC) [MGC04]. Beiden geht es darum, neue Gene zu entdecken bzw. die Informationen über kodierende Bereiche zu präzisieren. Die TIGR-Datenbank arbeitet dabei auf Sequenzdaten aus der GenBank. Es wird versucht, transkribierte eukaryotische Sequenzen zu finden und zu klassifizieren. Die Daten werden in 77 speziesspezifischen Datenbanken abgelegt, die alle unter „TIGR Gene Indices" firmieren. Bei der MGC geht es darum, auf Basis eigener Experimente genauere Informationen über kodierende Bereiche in Säugetiergenomen zu erhalten. Die entstehenden Sequenzdaten werden in der GenBank veröffentlicht.

KEGG, die Kyoto Encyclopedia of Genes and Genomes, ist ein aus 19 verschiedenen Datenbanken bestehendes System, das biochemische und genetische Informationen integriert. Hier sind zunächst KEGG-Genes und KEGG-Genomes interessant, die Gensequenzen bzw. Genome enthalten [KGF[+]10].

Weitere Beispiele für **Genomdatenbanken** sind die Entrez-Genomes [WCE[+]04] und die Ensembl-Datenbank [FAB[+]08], die ihre Daten wiederum miteinander abgleichen und zum Beispiel das menschliche Genom enthalten. Ein anderes Beispiel für eine Genomdatenbank ist die Wormbase [RAB[+]08], die unter anderem das Genom von *C. elegans* enthält und damit das erste sequenzierte Genom eines Mehrzellers.

Die wichtigsten **Archive für Aminosäuresequenzen** sind die Universal Protein Resource (UniProt) und die NCBI Protein Database. Die NCBI Protein Database ist Teil des Entrez-Portals [WBB[+]07] und umfasst Proteinsequenzen, die aus einer ganzen Reihe von Quellen stammen, wie zum Beispiel SwissProt, PIR, PDB etc. (s.u.). Die UniProt-Datenbanken [Con10] wollen wir uns im Folgenden etwas genauer ansehen. Abbildung 3.5 zeigt eine Übersicht über das Portal.

Zu UniProt gehört die UniProt Knowledge Base (UniProtKB), die sich aus den beiden Datenbanken SwissProt [GMR[+]03] und TrEMBL [BBA[+]03] zusammensetzt. SwissProt und TrEMBL unterscheiden sich dahingehend, dass Swiss-Prot nur experimentell nachgewiesene und manuell annotierte Proteine enthält, während in TrEMBL (*transcripts from EMBL*) auch vorhergesagte, automatisch annotierte und klassifizierte Proteine zu finden sind. Dieses basieren, wie der Name schon sagt, auf Transkriptionen aus EMBL aber auch auf den in der PDB (s.u.) abgelegten Proteinstrukturen sowie auf Literaturrecherchen.

Das Ziel vom UniProt archive (UniParc) ist es, alle Proteinsequenzen mit ihrer Revisionsgeschichte abzuspeichern. Die Sequenzen werden von diversen Quellen zusammengetragen und archiviert. Dazu gehören beispielsweise auch Translationen der EMBL-Sequenzen, der Enseml-Datenbank, der PDB (s.u.), der Wormbase und

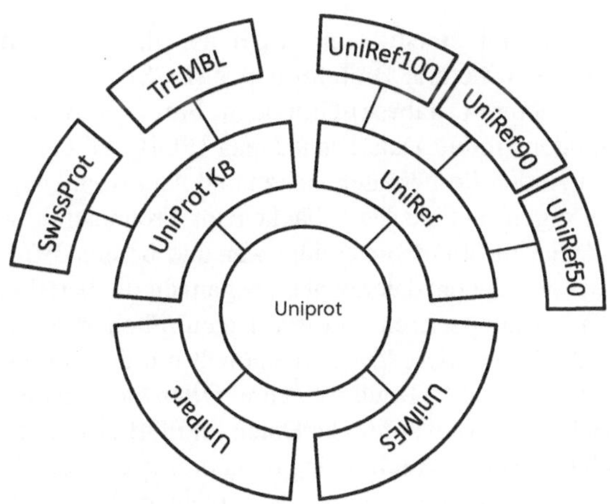

Abb. 3.5 Die UniProt-Datenbanken

vieler weiterer DNA- und RNA-Sequenzdatenbanken. Auf Annotationen wird, abgesehen von einem Identifier, einem Prüfwert, einem Verweis auf die Quelle und einem Zeitstempel, hier verzichtet.

Die oben als die älteste Sequenzdatenbank erwähnte PIR (Protein Information Resource) [WNH+04] ist im Uniprot-Verband aufgegangen. Daneben umfasst UniProt noch UniRef (UniProt Reference Clusters) und UniMES (UniProt Metagenomic and Environmental Sequences database). UniRef stellt die Sequenzen aus UniProtKB in Clustern mit 100%, 90% und 50% Übereinstimmung zur Verfügung, was eine Reduktion der Datenbank um etwa 10%, 40% bzw. 70% zur Folge hat [Uni08]. Bei UniRef100 kommt die Reduktion dadurch zustande, dass identische Sequenzen unterschiedlicher Organismen zu einem Eintrag (einem Cluster) zusammengefasst werden. Dadurch ist sie die umfangreichste nicht-redundante Quelle für Proteinsequenzdaten. UniRef90 und UniRef50 bieten durch die reduzierte Größe schnellere Antwortzeiten bei Sequenzvergleichen.

Während bisher hauptsächlich solche Proteine untersucht bzw. aus DNA-Sequenzen vorhergesagt wurden, deren Herkunftsorganismus bekannt ist, wird zur Zeit auch DNA unbekannter Herkunft in großem Stil zur Proteinvorhersage verwendet. Im Rahmen der Global Ocean Sampling Expedition (GOS) [YSR+07] bespielsweise wurden 25 Millionen DNA-Sequenzen von ozeanischen Mikroorganismen gesammelt, die analysiert und u. a. auch zur Proteinvorhersage verwendet werden. Für solche Proteinsequenzen, die (noch) nicht in eine Taxonomie eingeordnet werden können, wurde die UniMES-Datenbank erstellt.

3.1.2 Strukturdatenbanken

Als Beispiele für **Strukturdatenbanken** seien hier die NDB (Nucleic Acid Structure Databank) [BOB+92] der Rutgers-Universität für Nukleinsäurestrukturen und die wwPDB (world-wide Protein Data Bank) [BHNM07] für Proteinstrukturen genannt.

Die wwPDB wird von einem Konsortium aus der PDB-Gruppe des Research Collaboratory for Structural Bioinformatics (RCSB) in den USA, der MSD-(Makromolecular Structure Database)-Gruppe im European Bioinformatics Institute (MSD-EBI) und der Protein Data Bank Japan (PDBj) an der Osaka-Universität betrieben und zählt zu den Primärdatenbanken und Archiven. Ursprünglich handelte es sich um drei eigenständige Datenbanken für Proteinstrukturen (PDB, MSD und PDBj), von denen die PDB die größte war und bereits 1971 gegründet wurde. Ähnlich wie bei den Seqenzdatenbanken begannen die beteiligten Institutionen vor einigen Jahren, zu kooperieren und ihre Daten miteinander abzugleichen und auszutauschen. 2003 wurde diese Zusammenarbeit mit der Gründung der wwPTB formal unterstrichen. Die wwPTB wird von drei Orten aus von den oben genannten Institutionen betrieben, intern werden die Daten im PDB-Archiv abgelegt.

Die PDB enthält experimentell belegte Koordinaten der dreidimensionalen Struktur von Proteinen, Nukleinsäuren und großen makromolekularen Komplexen [BHNM07]. Die MSD als einer von drei Teilen der wwPDB beinhaltet

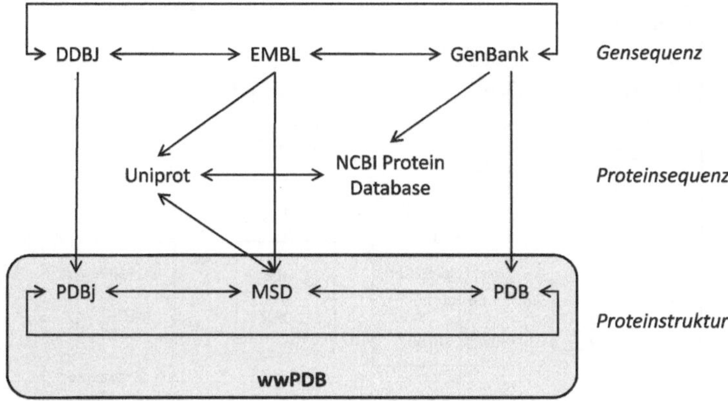

Abb. 3.6 Datenfluss zwischen den Primärdatenbanken für Nukleinsäure- und Aminosäuresequenzen sowie für Proteinstrukturen

hauptsächlich die Quartärstrukturen makromolekularer Komplexe, welche zum Teil aus der PDB abgeleitet und bereinigt wurden [MSDG08]. Darüber hinaus enthält sie zusätzliche Referenzen, die nicht in der PDB vorhanden sind. In den letzten Jahren wurden die taxonomischen Informationen der MSD und der UniProt-Datenbank einander angeglichen, um damit einen engeren Austausch zwischen der Struktur- und den Sequenzdatanbanken zu ermöglichen [VMMR$^+$05].

Abbildung 3.6 zeigt den Datenfluss zwischen den wichtigsten Nukleinsäure- und Aminosäuresequenzdatenbanken sowie denen für Proteinstrukturen, die wir im Folgenden besprechen.

3.1.3 Genexpressionsdatenbanken

Die vom EBI betriebene Datenbank ArrayExpress [PKS$^+$07] ist eins von drei öffentlichen Repositories für Genexpressionsdaten aus Microarray-Experimenten, die von der Microarray Gene Expression Data (MGED) Society empfohlen werden. Die anderen beiden sind GEO [BTW$^+$07] und CiBEX [IIiT$^+$03] (vgl. Abb. 3.7). Das ArrayExpress Repository ist also eine Primärdatenbank, die zum Beispiel die zu Publikationen gehörenden Experimentdaten aufnimmt. Es gibt in diesem Bereich zwei Standards, die beide unterstützt werden: MIAME steht für „Minimum Information About a Microarray Experiment" und ist letztlich eine Sammlung von Regeln, die besagt, welche Informationen über Microarray-Experimente mindestens angegeben werden müssen, um sie nachvollziehbar und reproduzierbar zu machen. MAGE-ML (MicroArray and Gene Expression Markup Language) ist ein XML-Format zum Austausch solcher Daten. Dabei kann der eine Standard nicht den anderen ersetzen, denn MIAME macht keine Formatvorgaben und MAGE-ML-Daten sind nicht zwingend MIAME-konform.

Neben dem ArrayExpress Repository existiert auch noch ein ArrayExpress Data Warehouse, das handgepflegte Genexpressionsprofile enthält, die aus dem

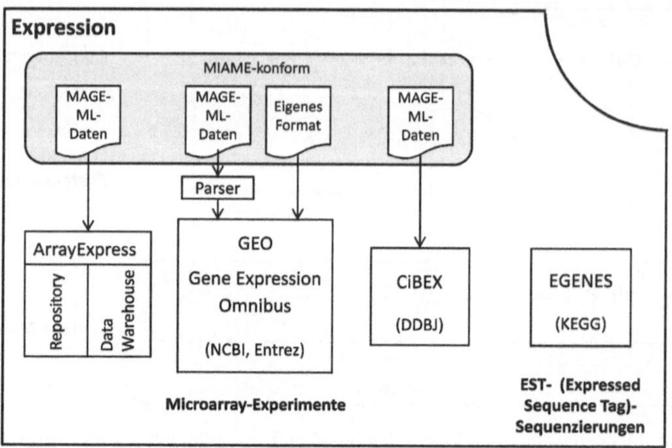

Abb. 3.7 Genexpressionsdatenbanken

Repository stammen und von Annotatoren überprüft und um weitere Informationen ergänzt wurden [PKS⁺07].

GEO [BTW⁺07] steht für Gene Expression Omnibus, wird vom NCBI betrieben und gehört damit zum Entrez-System. Es handelt sich um die größte der drei Primärdatenbanken für Microarray-Experimente und im Gegensatz etwa zur International Sequence Database Collaboration bestehend aus GenBank, der EMBL-Datenbank und DDBJ, tauschen diese drei Datenbanken ihre Einträge *nicht* untereinander aus. GEO verwendet ein eigenes Format zur Datenspeicherung, es existieren aber Parser zur Transformation von MAGE-ML Daten in das eigene Format. Alle Daten müssen MIAME-konform sein. CiBEX [IIiT⁺03] schließlich ist die kleinste der drei Datenbanken, unterstützt den MIAME-Standard und gehört zur DDBJ.

Als Beispiel für eine Datenbank mit EST-Daten (Expressed Sequence Tag) sei hier die EGENES-Datenbank [KAG⁺08] genannt, die ein Teil der KEGG-GENES-Datenbank ist.

3.1.4 Datenbanken über Proteinfunktionen

Abbildung 3.8 zeigt Datenbanken, die sich mit Proteinfunktionen befassen.

Es gibt zwei Nomenklaturen, die im Bereich der Proteinfunktionen wichtig sind: die Enzyme Nomenclature [Nom08], die das System der EC-Nummern (EC numbers) definiert, sowie ein Teilbereich der Gene Ontology [Gen08], der sich mit molekularen Funktionen (molecular functions) beschäftigt. Das System der EC-Nummern ist ein streng hierarchisches System mit vier Ebenen, das Reaktionen beschreibt, die durch Enzyme katalysiert werden. EC-Nummern bestehen aus dem Präfix EC und einer Gruppe von vier durch einen Punkt voneinander abgetrennten Zahlen. Die erste Zahl gibt eine der sechs Hauptklassen an, zu der das Enzym gehört. Die folgenden beiden Zahlen haben unterschiedliche Bedeutungen in

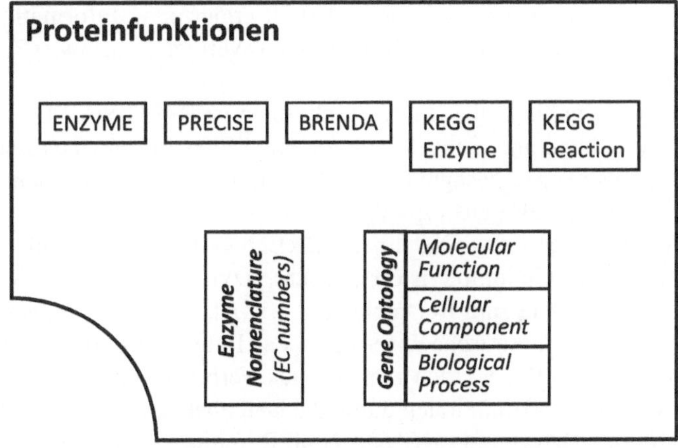

Abb. 3.8 Datenbanken über Proteinfunktionen und zwei wichtige Nomenklaturen

Tabelle 3.2 Enzyme Nomenclature

EC-Nummern	Hauptklasse
EC 1.x.x.x	Oxireduktasen
EC 2.x.x.x	Transferasen
EC 3.x.x.x	Hydrolasen
EC 4.x.x.x	Lyasen und Synthasen
EC 5.x.x.x	Isomerasen
EC 6.x.x.x	Ligasen

Abhängigkeit von der Hauptklasse. Die vierte Zahl schließlich gibt die spezifische enzymatische Aktivität an. Tabelle 3.2 fasst die Hauptklassen und den Aufbau der EC-Nummern zusammen. Erklärungen zu den verschiedenen Enzymklassen finden sich in Abschn. 2.6 über enzymatische Reaktionen (s. S. 24).

Diese Nomenklatur wurde 1955 von der Enzyme Commission – daher auch die Bezeichnung EC number – entwickelt und zunächst in Buchform veröffentlicht. Heutzutage wird sie vom Nomenclature Committee der International Union of Biochemistry and Molecular Biology (NC-IUBMB) im Web gepflegt [Nom08]. Die Nomenklatur enthält Verweise auf Einträge in anderen Proteindatenbanken wie beispielsweise ENZYME, BRENDA und KEGG-Enzyme.

Die vom Gene Ontology Consortium entwickelte Gene Ontology (GO) besteht aus den drei Hauptbereichen molekulare Funktionen (molecular functions), biologische Prozesse (biological processes) und zelluläre Bestandteile (cellular components). Sie dehnt also die Beschreibung von Funktionen von Enzymen auf allgemeine Proteine bzw. Moleküle aus. Außerdem bilden die EC-Nummern eine strikte Hierarchie, was für die Gene Ontology nicht der Fall ist. Sie wird im nächsten Kapitel in Abschn. 4.4.1 ausführlich vorgestellt.

Die vom Swiss Institute of Bioinformatics betriebene Datenbank ENZY-ME [Bai00] basiert auf der Enzyme Nomenclature. Sie enthält Einträge für alle mit

EC-Nummern beschriebenen Enzyme und stellt ergänzende Information wie zum Beispiel Kofaktoren und alternative Namen sowie Verweise auf SwissProt-Einträge zur Verfügung.

Eine weitere Datenbank über Enzymfunktionen ist PRECISE [SLC$^+$05], wobei der Name für Predicted and Consensus Interaction Sites in Enzymes steht. Die Datenbank enthält also vorhergesagte und nachgewiesene Bindungsstellen. Sie basiert auf der Strukturdatenbank PDB (vgl. Abb. 3.6).

Die Braunschweiger Enzymdatenbank BRENDA [CSG$^+$09] enthält ebenfalls Einträge für alle mit EC-Nummern versehenen Enzyme und ergänzt diese um vielfältige Informationen wie zum Beispiel detaillierte Angaben über Substrate, Kofaktoren und Inhibitoren, kinetische Informationen, Beteiligung an Krankheiten etc. Die Einträge in BRENDA werden manuell aus Veröffentlichungen übernommen. Ergänzt werden diese Informationen durch die Datenbanken AMENDA (Automatic Mining of ENzyme DAta) und FRENDA (Full Reference ENzyme DAta). AMENDA enthält Einträge, die durch den Einsatz von Text-Mining-Methoden gewonnen werden. FRENDA ist eine spezielle Literaturdatenbank, die Referenzen auf Veröffentlichungen mit organismusspezifischen Informationen über Enzyme enthält. Bei der Auswertung von Anfragen werden auch synonyme Bezeichnungen der gesuchten Enzyme berücksichtigt.

Auch das KEGG-System besitzt eine Datenbank, die Auskunft über Enzymfunktionen gibt: KEGG-ENZYME [KAG$^+$08]. Sie ist Teil der LIGAND-Datenbank, bezieht Informationen über Proteinstrukturen aus der PDB und ist eng mit der KEGG-REACTION-Datenbank integriert, die Informationen über enzymatische Reaktionen beinhaltet.

3.1.5 Interaktionsdatenbanken

Abbildung 3.9 zeigt Datenbanken mit Interaktionsinformationen aus den Bereichen Genregulation, Protein-Protein-Interaktionen, Metabolismus und Signaltransduktion.

Die PRODORIC-Datenbank [GKR$^+$09] enthält Informationen über Genregulation in Prokaryoten, die durch manuelle Annotation der Primärliteratur gewonnen werden. Dazu gehören beispielsweise Informationen über Promotorstrukturen und Transkriptionsfaktor-Bindestellen sowie über regulatorische Interaktionen der Transkriptionsfaktoren mit ihren Bindestellen. Sie enthält außerdem Signalkaskaden in Prokaryoten und Daten über metabolische Netzwerke, die aus der KEGG-PATHWAY-Datenbank (s.u.) importiert werden.

DIP und IntAct sind zwei Beispiele für Datenbanken über Protein-Protein-Interaktionen. DIP [SMS$^+$04] steht für Database of Interacting Proteins und wird von der University of California (UCLA) betrieben. IntAct [AAAF$^+$10] gehört zu den Datenbanken des European Bioinformatics Institute (EBI).

Die in solchen Datenbanken abgelegten Informationen sind oft das Ergebnis von Hochdurchsatzexperimenten (vgl. auch Abschn. 2.7.4 über Proteininteraktionsnetzwerke). Ähnlich wie bei den Genexpressionsdaten gibt es auch hier Richtlinien

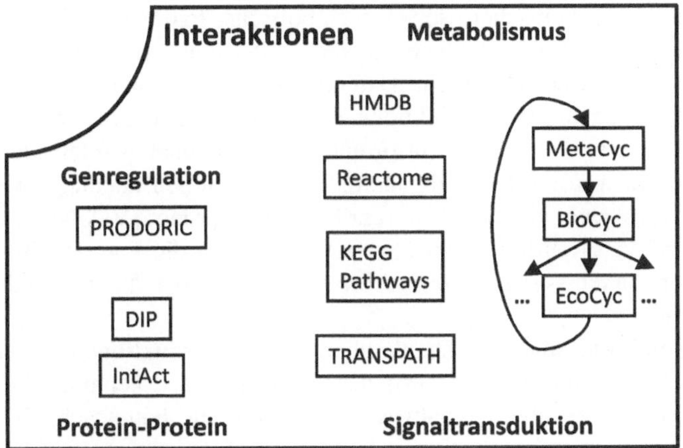

Abb. 3.9 Datenbanken mit Interaktionsinformationen

dafür, welche Informationen mindestens über die experimentellen Hintergründe angegeben werden müssen, damit die abgelegten Daten für andere Forschungsgruppen nützlich sind. Da sind auf der einen Seite die Richtlinien des International Molecular Exchange (IMEx) Konsortiums zu nennen sowie der MIMIx-Standard, wobei MIMIx für „Minimum Information required for reporting a Molecular Interaction experiment" steht [OSK$^+$07]. Auf der anderen Seite ist das PSI-MI XML-Format zu nennen, das die Angabe sehr ausführlicher Informationen ermöglicht und den MIMIx-Standard mit einschließt [OSK$^+$07]. Sowohl die Betreiber von DIP als auch von IntAct gehören dem IMEx-Konsortium an, das den Datenaustausch zwischen den verschiedenen Proteininteraktionsdatenbanken zu verbessern versucht.

Die Human Metabolome Database (HMDB) [WTK$^+$07] ist eine umfassende, kuratierte Datenbank, in der verschiedenste Arten von Daten gesammelt und zur Verfügung gestellt werden, die das menschliche Metabolom betreffen. Sie geht über die weiter unten besprochenen Pathway-Datenbanken hinaus, da sie zusätzlich beipelsweise Kernresonanzspektroskopiedaten (Nuclear Magnetic Resonance, NMR), Massenspektrometriedaten, chemische Strukturen und Formeln, Verweise auf Krankheiten und vieles mehr enthält.

Reactome [VDS$^+$07] enthält sowohl metabolische Pathways als auch Signaltransduktionswege sowie weitere Arten von biologischen Prozessen auf unterschiedlichen Abstraktionsebenen, die alle in demselben Datenmodell abgelegt werden, sodass Verbindungen zwischen diesen Prozessen hergestellt werden können. In erster Linie enthält sie von Hand gepflegte Daten über biologische Prozesse aller Art im Menschen. Des Weiteren werden aus diesen Daten Pathways anderer Spezies abgeleitet. Der Ableitungsprozess wird ausführlich in [VDS$^+$07] beschrieben und mit anderen Ansätzen verglichen. Die Datenbank wird gemeinsam vom Cold Spring Harbor Laboratory, dem EBI sowie dem Gene Ontology Consortium betrieben.

Die KEGG-PATHWAY-Datenbank [KAG$^+$08] enthält ebenfalls verschiedene Arten biologischer Prozesse: Signaltransduktionswege, zelluläre Prozesse,

Krankheiten beim Menschen sowie metabolische Pathways. Sie ist nicht auf eine Spezies beschränkt oder spezialisiert. Allerdings verwendet diese Datenbank anscheinend unterschiedliche Datenmodelle für metabolische Pathways auf der einen und für Signaltransduktionswege auf der anderen Seite, sodass keine Verbindung zwischen diesen Informationen berechnet werden kann. Metabolische Pathways werden dabei als chemische Reaktionen abgelegt, während Signaltransduktionswege als Graphen repräsentiert werden [VDS+07]. Leider geben die Primärveröffentlichungen über KEGG – also die von den Betreibern der KEGG-Datenbanken – nur ungenaue Informationen über die zugrunde liegenden Datenmodelle.

Als Beispiel für eine Datenbank über Signaltransduktionswege sei hier die TRANSPATH-Datenbank [KPV+06] der Firma Biobase genannt. TRANSPATH enthält Informationen über Signalwege in Säugetieren, hauptsächlich in Mensch, Maus und Ratte. Die Informationen werden der Literatur entnommen, von Datenbankkuratoren hinsichtlich ihrer Verlässlichkeit evaluiert und mit entsprechenden Kommentaren versehen. TRANSPATH ist eng integriert mit der TRANSFAC-Datenbank [Win08] der gleichen Firma, die Daten über die Interaktion von Transkriptionsfaktoren mit den zugehörigen DNA-Bindungsstellen enthält. Diese stellen häufig Endpunkte von Signaltransduktionswegen dar. Andere Endpunkte sind metabolisch wirkende Enyzme, die als Resultate von Signalwegen erzeugt werden und Einfluss auf den Stoffwechsel ausüben. Solche Informationen sind ebenfalls in der TRANSPATH-Datenbank enthalten [WCH+07].

Das Stanford Research Institute (SRI) versucht mit seinen X-Cyc-Datenbanken ein systematisches Vorgehen beim Aufbau metabolischer Pathway-Datenbanken in der Forschungsgemeinde anzuregen und zu unterstützen. Dabei hängen die Datenbanken wie folgt zusammen: MetaCyc [CAD+10] enthält metabolische Pathways und Enzyme für über 1.000 verschiedene Organismen. Die Pathways wurden der Primärliteratur entnommen und sind experimentell nachgewiesen. Basierend auf MetaCyc werden organismenspezifische Datenbanken automatisch erstellt, die jeweils das vorhergesagte metabolische Netzwerk eines Organismus sowie das Genom enthalten. Diese Sammlung von zur Zeit mehr als 350 Datenbanken wird als BioCyc und die Art der enthaltenen Datenbanken als PGDBs (Pathway/Genome Databases) bezeichnet [KOMK+05]. Die Idee besteht nun darin, dass jede dieser so erzeugten Datenbanken von der entsprechenden Forschungs-Community übernommen und durch manuelle Pflege verbessert und ergänzt wird, wobei neue Pathway-Einträge wiederum auch in MetaCyc eingefügt werden sollen, damit letztere eine möglichst vollständige organismenübergreifende Referenzdatenbank bleibt.

Das SRI selbst pflegt eine dieser organismusspezifischen Datenbanken, EcoCyc [KCVGC+05], die metabolische Pathways von *Escherichia coli* enthält. In den letzten Jahren wurde der Kompetenzbereich von EcoCyc dahingehend verbreitert, dass neben den metabolischen auch regulatorische Pathways, Transportprozesse, Gen- und Proteinfunktionen etc. mit aufgenommen wurden, sodass eine umfassende *E.coli*-Datenbank entstanden ist [KKS+07]. Die Entwicklung von EcoCyc begann 1992, womit es eine der ältesten Pathway-Datenbanken ist [VDS+07].

3.1.6 Datenbanken für organismusbezogene Informationen

Abbildung 3.10 zeigt Beispiele für Datenbanken, die komplette Organismen betreffen.

Als Beispiele für Datenbanken, die sich mit Variation und Mutation von Genen und Proteinen beschäftigen, seien hier ENTREZ-OMIM (Online Mendelian Inheritance in Man) [HSA⁺05], die Database of Genomic Variants [ZFD⁺06] sowie die Protein Mutant Database [KON99] genannt. In OMIM werden Informationen über Gene und genetische Funktionsstörungen auf Basis von einschlägigen Veröffentlichungen zusammengestellt. Der Fokus liegt somit auf Zusammenhängen zwischen Phenotyp und Genotyp. Die Informationssammlung gibt es in gedruckter Form bereits seit 1966 mit dem Titel MIM (Mendelian Inheritance in Man).

Die Database of Genomic Variants [ZFD⁺06] befasst sich mit strukturellen Variationen des humanen Genoms und insbesondere mit Copy Number Variants (CNVs). Normalerweise liegen im menschlichen Genom alle Gene in zwei Kopien vor, nämlich je einmal pro Chromosomensatz. Es kann aber zu Variationen in der Anzahl der Kopien kommen. Im Zuge der Sequenzierung des menschlichen Genoms hat sich gezeigt, dass CNVs im Humangenom verhältnismäßig häufig vorkommen. CNVs können den Organismus für bestimmte Krankheiten empfänglicher machen [IFR⁺04].

Die Protein Mutant Database [KON99] stellt Informationen über Mutationen in Aminosäuresequenzen zusammen. Dabei werden die Postitionen der Mutationen in der Sequenz erfasst und zum Teil auch die Auswirkungen auf die Proteinstruktur. Auch diese Datenbank basiert auf den einschlägigen Veröffentlichungen. Darüberhinaus ist auch ihre Struktur nach den Veröffentlichungen ausgerichtet, in dem Sinn, dass ein Datenbankeintrag mit einer Literaturstelle korrespondiert und nicht zum Beispiel mit einem Protein oder einer Mutation eines Proteins.

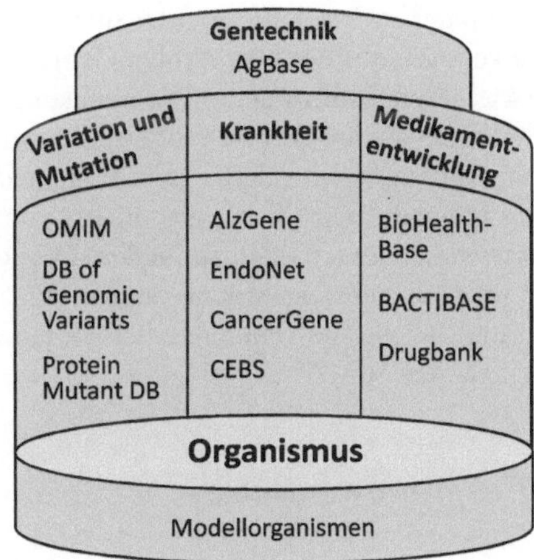

Abb. 3.10 Beispiele für Datenbanken mit organismusbezogenen Informationen

Als Beispiele für Datenbanken aus dem Bereich der Immunbiologie sollen uns hier AlzGene, EndoNet, CancerGene und CEBS dienen. AlzGene [BMM$^+$07] ist eine Datenbank, in der Studien über genetische Assoziationen der Alzheimerkrankheit gesammelt werden, d. h. über Studien, die herausfinden wollen, ob es genetische Ursachen für Alzheimer gibt und wenn ja, von welchen Genen sie ausgehen. Während es sich bei den in Abschn. 2.7.2 beschriebenen Netzwerken um intrazelluläre Netzwerke handelt, ist EndoNet [DGL$^+$08] eine Datenbank, in der regulatorische Netzwerke abgelegt werden, die intrazelluläre Kommunikation beschreiben. Genauer gesagt handelt es sich dabei um hormongesteuerte (endokrine) Kommunikation.

Die CancerGene-Datenbank [HCM$^+$07] stellt Informationen über Gene zusammen, die im Verdacht stehen, durch Mutation krebsassoziiert zu sein. Sie verlinkt unter anderem zur Entrez-Gene-Datenbank. CEBS [WSM$^+$08] (Chemical Effects in Biological Systems) ist eine Datenbank, die Informationen über den Aufbau von Studien und Daten über Toxizitätsuntersuchungen mit Microarray- und Proteomdaten integriert.

Im Bereich der Antikörperforschung seien BioHealthBase, BACTIBASE und DrugBank genannt. BioHealthBase [SMGS$^+$08] ist eine Datenbank, deren Ziel es ist, alle in öffentlichen Datenbanken und der Literatur vorhandenen sowie automatisch hergeleiteten Informationen über Wirt-Pathogen-Interaktionen zu integrieren. BACTIBASE [HZBF07] ist eine Datenbank, die Informationen über Bacteriocine enthält. Das sind Peptide, die von bestimmten Bakterien abgesondert werden und das Wachstum anderer Bakterien hemmen. Sie sind aufgrund der zunehmenden Resistenzen gegen Antibiotika zur Zeit von besonderem Interesse. Bei der DrugBank [WKG$^+$08] handelt es sich um eine Arzneimitteldatenbank, die Sequenz-, Struktur- und mechanistische Daten von Arzneistoffen mit den entsprechenden Daten ihrer Targets integriert. Targets sind in diesem Zusammenhang Angriffspunkte für Arzneimittel, wie z. B. bestimmte Rezeptoren oder Enzyme.

AgBase [MBW$^+$07] ist eine Datenbank zur Unterstützung der funktionellen Analyse von Genprodukten agrarwirtschaftlich relevanter Pflanzen und Tiere.

Neben den Datenbanken, die auf ein bestimmtes Gebiet – Sequenzen, Strukturen, Pathways etc. – fokussieren, gibt es auch Datenbanken, die einen bestimmten Organismus in den Mittelpunkt stellen. Typischerweise werden solche Datenbanken für Modellorganismen aufgebaut. Bei Modellorganismen handelt es sich um ausgewählte Bakterien, Pilze, Pflanzen oder Tiere, die intensiv untersucht werden. Die Untersuchungsergebnisse versucht man dann auf andere Organismen zu übertragen. Als Modellorganismen werden meistens solche ausgewählt, die sich gut züchten und untersuchen lassen und für die die Datenlage bereits gut ist. In Abb. 3.11 sind die gängigen Modellorganismen zu sehen.

3.1.7 Portale und Integrationsansätze

Da zur Beantwortung bestimmter Fragestellungen oftmals Daten aus verschiedenen Datenbanken abgefragt werden müssen, ist Datenintegration in diesem Bereich

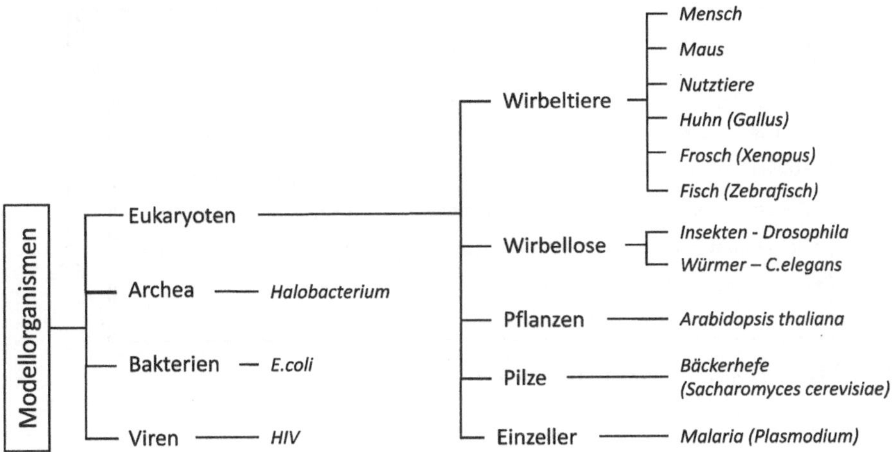

Abb. 3.11 Modellorganismen

sehr wichtig. Dabei kann man zwei Ansätze unterscheiden: Zum einen möchte man Workflows unterstützen, in denen verschiedenartige Datenbanken abgefragt werden, um aufeinander aufbauende Informationen zu erhalten. Und zum anderen möchte man verschiedene gleichartige Datenbanken abfragen, um ein möglichst vollständiges Bild zu einem bestimmten Thema zu bekommen.

Ein Beispiel für Workflows ist die Rekonstruktion metabolischer Netzwerke, die in Kap. 5.3 vorgestellt wird. Dort wird von der Gensequenz eines Organismus auf die ihm im Prinzip zur Verfügung stehenden Proteine geschlossen. Für diese wird ihre enzymatische Aktivität abgefragt, auf deren Basis dann auf die möglicherweise ablaufenden biochemischen Reaktionen geschlossen wird. Dieses werden schließlich zu Reaktionsfolgen, Pathways und ganzen Netzwerken zusammengesetzt (vgl. Abschn. 5.3 und Abb. 5.4).

Während des Rekonstruktionsprozesses wird also auf Gensequenz-, Proteinsequenz- und Proteinfunktions-Datenbanken zugegriffen sowie auf Interaktionsdatenbanken. Dabei ist es nützlich, wenn die in einem solchen Workflow benötigten Datenbanken alle über einen zentralen Einstiegspunkt – ein Portal – zur Verfügung gestellt werden. Portale ermöglichen insbesondere das Speichern und Weiterbearbeiten von Zwischenergebnissen, sodass diese nicht mehr manuell von der Benutzeroberfläche des einen Systems in die des nächsten übertragen werden müssen.

Ein großes Portal ist das vom NCBI betriebene Entrez-System [SBB+10], das in Abb. 3.12 gezeigt wird. Dazu gehören zum Beispiel die NCBI Protein Database, Entrez-Genomes und auch die GenBank.

Es umfasst zur Zeit 38 Datenbanken aus den in der Abbildung genannten Bereichen Literaturdatenbanken, Molekulardatenbanken und Genomdatenbanken. Die Molekulardatenbanken gliedern sich dabei noch in folgende Unterkategorien auf:

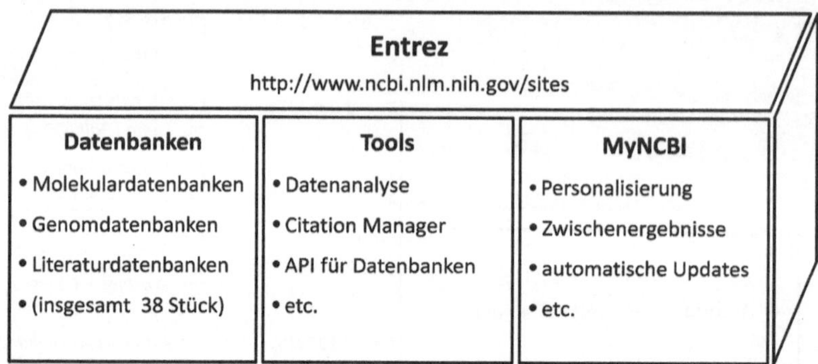

Abb. 3.12 Überblick über das Entrez-Portal

- Nukleotidsequenzen,
- Proteinsequenzen,
- Strukturen,
- Gene,
- Genexpression und
- Taxonomie

Abgesehen von den Taxonomiedatenbanken und von den Literaturdatenbanken, die wir in Abschn. 3.3 behandeln, lassen sich alle anderen Kategorien auch in unserer oben vorgestellten Klassifikation wiederfinden. Es gibt eine Oberfläche, mit der sich alle Datenbanken parallel abfragen lassen, sodass man auf einen Blick sehen kann, welche Datenbank zu einem Suchbegriff Informationen enthält. Abbildung 3.13 zeigt einen Screenshot, der das Anfrageergebnis für den Suchbegriff „Fructose" darstellt. Je nach Zweck der Anfrage kann man sich im nächsten Schritt die Suchergebnisse in den verschiedenen Datenbanken anzeigen lassen.

Neben dem Zugriff auf die Datenbanken stellt Entrez eine Reihe von Analysewerkzeugen zur Verfügung, beispielsweise zum Sequenzvergleich. Es gibt Bibliographiewerkzeuge (citation manager) und Programmierschnittstellen für das System. Eine Übersicht über die verschiedenen Werkzeuge wird in [SBB$^+$10] gegeben. Ausführlich dargestellt werden sie auf der NCBI-Webseite (http://www.ncbi.nlm.nih.gov/Tools/index.html).

Mit MyNCBI schließlich lassen sich Voreinstellungen ablegen, Zwischenergebnisse speichern, letzte Aktivitäten abrufen, Literaturdaten verwalten etc. Es gibt auch die Möglichkeit, sich informieren zu lassen, wenn die Daten die man abgefragt hat, aktualisiert werden.

Ein weiteres wichtiges Portal ist KEGG [KGF$^+$10], die „Kyoto Encyclopedia of Genes and Genomes". Es handelt sich um insgesamt 16 Datenbanken, die in die drei großen Bereiche „Systems Information", „Genomic Information" and „Chemical Information" aufgeteilt werden. Abbildung 3.14 zeigt jeweils einige wichtige Datenbanken aus diesen drei Bereichen.

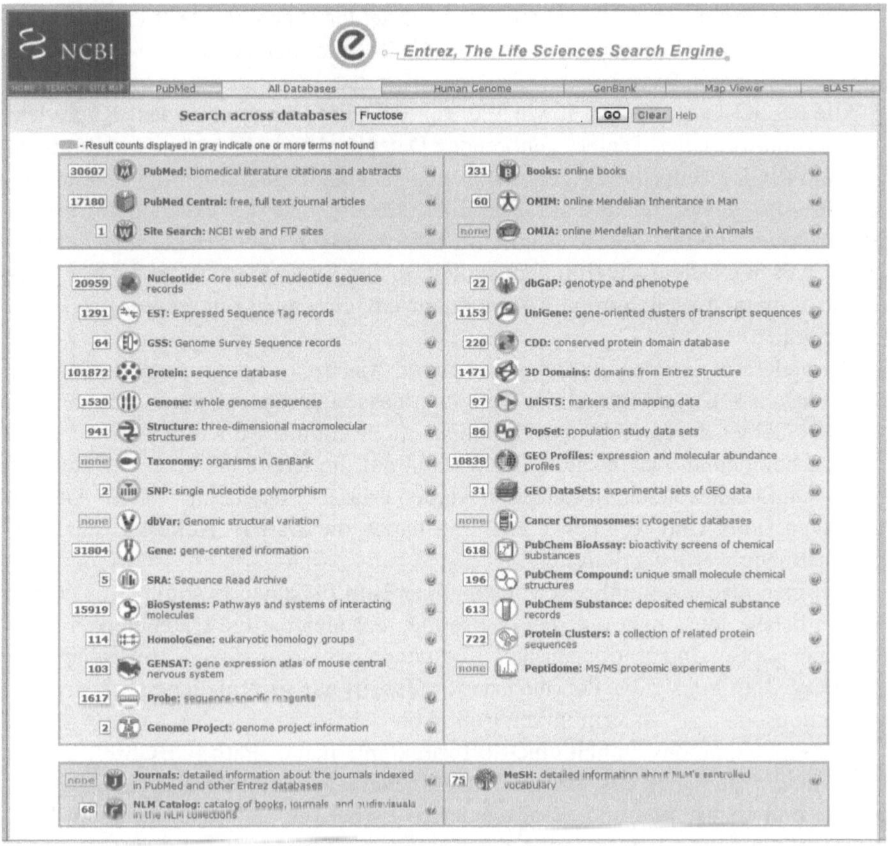

Entrez, The Life Sciences Search Engine

NCBI

PubMed | All Databases | Human Genome | GenBank | Map Viewer | BLAST

Search across databases [Fructose]   GO Clear Help

- Result counts displayed in gray indicate one or more terms not found

30607	PubMed: biomedical literature citations and abstracts		231	Books: online books
17180	PubMed Central: free, full text journal articles		60	OMIM: online Mendelian Inheritance in Man
1	Site Search: NCBI web and FTP sites		none	OMIA: online Mendelian Inheritance in Animals

20959	Nucleotide: Core subset of nucleotide sequence records		22	dbGaP: genotype and phenotype
1291	EST: Expressed Sequence Tag records		1153	UniGene: gene-oriented clusters of transcript sequences
64	GSS: Genome Survey Sequence records		220	CDD: conserved protein domain database
101872	Protein: sequence database		1471	3D Domains: domains from Entrez Structure
1530	Genome: whole genome sequences		97	UniSTS: markers and mapping data
941	Structure: three-dimensional macromolecular structures		86	PopSet: population study data sets
none	Taxonomy: organisms in GenBank		10838	GEO Profiles: expression and molecular abundance profiles
2	SNP: single nucleotide polymorphism		31	GEO DataSets: experimental sets of GEO data
none	dbVar: Genomic structural variation		none	Cancer Chromosomes: cytogenetic databases
31804	Gene: gene-centered information		618	PubChem BioAssay: bioactivity screens of chemical substances
5	SRA: Sequence Read Archive		196	PubChem Compound: unique small molecule chemical structures
15919	BioSystems: Pathways and systems of interacting molecules		613	PubChem Substance: deposited chemical substance records
114	HomoloGene: eukaryotic homology groups		722	Protein Clusters: a collection of related protein sequences
103	GENSAT: gene expression atlas of mouse central nervous system		none	Peptidome: MS/MS proteomic experiments
1617	Probe: sequence-specific reagents			
2	Genome Project: genome project information			

| none | Journals: detailed information about the journals indexed in PubMed and other Entrez databases | | 75 | MeSH: detailed information about NLM's controlled vocabulary |
| 68 | NLM Catalog: catalog of books, journals, and audiovisuals in the NLM collections | | | |

Abb. 3.13 Abfrageergebnis für den Suchbegriff „Fructose"

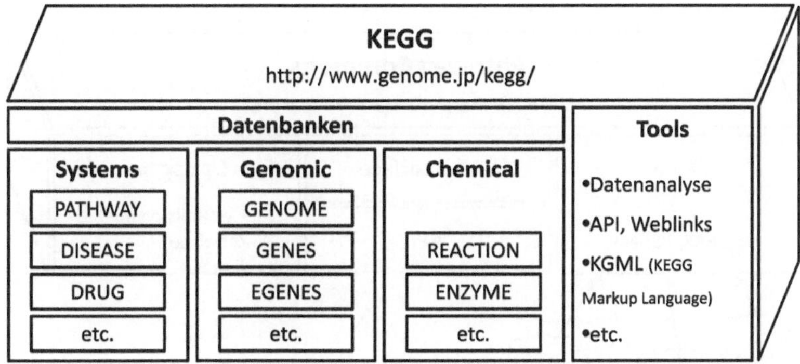

Abb. 3.14 Überblick über die KEGG-Datenbanken

KEGG bietet diverse Werkzeuge zur Analyse der Daten an, stellt Programmierschnittstellen zur Verfügung sowie mit KGML eine eigene Markup-Sprache zur
Repräsentation von Pathways.

Alle KEGG-Datenbanken sowie alle weiteren zum GenomeNet des „Kyoto Uni-
versity Bioinformatics Center" gehörenden Datenbanken können mit dem Retrieval-
System DBGET (http://www.genome.jp/dbget/) abgefragt werden. Es handelt sich
um ein Abfragesystem, das auf Flat-Files arbeitet und die Daten der LinkDB-
Datenbank auswertet, welche wiederum Informationen über direkte und indirekte
Links zwischen Datenbankeinträgen enthält. In den Kategorien aus Abschn. 4.1 aus-
gedrückt, handelt es sich um ein System zur navigierenden Integration bzw. Link-
Integration.

Der andere der beiden eingangs genannten Ansätze – die Abfrage gleichartiger
Datenbanken – berücksichtigt die Tatsache, dass auch Datenbanken, die auf dem
gleichen Gebiet angesiedelt sind, durchaus nicht komplett übereinstimmende Datensätze beinhalten. Das bezieht sich sowohl auf die Breite als auch auf die Tiefe
der Daten: Daten welcher Organismen werden erfasst? Findet eine weitere Auswahl
der Daten statt? Und welchen Detailgrad haben die Daten? Welche zusätzlichen
Informationen werden geliefert?

Will man also ein möglichst vollständiges Bild für einen bestimmten Themen-
bereich haben, muss man typischerweise mehrere gleichartige Datenbanken abfragen. Hier gibt es Integrationsansätze, die genau das unterstützen. Ein Beispiel ist
„Pathway Commons", das den integrierten Zugriff auf verschiedene Pathway- und
Interaktionsdatenbanken ermöglicht (vgl. Abb. 3.15).

Pathway Commons enthält eine Softwarekomponente cPath [CBGS06], die dafür zuständig ist, Daten aus den unterstützten Pathway- und Interaktions-Datenban-
ken zusammenzustellen und zu aggregieren. Es handelt sich also um einen Data-
Warehouse-Ansatz zur Integration der Daten (vgl. Abschn. 4.1, Integrationsansätze). Zur Zeit werden neun Datenbanken unterstützt, darunter die in der Abbildung
aufgeführten. Für den Datenaustausch verwendet cPath die XML-Formate PSI-MI

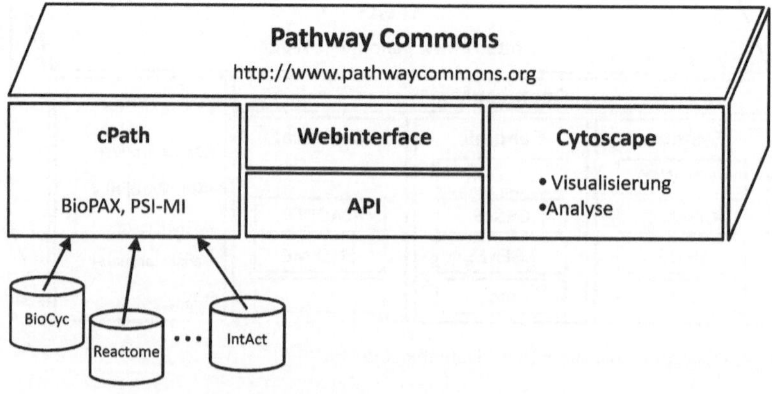

Abb. 3.15 Überblick über Pathway Commons

für Interaktionsdaten und BioPAX für Pathways. Auf diese Daten kann über ein Web-Interface oder eine Programmierschnittstelle zugegriffen werden. Zur Visualisierung und Analyse der Daten wird Cytoscape [CSC$^+$07] verwendet.

Während es das Ziel von Pathway Commons ist, eine integrierte Sicht auf Pathway- und Interaktionsdaten zur Verfügung zu stellen sowie Visualisierungen und Analysen zu ermöglichen, ist Pathguide [BCS06] eine umfangreiche Zusammenstellung von Pathway-Datenbanken. Diese sind nach Themenbereichen geordnet und für jede Datenbank wird angegeben, ob sie frei verfügbar oder kostenpflichtig ist und welche Austauschformate sie unterstützt. Abbildung 3.16 zeigt einen Screenshot von Pathguide. Oben links in der Ecke kann man die Themenbereiche erkennen, in die die Datenbanken kategorisiert werden:

- Protein-Protein-Interaktionen,
- metabolische Pathways,
- Signaltransduktionswege
- Pathway-Diagramme,
- Transkriptionsfaktoren und genregulatorische Netzwerke,
- Interaktionen mit Proteinkomplexen
- genetische Interaktionsnetzwerke,
- Schwerpunkt auf Proteinsequenzen
- und andere.

Man kann die Suche auch auf bestimmte Organismen und unterstützte Standards einschränken oder sich nur frei verfügbare oder nur kommerzielle Datenbanken anzeigen lassen. Leider wird bei den Austauschformaten nicht mit angegeben, welche

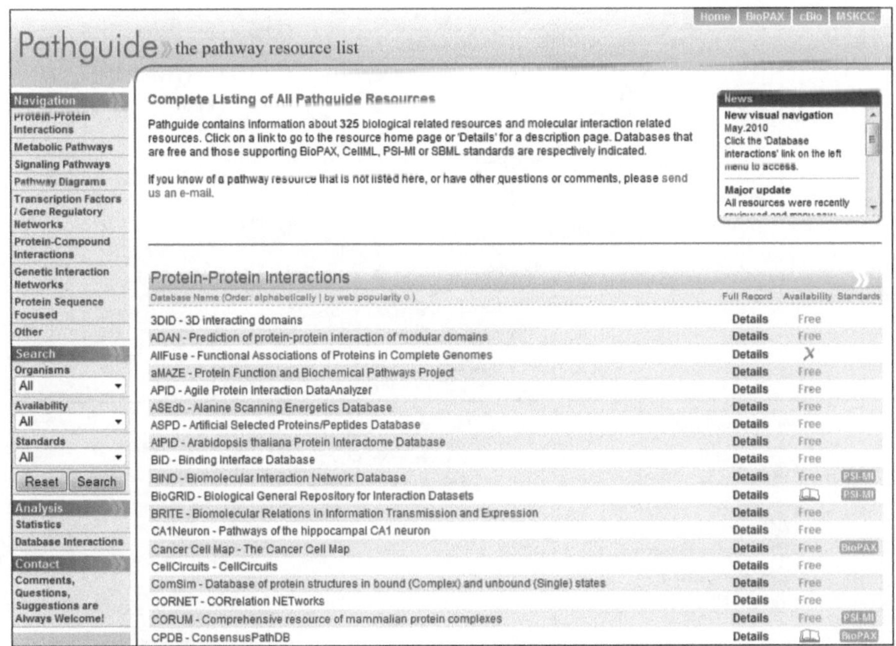

Abb. 3.16 Pathguide

Version jeweils unterstützt wird, auch nicht in den Detailinformationen zu den Datenbanken. Dies ist allerdings unter Umständen für die Weiterverarbeitung der Daten wichtig, da nicht jedes Visualisierungs- und Analysewerkzeug jede Version der Austauschformate unterstützt. In [BMFS09] sind diese Informationen für einige wichtige Pathway- und Interaktionsdatenbanken zusammengestellt. Ansonsten muss man diese Angaben von den Homepages der jeweiligen Datenbanken beziehen.

Des Weiteren gibt es die Möglichkeit, sich die Datenbanken und ihre Beziehungen untereinander visualisieren zu lassen. Abbildung 3.17 zeigt die wichtigsten Pathway-Datenbanken und die Art und Weise wie zwischen ihnen Daten ausgetauscht werden.

In der Praxis werden oft beide der hier vorgestellten Arten von Datenintegration benötigt. Wir werden in Abschn. 5.3 bei der Rekonstruktion metabolischer

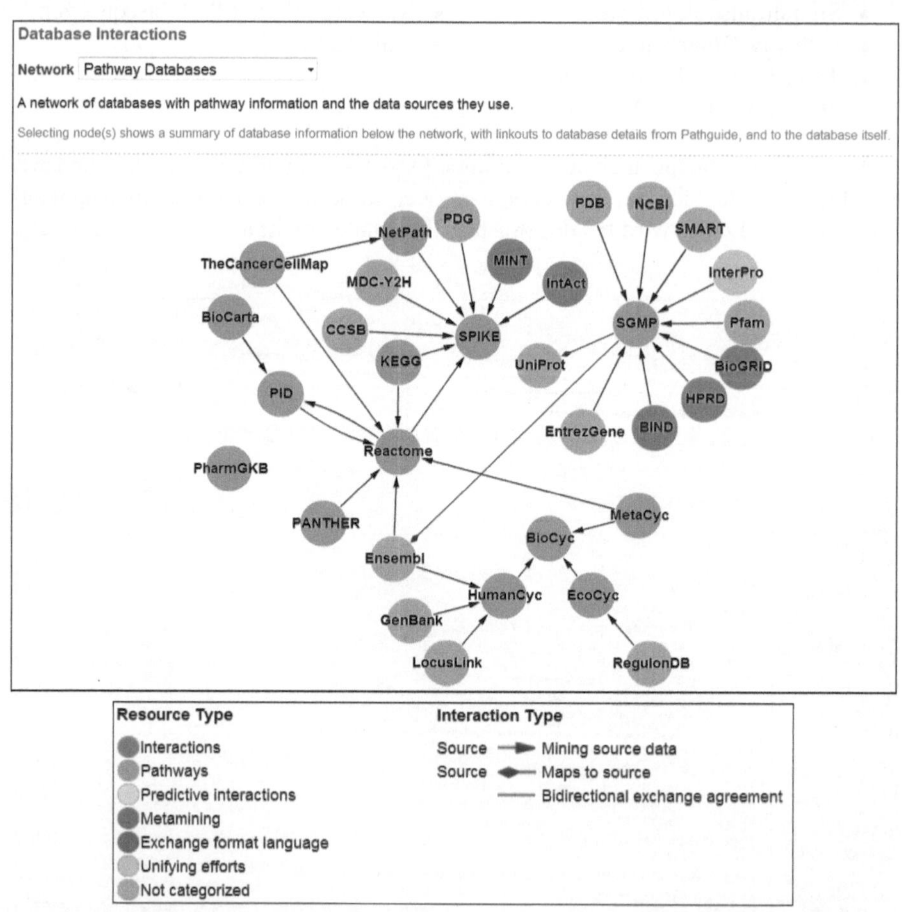

Abb. 3.17 Pathguide: Wichtige Pathway-Datenbanken und der Datenaustausch zwischen ihnen

Netzwerke noch sehen, dass in fast jedem der oben kurz angesprochenen Schritte des Workflows mehrere gleichartige Datenbanken abgefragt werden – aus den gerade diskutierten Gründen.

In Abschn. 3.2 stellen wir die wichtigsten Austauschformate für Interaktions- und Pathway-Daten vor. Technische Aspekte der Integration diskutieren wir in Kap. 4. Zunächst aber sollen als Abschluss dieses Überblicks über molekularbiologische Datenbanken noch einige ihrer spezifische Merkmale diskutiert werden.

3.1.8 Spezifische Merkmale molekularbiologischer Datenbanken

In diesem Abschnitt diskutieren wir einige Aspekte molekularbiologischer Datenbanken, die für diese spezifisch bzw. wichtig sind. Im Einzelnen sind das die folgenden Punkte:

1. Primär- versus Sekundärdatenbanken,
2. Datenqualität,
3. Vernetzung der Datenbanken,
4. Art der Datenspeicherung.

Die ersten beiden Punkte beziehen sich auf die Daten als solche, während Punkt drei und vier technische Aspekte betreffen.

3.1.8.1 Primär- vs. Sekundärdatenbanken

Eine gängige Unterscheidung in Bezug auf molekularbiologische Datenbanken ist die in Primär- bzw. Sekundärdatenbanken. Als Primärdatenbanken werden diejenigen bezeichnet, die in erster Linie als Archive dienen und sich die Aufgabe gestellt haben, eine möglichst vollständige Datenabdeckung eines bestimmten Gebiets zu erreichen. Beispiele dafür sind etwa die großen Sequenzdatenbanken.

Die Aufgabe von Sekundärdatenbanken besteht dahingegen mehr in der Interpretation und Annotation der vorhandenen Daten mit dem Ziel neue biologische Erkenntnisse zu erhalten [Les08]. Dazu gehören also alle die Datenbanken, die abgeleitete Informationen enthalten, wie zum Beispiel vorhergesagte Proteinsequenzen – also aus Nukleinsäuresequenzen berechnete Aminosäuresequenzen, die noch nicht experimentell bestätigt wurden. Dazu gehört zum Beispiel die Datenbank TrEMBL (vgl. oben, S. 51).

3.1.8.2 Datenqualität

Um eine gute Qualität der Daten zu gewährleisten, sind zwei Punkte besonders wichtig: Die Herkunft der Daten muss nachvollziehbar sein und es muss erkennbar sein, ob es sich um experimentell erhaltene oder abgeleitete Daten handelt. Zwei Beispiel aus [Nel07] veranschaulichen diese Forderungen:

Zunächst betrachten wir folgende Situation:

- Eine Sequenz B wird aufgrund ihrer Ähnlichkeit zu einer anderen Sequenz A als Kinase klassifiziert.
- Nun wird eine Sequenz C aufgrund ihrer Ähnlichkeit zu B ebenfalls als Kinase eingeordnet.
- Wenn sich nun herausstellt, dass A doch keine Kinase ist, ist die Klassifikation von B und C vermutlich ebenfalls nicht richtig.

Dieser Fehler wird aber nicht erkannt werden, wenn die Herkunft der Informationen nicht bekannt ist. Er wird auch nicht erkannt werden, wenn die Information zwar vorhanden ist, aber nicht zurückverfolgt wird, wenn einem also die Änderung der Klassifikation von B entgeht.

Selbst wenn A richtig als Kinase erkannt wurde, kann noch ein Problem auftreten: B muss trotz einer großen Sequenzähnlichkeit zu A nicht notwendigerweise eine Kinase sein. Dies könnte sich durch eine experimentelle Überprüfung der berechneten Hypothese herausstellen. Auch in diesem Fall wäre C vermutlich falsch als Kinase eingeordnet worden und es wäre wichtig, dass die Änderung der Einordnung von B weiterpropagiert würde.

Ein ähnliches Beispiel veranschaulicht, weshalb deutlich zu erkennen sein muss, ob die Daten experimentell erzeugt oder berechnet wurden:

- Wiederum wird eine Sequenz A als Kinase eingeordnet.
- Aufgrund eines Sequenzvergleichs mit Hilfe von BLAST und einer Ähnlichkeit von 45% wird B ebenfalls als Kinase klassifiziert.
- In einem weiteren Sequenzvergleich zeigt C eine Übereinstimmung von 41% mit B und wird auch als Kinase eingeordnet.
- Ein direkter Vergleich der Sequenzen A und C ergibt aber nur eine Übereinstimmung von beispielsweise 28%, was nicht ausreichen würde, um von einer ähnlichen Funktionalität ausgehen zu können.

An diesem Beispiel sieht man, dass es für die Weiterverarbeitung der Daten sehr wichtig ist, zu wissen, ob es sich bei den Funktionsannotationen der Sequenzen, mit denen Vergleiche durchgeführt werden, um experimentell nachgewiesene oder um abgeleitete Daten handelt.

In einigen Datenbanken wird dieses Problem dadurch gelöst, dass ein „evidence code" angegeben wird, der Informationen darüber liefert, wie sicher die jeweiligen Annotationen sind.

In diesem Zusammenhang ist es auch interessant zu wissen, ob die einzelnen Wissenschaftler selbst ihre Daten in einer bestimmten Datenbank ablegen dürfen oder ob es Kuratoren gibt, die jede Einreichung oder jedes Berechnungsergebnis zunächst auf Güte und Richtigkeit hin überprüfen.

3.1.8.3 Vernetzung der Datenbanken

Charakteristisch für molekularbiologische Datenbanken ist, dass sie sehr eng miteinander vernetzt sind, was in den vorherigen Abschnitten deutlich geworden ist.

Abbildung 3.17 zeigt diese Situation für einige Pathway- und Interaktionsdatenbanken. Verweise auf andere Datenbanken werden dabei oftmals in Form von Hypertextlinks abgelegt. Gute Weiterverarbeitbarkeit wird damit aber nicht gerade unterstützt [DKR03], weil jeder Link einzeln angeklickt werden muss und weil die Informationen, die sich in der verlinkten Datenbank befinden, nicht in Anfragen verwendet werden können. Eine Ausnahme stellt die automatische Weiterverarbeitung solcher Hypertextverweise mit spezialisierten Systemen wie SRS [ZLAE02] dar, auf das wir in Abschn. 4.1 noch zu sprechen kommen.

Anhand der diskutierten Beispiele lies sich auch erkennen, dass die Datenbanken zum Teil massiv überlappen. Zwischen diesen Datenquellen gibt es Divergenzen, die man zu überwinden [MFL06] bzw. zu bewerten [HTL07] versucht.

3.1.8.4 Art der Datenspeicherung

Obwohl es im letzten Jahrzehnt einen regelrechten Boom im Gebiet der molekularbiologischen Datenbanken gegeben hat, existieren eine ganze Reihe von ihnen bereits deutlich länger und haben ihren Ursprung in gedruckter Form. In elektronischer Form entwickelten sie sich dann als Sammlungen sogenannter Flat Files. Das sind ASCII-Dateien, die einem bestimmten Aufbau folgen. Jede Zeile beginnt typischerweise mit einem „Line Type", einer 2-Buchstabenabkürzung, die beschreibt, was für Daten im Rest der Zeile folgen. Flat Files haben sich zum Standardaustauschformat in diesem Gebiet entwickelt und waren über viele Jahre hinweg auch das Standardspeicherformat. Zur Veranschaulichung zeigt Abb. 3.18 das Flat File-Format der EMBL-Bank. Auf eine Erklärung der Line Types verzichten wir hier sondern zeigen lieber noch das Flat File-Format der GenBank (vgl. Abb. 3.19), das den gleichen Datensatz zeigt und deutlich selbsterklärender ist.

```
ID   CY064779; SV 1; linear; viral cRNA; STD; VRL; 2282 BP.
XX
AC   CY064779;
XX
PR   Project:37813;
XX
DT   09-JUN-2010 (Rel. 105, Created)
DT   09-JUN-2010 (Rel. 105, Last updated, Version 1)
XX
DE   Influenza A virus (A/Berlin/INS170/2009(H1N1)) segment 1, complete
DE   sequence.
XX
KW   .
XX
OS   Influenza A virus (A/Berlin/INS170/2009(H1N1))
OC   Viruses; ssRNA negative-strand viruses; Orthomyxoviridae; Influenzavirus A.
XX
RN   [1]
RP   1-2282
RA   Spiro D., Halpin R., Bera J., Ghedin E., Hostetler J., Fedorova N.,
RA   Hine E., Overton L., Kim M., Szczypinski B., Stockwell T., Sitz J.,
RA   Katzel D., Li K., Axelrod N., Safford T., Amedeo P., Schobel S.,
RA   Shrivastava S., Wang S., Resnick A., Thovarai V., Lynfield R., Losso M.,
RA   Davey R., Dwyer D., Neaton J., Lane C., Lin X., Wentworth D.E., Bao Y.,
RA   Sanders R., Dernovoy D., Kiryutin B., Lipman D.J., Tatusova T.;
RT   "The NIAID Influenza Genome Sequencing Project";
RL   Unpublished.
```

Abb. 3.18 Flat File-Format der EMBL-Bank

```
DBLINK          Project: 37813
KEYWORDS        .
SOURCE          Influenza A virus (A/Berlin/INS170/2009(H1N1))
  ORGANISM      Influenza A virus (A/Berlin/INS170/2009(H1N1))
                Viruses; ssRNA negative-strand viruses; Orthomyxoviridae;
                Influenzavirus A.
REFERENCE       1  (bases 1 to 2282)
  AUTHORS       Spiro,D., Halpin,R., Bera,J., Ghedin,E., Hostetler,J., Fedorova,N.,
                Hine,E., Overton,L., Kim,M., Szczypinski,B., Stockwell,T., Sitz,J.,
                Katzel,D., Li,K., Axelrod,N., Safford,T., Amedeo,P., Schobel,S.,
                Shrivastava,S., Wang,S., Resnick,A., Thovarai,V., Lynfield,R.,
                Losso,M., Davey,R., Dwyer,D., Neaton,J., Lane,C., Lin,X.,
                Wentworth,D.E., Bao,Y., Sanders,R., Dernovoy,D., Kiryutin,B.,
                Lipman,D.J. and Tatusova,T.
  TITLE         The NIAID Influenza Genome Sequencing Project
  JOURNAL       Unpublished
REFERENCE       2  (bases 1 to 2282)
  CONSRTM       The NIAID Influenza Genome Sequencing Consortium
  TITLE         Direct Submission
  JOURNAL       Submitted (08-JUN-2010) on behalf of JCVI/University of
                Minnesota/NCBI, National Center for Biotechnology Information, NIH,
                Bethesda, MD 20894, USA
FEATURES                 Location/Qualifiers
     source              1..2282
                         /organism="Influenza A virus (A/Berlin/INS170/2009(H1N1))"
                         /mol_type="viral cRNA"
                         /strain="A/Berlin/INS170/2009"
                         /serotype="H1N1"
                         /host="human; gender M; age 20Y"
                         /db_xref="taxon:747879"
                         /segment="1"
                         /lab_host="P0 passage(s)"
                         /country="Germany: Berlin"
                         /collection_date="11-Dec-2009"
     gene                1..2280
                         /gene="PB2"
     CDS                 1..2280
                         /gene="PB2"
                         /codon_start=1
                         /product="polymerase PB2"
                         /protein_id="ADI49391.1"
                         /db_xref="GI:297632448"
                         /translation="MERIKELRDLMSQSRTREILTKTTVDHMAIIKKYTSGRQEKNPA
                         LRMKWMMAMRYPITADKRIMDMIPERNEQGQTLWSKTNDAGSDRVMVSPLAVTWWNRN
                         GPTTSTVHYPKVYKTYFEKVERLKHGTFGPVHFRNQVKIRRRVDTNPGHADLSAKEAQ
                         DVIMEVVFPNEVGARILTSESQLAITKEKKEELQDCKIAPLMVAYMLERELVRKTRFL
                         PVAGGTGSVYIEVLHLTQGTCWEQMYTPGGEVRNDDVDQSLIIAARNIVRRAAVSADP
                         LASLLEMCHSTQIGGVRMVDILRQNPTEEQAVDICKAAIGLRISSSFSFGGFTFKRTS
                         GSSVKKEEEVLTGNLQTLKIRVHEGYEEFTMVGRRATAILRKATRRLIQLIVSGRDEQ
                         SIAEAIIVAMVFSQEDCMIKAVRGDLNFVNRANQRLNPMHQLLRHFQKDAKVLFQNWG
ORIGIN
        1 atggagagaa taaaagaact gagagatcta atgtcgcagt cccgcactcg cgagatactc
       61 actaagacca ctgtggacca tatggccata atcaaaaagt acacatcagg aaggcaagag
      121 aagaaccccg cactcagaat gaagtggatg atggcaatga gatacccaat tacagcagac
      181 aagagaataa tggacatgat tccagagagg aatgaacaag gacaaaccct ctggagcaaa
      241 acaaacgatg ctggatcaga ccgagtgatg gtatcacctc tggccgtaac atggtggaat
      301 aggaatggcc caacaacaag tacagttcat taccctaagg tatataaaac ttatttcgaa
```

Abb. 3.19 Flat File-Format der GenBank

CDS steht für „coding sequence" und gibt eine Region der Nukleotidsequenz
an, die als Gen erkannt wurde und für eine Aminosäuresequenz eines Proteins
kodiert. Diese Aminosäuresequenz wird hinter dem Schlüsselwort `translation`
aufgeführt. Ganz am Ende des Flat Files folgt die Nukleinsäuresequenz, von der
hier ebenso wie von der Aminosäuresequenz nur der Anfang gezeigt wird.

Relationale Datenbanktechnologie konnte sich nur sehr langsam durchsetzen. Noch 2003 ging man davon aus, dass eine große Zahl der damals existierenden molekularbiologischen Datenbanken nicht auf Basis eines DBMS entwickelt worden war [Kar03, BK03]. Und auch heute scheint das immer noch auf einige – auch große – Systeme zuzutreffen, auch wenn definitive Angaben dazu nur schwer zu bekommen sind: Auf der Webseite der DDBJ (DNA Data Bank of Japan, s.o.) ist folgende Aussage zu finden: „The entry submitted to DDBJ is processed and publicized according to the DDBJ format for distribution (flat file)." Diese Aussage deutet zumindest darauf hin, dass das Datenmanagement immer noch auf Basis der Flat Files stattfindet.

Zwischenzeitlich gab es Bestrebungen, spezialisierte DBMS zu entwickeln, wie zum Beispiel ACEDB und OPM (vgl. [BK03]), deren Weiterentwicklung wurde aber vor einigen Jahren eingestellt.

Nach wie vor ungebrochen ist die Verwendung von Flat Files als Datenaustauschformat, was auch damit zu tun hat, dass viele Algorithmen – zum Beispiel zum Sequenzvergleich – solche Daten als Eingaben erwarten. Allerdings haben die Datenbankhersteller darauf reagiert und bieten seit mehreren Jahren integrierte BLAST-Sequenzvergleiche an [Nel07, EK04]. Nichtsdestotrotz stellen viele Datenbankbetreiber ihre Daten zumindest *auch* im Flat File-Format zur Verfügung. Oftmals werden die Daten auch komplett zum Herunterladen angeboten. Die Flat Files der GenBank, Version 164 vom Februar 2008, umfassen unkomprimiert 321 Gigabyte.

Neben den Flat Files etabliert sich aber auch XML als Datenaustauschformat. Oft werden die Daten in beiden Formaten zur Verfügung gestellt. Für die verschiedenen Arten molekularbiologischer Datenbanken werden zunehmend auch Standard-XML-Formate entwickelt, die den Datenaustausch und die Datenintegration unterstützen sollen (vgl. z. B. [SHL07] und die Hinweise in den obigen Abschnitten). Auch die Entwicklung von kontrollierten Vokabularen und Ontologien, wie beispielsweise der Gene Ontology [Gen08], schreiten immer weiter voran [BS06, HKR08].

Die wichtigsten Austauschformate für Pathwaydaten stellen wir im nächsten Abschnitt vor. Auf kontrollierte Vokabulare und Ontologien kommen wir im nächsten Kapitel zu sprechen.

3.2 Austauschformate

Abschnitt 3.1 über molekularbiologische Datenbanken hat gezeigt, dass es aufgrund der Vielzahl von Datenbanken und der Tatsache, dass für ein bestimmtes Forschungsvorhaben oftmals mehrere von ihnen betrachtet und abgefragt werden müssen, ungemein wichtig ist, den Datenaustausch zwischen ihnen zu verbessern und zu standardisieren. Dies ist ein erster Schritt in Sachen Informationsintegration (vgl. Kap. 4).

Die Standardsprache zur Definition von Datenaustauschformaten ist seit fast einem Jahrzehnt XML. Das gilt auch für den Anwendungsbereich der Bioinformatik, wo im Laufe der letzten Jahre eine ganze Reihe solcher Formate entwickelt wurde. XML-Sprachen zum Austausch von DNA-, RNA- und Proteinsequenzen sind oft eng an die Datenbanken gekoppelt und basieren häufig auf den gängigen Flat-File-Formaten wie etwa FASTA und EMBL [SHL07]. Einen Überblick über die Austauschformate geben etwa [LST09, MJRS+09, SHL07].

Im Kontext dieses Buches interessieren uns Pathway-Daten besonders. In Kap. 2 haben wir bereits gesehen, dass etwa der TLR4-Pathway als ein Beispiel für Signaltransduktionswege in der TRANSPATH-, der KEGG- und der Reactome-Datenbank jeweils ganz unterschiedlich dargestellt wird (vgl. Abb. 2.9, 2.18 und 2.19). Auch die interne Datenspeicherung unterscheidet sich erheblich. Nicht anders sieht es für metabolische Pathways aus, wie sich anhand der Darstellung des Glykolyse-Pathways in der MetaCyc-Datenbank (Abb. 2.23) und in der KEGG-Datenbank (Abb. 2.26) erkennen lässt. Sollen diese Daten gemeinsam weiterverarbeitet oder miteinander abgeglichen werden, so müssen sie zunächst in ein einheitliches Format gebracht werden.

Die wichtigsten und am weitesten verbreiteten Standards zur Beschreibung biologischer Pathways sind BioPAX (Biological Pathway eXchange), SBML (Systems Biology Markup Language) und CellML. Zur Repräsentation von Interaktionen kommt noch PSI-MI (Proteomics Standards Initiative – Molecular Interactions) hinzu. SBML und Cell-ML werden in eigenen Abschn. (3.2.1 und 3.2.2) vorgestellt. Außerdem betrachten wir in Abschn. 3.2.3 noch die Sprache CSML (Cell Systems Markup Language), die zusammen mit einem Simulationswerkzeug für eine spezielle Art von Petri-Netzen entwickelt wurde.

Bei PSI-MI handelt es sich um ein XML-Format zur Repräsentation und zum Austausch von Interaktionsdaten und den zugehörigen Experimenten [LST09]. Es können die interagierenden Moleküle (`Interactors`) und die Interaktionen (`Interactions`) angegeben werden. Für die interagierenden Moleküle können der Typ, der Organismus und auch die Sequenz erfasst werden. Außerdem kann beispielsweise abgelegt werden, ob es sich bei der Interaktion um eine selbstbezügliche Reaktion (`intraMolecular`) handelt, etwa eine Autophosphorylierung, wie verlässlich die Ergebnisse sind etc. Auch für die zugrundeliegenden Experimente können diverse Angaben gemacht werden. PSI-MI wird z. B. in der IntAct-Datenbank verwendet. Die grundlegende Struktur von PSI-MI-Dokumenten wird in Abb. 3.20 gezeigt.

Bei BioPAX handelt es sich um ein Ontologieformat, das in Kap. 4 ausführlich eingeführt wird, nachdem dort Ontologien und die Ontologiebeschreibungssprache OWL (Web Ontology Language) eingeführt wurden. Es soll als Austauschformat zwischen Pathway-Datenbanken dienen und vereinfacht die Integration solcher Daten und die Entwicklung von Abfrage- und Analysewerkzeugen. BioPAX unterstützt molekulare Interaktionen, metabolische Pathways und Signaltransduktionswege. Wir greifen hier etwas vor und beziehen BioPAX in die allgemeinen Betrachtungen über Austauschformate schon mit ein (vgl. Abschn. 3.2.4).

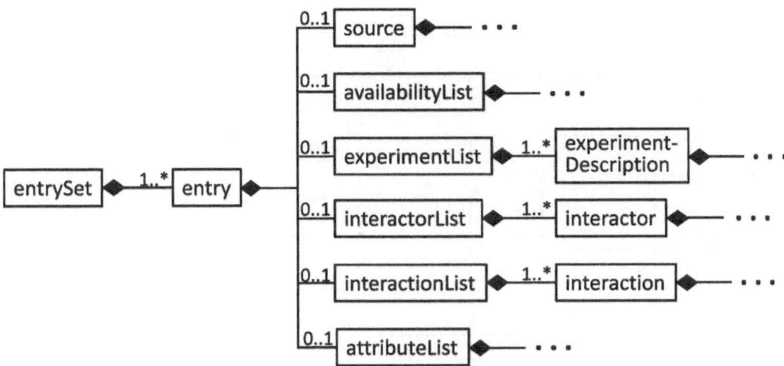

Abb. 3.20 Grundlegender Aufbau von PSI-MI-Dokumenten

3.2.1 SBML (Systems Biology Markup Language)

Die Systems Biology Markup Language (SBML) ist eine Sprache zur Repräsentation biologischer Modelle insbesondere aus dem Bereich der metabolischen und Signaltransduktionswege [HBH$^+$10]. SBML wird seit 2000 entwickelt und bezeichnet sich selbst als „community approach". Es gibt fünf für drei Jahre gewählte Editoren, die für das Erstellen und die Pflege der Spezifikationen zuständig sind, und einen Vorsitzenden und Koordinator, der gleichzeitig das SBML-Team leitet. Letzteres ist für die Betreuung der Website (http://sbml.org/) und der Mailingliste zuständig, entwickelt grundlgende SBML-Software und Softwarebibliotheken und übernimmt sonstige organisatorische Aufgaben. Zur Zeit existieren mehr als 180 Softwaretools, die SBML unterstützen (http://sbml.org/SBML_Software_Guide/SBML_Software_Matrix).

Die Sprache liegt zur Zeit als Level 3 Version 1 vor, wobei grundlegende Änderungen an der Sprache in einem neuen Level resultieren, während kleinere Änderungen mit neuen Versionsnummern gekennzeichnet werden. Die einzelnen Level sind weder ab- noch aufwärtskompatibel. Allerdings lassen sich Konstrukte niedriegerer Level auf Konstrukte höherer Level abbilden, so dass sich Dokumente niedriegerer Level entsprechend in Dokumente höherer Level umwandeln lassen.

In der Spezifikation [HBH$^+$10] wird UML verwendet, um die einzelnen Sprachkonstrukte vorzustellen. Eine XML-Schema-Spezifikation existiert für SBML Level 3 Version 1 zur Zeit nicht. Wir verwenden daher im Folgenden die UML- und XML-Schema-Begriffe (abstrakte) Klasse und (abstrakter) Elementtyp etc. synonym.

Die wichtigsten Konzepte in SBML sind die Reaktionen, aus denen sich die verschiedenen Arten von Pathways zusammensetzen, sowie die Reaktanden und Produkte dieser Reaktionen, die als `species` bezeichnet werden. Jede Species muss dabei einem Compartement zugeordnet sein. Abbildung 3.21 zeigt die zentrale Klasse `Reaction` und ihren Aufbau.

Ohne dass hier auf alle Einzelheiten der Sprache eingegangen werden soll, lässt sich aus der Abbildung erkennen, dass zu jeder Reaktion je eine Liste von

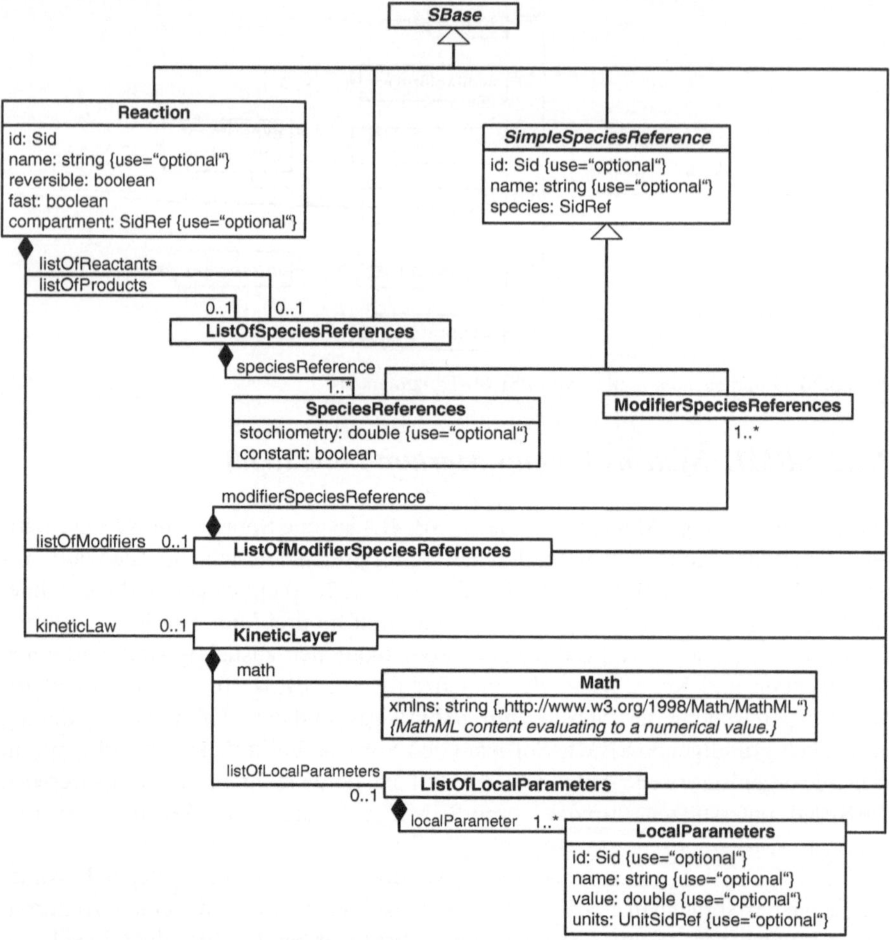

Abb. 3.21 UML-Darstellung des SBML-Elementtyps `Reaction` (entnommen aus [HBH$^+$10])

Reaktanden und von Produkten gehören, die in die Liste von Speziesreferenzen der Reaktion verweisen. Jede einzelne solcher Referenzen enthält einen Attribut `species` (geerbt von der Oberklasse `SimpleSpeciesReference`), das einen Verweis auf eine Spezies enthält, und kann über Stöchiometrieangaben verfügen. Des Weiteren können noch Katalysatoren oder Inhibitoren angegeben werden, die in SBML alle als `modifiers` bezeichnet werden. Außerdem kann das der Reaktion zugrunde liegende kinetische Gesetz mit modelliert werden.

Technisch gesehen ist SBML so aufgebaut, dass es einen abstrakten (nicht instanziierbaren) Elementtyp `SBase` gibt, von dem alle anderen Elementtypen der Sprache abgeleitet sind. Dieser abstrakte Elementtyp sorgt dafür, dass in jedem Element die Attribute `metaID` und `sboTerm` sowie die Kindelemente `Notes` und `Annotation` vorkommen können. Sowohl die beiden Attribute als auch die Kindelemente dienen dazu, den einzelnen Modellbestandteilen verschiedene Arten von Annotationen hinzuzufügen.

Während Notes dabei beliebige Informationen im XHTML-Format aufnimmt, die zur Anzeige für den menschlichen Benutzer gedacht sind, werden in Annotation softwaregenerierte Informationen abgelegt, die von anderen Werkzeugen ausgewertet werden können. Das Attribut metaid enthält, falls vorhanden, eine dokumentweit eindeutige ID, die von RDF-Description-Elementen (vgl. S. 109) referenziert werden kann. sboTerm ermöglicht es, Verbindungen zur Systems Biology Ontology (SBO) herzustellen [LN06]. Dadurch können die Bestandteile des Modells mit Einträgen in kontrollierten Vokabularen verbunden werden, wodurch sie genauer spezifiziert werden.

SBML verwendet die grundlegenden XML-Schema-Datentypen wie z. B. string, boolean und int und definiert zusätzlich nur einige wenige SBML-spezifische Typen (vgl. [HBH$^+$10]).

Das Wurzelelement eines jeden SBML-Dokuments ist Sbml, das Angaben zum SBML-Namensraum, zu Level und Version enthält. Außerdem besitzt es genau ein Kindelement (Model), das das eigentliche Modell enthält. Der Aufbau von Model ist in Abb. 3.22 zu sehen. Die prinzipielle Struktur eines SBML-Dokuments sieht daher so aus, dass das Model-Element eine ganze Reihe verschiedener Listen enthält, wie etwa ListOfCompartments, listOfSpecies, listOfReactions etc., die letztlich die Funktion haben, alle Elemente des gleichen Typs zu gruppieren. Sind keine Elemente des entsprechenden Typs vorhanden (z. B. keine UnitDefinitions), dann kann auch die entsprechende Liste entfallen.

Zwischen den einzelnen Bestandteilen gibt es Abhängigkeiten: Beispielsweise können keine Species-Elemente existieren, ohne dass sie bestimmten Compartment-Elementen zugeordnet sind.

In Listing 3.1, das eine Reaktion aus dem menschlichen Glucose-Pathway der Reactome-Datenbank zeigt, kann man sehr schön den oben besprochenen grundsätzlichen Aufbau von SBML-Dokumenten erkennen, auch wenn es sich hier um SBML Level 2 Version 1 handelt: Das sbml-Element enthält genau ein model-Element, das wiederum je eine Liste von Kompartimenten, Spezies und Reaktionen enthält. Da die Reaktion im Cytosyl stattfindet, ist das auch das einzige (echte) Kompartiment, das hier angegeben wurde (Zeile 5).

Es handelt sich bei der dargestellten Reaktion um die Umwandlung von Fructose 6-Phosphat in Fructose 1,6-Bisphosphat unter Verbrauch von ATP und Erzeugung von ADP (vgl. oberen Teil der Abb. 4.12). Damit sind auch schon vier der fünf hier gezeigten Spezies genannt. Bei der fünften handelt es sich um die Phosphofructokinase (Zeile 9 + 10), die das Enzym darstellt, das die Reaktion katalysiert. Zu den einzelnen Spezies enthalten die Datenbank und auch das SBML-Dokument weitere Informationen, die hier der Übersichtlichkeit halber weggelassen wurden.

Die Reaktionsliste umfasst nur die eine genannte Reaktion, die die oben aufgeführten Reaktanden und Produkte besitzt. Das Enzym wird als modifier angegeben (Zeile 34). Die Reaktionsgleichung in der Datenbank lautet:
ATP + D-fructose 6-phosphate $\Rightarrow$ ADP + D-fructose 1,6-bisphosphate [Homo sapiens] und die Reactome-ID istREACT_736.4.

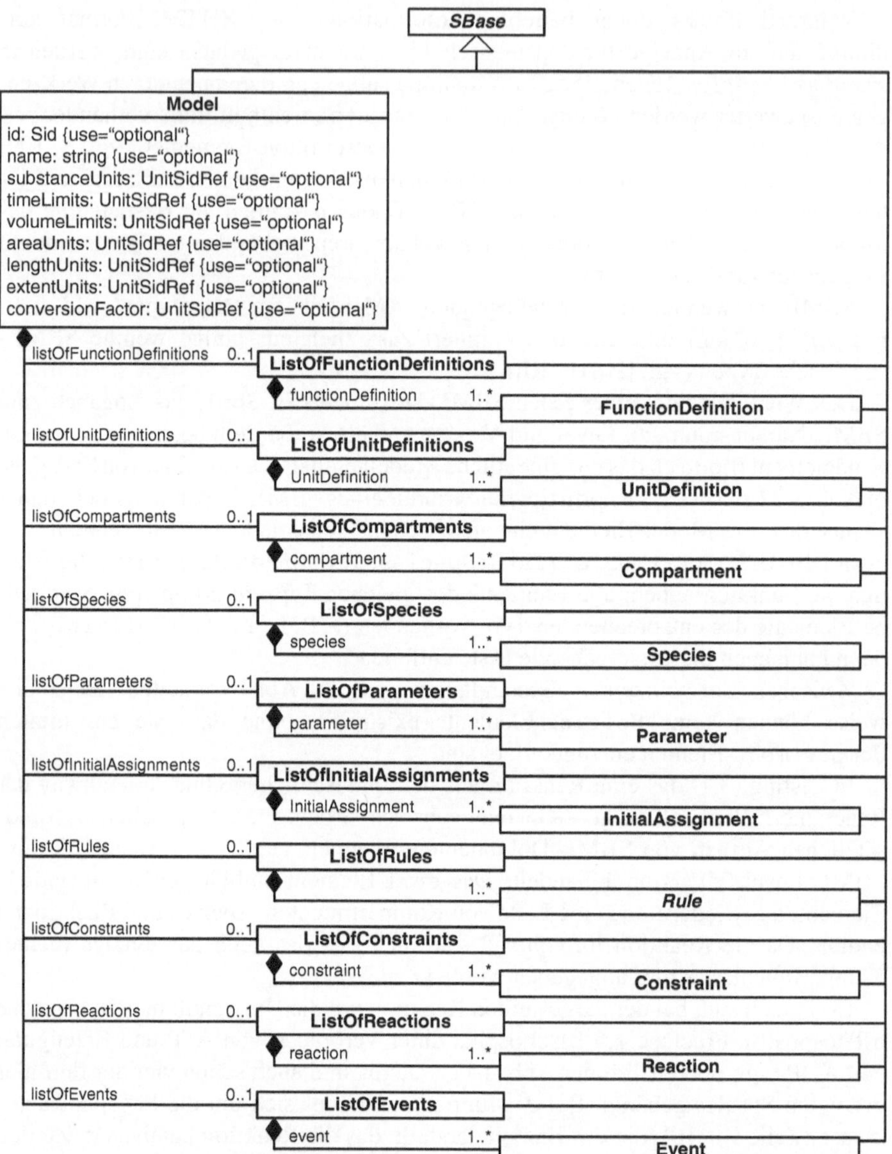

Abb. 3.22 UML-Darstellung des SBML-Elementtyps `Model` (entnommen aus [HBH$^+$10])

```
 1  <sbml level="2" version="1">
 2   <model name="R_70467">
 3    <listOfCompartments>
 4     <compartment name="UNKNOWN COMPARTMENT" id="c0"/>
 5     <compartment name="cytosol" id="c70101"/>
 6    </listOfCompartments>
 7    <listOfSpecies>
 8     <species name="ATP" compartment="c70101" id="s113592">...</species>
 9     <species name="phosphofructokinase tetramer"
10                       compartment="c70101" id="s179517">...</species>
11     <species name="ADP" compartment="c70101" id="s29370">...</species>
12     <species name="D-Fructose 6-phosphate"
13                       compartment="c70101" id="s29512">...</species>
14     <species name="D-Fructose 1,6-bisphosphate"
15                       compartment="c70101" id="s30014">...</species>
16     ...
17    </listOfSpecies>
18    <listOfReactions>
19     <reaction
20       name="ATP_D_fructose_6_phosphate_ADP_D_fructose_1_6_bisphosphate"
21       id="r70467" reversible="false">
22      <annotation>
23       <RCT:PubmedID>6444721</RCT:PubmedID>
24      </annotation>
25      <listOfReactants>
26       <speciesReference species="s113592" stoichiometry="1"/>
27       <speciesReference species="s29512" stoichiometry="1"/>
28      </listOfReactants>
29      <listOfProducts>
30       <speciesReference species="s29370" stoichiometry="1"/>
31       <speciesReference species="s30014" stoichiometry="1"/>
32      </listOfProducts>
33      <listOfModifiers>
34       <modifierSpeciesReference species="s179517"/>
35      </listOfModifiers>
36     </reaction>
37    </listOfReactions>
38   </model>
39  </sbml>
```

Listing 3.1 Die Reaktion REACT_736.4 aus dem Glucose-Pathway der Reactome-Datenbank

3.2.2 CellML

Ähnlich wie SBML ist CellML eine XML-basierte Sprache zur Speicherung und
zum Austausch mathematischer Modelle, ohne allerdings – wie SBML – auf biologische Modelle beschränkt zu sein. Die Sprache wurde 2001 erstmals veröffentlicht und ist seit 2006 in der Version 1.1 verfügbar [GNC$^+$08]. Sie wird seit
1998 am Institut für Bioengineering an der Universität von Auckland unter der

Leitung von Poul Nielsen und Peter Hunter entwickelt. Alle wichtigen Informationen zur Sprache, zu Werkzeugen und Modellen sind unter http://www.cellml.org/ zu finden.

Ihre Flexibilität erhält die Sprache dadurch, dass nur relativ wenige und wenig spezifische Konzepte verwendet werden, um die Struktur der Modelle zu beschreiben. Das Verhalten der Modelle wird mathematisch unter Verwendung von z. B. gewöhnlichen Differentialgleichungen und linearer Algebra beschrieben. Zur Darstellung der mathematischen Formeln und Funktionen wird das XML-Format MathML verwendet. Mit Hilfe von RDF (vgl. Abschn. 4.2.3) können den Modellen an beliebiger Stelle Metadaten hinzugefügt werden.

Durch diesen Ansatz ist es möglich, eine große Bandbreite von Modellen mit CellML zu erstellen, unter anderem auch metabolische Pathways und Signaltransduktionswege.

Jedes CellML-Dokument enthält genau ein Modell, das in dem Wurzelknoten `model` abgelegt ist. Um größere Modelle aus bereits bestehenden kleineren aufbauen zu können, stehen Importmöglichkeiten zur Verfügung. Für jedes Modell können mit Hilfe von `units`-Elementen eigene Maß- und Mengeneinheiten definiert werden. Abbildung 3.23 fasst die generelle Struktur von CellML-Dokumenten zusammen.

Die wichtigsten Kindelemente eines Modells sind die `component`-Elemente, die in unserem Anwendungsbereich sowohl für die Substanzen als auch für die Reaktionen stehen. Jede Substanz und jede Reaktion wird also als `component` modelliert und kann ihrerseits Definitionen von Mengen- oder Maßeinheiten besitzen (lokale `units`-Elemente), Variablendeklarationen und mathematische Gleichungen.

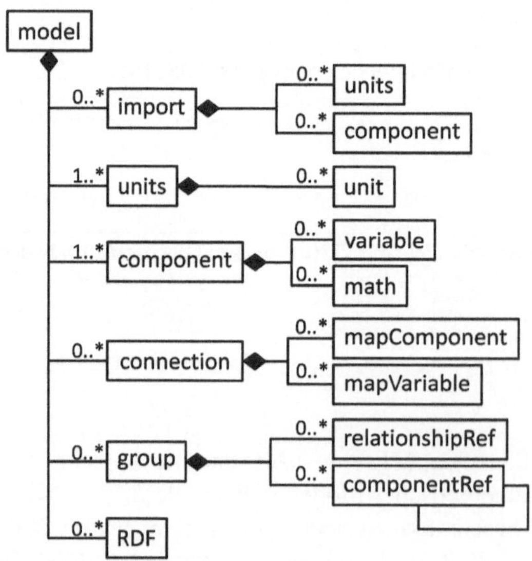

Abb. 3.23 Aufbau von CellML-Dokumenten

Es gibt außerdem noch `reaction`-Elemente, die wohl ursprünglich zur Angabe biochemischer Reaktionen verwendet wurden. Inzwischen wird von ihrer Verwendung jedoch abgeraten, da sie möglicherweise in zukünftigen CellML-Spezifikationen nicht mehr vorhanden sein werden [GNC$^+$08].

Reaktionen sollen vielmehr durch `component`-Elemente repräsentiert werden, deren Variablen dann die Variablen der beteiligten Substanzen referenzieren und so die Verbindung herstellen. Damit zwei Komponenten ihre Variablen gegenseitig referenzieren können, müssen sie durch ein `connection`-Element verbunden sein.

Die folgenden Quellcode-Ausschnitte zeigen eine Reaktion aus dem Glycolyse-Pathway der Bäckerhefe *Saccharomyces cerevisiae*. Es handelt sich um die Umwandlung von Glucose-6-Phopshat in Fructose-6 Phopshat. Das entspricht dem zweiten Schritt des in Abschn. 2.7.3 vorgestellten Glycose-Pathways (siehe auch Abb. 2.22). Die Reaktion wird in dem hier gezeigten Beispiel als `PGI` bezeichnet. Das CellML-Beispiel stammt aus dem CellML Model Repository, das unter http://models.cellml.org/ zu finden ist. Es wurde 2003 auf Basis der Veröffentlichung [HDS01] erstellt und verwendet CellML 1.0 [Llo03].

Der erste Ausschnitt aus dem Modell in Listing 3.2 zeigt die Deklaration der Maßeinheit `flux` als Millimol pro Minute.

```
1     <units name="flux">
2        <unit units="millimolar"/>
3        <unit units="minute" exponent="-1"/>
4     </units>
```

Listing 3.2 Deklaration der Maßeinheit `flux`

In Listing 3.3 sind die beiden Komponentendefinitionen für Glucose 6 Phopshat und Fructose-6 Phopshat zu sehen. Das RDF-Element in Zeile 2 bis 7 gibt den Namen Glucose-6-Phopshat als Alternative zu der sonst verwendeten Abkürzung an. Die Zeilen 8 bis 12 enthalten diverse Variablendeklarationen. `G6P` beispielsweise steht für die Substanz, die mit Hilfe dieses `component`-Elements beschrieben wird, `PGI` und `HK` sind die beiden Reaktionen, an denen die Substanz beteiligt ist.

```
1     <component name="G6P" cmeta:id="G6P">
2        <rdf:RDF>
3          <rdf:Description rdf:about="G6P">
4            < dc:title >G6P</dc:title>
5            <dcterms:alternative>glucose-6-phopshate</dcterms:alternative>
6          </rdf:Description>
7        </rdf:RDF>
8        <variable units="millimolar" public_interface="out" name="G6P"
              initial_value="4.2"/>
9        <variable units="flux" public_interface="in" name="PGI"/>
10       <variable units="flux" public_interface="in" name="HK"/>
11       <variable units="flux" public_interface="in" name="storage"/>
12       <variable units="minute" public_interface="in" name="time"/>
13       <math xmlns="http://www.w3.org/1998/Math/MathML">
14          ...
15       </math>
16    </component>
```

```
18      <component name="F6P" cmeta:id="F6P">
19        <rdf:RDF>
20          <rdf:Description rdf:about="F6P">
21            < dc:title >F6P</dc:title>
22            <dcterms:alternative>fructose−6 phopshate</dcterms:alternative>
23          </rdf:Description>
24        </rdf:RDF>
25        <variable units="millimolar"  public_interface="out"  name="F6P"
                initial_value="0.49"/>
26        <variable units="flux"  public_interface="in"  name="PGI"/>
27        <variable units="flux"  public_interface="in"  name="PFK"/>
28        <variable units="minute" public_interface="in"  name="time"/>
29        <math xmlns="http://www.w3.org/1998/Math/MathML">
30          ...
31        </math>
32      </component>
```

Listing 3.3 Komponentendefinitionen für G6P und F6P

An die Variablendeklaration schließt sich eine im MathML angegebene Formel
an, die die Konzentrationsänderungen von G6P in Abhängigkeit vom Initialwert
und den Reaktionen, an denen es beteiligt ist, beschreibt. Auf die Präsentation und
Diskussion solcher Formeln verzichten wir hier aber und verweisen auf das Modell
selbst [Llo03] sowie auf [HDS01]. Das `component`-Element zur Repräsentation des
Fructose-6-Phopshats ist entsprechend aufgebaut.

Die Reaktion, die Glucose-6-Phosphat in Fructose-6-Phosphat umwandelt, ist in
Listing 3.4 zu sehen. Auch hier verzichten wir auf die Angabe der Formel, die die
Reaktionsraten repräsentiert.

```
1       <component name="PGI">
2         <variable units="flux"  public_interface="out"  name="PGI"/>

4         <variable units="millimolar"  public_interface="in"  name="G6P"/>
5         <variable units="millimolar"  public_interface="in"  name="F6P"/>

7         <variable units="second_order_rate_constant" name="V_4m"
                initial_value="4.96042E2"/>
8         <variable units="millimolar"  name="K4_G6P" initial_value="0.8"/>
9         <variable units="millimolar"  name="K4_F6P" initial_value="0.15"/>
10        <variable units="millimolar"  name="K4_eq" initial_value="0.13"/>

12        <math xmlns="http://www.w3.org/1998/Math/MathML">
13          <apply id="PGI_calculation">
14            ...
15          </apply>
16        </math>
17      </component>
```

Listing 3.4 Reaktion zur Umwandlung von G6P in F6P

Das letzte Quellcodebeispiel in Listing 3.5 schließlich zeigt die `connection`-Elemente, die benötigt werden, um die Verbindung zwischen der Reaktion PGI und den beteiligten Substanzen G6P und F6P herzustellen.

```
 1    <connection>
 2      <map_components component_2="PGI" component_1="G6P"/>
 3      <map_variables variable_2="G6P" variable_1="G6P"/>
 4      <map_variables variable_2="PGI" variable_1="PGI"/>
 5    </connection>

 7    <connection>
 8      <map_components component_2="PGI" component_1="F6P"/>
 9      <map_variables variable_2="F6P" variable_1="F6P"/>
10      <map_variables variable_2="PGI" variable_1="PGI"/>
11    </connection>
```

Listing 3.5 `connection`-Elemente

Im Vergleich mit SBML sieht man deutlich die weniger spezifische Ausrichtung der Sprache, die auf der einen Seite zu mehr Flexibilität führt, auf der anderen Seite aber die Modelle auch weniger überschaubar macht. Allerdings sind CellMLs Möglichkeiten zur Wiederverwendung von Modellen wohl besser als die von SBML, sodass kleinere Modelle erstellt werden können, die sich dann zu großen zusammensetzen lassen [WHL$^+$09]. Es gibt Konverter, die SBML- in CellML-Modelle überführen und umgekehrt. Einen Überblick über Werkzeuge zur Modellierung, Simulation, Visualisierung, Validierung und Übersetzung von CellML-Modellen bietet neben der CellML-Website auch [GNC$^+$08].

3.2.3 CSML (Cell Systems Markup Language)

CSML, die Cell Systems Markup Language, ist eine XML-Sprache zur Repräsenation von biologischen Pathways. Sie wurde zusammen mit einer Simulationssoftware, dem CellIllustrator (bis 2003 Genome Object Net) entwickelt [NSD$^+$09]. Das Ziel dabei war es – ähnlich wie bei SBML und CellML – Simulationsmodelle für Pathways darzustellen. Zusätzlich wurde aber viel Wert auf eine gute graphische Repräsentationsmöglichkeit gelegt. CSML liegt zur Zeit in der Version 3.0 vor, der CellIllustrator in Version 4.0. Die Entwicklungen finden im Human Genome Center, Institute of Medical Science der Universität Tokyo und an der Graduate School of Science and Engineering der Yamaguchi Universität unter Leitung von Satoru Miyano, Masao Nagasaki und Hiroshi Matsuno statt.

Entstanden ist ein Simulationswerkzeug für eine spezielle Art von Petri-Netzen: Hybrid Functional Petri Nets with extensions (HFPNe), auf die wir in Kap. 6 noch genauer zu sprechen kommen. Das Werkzeug ermöglicht es dabei dem Benutzer, die graphische Repräsentation der Petri-Netze stark zu beeinflussen, sodass beispielsweise alle in einem Modell vorkommenden Moleküle ein anderes Aussehen haben und somit nicht nur anhand ihrer Beschriftung zu unterscheiden sind.

In CSML werden sowohl die biologischen Daten und die Modellstruktur als auch Informationen über die graphische Repräsentation gespeichert, was die Modelle zuweilen unleserlich und die Sprache nur für dieses eine Werkzeug brauchbar macht. Allerdings gibt es Konverter, die SBML- und CellML-Modelle nach CSML übersetzen [NDMM05].

Der grobe Aufbau von CSML-Dokumenten ist in Abb. 3.24 zu sehen. CSML verwendet die primitiven Datentypen aus XML-Schema und zur Repräsentation von mathematischen Formeln MathML.

Jedes CSML-Dokument enthält als Wurzel ein `project`-Element, das Versionsangaben sowie eine Projekt-ID enthält. Die Modelle sind in `model`-Elementen abgelegt, von denen höchstens eins pro CSML-Dokument vorhanden sein darf. Die in einem Pathway vorkommenden Substanzen werden als `entity`-Elemente und die Reaktionen als `process`-Elemente modelliert, welche jeweils zu einem `entitySet` und einem `processSet` zusammengefasst werden. Dies sind die wichtigsten Kindelemente eines `model`-Elements. Auf fast allen Ebenen dieser Hierarchie können Angaben zum Simulationsverhalten (`[global|model|entity|process]SimulationProperty`), zum Aussehen (`viewProperty`) sowie zur Animation (`animationProperty`) gemacht werden. Außerdem kann in `logProperty`-Elementen angegeben werden, welche Daten in welchen Zeitintervallen bei einer Simulation aufgezeichnet werden sollen. `biologicalProperty`-Elemente können verwendet werden, um Verknüpfungen zur Cell System Ontology (CSO) [JNSM07] herzustellen.

Die folgenden CSML-Beispiele aus [Ste10] zeigen eine Reaktion aus dem Glycolyse-Pathway und zwar die Umwandlung von Glucose-6-Phopshat in Fructose-6

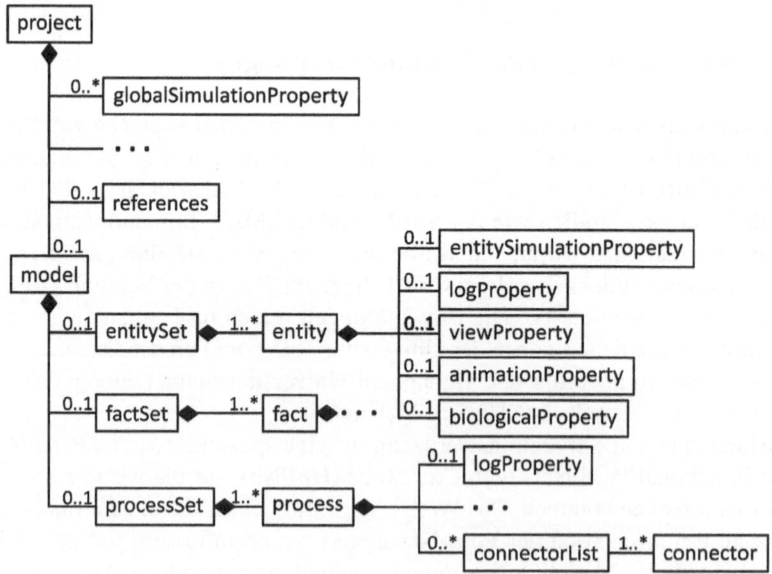

Abb. 3.24 Aufbau von CSML-Dokumenten

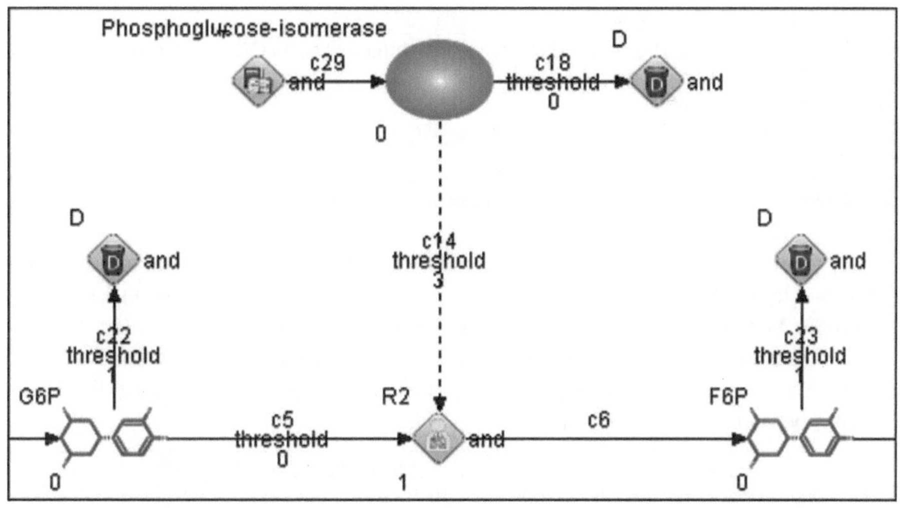

Abb. 3.25 Ausschnitt aus einem Petri-Netz (dargestellt im CellIllustrator), das die Umwandlung von Glucose-6-Phosphat in Fructose-6 Phosphat zeigt

Phopshat. Das entspricht dem zweiten Schritt des in Abschn. 2.7.3 vorgestellten Glycose-Pathways (siehe auch Abb. 2.22). Ein Ausschnitt aus dem zugehörigen Petri-Netz, das genau diese Reaktion zeigt, ist in Abb. 3.25 zu sehen. Es handelt sich um einen Screenshot des CellIllustrators (ebenfalls aus [Ste10]).

Links und rechts unten im Bild sind die beiden Metabolite Glucose-6-Phopshat (G6P) und Fructose-6 Phopshat (F6P) zu sehen. Dazwischen befindet sich die mit R2 bezeichnete Reaktion, die G6P in F6P umwandelt. Oben im Bild ist noch das Enzym Phosphoglucose-Isomerase zu sehen, das die Reaktion katalysiert. Die Pfeile, die die Reaktion mit den beiden Metaboliten und dem Enzym verbinden, werden mit c5, c6 und c14 bezeichnet.

Listing 3.6 zeigt das `entity`-Element G6P (Glucose-6-Phopshat), das die interne ID „e2" erhält. Ein `entity`-Element kann Informationen zur Simulation und zur Darstellung haben. Letztere sind in dem Element `viewProperty` abgelegt, das hier Angaben zur Position und zur Form enthält. Bei den biologischen Eigenschaften in Zeile 12 findet sich ein Verweis auf die Cell Systems Ontology. Das hier nicht gezeigte Element zur Repräsentation von Fructose-6 Phopshat ist analog aufgebaut.

```
1   <csml:entity id="e2" name="G6P" type="cso30:c:SmallMolecule">
2     <csml:entitySimulationProperty>
3     </csml:entitySimulationProperty>
4     <csml:viewProperty>
5       <csml:position positionID="default" position="auto" x="350.0" y="223.0"/>
6       <csml:shape shapeID="default" visible="true">
7         <csml:image width="60.0" height="34.0" filePath="" fileType="resourceFile"
              fileFormat="svg"
8           resourceID="65" outlineColor="0 0 0 0"></csml:image>
9         <csml:toolSpecificGraphics/>
10      </csml:shape>
```

```
11    </csml:viewProperty>
12    <csml:biologicalProperty refCellComponentID="cso30:i:CC_CellComponent">
13    </csml:biologicalProperty>
14    <csml:comments>
15    </csml:comments>
16  </csml:entity>
```

Listing 3.6 `entity`-Element G6P (Glucose-6-Phopshat)

In Listing 3.7 ist das `process`-Element zu sehen, das die Reaktion R2 repräsentiert. Dieses Element enthält drei `connector`-Elemente, c5, c6 und c14, mit
denen die Verbindungen zu den beteiligten Substanzen hergestellt werden. Gleichzeitig repräsentieren sie die ein- und ausgehenden Pfeile der Reaktion. Das erste
`connector`-Element (Zeile 2 – 20) ist hier etwas ausführlicher dargestellt als die
anderen beiden.

```
 1  <csml:process id="p2" name="R2" type="cso30:c:ProcessBiological">
 2    <csml:connector id="c5" name="c5" refID="e2"
          type="cso30:c:InputProcessBiological">
 3      <csml:connectorSimulationProperty>
 4      </csml:connectorSimulationProperty>
 5      <csml:viewProperty>
 6        <csml:position positionID="default"  position="auto" x="410.0" y="240.0"/>
 7        <csml:shape shapeID="default" visible="true">
 8          <csml:toolSpecificGraphics>
 9            < fig:figure  xmlns:fig=" http: // www.csml.org/csml/cigraphics">
10              <fig:processConnector name="default" depth="0" points="410.0 240.0
                  537.0 240.0" visible="true"/>
11            </ fig:figure >
12            <targetArrow xmlns="http://www.csml.org/csml/cigraphics">
13              <processConnectorArrow size="8.0 6.0" points="0.0 0.0 0.0 6.0 8.0
                  3.0" pointsInAbsoluteCoordinate="537.0 237.0 537.0 243.0 545.0
                  240.0"/>
14            </targetArrow>
15          </csml:toolSpecificGraphics>
16        </csml:shape>
17      </csml:viewProperty>
18      <csml:comments>
19      </csml:comments>
20    </csml:connector>
21    <csml:connector id="c14" name="c14" refID="e9"
          type="cso30:c:InputAssociationBiological">
22      ...
23    </csml:connector>
24    <csml:connector id="c6" name="c6" refID="e5"
          type="cso30:c:OutputProcessBiological">
25      ...
26    </csml:connector>
27    <csml:processSimulationProperty>
28      < csml:priority  value="0"/>
29      < csml:firing  firingStyle ="csml−firingStyle:and" firingOnce="false"
          type="csml−variable:Boolean" value="true"/>
30      <csml:delay delayStyle="delay" value="1.0"/>
```

```
31        <csml:processKinetic calcStyle="csml-calcStyle:add"
                 kineticStyle="csml-kineticStyle:custom" fast="false">
32          <csml:parameter key="custom" value="1"/>
33        </csml:processKinetic>
34      </csml:processSimulationProperty>
35      <csml:viewProperty>
36          ...
37      </csml:viewProperty>
38      <csml:biologicalProperty
39       refBiologicalEventID="cso30:i:ME_MetabolicReaction"
40       refCellComponentID="cso30:i:CC_CellComponent">
41          <csml:property key="relationType" value="Type 0"/>
42          <csml:property key="edgeScore" value="1.0"/>
43      </csml:biologicalProperty>
44      <csml:comments/>
45    </csml:process>
```

Listing 3.7 Reaktion R2

Ab Zeile 27 sind die Simulations-Informationen für die Reaktion R2 abgelegt. Man kann hier erkennen, dass Angaben dazu gemacht werden, wie die Transitionen des Petri-Netzes feuren sollen, dass sie nicht nur einmal feuern können soll und dass das Feuern mit booleschen Variablen beschrieben wird. Die Transition feuert also oder nicht. Wir haben es hier also mit einem qualitativen Modell zu tun. Bei einem quantitativen Modell, stünden hier die Feuerungsraten (vgl. auch Abschn. 5.6 und 6.6.3).

Den biologischen Eigenschaften in Zeile 66 kann man entnehmen, dass es sich um eine metabolische Reaktion handelt.

3.2.4 Vergleich der Austauschformate

Tabelle 3.3 [Ste10] stellt die wesentlichen Strukturelemente der Sprachen SBML, CellML und CSML einander gegenüber.

Allen drei Sprachen gemeinsam ist, dass sie ihre Modelle in `model`-Elementen ablegen. Die einzelnen Bestandteile eines Modells (Moleküle und Reaktionen) werden in CellML in `component`-Elementen abgelegt, die durch `connection`- und `group`-Elemente miteinander verbunden werden. Weitere Strukturierungsmöglichkeiten bietet CellML nicht. Die anderen beiden Sprachen hingegen speichern ihre Modellbestandteile in Listen (SBML) bzw. Mengen (CSML).

Während sowohl CellML als auch CSML über die Möglichkeit verfügen, bereits erstellte Modelle zu importieren und diese so zu größeren zusammenzusetzen, fehlt SBML dafür bisher ein adäquates Konzept. Dieses ist erst für zukünftige Versionen der Sprache angekündigt.

Alle drei Sprachen verfügen über vordefinierte Maß- und Mengeneinheiten basierend auf dem internationalen Einheitensystem SI (Systèm International d'Unités) und bieten ganz ähnliche Möglichkeiten, eigene Einheiten zu definieren.

Tabelle 3.3 Struktureller Vergleich von SBML, CellML und CSML

	SBML	CellML	CSML
Modell	`<model>`	`<model>`	`<project>` `<model>`
Import	nicht vorhanden	`<import>`	`<import>`importModel
Maßeinheiten	vordef. Einheiten (SI) vorhanden	vordef. Einheiten (SI) vorhanden	vordef. Einheiten (SI) vorhanden

	`<listOfUnitDefinitions>`
	  `<unitDefinition>`
		`<units>`	`<unitSet>`
			  `<newUnit>`

Moleküle oder chemische Verbindungen	`<listOfSpecies>`
	  `<species>`
		`<component>`	`<entitySet>`
			  `<entity>`

Reaktionen	`<listOfReactions>`
	  `<reaction>`
		`<component>`	`<processSet>`
			  `<process>`

Gruppierung von Elementen	`<compartment>`	`<group>`	nicht vorhanden
Mathematische Gleichungen	MathML	MathML	MathML
Metadaten	RDF, Dublin Core, vCard	RDF, Dublin Core, vCard	RDF
Verknüpfung mit einer Ontologie	Systems Biology Ontology (SBO)	nicht vorhanden	Cell Systems Ontology 3.0

Tabelle 3.4 Austauschformate im Vergleich

Sprache	Einsatzgebiet	Spezifikation	Datenquellen	Kinetik
PSI-MI	Interaktionen, Experimente	XML-Schema, OBO	IntAct, DIP	–
BioPAX	Interaktionen, metabolische und Signaltransduktions-Pathways	OWL und Links zu OBO-Vokabularen	Reactome, KEGG (Level 1), PathwayCommons	–
SBML	Modelle biochemischer Pathways, Simulationen	XML-Schema	Reactome, KEGG	√
CellML	Modelle biochemischer Pathways, Simulationen	DTD	SBML-CellML-Konverter	√
CSML	Modelle biochemischer Pathways, Simulationen	XML-Schema	SBML-CSML- u. CellML-CSML-Konverter	√

Tabelle 3.4 bezieht neben SBML, CellML und CSML auch PSI-ML und Bio-PAX in den Vergleich mit ein und gibt an, für welchen Zweck sie eingesetzt werden sollen, wie sie definiert sind (z.B als XML-Schma), welche Datenbanken ihre Daten in dem jeweiligen Format zur Verfügung stellen und ob Daten über Reaktionskinetiken angegeben werden können oder nicht. Als Datenquellen werden nur solche Datenbanken aufgeführt, die auch in den vorigen Abschnitten vorgestellt wurden.

Es steht mit PSI-MI also eine Sprache zur Verfügung, in der sehr viel Wert darauf gelegt wird, die zugrundeliegenden Experimente sorgfältig beschreiben zu können, um die zur Verfügung gestellten Daten nachvollziehbar zu machen. Hier stehen die einzelnen Interaktionen im Vordergrund.

Bei BioPAX liegt der Schwerpunkt darauf, biologische Pathways gut darstellen zu können und zwischen den Datenbanken und anderen Werkzeugen austauschbar zu machen. Daten über Experimente lassen sich auch ablegen aber nicht in einer so differenzierten Form wie in PSI-MI [SHL07]. Die Pathwaystrukturen, die beteiligten Moleküle, ihre Interaktionen sowie die Art und Reihenfolge der Interaktionen können detailliert beschrieben werden.

Bei SBML, CellML und CSML geht es im Wesentlichen darum, mathematische Modelle von biologischen Pathways austauschbar zu machen. Hier ist es daher wichtig, quantitative Daten und mathematische Formeln ablegen zu können, um die Kinetik der ablaufenden Reaktionen beschreiben zu können. Demgegenüber wird mit BioPAX das Wissen über Pathways explizit modelliert. Es gibt Konverter, die zwischen BioPAX und SBML hin- und her übersetzen können. Allerdings ist so eine Konvertierung aufgrund der ganz unterschiedlichen Perspektiven der Sprachen nicht trivial und ohne Benutzerinteraktionen auch nicht verlustlos möglich [RMSB09].

Abbildung 3.26 stammt von der Pathguide-Website (vgl. Abschn. 3.1.7) und zeigt wichtige Interaktions- und Pathway-Datenbanken mit den von ihnen unterstützten Austauschformaten.

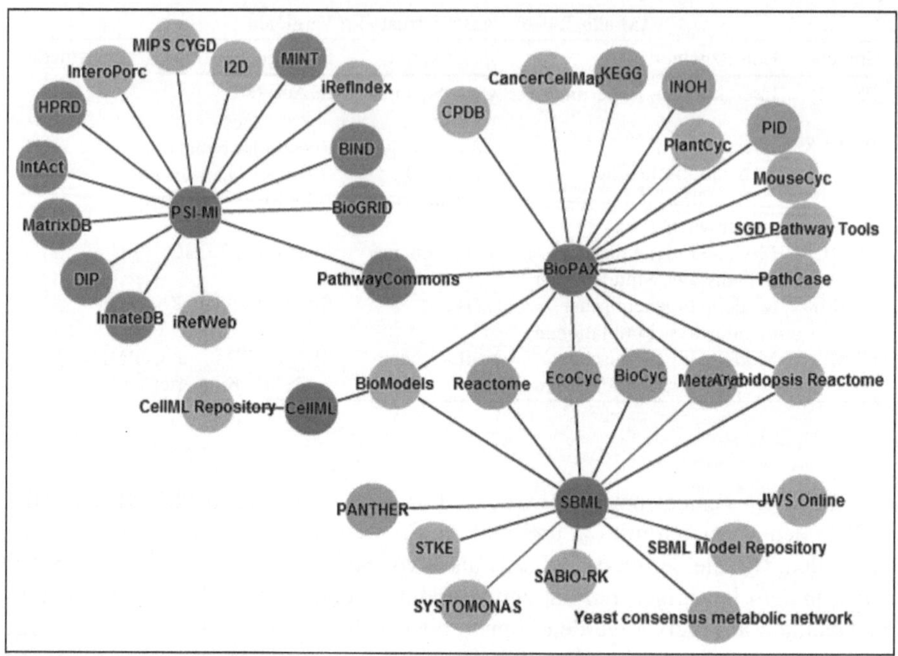

Abb. 3.26 Pathguide: In wichtigen Pathway-Datenbanken verwendete Austauschformate

3.3 Datenakquirierung

Nach dem Überblick über die molekularbiologischen Datenbanken in Abschn.
3.1 und die Austauschformate für Interaktions- und Pathway-Datenbanken in
Abschn. 3.2 stellt sich nun die Frage, woher die ganzen Daten eigentlich stammen.
Es gibt im Wesentlichen drei Quellen [BK03]:

- die Forschungsgemeinschaft,
- andere Datenbanken und
- die wissenschaftliche Literatur.

In einigen Bereichen ist es inzwischen durchaus üblich, dass Forschungsergeb-
nisse von den Wissenschaftlern selber direkt in die entsprechenden Primärdatenbanken eingetragen bzw. bei deren Betreibern eingereicht werden. Dies ist zum Beispiel
bei den Sequenzdatenbanken der International Sequence Database Collaboration
(vgl. Abschn. 3.1.1) der Fall.

Eine weitere Datenquelle insbesondere der Sekundärdatenbanken sind andere
Datenbanken. Es werden Daten unter bestimmten Gesichtspunkten zusammengestellt und um weitere Informationen ergänzt. Deshalb sind Datenaustauschformate
wie sie im letzten Abschnitt vorgestellt wurden und Datenintegration, die das Thema
des nächsten Kapitels ist, so wichtig.

Daten und Informationen, die aus der Literatur bezogen werden, sind das Thema dieses Abschnitts. Er gliedert sich in zwei Teile, die sich damit befassen, wo
und wie die Publikationen abgelegt sind, und wie sich relevante Publikationen und
Informationen in ihnen finden lassen.

3.3.1 Digitale Bibliotheken

Ein Großteil der wissenschaftlichen Ergebnisse wird in Fachzeitschriften oder Tagungsbänden veröffentlicht. Diese werden von den Verlagen typischerweise in digitalen Bibliotheken zur Verfügung gestellt – frei zugänglich, nur für Lizenznehmer oder auch als kostenpflichtiger Download. Um diese digitalen Bibliotheken über Verlagsgrenzen hinweg durchsuchbar zu machen, wurden übergreifende Systeme entwickelt, die die Kurzfassungen der Artikel, ihre Metadaten und Links zu den Volltextversionen enthalten.

Die wesentliche digitale Bibliothek im biomedizinischen Bereich ist die PubMed-Datenbank, die vom NCBI (National Center for Biotechnology Information) betrieben wird. Sie enthielt im Sommer 2010 über 19.000.000 Einträge und so gut wie alle molekularbiologischen Datenbanken verwenden Verweise auf PubMed als Literaturreferenzen.

Der größte Bestandteil von PubMed ist die MEDLINE-Datenbank, die Literaturstellen aus etwa 5.400 internationalen Zeitschriften umfasst. Alle Einträge werden mit MeSH-Termen (Medical Subject Headings) indiziert. Ein weiterer Bestandteil ist PubMedCentral, eine digitale Bibliothek, die alle vom NIH geförderten Publikationen als Volltextversionen enthält. Das NIH – das National Institute of Health der USA – ist die Dachorganisation der National Library of Medicine (NLM), der wiederum das NCBI als Betreiber der PubMed-Datenbank angehört.

PubMedCentral umfasst etwa 2 Millionen Einträge. Viele davon stammen aus Zeitschriften, die ihre Publikationen frei zugänglich machen und PubMedCentral zur Verfügung stellen. Einige tun dies sofort andere mit einer Verzögerung nach der Publikation eines Artikels. Alle beteiligten Zeitschriften sind unter http://www.ncbi.nlm.nih.gov/pmc/ mit ihrem Veröffentlichungsmodus aufgeführt. Für NIH-geförderte Publikationen, die in Zeitschriften erscheinen, welche nicht PubMed-Central angeschlossen sind, werden sogenannte Autorenmanuskripte veröffentlicht.

Darüber hinaus umfasst PubMed noch solche Artikel, die noch nicht mit MeSH-Termen versehen wurden und daher noch nicht in die MEDLINE-Datenbank aufgenommen wurden, oder die aus Zeitschriften stammen, welche nicht von MEDLINE erfasst werden. PubMed gehört zum Entrez-System, das wir oben in Abschn. 3.1.7 besprochen haben.

Während für die Lebenswissenschaften und die biomedizinische Literatur PubMed die zentrale Anlaufstelle ist, sind das ACM-Portal (zu finden unter http://portal.acm.org), die „Computer Science Bibliographie" DBLP (http://www.informatik.uni-trier.de/~ley/db/) sowie Citeseer (siehe unter http://citeseer.ist.psu.edu/) gute Anlaufstellen für Veröffentlichungen im Informatik-Bereich (vgl. Abb. 3.27). Das ACM-Portal umfasst die ACM Digital Library, in der die Zeitschriften und Tagungsbände der ACM für Lizenznehmer zugänglich sind. Dies ist also eine typische digitale Bibliothek eines Verlages. Daneben gibt es aber noch unter dem Stichwort „The Guide to Computing Literature" eine verlagsübergreifende Sammlung von über 1,2 Millionen Literaturreferenzen aus dem Bereich Informatik.

DBLP umfasste im Sommer 2010 1,4 Millionen Einträge, von denen die meisten manuell überprüft wurden. Besonderer Wert wird darauf gelegt, die Publikationen

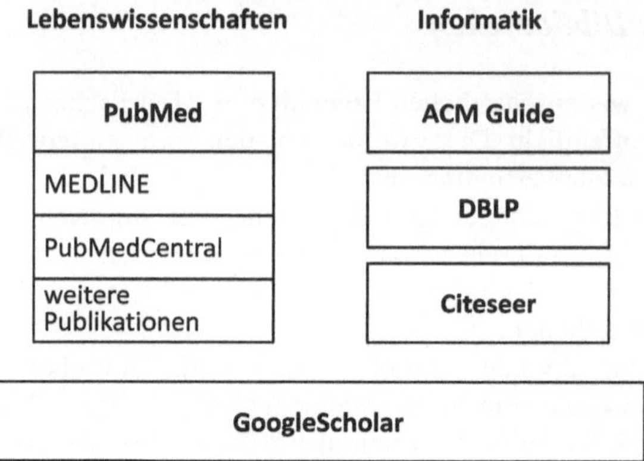

Abb. 3.27 Digitale Bibliotheken für die Lebenswissenschaften und die Informatik

auch bei gleichen oder ähnlichen Autorennamen den richtigen Personen zuzuordnen. Es werden Links auf die Volltextversionen zur Verfügung gestellt. Im Gegensatz dazu erfolgt die Datenakquirierung und -aufbereitung in Citeseer automatisch [LGB99], wodurch weit mehr Publikationen indexiert werden. Im Sommer 2010 waren es über 31 Millionen, die hauptsächich aus dem Informatikbereich stammen.

Neben den fachspezifischen digitalen Bibliotheken gibt es noch sehr breit angelegte wie Google Scholar (http://scholar.google.com/). [HPK08] gibt einen Überblick über die genannten und weitere digitalen Bibliotheken. Dort wird auch aufgeführt, in welchen Formaten die Publikations-Metadaten jeweils zur Verfügung gestellt werden, ob von außen auf einzelne Referenzen verlinkt werden kann und ob in dem System Links zu anderen Providern (z. B. auf die Volltextversionen) gepflegt werden.

Die genannten digitalen Biliotheken lassen sich unterschiedlich gut personalisieren. Für PubMed beispielsweise steht mit MyNCBI die Möglichkeit zur Vefügung, Suchen zu speichern und sich automatisch benachrichtigen zu lassen, falls neue Publikationen aufgenommen werden, die die Suchkriterien erfüllen. So kann man leichter für bestimmte Themen auf dem Laufenden bleiben. Außerdem gibt es bei PubMed die Möglichkeit, sich zu einem Artikel alle die anzeigen zu lassen, die ihn zitieren, oder auch nach ähnlichen Artikeln zu suchen. Diese Suche bleibt aber auf andere PubMed-Artikel beschränkt.

3.3.2 Information-Retrieval und Text-Mining

Warum die automatische Analyse von Publikationen immer wichtiger wird, ist leicht zu verstehen, wenn man sich vor Augen führt, dass allein Medline um 2 Publikationen pro Minute anwächst [HPK08]. Es wurden im Laufe der letzten Jahre eine ganze Reihe von spezialisierten Suchmaschinen und Textanalysesystemen für die biomedizinische Literatur entwickelt, die größtenteils auf den PubMed-Daten arbeiten.

Die dabei eingesetzten Methoden kommen aus den Bereichen Information-Retrieval und Text-Mining, wobei die Grenzen zwischen diesen Disziplinen fließend sind.

Die Bandbreite reicht von Systemen, die die Benutzeranfragen durch Synonyme ergänzen und MeSH-Terme mit einbeziehen bis hin zu solchen, die bestimmte Fakten aus den Publikationen extrahieren. [DS09] und [ZDFYC07] enthalten ausführliche Überblicke über solche Systeme. Dabei setzt [DS09] einen Schwerpunkt bei den Information-Retrieval-Systemen, und [ZDFYC07] konzentriert sich eher auf den Bereich Text-Mining.

Während nach wir vor Systeme vorherrschend sind, die auf dem Titel, der Kurzfassung und den MeSH-Termen der Publikationen arbeiten, also auf den von PubMed bereitgestellten Daten, gibt es inzwischen auch immer mehr Ansätze, die den gesamten Text in die Analysen mit einbeziehen. Das liegt auch daran, dass die Volltextversionen der Publikationen immer besser zugreifbar werden, sodass auch auf einer ausreichend großen Menge an Daten gearbeitet werden kann. Somit wird es auch immer interessanter, nicht nur die Texte an sich analysieren zu können, sondern auch Abbildungen, Tabellen, Überschriften etc. [ZDFYC07].

In [DWH10] wird eine Suchmaschine (BioText) vorgestellt, die auf über 300 frei zugängliche Zeitschriften zugreift. Für die Ergebnisdokumente einer Suche werden außer den üblichen bibliographischen Daten auch die Kurzfassung, Auszüge aus dem Text, in denen die Suchbegriffe vorkommen, sowie die Abbildungen des Artikels angezeigt. Die Idee dabei ist, dass der Benutzer so schneller erkennen kann, ob ein Artikel für ihn relevant sein könnte.

Ein ganz ähnlicher Ansatz wurde mit der Suchmaschine CaptionSearch [MKM+05a] verfolgt, auf den wir hier etwas genauer eingehen wollen. Er ist im Rahmen des vom BMBF geförderten Projekts Intergenomics aus der Frage entstanden, wie man Datenbankannotatoren durch das gezielte Bereitstellen von Abbildungen bei der Auswahl der für ihre Datenbank relevanten Publikationen helfen könnte.

Konkret enthält die PRODORIC-Datenbank [GKR+09], die wir in Abschn. 3.1.5 kurz vorgestellt haben, Informationen über Genregulation in Prokaryoten. Dabei werden nur solche Daten in die Datenbank aufgenommen, die experimentell nachgewiesen wurden. Der Annotationsprozess wird manuell durchgeführt und die Annotatoren überprüfen jedes einschlägige Paper dahingehend, ob es solche experimentellen Nachweise enthält.

Bei den Experimenten handelt es sich um sogenannte „DNAse I footprints" und „ElectroMobility gel Shift Assays (EMSA)". Allerdings werden diese Experimente selten in Titeln oder Abstracts der zugehörigen Publikationen erwähnt, so dass sie mit einer einfachen PubMed-Suche nicht gefunden werden. Eine Suche mit allgemeineren Begriffen, wie z. B. „binding site", „gene regulation" oder „promotor" liefert aber eine umfangreiche Menge an Publikationen, die manuell auf ihre Relevanz hin überprüft werden müssen. Auch eine Volltextsuche hilft nicht wirklich, da dadurch auch solche Paper gefunden werden, in denen die gesuchten Experimente nur im Abschnitt über „Related Work" erwähnt werden.

Allerdings enthalten Publikationen, die auf Experimenten basieren, oft Abbildungen dieser Experimente als Beleg dafür, dass sie tatsächlich durchgeführt wurden und zur Qualitätskontrolle. Die Idee ist es daher, dem Benutzer die einschlägigen Abbildungen – soweit vorhanden – mit anzuzeigen, sodass er schnell entscheiden kann, welche Publikationen tatsächlich relevant sind. Die Frage ist also, wie man die Abbildungen zu bestimmten Suchbegriffen findet.

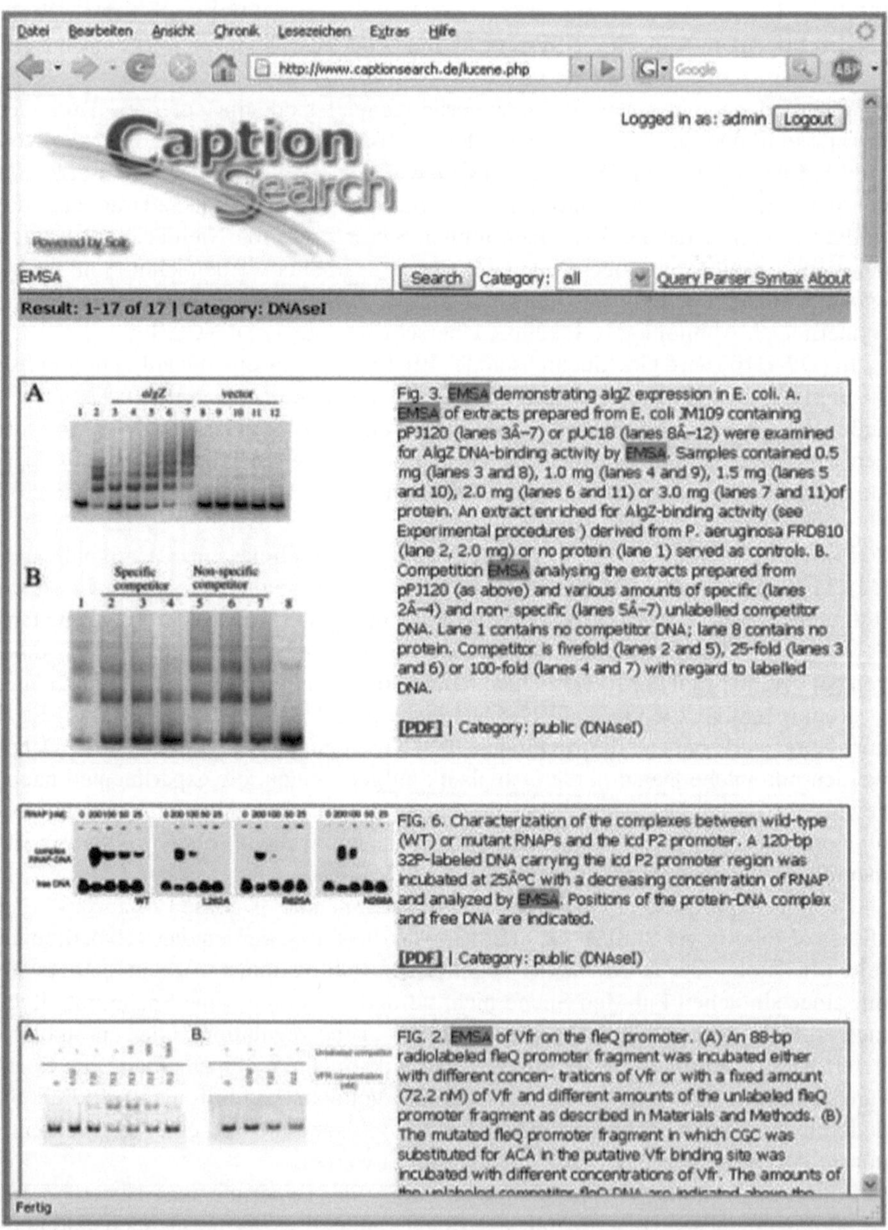

Abb. 3.28 Screenshot der Suchmaschine

In wissenschaftlichen Publikationen sind die Abbildungen durch Bildunterschriften annotiert, wobei in der Biologie diese Annotationen typischerweise sehr viel ausführlicher sind als etwa in der Informatik. Man findet daher die gesuchten Abbildungen dadurch, dass der Suchbegriff in ihren Bildunterschriften vorhanden ist.

Abbildung 3.28 zeigt einen Screenshot von CaptionSearch mit einer Suche nach „EMSA" (ElectroMobility gel Shift Assays). Für die gefundenen Paper werden die einschlägigen Abbildungen mit ihren Bildunterschriften angezeigt. Das zugehörige Paper ist über einen Link zu erreichen.

Die Bildsuche ist Teil einer umfangreicheren Untersuchung zur Verwendung von Layoutinformationen bei der Analyse wissenschaftlicher Publikationen [MKE09]. Der hier nur kurz angerissene Ansatz wird in der Dissertation [Mat08] sowie in den Publikationen [MKE09, MKB$^+$07, MKS$^+$06, MKM$^+$06, MKM$^+$05a, MKM$^+$05b, ME04, MKM$^+$05c] ausführlich dargestellt.

3.4 Zusammenfassung

Im ersten Teil dieses Kapitels wurde ein Überblick über die molekularbiologischen Datenbanken gegeben. Dabei wurden sechs Kategorien von Datenbanken vorgestellt, die sich an den biologischen Zusammenhängen, wie sie in Kap. 2 dargestellt wurden, orientieren. Die Kategorien sind

- Sequenz-,
- Struktur-,
- Expressions-,
- Funktions- und
- Interaktionsdatenbanken sowie
- organismusbezogene Datenbanken.

Es wurden jeweils wichtige Vertreter aus diesen Kategorien vorgestellt und ihr Beziehungen zueinander beschrieben. Wir haben dabei gesehen, dass die Datenbanken eng miteinander verknüpft sind und inhaltlich überlappen, und dass zur Beantwortung bestimmter Fragestellungen oftmals mehrere Datenbanken abgefragt werden müssen.

Es ist daher zum einen wichtig, dass Workflows unterstützt werden, in denen in mehreren Arbeitsschritten aufeinander aufbauende Daten aus verschiedenen Datenbanken abgefragt werden. Hier sind Portale hilfreich, die verschiedenartige Datenbanken unter einem Dach vereinen und den Datenfluss zwischen den einzelnen Systemen vereinfachen. Wir haben einige der wichtigen Portale vorgestellt.

Der zweite wichtige Aspekt ist die Integration gleichartiger Daten aus verschiedenen Datenbanken. Diese wird durch Austauschformate unterstützt. Vor einer genaueren Beschäftigung damit wurden noch spezifische Merkmale molekularbiologischer Datenbanken – wie z. B. Datenqualität, Vernetzung und Art der Datenspeicherung – kurz gestreift.

Bei den Austauschformaten haben wir uns auf XML-Formate für Interaktions- und Pathwaydaten konzentriert und drei Sprachen (SBML, CellML und CSML) genauer vorgestellt und miteinander verglichen. In den Vergleich mit einbezogen wurden außerdem PSI-MI für Interaktionsdaten und die BioPAX-Ontologie zum Austausch von Pathwaydaten, die im nächsten Kapitel vorgestellt wird. Austauschformate sind nur ein Aspekt der Datenintegration. Wir wenden uns diesem Thema daher ausführlich im nächsten Kapitel zu.

Das dritte Thema dieses Kapitels war die Frage nach der Herkunft der Daten, die die diskutierten Datenbanken füllen. Und dies sind zum einen andere Datenbanken, weshalb die Austauschformate und allgemein die Datenintegration so wichtig ist. Zum anderen ist es die wissenschaftliche Literatur, die mit einer rasanten Geschwindigkeit anwächst und nur noch mit Unterstützung durch automatische Analyseverfahren bewältigt werden kann.

Wir haben daher einen kurzen Blick auf die relevanten digitalen Bibliotheken geworfen und den Bereich Information-Retrieval und Text-Mining kurz gestreift.

Kapitel 4
Informationsintegration

Im letzten Kapitel über molekularbiologische Datenbanken wurde deutlich, dass die Integration der in verschiedenen Datenquellen abgelegten Informationen sehr wünschenswert ist, um die Benutzer bei ihren komplexen und häufig mehrere Datenbanken umfassenden Abfragen zu unterstützen. Wir haben auch gesehen, dass Austauschformate standardisiert werden, um den Datenaustausch zwischen verschiedenen Datenquellen und Werkzeugen, wie Simulationstools etc. zu unterstützen. Diese standardisierten Austauschformate sind aber nur ein – wenn auch sehr wichtiger – Aspekt bei der Integration von Daten und Informationen. Daher wollen wir uns in diesem Kapitel der Integration biologischer Datenbanken ganz speziell zuwenden und insbesondere die semantische Integration dabei betrachten.

Es gibt verschiedene Ansätze zur Informationsintegration mit ganz unterschiedlichen Voraussetzungen, Vor- und Nachteilen. Der folgende Abschnitt gibt zunächst einen Überblick über die prinzipiell möglichen Herangehensweisen. Anschließend stellen wir die speziell in der Molekularbiologie verwendeten Ansätze vor, bevor wir uns im weiteren Verlauf des Kapitels ausführlich mit der semantischen Integration mit Hilfe von Ontologien beschäftigen.

4.1 Integrationsansätze

Bei der Beschäftigung mit Datenintegration muss man sich zunächst einmal darüber klar werden, wie die zu integrierenden Daten physisch und logisch verteilt sind, wie autonom die einzelnen Datenquellen sind und bleiben sollen und wie heterogen die zu integrierenden Daten sind [LN07, CHKT06, ÖV99].

Bei der **logischen Verteilung** geht es darum, dass es mehrere mögliche Orte gibt, bestimmte Daten zu speichern. Sie ist beispielsweise bereits gegeben, wenn eine Datenbank zwei Relationen zur Aufnahme von Personendaten enthält, ohne dass klar wäre, welche Daten in welche der beiden Relationen eingetragen werden sollen. Die physische Verteilung beschreibt die Haltung der Daten auf verschiedenen, eigenständigen Systemen, die sich meist auch an unterschiedlichen Orten befinden.

S. Eckstein, *Informationsmanagement in der Systembiologie*,
DOI 10.1007/978-3-642-18234-1_4, © Springer-Verlag Berlin Heidelberg 2011

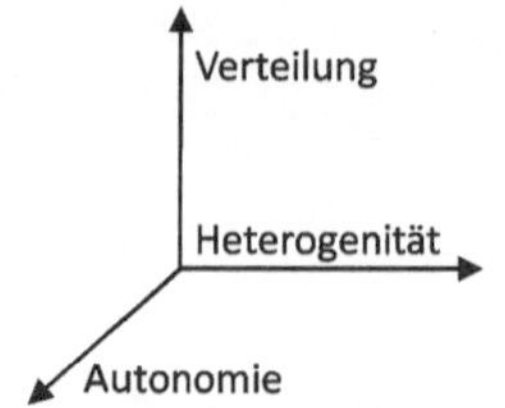

Die **Autonomie** beschreibt den Grad der Eigenständigkeit der zu integrierenden Systeme. Dabei lässt sich beispielsweise zwischen Design-, Schnittstellen- und Zugriffsautonomie unterscheiden. Systeme lassen sich um so einfacher integrieren, je weniger autonom sie sind, da dann eine zentrale Instanz feste Vorgaben auf verschiedenen Ebenen machen kann, an die sich die einzelnen Systeme halten müssen. Ein Beispiel für Systeme ohne Designautonomie sind die in Abschn. 3.1.5 auf S. 58 vorgestellten PGDBs (Pathway/Genome Databases), die von der MetaCyc-Datenbank abgeleitet sind. Hier ist eine der grundlegenden Ideen, der Community das Anlegen einer neuen Datenbank für einen speziellen Organismus so einfach wie möglich zu machen und gleichzeitig eine gute Basis für die spätere Integration der Daten zu schaffen. Generell ist in unserem Anwendungsszenario aber von der größtmöglichen Autonomie der Systeme auszugehen, da man es sich kaum erlauben kann, eine Datenquelle nur deswegen zu ignorieren, weil sich ihre Betreiber nicht an bestimmte Vorgaben halten.

Die dritte Dimension, die bei der Informationsintegration relevant ist, ist die **Heterogenität**, die fast immer aber nicht zwangsläufig durch Verteilung und Autonomie bedingt ist. Heterogenität kann auf ganz unterschiedlichen Ebenen vorliegen. Hier sind zum Beispiel technische, syntaktische und semantische Heterogenität zu nennen. Technische Heterogenität etwa liegt vor, wenn die Systeme unterschiedliche Anfragesprachen oder Austauschformate verwenden. Bei syntaktischer Heterogenität werden Informationen unterschiedlich dargestellt, z. B. durch die Verwendung unterschiedlicher Zeichenkodierungen oder Zahlenformate. Manche Autoren grenzen hiervon die Begriffe der Datenmodellheterogenität sowie der strukturellen und der schematischen Heterogenität ab [LN07], während andere auch diese Aspekte unter den Begriff der syntaktischen Heterogenität fassen. Alle diese Arten von Heterogenität müssen bei der Integration von Informationssystemen berücksichtigt werden und benötigen zum Teil ausgefeilte Lösungen. Am schwierigsten zu bewältigen ist allerdings die semantische Heterogenität, die damit auch die größte potentielle Fehlerquelle darstellt.

Im Bereich der Datenbankmanagementsysteme werden seit vielen Jahren unterschiedliche Integrationsansätze diskutiert und entwickelt, die jeweils unterschiedliche Grade an Verteilung, Autonomie und Herterogenität besitzen. Zu nennen sind hier beispielsweise verteilte, föderierte und mediatorbasierte Datenbankmanagementsysteme sowie Data-Warehouses und Peer-to-Peer-Datenmanagemensysteme. Je nach Ansatz werden unterschiedliche Techniken zur Informationsintegration benötigt. So müssen zum Beispiel in einem Data-Warehouse Daten verschiedenster Quellen vereinigt werden. Sie werden mit verschiedenen Techniken aufbereitet, damit sie danach in die einheitliche Datenstruktur des Warehouses integriert werden können. Bei föderierten Datenbanken hingegen bleiben die Datenquellen bestehen und es wird beispielsweise eine Schemaintegration durchgeführt, mit deren Hilfe dann eine föderierte Anfragebearbeitung aufgesetzt werden kann. Wir wollen auf die einzelnen Arten integrierter Datenbankmanagementsysteme hier nicht weiter eingehen. Sie werden beispielsweise in [LN07, CHKT06, ÖV99] bzgl. ihrer Einordnung in die drei obigen Dimensionen diskutiert.

Auch im Bereich der molekularbiologischen Datenbanken bzw. Informationssysteme werden seit diversen Jahren Integrationsansätze diskutiert. Im Folgenden werden wir einen Überblick über diese Ansätze geben, um die Bandbreite der diskutierten Lösungen aufzuzeigen, bevor wir uns dann ausführlich der semantischen Integration zuwenden.

4.1.1 Integrationsansätze in der Molekularbiologie

Die zur Integration biologischer Datenbanken verwendeten Ansätze lassen sich grob in drei Klassen einteilen [HK04b]:

- Navigierende Integration,
- Warehouse-Integration und
- mediatorbasierte Integration.

Die **navigierende Integration**, auch Link-Integration genannt [GS08], ist weit verbreitet und zeichnet sich dadurch aus, dass viele biologische Datenbanken jeden einzelnen ihrer Datensätze mit diversen Referenzen auf andere Datensätze in anderen Datenbanken versehen. So entsteht ein eng verwobenes Netz aus Verweisen zwischen den einzelnen Datenbanken. Zum Beispiel wird aus Sekundärdatenbanken (vgl. Abschn. 3.1.8) auf die korrespondierenden Datensätze in den Primärdatenbanken verwiesen sowie auf Einträge in anderen Sekundärdatenbanken, die einen anderen inhaltlichen Schwerpunkt haben.

In den Web-Interfaces der Datenbanken sind die entsprechenden Einträge mit HTML-Links versehen, die eine direkte Navigation zu dem referenzierten Eintrag ermöglichen. In den Flat-File-Formaten, auf denen viele biologische Datenbanken basierten und zum Teil immer noch basieren (vgl. Abschn. 3.1.8), werden eindeutige Schlüssel verwendet, z. B. „pubmed:1234567", wobei der erste Teil ein Verweis auf die Datenbank (hier die Literaturdatenbank PubMed (http://pubmed.org)) und der zweite Teil ein Schlüssel dieser Datenbank (hier die PubMed-ID) ist. Es existieren Indexierungssysteme, die solche Verweise auflösen und es ermöglichen, mehrere Datenbanken gleichzeitig anzufragen. Entwickelt wurden diese Systeme, die umfangreiche keyword-basierte Indexe aufbauen und aktuell halten, zu Zeiten, als die Flat-File-Datenbanken vorherrschend waren. Aber auch heutzutage sind diese Systeme noch im Einsatz. Sie integrieren inzwischen auch relational oder in XML-Formaten abgelegte Daten und ermöglichen bei großer Eigenständigkeit und Heterogenität der einzelnen Datenbanken übergreifende Anfragen. Sie vereinfachen die sonst notwendige „Point-and-click-Navigation" über die Webschnittstellen der Systeme. Der Preis dafür ist allerdings recht hoch, da für jede integrierte Datenquelle ein eigener Parser benötigt wird.

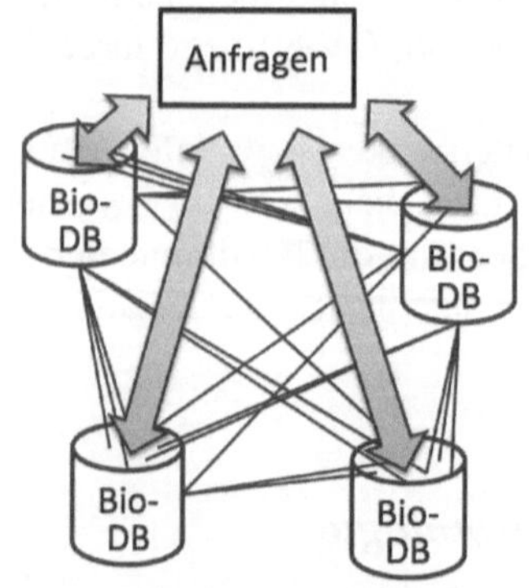

Als Beispiele für Indexierungssysteme sind SRS [ZLAE02] und Entrez [SBB⁺10] zu nennen, welches vom NCBI betrieben wird (vgl. Abschn. 3.1.7). SRS steht für Sequence Retrieval System, greift aber längst nicht mehr nur auf Sequenzdatenbanken zu. Über das vom EMBL/EBI betriebene SRS-System läuft immer noch 40% des Datenverkehrs der von diesen Institutionen betriebenen Datenbanken. Weltweit laufen etwa 400 SRS-Instanzen, die bis zu 150 Datenbanken integrieren [LN05].

Für jede einzubindende Datenbank muss dabei ein Parser in einer SRS-spezifischen Programmiersprache erstellt werden. Die Daten der einzelnen Datenbanken bleiben separat erhalten. Das System erstellt Indexe, die systemübergreifende Anfragen erlauben. Die Cross-Referenzen müssen dem Parser dabei explizit bekannt gemacht werden.

Bei der **Warehouse-Integration** werden alle zu integrierenden Daten in ein zentrales homogenes System importiert. Dabei sind häufig aufwändige Extraktions-, Bereinigungs- und Anpassungsmaßnahmen notwendig. Die Aktualität der Daten muss durch regelmäßige Auffrischung des Warehouses sichergestellt werden, was ebenfalls aufwändig sein kann. Der Vorteil dieses Ansatzes besteht darin, dass alle Daten in einem einheitlichen homogenen Format zur Verfügung stehen, also eine echte Datenintegration erfolgt, dass die Abfragen sehr effizient ausgeführt werden können und alle Daten lokal zur Verfügung stehen, sodass keine Abhängigkeit von der Zugreifbarkeit externer Quellen besteht.

Ein Beispiel für die Warehouse-Integration ist der ALADIN-(ALmost Automatic Data INtegration)-Ansatz [LN05], der aber gleichzeitig auch der Link-Integration zuzuordnen ist. Alle zu integrierenden Daten werden in ein Warehouse importiert. Allerdings bleiben die einzelnen Schemata dabei nebeneinander bestehen. Es findet also keine Integration im Sinne einer Abbildung auf ein gemeinsames Schema statt. Anfragen an das System berücksichtigen Links zwischen den Daten. Dabei werden zum einen die Cross-References ausgenutzt, die wertvolle und oft manuell erstellte Informationen darstellen. Zum anderen werden durch den Einsatz verschiedener Techniken aus den Bereichen Data-Mining, Datenbanken und Information Retrieval auch bisher nicht explizit angegebene Links zwischen Objekten in dem gleichen und insbesondere auch in verschiedenen Schemata automatisch gefunden und bei der Datenabfrage berücksichtigt.

Von der grundlegenden Idee her ähnelt dieser Ansatz daher dem SRS-System (s.o.) mit dem Unterschied, dass hier kaum manuelle Interaktion notwendig ist. Wie fehleranfällig dieser automatische Ansatz allerdings ist, d. h. wie stark sich Fehler in den ersten Schritten des Integrationsprozesses fortpflanzen, muss sich erst noch zeigen [RAB⁺09].

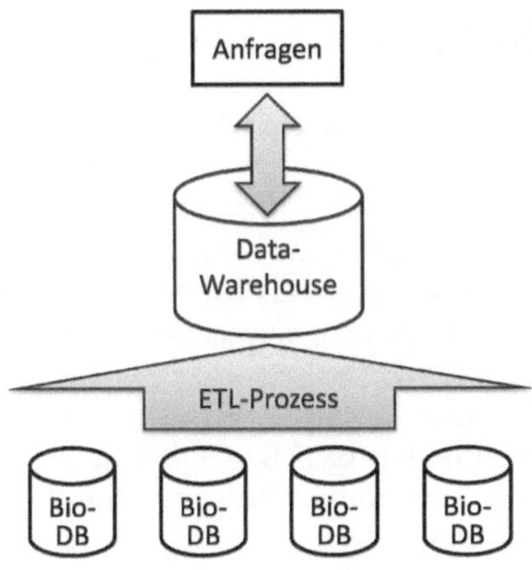

Ein anderes Beispiel ist das BioWarehouse-System [LPW+06], das über ein vorgegebenes Datenbankschema verfügt und Loader für verschiedene Datenbanken und Austauschformate zur Verfügung stellt. Die Idee ist, dass man eine lokale Kopie der Software installiert, wobei als Basis ein Oracle- oder MySQL-DBMS benötigt wird, und dann die verschiedenen Loader verwendet, um die Daten aus den benötigten Datenquellen in das vorgegebene Schema zu importieren. Wie bei den typischen Warehouse-Ansätzen ist hier hoher manueller Aufwand für die Erstellung der einzelnen Loader notwendig, sodass sich zusätzliche Systeme nicht so ohne Weiteres integrieren lassen. Da allerdings auch Loader zur Verfügung stehen, die Austauschformate wie BioPAX berücksichtigen, ist hier etwas mehr Flexibilität als bei klassischen Ansätzen gegeben.

Die **mediatorbasierte Integration** ist im Vergleich mit dem Warehouseansatz eher eine Integration auf Anfrage- denn auf Datenebene [HK04a]. Es werden also Anfragen an ein globales Gesamtschema mittels verschiedener Techniken in Anfragen an die zu integrierenden Systeme umgesetzt und die zurückgelieferten Antworten schließlich zu einem Gesamtergebnis zusammengestellt. Um das zu realisieren, gibt es typischerweise einen Mediator, der für die Anfrageumsetzung und die Ergebnisintegration zuständig ist, sowie für jedes zu integrierende System einen Wrapper, der das System einkapselt und dem Mediator eine Schnittstelle zur Verfügung stellt. Man kann die mediatorbasierte Integration noch weiter untergliedern in den auf eher technische Aspekte konzentrierten Ansatz der Multidatenbanksprachen [LN07] bzw. der Sichtenintegration (view integration) [GS08] und in den ontologiebasierten Ansatz zur **semantischen Integration** der Daten.

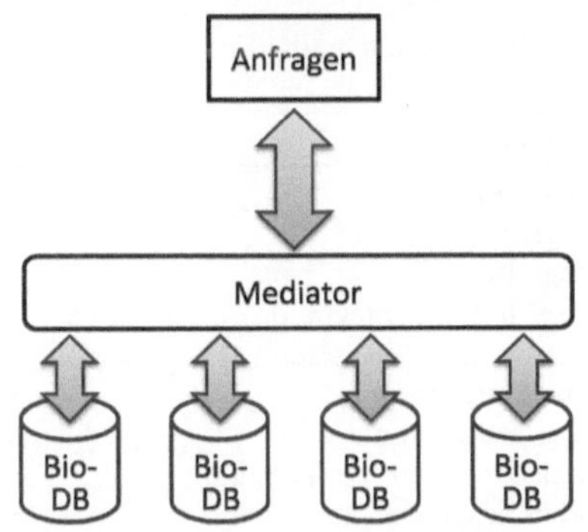

Ein Beispiel für die letztgenannte Herangehensweise ist neben dem Ontosync-Ansatz, den wir in Abschn. 4.5 ausführlich vorstellen, ONTOFUSION [PRMGR+06], wo Ontologien verwendet werden, um Datenbankschemata semantisch zu beschreiben und zu integrieren. Dabei wird für jede zu integrierende Datenbank eine Ontologie erstellt, das virtuelle Schema. Voraussetzung ist, dass zunächst eine Domänenontologie vorhanden ist, die als Basis zur semiautomatischen Erstellung des virtuellen Schemas verwendet wird. Die Domänenontologie kann dabei eine extra für diesen Zweck erstellte Ontologie sein oder eine bereits verfügbare wie etwa die Gene Ontology. Unterstützt durch ein Software-Tool ordnet dann der Administrator die Konzepte des Datenbankschemas den Konzepten der Domänenontologie zu. Virtuelle Schemata, die auf Basis der gleichen Domänenontologie erstellt wurden, können durch einen automatischen Prozess vereinigt werden und stellen dann das integrierte Schema dar, das als Basis für Anfragen dient. Die Benutzerschnittstelle wird durch einen Ontologie-Navigator realisiert, mit dem der Benutzer durch die Konzepte der globalen Ontologie navigiert und der es ihm erlaubt, Anfragen an das globale Schema zu stellen, die dann automatisch in Anfragen an die einzelnen Datenbanken umgesetzt werden.

Als **weitere Integrationsansätze** werden auch Scientific Workflows sowie Integration auf Applikationsebene zum Beispiel mittels CORBA-Schnittstellen oder Web-Services diskutiert sowie Mashup- und Smashup-Ansätze und Peer-2-Peer-Architekturen (vgl. etwa [GS08] und [MJRS$^+$09]).

In [LN05] wird orthogonal zu der bisherigen Klassifikation zwischen daten- und schemaorientierten Integrationsansätzen unterschieden. Mit datenorientierter Integration ist dabei die manuelle Aufbereitung von Daten und Integration in ein System gemeint, die von Fachleuten durchgeführt wird. Bei der schemaorientierten Integration wird typischerweise eine Integrationsschicht entwickelt, wobei Techniken und Ansätze wie Schemamapping, Wrapper, Mediatoren und Query-Rewriting zum Einsatz kommen.

Tabelle 4.1 stellt die in diesem Abschnitt exemplarisch diskutierten Integrationsansätze zusammen und unterscheidet diese bzgl. daten- und schemaorientierter Integration. Dabei werden außerdem Ansätze berücksichtigt, die in Kap. 3 im Abschnitt über Portale und Integrationsansätze (3.1.7) vorgestellt wurden, sowie solche, die in Abschn. 4.5.6 als Abgrenzung zum Ontosync-Ansatz diskutiert werden.

Soll innerhalb einer Institution eine umfangreiche Integration verschiedener Datenbestände vorgenommen werden, so stehen zunächst einmal alle oben diskutierten Ansätze zur Verfügung und es kann je nach Anforderungen, zur Verfügung stehenden Ressourcen und sonstigen Randbedingungen entschieden werden, welcher der vielversprechendste ist.

Tabelle 4.1 Beispiele für Integrationsansätze. (a) datenorientierte Integration (b) schemaorientierte Integration

Name	Referenzen	Art der Integration	(a)	(b)
SRS	[ZLAE02]	Link-Integration	x	
Entrez	[SBB$^+$10]	Link-Integration	x	
DBGET/LinkDB	[FGM$^+$98]	Link-Integration	x	
Columba	[TRM$^+$05]	Warehouse- u. Link-Integration	x	
ALADIN	[LN05, RAB$^+$09]	Warehouse- u. Link-Integration		x
Bio-Warehose	[LPW$^+$06]	Warehouse-Integration		x
cPath	[CBGS06]	Warehouse-Integration		x
ONTOFUSION	[PRMGR$^+$06]	mediatorbasierte (sem.) Integration		x
Ontosync	[Kup10]	mediatorbasierte (sem.) Integration		x
TAMBIS	[GSN$^+$01]	mediatorbasierte (sem.) Integration		x
SEMEDA	[KPL03]	mediatorbasierte (sem.) Integration		x
BACIIS	[BMLB05]	mediatorbasierte (sem.) Integration		x

Betrachtet man den Wunsch nach Datenintegration aber nicht aus Sicht einer größeren Institution, die eigene bereits bestehende Datenquellen miteinander integrieren möchte, sondern eher aus Sicht eines Einzelprojekts, das zum Beispiel eine neue Datenbank in der Community einführen möchte, so stellt sich die Frage, wie eine gute Verwendbarkeit der eigenen Daten von anderen Forschungsgruppen gewährleistet werden kann. Hier tragen standardisierte Austauschformate, wie wir sie in Abschn. 3.2 besprochen haben, zur Überwindung der syntaktischen Heterogenität bei.

Um auch semantische Heterogenität überwinden zu können, bietet sich die Verwendung von Ontologien zur semantischen Beschreibung der Daten an. Kommen hierbei weit verbreitete Ontologien zum Einsatz, so sind die Datenquellen für die Integration mit anderen gut vorbereitet ohne allzuviel Autonomie und Flexibilität aufzugeben.

Der Einsatz von Ontologien alleine stellt zwar noch keine semantische Integration sicher, ist aber eine wichtige Grundlage, um diese überhaupt bewerkstelligen zu können. Wir beschäftigen uns daher in den beiden folgenden Abschnitten zunächst mit Ontologien als solchen sowie mit Sprachen, um Ontologien aufzuschreiben. Anschließend betrachten wir einige wichtige Ontologien aus dem Gebiet der Molekularbiologie bevor wir uns einem ontologiebasierten Integrationsansatz zuwenden. Wir beschließen das Kapitel mit einer Zusammenfassung und einem Blick auf die weiterführende Literatur.

4.2 Grundlagen d. semantischen Integration

Das Ziel der semantischen Integration ist die Überwindung von semantischer Heterogenität, die sich beispielsweise in dem Vorkommen von Synonymen und Homonymen äußert sowie ganz allgemein in der unterschiedlichen Begriffsbildung für unterschiedliche Datenquellen.

Die Grundidee dabei ist es, die Bedeutung der verwendeten Begriffe und ihre Beziehungen untereinander mit Hilfe von Ontologien zu definieren. An Stelle von Begriffen spricht man im Zusammenhang mit Ontologien oft auch von Konzepten. Werden zur Beschreibung von Konzepten formale Ontologien verwendet, so lassen sich auch nicht explizit angegebene logische Beziehungen zwischen diesen Konzepten automatisch herleiten.

In diesem Abschnitt führen wir die Grundkonzepte ein. Dazu stellen wir zunächst Ontologien ganz allgemein vor, führen dann Beschreibungslogiken zur Formalisierung von Ontologien ein und präsentieren anschließend zwei aufeinander aufbauende Sprachen – RDF und RDFS – zur Beschreibung einfacher Ontologien.

4.2.1 Ontologien

Ontologien sind formale Repräsentationen von Konzepten einer Domäne zusammen mit den Beziehungen zwischen diesen Konzepten. Sie können daher verwendet werden, um Domänen zu beschreiben und um Schlussfolgerungen über deren Eigenschaften zu ziehen. Sie haben ihren Ursprung in der Philosophie, wo bereits ca. 400 vor Christi Aristoteles in seinen Abhandlungen, die später unter dem Titel „Metaphysics" bekannt wurden, den Begriff Ontologie geprägt hat [Coh09]. Ontologie steht dabei für griechisch $ov\tau o\varsigma$ (òntos) „des Seienden" und $\lambda\acute{o}\gamma o\varsigma$ (lògos) „Wort, Wissenschaft".

In der Informatik und der Informationswissenschaft werden Ontologien meist als „formale, explizite Spezifikationen gemeinsamer Konzeptualisierungen" („formal, explicit specifications of shared conceptualizations") betrachtet [SBF98]. Wobei dieses Zitat eine Verflechtung der Definitionen aus [Gru93] und [Bor97] darstellt [GOS09]. Es wird also Wert darauf gelegt, dass die Konzepte und die Beziehungen zwischen den Konzepten einer Domäne formal und explizit spezifiziert werden. Diese Forderung zielt darauf ab, dass maschinenlesbare Sprachen mit einer festgelegten Bedeutung verwendet werden sollen. Außerdem soll eine Ontologie einen Konsens darstellen. Damit ist gemeint, dass eine Ontologie wenig nützt, wenn sie nicht wenigstens in Teilen der entsprechenden Community Zustimmung findet.

Ein Teilgebiet der Ontologien sind die Taxonomien, die etwa in der Biologie eingesetzt werden, um die verwandtschaftlichen Beziehungen von Lebewesen zu erfassen. Taxonomie steht für griechisch $\tau\acute{a}\xi\iota\varsigma$ (táxis) „Ordnung" und $v\acute{o}\mu o\varsigma$ (nómos) „Gesetz" und erlaubt es, Konzepte in eine hierarchische Struktur zu bringen. Die einzigen Arten von Beziehungen zwischen Konzepten, die in Taxonomien erlaubt sind, sind daher Supertyp- und Subtyp-Beziehungen.

In der Biologie geht die Verwendung von Taxonomien zur Klassifikation der Lebewesen auf Carl von Linné zurück, der in seinem erstmals 1735 erschienenen Werk *Systema Naturae* die Grundlagen für die heute vorherrschende biologische Systematik legte. Abbildung 4.1 zeigt einen Ausschnitt aus der Systematik der Säugetiere wie er beispielsweise in der Wikipedia zu finden ist. Auf der linken Seite der Abbildung sind dabei die Bezeichnungen der einzelnen Stufen der Hierarchie zu finden.

Eine Ontologie beschreibt also Konzepte und die Beziehungen (Relationen) zwischen ihnen. Sie besteht daher aus zwei Symbolmengen zur Benennung der Konzepte und der Beziehungen. Manche Autoren sprechen auch von einem Lexikon mit zwei Mengen von Zeichen [MSS+01]. Sie besteht weiterhin aus je einer Menge von Konzepten und von Beziehungen, die mit den Symbolen bezeichnet werden. Die Symbole werden den Konzepten bzw. Beziehungen mit Hilfe sog. Referenzfunktionen zugeordnet, wobei ein Lexikoneintrag auf mehrere Konzepte oder Relationen verweisen kann und auch einem Konzept bzw. einer Relation mehrere Lexikoneinträge zugeordnet sein können. Das Grundgerüst einer Ontologie bildet die Taxonomie, die alle Konzepte der Ontologie in eine Supertyp-/Subtyphierarchie einordnet. Für jedes Konzept muss daher mindestens diese Zuordnung gegeben sein. Weitere Eigenschaften der Ontologie können mit Hilfe von Axiomen angegeben werden.

Mitunter werden Ontologien, die die allgemeinen Zusammenhänge beschreiben, von Knowledge-Bases unterschieden, welche aktuelle Gegebenheiten beschreiben. Der Unterschied zwischen beiden ist vergleichbar mit dem Unterschied zwischen einem Datenbankschema und den zur Datenbank gehörenden Instanzen (Tupeln). Da

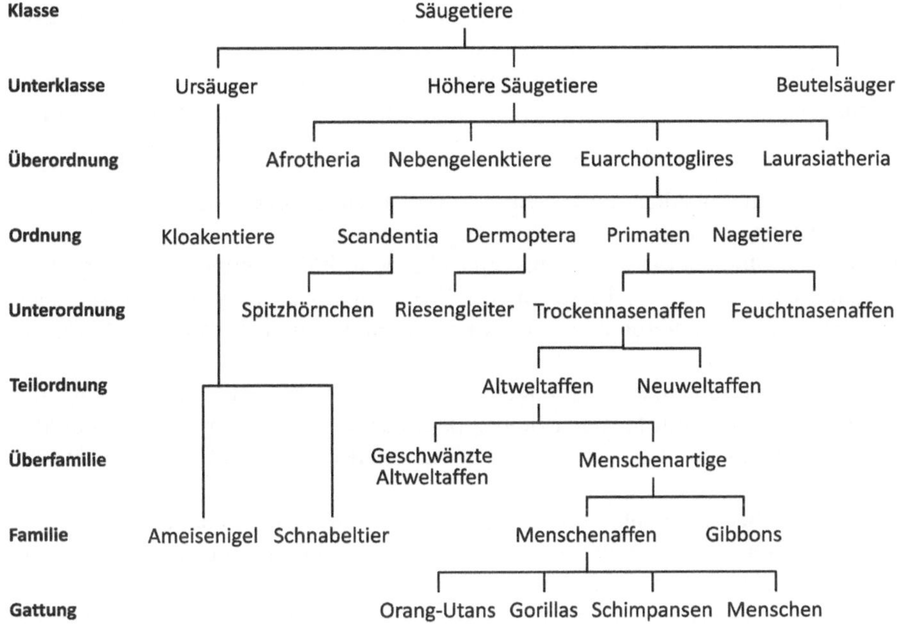

Abb. 4.1 Beispiel für eine Taxonomie: Systematik der Säugetiere (Ausschnitt, vgl. http://de. wikipedia.org/wiki/Systematik_der_Säugetiere)

aber in Sprachen wie zum Beispiel OWL, die im weiteren Verlauf zur Beschreibung von Ontologien verwendet werden, auch Instanzen spezifiziert werden können, soll dieser Unterschied hier nicht gemacht werden.

In Ontologiesprachen, die auch die Beschreibung von Instanzen erlauben, wird aber eine Unterscheidung zwischen zwei Arten von Axiomen gemacht: Als ABox-Axiome (*Assertion Box Axioms*) werden diejenigen bezeichnet, die Aussagen über Instanzen machen, z. B. über die Zugehörigkeit einer Instanz zu einem bestimmten Konzept. Sie repräsentieren somit Fakten. TBox-Axiome (*Terminology Box Axioms*) hingegen beschreiben das zulässige Vokabular der Ontologie, indem sie Aussagen über die Konzepte und ihre Beziehungen machen. Zu den TBox-Axiomen gehören beispielsweise Aussagen über die Äquivalenz von Konzepten oder über Unter- und Oberklassenbeziehungen zwischen Konzepten. Sie beschreiben also Schemawissen.

Für Ontologien geht man im Gegensatz zu Datenbanken von einer „Open World Assumption" aus. Das bedeutet, dass nicht vorhandene Information als unbekannt behandelt wird und aus dem Nichtvorhandensein nicht gefolgert werden kann, dass etwas nicht gilt. Im Gegensatz dazu würden beispielsweise in einer Datenbank nicht vorhandene Informationen als falsch ausgewertet werden.

Ontologien basieren auf Beschreibungslogiken (Description Logics), wobei es sich um entscheidbare Teile der Prädikatenlogik handelt. Plural deshalb, weil es verschiedene Abstufungen von Beschreibungslogiken gibt, die sich in ihrer Mächtigkeit und damit auch in ihrer Berechnungskomplexität unterscheiden. Beschreibungslogiken werden in Abschn. 4.2.2 eingeführt.

An Sprachen zur Formalisierung von Ontologien werden verschiedene Anforderungen gestellt, die zum Teil gegenläufig sind. Die wichtigsten Anforderungen sind [AvH09]:

- Es muss eine wohldefinierte Syntax zur Verfügung stehen, da nur so eine rechnergestützte Verarbeitung möglich ist.
- Diese wohldefinierte Syntax muss eine ebenso wohldefinierte Semantik besitzen, damit unterschiedliche Personen oder Programme Ausdrücke der Sprache nicht unterschiedlich interpretieren. Dies ist eine notwendige Voraussetzung für den nächsten Punkt.
- Automatisierte Schlussfolgerungen benötigen eine effiziente Unterstützung. Ontologiesprachen mit formaler Semantik erlauben es, mathematische Schlussfolgerungen aus den angegebenen Fakten zu ziehen und so auf weitere Fakten zu schließen.
- Die Sprachen sollen über eine genügend große Ausdrucksmächtigkeit verfügen, damit auch möglichst alle interessierenden Sachverhalte und Zusammenhänge ausgedrückt werden können.
- Als letzter Punkt wird in [AvH09] noch gefordert, dass es bequem und komfortabel sein soll, Ausdrücke in der Sprache aufzuschreiben. Gemeint ist damit, dass eine Sprache auch benutzerfreundlich sein muss, wenn sie verwendet werden soll.

Gerade die geforderte effiziente Unterstützung von automatisierten Schlussfolgerungen und die möglichst große Ausdrucksmächtigkeit der Sprachen sind gegenläufige Anforderungen. Je ausdrucksstärker die Sprache ist, desto ineffizienter sind automatisierte Schlussfolgerungen zu ziehen und ab einer bestimmten Mächtigkeit werden die Sprachen auch unentscheidbar.

Es gibt verschiedene Ontologiesprachen, von denen sich im Zuge des Semantic Web in den letzten Jahren die Web Ontology Language (OWL) durchgesetzt hat. OWL wird in Abschn. 4.3 beschrieben, eine Übersicht über weitere Ontologiesprachen ist z. B. in [Fen04] zu finden.

4.2.2 Beschreibungslogiken

Beschreibungslogiken (Description Logics) stellen die formale Basis für viele exisitierende Ontologiesprachen und Ableitungs- bzw. Beweissysteme dar und sind entscheidbare Teile der Prädikatenlogik erster Stufe. Es handelt sich um eine Gruppe von Logiken mit unterschiedlichen Ausdrucksstärken und somit auch unterschiedlicher Komplexität, die durch unterschiedliche erlaubte bzw. nicht erlaubte Sprachkonstrukte entsteht. Sie werden gemeinhin durch Buchstaben in Schreibschrift benannt, wobei man von den Buchstaben auf die erlaubten Sprachkonstrukte schließen kann.

Generell bestehen Beschreibungslogiken aus Konzepten, Rollen und Individuen. Konzepte sind dabei mit Klassen aus objektorientierten Ansätzen vergleichbar, besitzen aber keine Methoden. Jedes Konzept steht für eine aktuelle Menge von Individuen. Konzepte können in angeordnet werden. Rollen verbinden Individuen bestimmter Konzepte miteinander. Sie werden im Zusammenhang mit Beschreibungslogiken oft als Rollen, in anderen Zusammenhängen auch als Beziehungen oder Relationen bezeichnet (vgl. Abschn. 4.2.1). Im Vokabular der Prädikatenlogik entsprechen Konzepte und Rollen unären bzw. binären Prädikaten, während Individuen Konstantensymbole sind. Komplexe Konzepte und komplexe Rollen entstehen durch Konjunktion, Disjunktion und Negation bestehender Konzepte bzw. Rollen sowie durch den Einsatz von Quantoren.

Beschreibungslogiken gehen von zwei grundsätzlichen Annahmen aus:

- Die Open World Assumption besagt, dass aus dem nicht Vorhandensein einer Information nicht gefolgert werden kann, dass sie nicht gilt (vgl. Abschn. 4.2.1).
- Zweitens gilt die Ambiguous Name Assumption, die besagt, dass zwei Konzepte mit unterschiedlichem Namen auch äquivalent sein können.

Aussagen in Beschreibungslogiken werden in zwei Gruppen unterteilt: Es gibt sogenannte ABox-Axiome, die Aussagen über Individuen machen, und TBox-Axiome, die Schemawissen repräsentieren (vgl. oben Abschn. 4.2.1).

Die für eine bestimmte Beschreibungslogik zulässigen TBox-Axiome legen die Komplexität der Logik fest. Eingeführt werden Beschreibungslogiken daher häufig, indem man ausgehend von der Basislogik diskutiert, welche zusätzliche Ausdrucksfähigkeit und Komplexität durch die Hinzunahme bestimmter Arten von Axiomen erreicht wird. Wir geben hier nur einen Überblick über die verschiedenen Beschreibungslogiken. Weiterführende Literaturhinweise finden sich in Abschn. 4.6.

Die grundlegende und minimale Beschreibungslogik, die sich praktisch anwenden lässt, wird mit $\mathcal{AL}$ bezeichnet, was so viel heißt wie Atrribute Language. Die Beschreibungslogik $\mathcal{AL}$ erlaubt atomare und komplexe Konzepte sowie atomare Rollen. Sie stellt zwei vordefinierte Konzepte zur Verfügung: das universelle Konzept $\top$ (Top), das die Menge aller Individuen repräsentiert, sowie das Inverse dazu, $\bot$ (Bottom), das für die leere Menge von Individuen steht. Des Weiteren sind in $\mathcal{AL}$ die atomare Negation ($\neg$), die sich nur auf atomare Konzepte bezieht, sowie die Schnittmengenbildung ($\sqcap$) erlaubt. Die sogenannte Werteeinschränkung der Form $\forall R.C$ definiert die Menge aller Individuen, die in Beziehung R mit Individuen des Konzepts C stehen und nur mit solchen. Mit anderen Worten ausgedrückt beschreibt sie alle Individuen, die die Rolle R ausfüllen und deren Rollenpartner ausschließlich Individuen des Konzepts C sind. Eine existentielle Einschränkung steht nur in beschränkter Form zur Verfügung: Mit $\exists R.\top$ wird die Menge aller Individuen beschrieben, die einen Partner haben, mit dem sie die Rolle R erfüllen. Dabei ist als Konzept nur das universelle Konzept ($\top$) erlaubt, sodass sich diese existentielle Quantifikation nicht auf ein bestimmtes Konzept einschränken lässt.

Konzepthierarchien können mit Hilfe von Unterklassenbeziehungen ($\sqsubseteq$) aufgebaut und Konzepte können als äquivalent ($\equiv$) definiert werden. Damit lassen sich mit $\mathcal{AL}$ grundlegende Taxonomien beschreiben. Des Weiteren lassen sich mit den gegebenen Sprachkonzepten auch Axiome definieren, die erste Konsistenzprüfungen erlauben. Z. B. lässt sich mittels $D \sqcap E \equiv \bot$ überprüfen, ob zwei (komplexe) Konzepte wirklich disjunkt sind.

Weitere Beschreibungslogiken können basierend auf $\mathcal{AL}$ gebildet werden, indem Konzepte hinzugefügt werden, die die Ausdrucksmächtigkeit und auch die Komplexität der Sprache erhöhen. Die Namen der Logiken werden dann jeweils aus der Bezeichnung $\mathcal{AL}$ ergänzt um den die Erweiterung beschreibenden Buchstaben gebildet. So steht beispielsweise $\mathcal{ALU}$ für $\mathcal{AL}$ erweitert um die Vereinigung (Union) von Konzepten. Weitere Erweiterungen sind die volle existenzielle Quantifikation $\mathcal{E}$, die existenzielle Einschränkungen für spezielle Konzepte und nicht nur für $\top$ erlaubt sowie die allgemeine Komplementbildung $\mathcal{C}$, die sich nicht nur auf atomare Konzepte bezieht. Die letztgenannte Erweiterung umfasst dabei die beiden vorgenannten, sodass die Sprachen $\mathcal{ALCEU}$ und $\mathcal{ALC}$ gleichmächtig sind. Das kommt daher, dass auch für Beschreibungslogiken die folgenden Äuivalenzen der Prädikatenlogik gelten: $C \sqcup D \equiv \neg(\neg C \sqcap \neg D)$ und $\exists R.C \equiv \neg \forall R.\neg C$

Mit der Erweiterung $\mathcal{N}$ sind zusätzlich Kardinalitätseinschränkungen für Rollen möglich. Es kann dabei angegeben werden, dass ein Individuum, welches an einer Rolle teilnimmt (eine Rolle inne hat) mit mindestens n und höchstens m Individuen in Beziehung stehen darf.

Die Beschreibungslogik $\mathcal{AL}$, die Attribute Language, wird zusammen mit den Erweiterungen $\mathcal{C}, \mathcal{E}, \mathcal{U}$ und $\mathcal{N}$ auch als Familie der $\mathcal{AL}$-Sprachen bezeichnet [BN03]. Zusätzliche Erweiterungen bieten sich an, wenn man die Rollen betrachtet, die in den bisher vorgestellten $\mathcal{AL}$-Sprachen nur atomar sein dürfen. Typischerweise beginnt man mit der Transitivität von Rollen. Man möchte zum Beispiel ausdrücken können, dass, wenn a und b an einer bestimmten Rolle teilnehmen und b und c auch an dieser Rolle teilnehmen, a und c ebenfalls daran teilnehmen. Beispiele für transitive Rollen sind etwa Vorfahr- oder Teil-Von-Beziehungen. Um das Benennungsschema nicht zu unübersichtlich werden zu lassen, hat man festgelegt, dass der Name $\mathcal{S}$ für $\mathcal{ALCEU}$ erweitert um transitive Rollen steht.

Ebenso wie die Logik $\mathcal{AL}$ kann auch die Logik $\mathcal{S}$ um zusätzliche Konzepte erweitert werden. Mit $\mathcal{H}$ wird beispielsweise die Möglichkeit bezeichnet, Rollenhierarchien zu bilden. Dazu wird ganz analog zu den Konzepten eine Unterklassenbeziehung zwischen Rollen eingeführt, sodass $A \sqsubseteq B$ besagt, dass A eine Unterrolle von B ist.

In [BN03] werden unter der Bezeichnung Rollenkonstruktoren diverse Möglichkeiten diskutiert, komplexe Rollen zu definieren. Dazu gehören die Schnittbildung $R \sqcap S$, die Vereinigung $R \sqcup S$, die Komplementbildung $\neg R$, die Komposition zweier Rollen $R \circ S$, die transitive Hülle R^+ sowie die Bildung von inversen Rollen R^-. Von diesen Erweiterungen werden nur die Schnittbildung und die Bildung inverser Rollen mit eigenen Buchstaben bezeichnet: $\mathcal{R}$ bzw. $\mathcal{I}$. Letztere ermöglicht es auszudrücken, dass „isst" die inverse Rolle zu „wird_gegessen_von" ist. Formal schreibt man $isst^- \equiv wird\_gegessen\_von$.

Durch die Erweiterung $\mathcal{F}$ lässt sich festlegen, dass jedes Individum des Definitionsbereichs nur einmal an einer Rolle teilnehmen darf, wodurch aus dieser Rolle eine Funktion wird. Ein Beispiel für eine funktionale Rolle ist das Alter einer Person,

Tabelle 4.2 Die Namenskonventionen der Beschreibungslogiken

Bez.	Bedeutung
$\mathcal{AL}$	Attribute Language, grundlegende u. minimale Beschreibungslogik
$\mathcal{U}$	Vereinigung von Konzepten
$\mathcal{E}$	existenzielle Quantifikation für Konzepte
$\mathcal{C}$	allgemeine Komplementbildung (umfasst $\mathcal{U}$ und $\mathcal{E}$)
$\mathcal{S}$	Abkürzung für $\mathcal{ALCEU}$
$\mathcal{H}$	Bildung von Rollenhierarchien
$\mathcal{R}$	Schnittbildung von Rollen
$\mathcal{I}$	inverse Rollen
$\mathcal{F}$	funktionale Rollen
$\mathcal{O}$	abgeschlossene Konzepte

da jede Person nur ein Alter hat. Die letzte hier betrachtete Erweiterung ist $\mathcal{O}$, die abgeschlossene Konzepte einführt. Abgeschlossen sind die Konzepte in dem Sinn, dass alle zugehörigen Individuen explizit aufgeführt werden. Tabelle 4.2 gibt einen Überblick über die verschiedenen Erweiterungen.

Die verschiedenen Beschreibungslogiken sind unterschiedlich mächtig und liegen daher auch in unterschiedlichen Komplexitätsklassen, was die Beweisbarkeit bestimmter Annahmen anbelangt. Typischerweise will man zum Beispiel überprüfen können, ob ein Konzept überhaupt erfüllbar ist oder ob es ein Unterkonzept eines anderen ist. Für Individuen möchte man etwa wissen, ob sie Instanzen eines bestimmten Konzepts sind. Oder man möchte sich alle Individuen herleiten lassen, die zu einem bestimmten Konzept gehören, bzw. alle Konzepte, zu denen ein bestimmtes Individuum gehört. Um die Komplexität solcher Beweise oder Herleitungen abzuschätzen, genügt es, die Erfüllbarkeit zu betrachten, also die Frage, ob alle Konzepte der Ontologie eine nicht-leere Menge von Individuen repräsentieren.

Die Sprache $\mathcal{AL}$ ohne Erweiterungen liegt in der Komplexitätsklasse P aller Probleme, die in polynomialer Zeit lösbar sind. Sobald man die allgemeine Negation bzw. Komplementbildung hinzunimmt, wird bereits die Komplexitätsklasse PSpace erreicht. Das ist die Klasse der mit einem deterministischen Algorithmus lösbaren Probleme, die höchstens polynomial viel Platz in Bezug auf die Eingaben verbrauchen. Die Klasse NP der mit einem nichtdeterministischen Algorithmus in polynomialer Zeit lösbaren Probleme ist (u.a.) vollständig in PSpace enthalten. Die Sprache $\mathcal{ALC}$ liegt aber nur dann in PSpace, wenn die TBox azyklisch ist. Dies ist genau dann der Fall, wenn keine rekursiven Definitionen vorhanden sind bzw. sich diese verlustlos entfernen lassen.

Sobald zyklische TBoxen vorliegen, wird die Komplexitätsklasse ExpTime erreicht, die alle Probleme enthält, die mit einem deterministischen Algorithmus in exponentieller Zeit lösbar sind. In dieser Klasse liegen auch die Sprachen $\mathcal{S}$ und $\mathcal{SHIF}$. Mit der Sprache $\mathcal{SHOIN}$ erreicht man die Komplexitätsklasse NExpTime der mit nichtdeterministischen Algorithmen in exponentieller Zeit lösbaren Probleme. Diese Art von Problemen sind also noch berechenbar aber nur mit großem Aufwand. Zur Komplexität von Beschreibungslogiken siehe etwa [Zol10, BHS09]. Eine Übersicht über Komplexitätsklassen findet sich z. B. in [Aar10].

4.2.3 Resource Description Framework (RDF)

Das Resource Description Framework (RDF) wird durch eine Reihe von WRC-Recommendations definiert [MM04a, KC04, Bec04, Hay04] und ermöglicht es, Informationen über Objekte – die Ressourcen – zu formulieren. Das geschieht in Form von Eigenschaften und Werten dieser Eigenschaften, die für die zu beschreibenden Ressourcen angegeben werden. Dabei wird jeder einzelne Fakt durch ein sogenanntes Tripel beschrieben, das aus Subjekt, Prädikat und Objekt besteht.

Das Subjekt ist die zu beschreibende Ressource. Das Prädikat ist die Eigenschaft, die für die Ressource angegeben werden soll, und das Objekt ist der Wert, den die Ressource für diese Eigenschaft annimmt. Damit stellt ein Prädikat eine binäre Relation zwischen Subjekt und Objekt dar. Soll etwa angegeben werden, dass der Name einer Person Silke Eckstein lautet, dann ist in diesem Beispiel die konkrete Person, über die etwas ausgesagt wird, das Subjekt (die Ressource), und die Eigenschaft Name nimmt den Wert Silke Eckstein an. Zur eindeutigen Referenzierung der Subjekte und Prädikate werden URI-Referenzen verwendet. Das sind URIs (*Uniform Resource Identifier*) mit optionalen Fragmenten, welche abgetrennt durch das Zeichen # an die URIs angehängt werden. Bzgl. des Aufbaus von URIs siehe z. B. [HKRS08].

Das Objekt hingegen, kann entweder eine URI oder ein Literal sein. Letzteres ist eine Zeichenkette, die ggf. noch anhand eines Datentyps interpretiert wird. Eine Menge solcher Tripel repräsentiert einen gerichteten Graphen, in dem die Subjekte und die Objekte die Knoten darstellen und die Prädikate durch gerichtete Kanten vom Subjekt zum Objekt repräsentiert werden. Dabei können diejenigen Objekte, die durch eine URI identifiziert werden, auch Subjekte in anderen Tripeln sein.

Bei der grafischen Repräsentation der RDF-Graphen werden üblicherweise die durch URI-Referenzen identifizierten Ressourcen als Ellipsen, Literale als Rechtecke und Prädikate als Pfeile von den Subjekten zu den Objekten dargestellt. In Abb. 4.2 wird das obige Beispieltripel, das der Person Silke Eckstein – identifiziert durch eine URI – den Namen „Silke Eckstein" zuordnet, grafisch dargestellt. Zusätzlich enthält der Graph die Information, dass die Mailadresse dieser Person `s.eckstein@tu-bs.de` lautet.

Diese Interpretation als Graph beschreibt das „Graph Data Model" von RDF, das auch als abstrakte Syntax bezeichnet wird und die Grundlage zur Spezifikation der RDF-Semantik darstellt [KC04]. Des Weiteren gibt es eine XML-Repräsentation

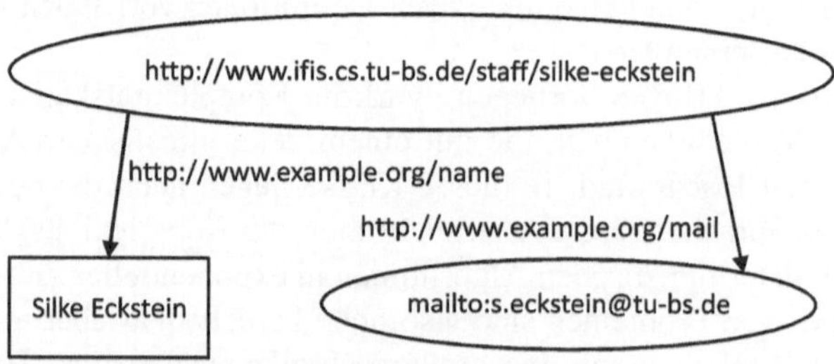

Abb. 4.2 Beispiel für die grafische Repräsentation zweier Tripel

von RDF, die auch als XML/RDF bezeichnet wird. Das folgende Beispiel zeigt die
XML/RDF-Repräsentation des Graphen aus Abb. 4.2:

```
1   <?xml version="1.0" encoding="utf-8"?>
2   <rdf:RDF xmlns:rdf="http://www.w3.org/1999/02/22-rdf-syntax-ns#"
3          xmlns:ex ="http: // example.org/">
4     <rdf:Description
5          rdf:about=" http: // www.ifis.cs.tu-bs.de/staff/ silke -eckstein">
6       <ex:name>Silke Eckstein</ex:name>
7       <ex:mail>
8         <rdf:Description rdf:about="mailto:s.eckstein@tu-bs.de">
9         </rdf:Description>
10      </ex:mail>
11    </rdf:Description>
12  </rdf:RDF>
```

Da es sich um ein XML-Dokument handelt, kommt zunächst der ganz normale
XML-Header gefolgt von einem `rdf:RDF`-Element als Wurzelelement des Dokuments. In diesem Wurzelelement werden zwei Namensräume deklariert und zwar
zum einen der RDF-Namensraum und zum anderen ein Beispielnamensraum.

Das Subjekt des ersten Beispiel-Tripels wird mit Hilfe eines `Description`-
Elements aus dem RDF-Namensraum beschrieben, das Prädikat durch das Element
`ex:name`. Dadurch gehört das Prädikat `ex:name` dem Namensraum http://example.
org/ an. Ist ein Objekt wie hier ein Literal, wird es direkt als Elementinhalt des
Elements angegeben, das das zugehörige Prädikat repräsentiert.

Sollen mehrere Aussagen repräsentiert werden, so können die für die Subjekte
stehenden `rdf:Description`-Elemente einfach hintereinander aufgeführt werden.
Gibt es mehrere Aussagen über das gleiche Subjekt, so können auch alle zugehörigen Prädikate hintereinander als Inhalt des entsprechenden `rdf:Description`-
Elements aufgeführt werden. Wenn ein Objekt eines Statements zugleich Subjekt eines anderen Statements ist, können die Elemente entsprechend geschachtelt werden.
Notwendig ist das allerdings nicht, die Aussagen können auch separat aufgeführt
werden.

Hier wurde die zweite Aussage, die sich ja auf das gleiche Subjekt bezieht wie die
erste in das entsprechende `rdf:Description`-Element mit eingefügt. Das Element
ex:mail, das das Prädikat repräsentiert, enthält seinerseits ein `rdf:Description`-
Element, das die RDF-Referenz des Objekts in dem Attribut `rdf:about` enthält.
Diese Situation, in der das Objekt selbst keine ausgehenden Kanten enthält, also
nicht als Subjekt fungiert, kann auch kürzer geschrieben werden:

```
1   <?xml version="1.0" encoding="utf-8"?>
2   <rdf:RDF xmlns:rdf="http://www.w3.org/1999/02/22-rdf-syntax-ns#"
3          xmlns:ex ="http: // example.org/">
4     <rdf:Description
5          rdf:about=" http: // www.ifis.cs.tu-bs.de/staff/ silke -eckstein">
6       <ex:name>Silke Eckstein</ex:name>
7       <ex:mail rdf:resource="mailto:s .eckstein@tu-bs.de"/>
8     </rdf:Description>
9   </rdf:RDF>
```

Hier wird das `rdf:Description`-Element, das das Objekt repräsentierte, also weggelassen und dem `ex:mail`-Element das Attribut `rdf:resource` mit der URI-Referenz als Attributwert hinzugefügt.

Da alle Subjekte, alle Prädikate und alle Objekte, die keine Literale sind, mit Hilfe von URI-Referenzen eindeutig benannt werden, ist es in RDF-Dokumenten absolut notwendig, Namensräume und Namensraumpräfixe zu verwenden. Einerseits ist es syntaktisch notwendig, da alle URI-Referenzen einen Doppelpunkt enthalten, in XML Elementtags Doppelpunkte aber nur zur Abgrenzung von Präfix und lokalem Namen enthalten dürfen. Außerdem wird damit auch eine deutlich kürzere Schreibweise verwendet, die die RDF-Dokumente lesbarer macht.

Dabei muss allerdings beachtet werden, dass die Werte von XML-Attributen wiederum keine Namensraumpräfixe enthalten dürfen, so dass hier quasi ein Trick angewendet werden muss, um den entsprechenden Verweis trotzdem anzugeben. Typischerweise wird ein Entity definiert, das für die URI steht und so genannt wird, wie der zugehörige Namensraumpräfix. Entityreferenzen dürfen innerhalb von Attributwerten verwendet werden, sodass nun die Entityreferenz dem eigentlichen Attributwert vorangestellt werden kann und somit letztlich eine vollständige Referenz zustande kommt. Sehr schön zu sehen ist das in dem folgenden Beispiel, wo eine Entitydeklaration im internen DTD-Teil des Dokuments dafür sorgt, dass die URI des XML-Schema-Namensraums dem Bezeichner `xsd` zugeordnet wird. In dem `rdf:datatype`-Attributen weiter unten im Dokument wird dann mit der Entity-Referenz `&xsd;string` auf den für XML-Schema definierten `string`-Datentyp verwiesen.

```
 1   <?xml version="1.0"?>
 2   <!DOCTYPE rdf:RDF [<!ENTITY xsd
         "http://www.w3.org/2001/XMLSchema#">]>
 3   <rdf:RDF xmlns:rdf="http://www.w3.org/1999/02/22-rdf-syntax-ns#"
 4         xmlns:ex="http://www.example.org/">
 5    <rdf:Description
 6         rdf:about="http://www.ifis.cs.tu-bs.de/staff/silke-eckstein">
 7     <ex:name rdf:datatype="&xsd;string">Silke Eckstein</ex:name>
 8     <ex:mail rdf:resource="mailto:s.eckstein@tu-bs.de"/>
 9    </rdf:Description>
10   </rdf:RDF>
```

Eine weitere Möglichkeit, die Anzahl langer URI-Angaben zu reduzieren, besteht darin, sogenannte Basis-URIs anzugeben. Alle relativen URIs, die im Gültigkeitsbereich einer Basis-URI vorkommen, beziehen sich automatisch auf diese. Würde unser Beispiel also mehrere Personen enthalten, die alle unter fast derselben URI zu finden sind, würde sich folgende Änderung in dem Beispiel anbieten:

```
 1   <?xml version="1.0"?>
 2   <!DOCTYPE rdf:RDF [<!ENTITY xsd
         "http://www.w3.org/2001/XMLSchema#">]>
 3   <rdf:RDF xmlns:rdf="http://www.w3.org/1999/02/22-rdf-syntax-ns#"
 4         xmlns:ex="http://www.example.org/"
 5         xml:base="http://www.ifis.cs.tu-bs.de/staff/">
 6    <rdf:Description
 7         rdf:about="silke-eckstein">
```

```
8        <ex:name rdf:datatype="&xsd;string">Silke Eckstein</ex:name>
9        <ex:mail rdf:resource="mailto:s.eckstein@tu-bs.de"/>
10    </rdf:Description>
11  </rdf:RDF>
```

Wenn eine Basis-URI definiert ist, kann auch das Attribut `rdf:ID` verwendet werden, das als Werte Fragmentnamen erwartet. Die Angabe von URI-Referenzen ist hier nicht möglich. Die Verwendung von `rdf:ID`-Attributen stellt sicher, dass die Werte bezüglich einer Basis-URI eindeutig sein müssen. Als Werte von `rdf:about`- oder `rdf:resource`-Attributen dürfen sie aber dennoch vorkommen.

Im Folgenden zeigen wir mitunter nur Ausschnitte aus RDF-Dokumenten und lassen der Übersichtlichkeit halber den XML-Prolog und ggf. auch das `rdf:RDF`-Element weg. Wir gehen dann davon aus, dass diese die oben diskutierten Entity- und Namensraumdeklarationen enthalten.

Nicht immer reichen binäre Prädikate aus, um Sachverhalte so detailliert zu beschreiben, wie es wünschenswert wäre. Wenn zum Beispiel die Adresse einer Person angegeben werden soll, hat man mit den Aussagen, wie wir sie bisher eingeführt haben nur die Möglichkeit, die Adresse als Ganzes (als einen einzigen String) einer Person zuzuordnen. Normalerweise möchte man aber die einzelnen Bestandteile einer Adresse einzeln ablegen, damit man sie auch einzeln weiterverarbeiten kann. In RDF behilft man sich dabei mit sogenannten Blank Nodes. Das sind künstliche Hilfsknoten, die zur Strukturierung eingeführt werden und keine eigene URI-Referenzen besitzen. Abbildung 4.3 zeigt einen entsprechenden Graphen.

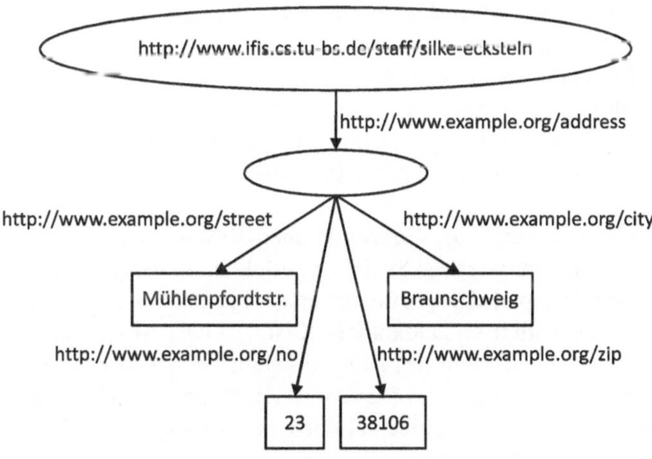

Abb. 4.3 Verwendung von Hilfsknoten zur besseren Strukturierung

Die RDF/XML-Repräsentation des Beispiels sieht wie folgt aus:

```
1  <rdf:Description
2       rdf:about="http://www.ifis.cs.tu-bs.de/staff/silke-eckstein">
3     <ex:address>
4       <rdf:Description>
5         <ex:street>Mühlenpfordtstr.</ex:street>
6         <ex:no>23</ex:no>
```

```
 7         <ex:zip>38106</ex:zip>
 8         <ex:city>Braunschweig</ex:city>
 9       </rdf:Description>
10     </ex:address>
11   </rdf:Description>
```

Mitunter ist es notwendig, einen Hilfsknoten an mehreren Stellen im RDF/XML-Dokument zu referenzieren. Für diesen Fall können sie mit einer ID, einem sogenannten Blank-Node-Identifier, versehen werden, der dann lokal eindeutig sein muss, aber keine über das Dokument hinausgehende Bedeutung hat. Blank-Node-Identifier werden als Werte von `rdf:nodeID`-Attributen angegeben. Diese können in `rdf:Description`-Elementen anstelle von `rdf:about`-Attributen verwendet werden und in Prädikaten anstelle von `rdf:resource`-Attributen. Das obige Beispiel ließe sich damit auch wie folgt schreiben:

```
 1   <rdf:Description
 2       rdf:about="http://www.ifis.cs.tu-bs.de/staff/silke-eckstein">
 3     <ex:address rdf:nodeID="seAddr"/>
 4   </rdf:Description>
 5   <rdf:Description rdf:nodeID="seAddr">
 6     <ex:street>Mühlenpfordtstr.</ex:street>
 7     <ex:no>23</ex:no>
 8     <ex:zip>38106</ex:zip>
 9     <ex:city>Braunschweig</ex:city>
10   </rdf:Description>
```

Als weiteres Modellierungskonzept besitzt RDF die Möglichkeit, Ressourcen mit Hilfe des Attributs `rdf:type` zu typisieren und damit Klassen zuzuordnen. Allerdings gibt es keine Möglichkeit, Beziehungen zwischen Klassen zu definieren. Diese wird erst in RDF-Schema (s.u.) eingeführt.

Ressourcen können auch zu geordneten Listen (Sequenzen) oder zu Multimengen (Bags) zusammengefasst werden, über die dann Aussagen gemacht werden können.

Auch Aussagen (Tripel) als Ganzes können Ressourcen sein, die durch URI-Referenzen identifiziert werden. So ist es möglich, Aussagen über Aussagen zu machen, die zum Beispiel die Quelle der ersten Aussage angeben können („Jakob sagt, dass Finn der Author von Dokument X ist."). Diese Möglichkeit wird als Reification bezeichnet. Dazu stellt das RDF-Vokabular den Typ `rdf:Statement` und die Eigenschaften (properties) `rdf:subject`, `rdf:predicate` und `rdf:object` zur Verfügung. Für genauere Informationen zur Verwendung dieses Reification-Vokabulars siehe z. B. [MM04a].

4.2.4 RDF-Schema

RDF stellt – ähnlich wie XML – bestimmte Grundstrukturen zur Verfügung, um Daten abzulegen. In RDF sind diese Grundstrukturen die Tripel, während es in XML Elementhierarchien sind. Beide Sprachen bringen selbst aber keine

Möglichkeiten mit, darüber hinaus Strukturen verbindlich vorzugeben. Ähnlich wie XML-Schema für XML wurde deshalb die Schemabeschreibungssprache RDFS entwickelt. Die Abkürzung steht für RDF-Schema bzw. ganz ausführlich für „RDF Vocabulary Description Language 1.0: RDF Schema" [BG04]. Und ebenso wie jedes XML-Schema-Dokument ein XML-Dokument ist, ist auch jedes RDFS-Dokument ein RDF-Dokument. Der RDF-Schema-Namensraum ist http://www.w3.org/2000/01/rdf-schema#. Normalerweise wird für ihn das Präfix `rdfs:` verwendet.

Um Strukturen für RDF-Dokumente vorzugeben, stehen in RDFS verschiedene Sprachmittel zur Verfügung, die wir hier in ihrer XML/RDF-Darstellung diskutieren:

- Die erlaubten Klassen von Ressourcen können mit `rdfs:Class` angegeben werden. `rdfs:Class` steht damit für die Klasse aller Klassen. Die Mitgliedschaft in einer Klasse wird dabei durch die Property `rdf:type` vermerkt.
- Mit `rdfs:subClassOf` können Klassenhierarchien aufgebaut werden.
- Die als Prädikate zur Verfügung stehenden Eigenschaften können mit `rdf:Property` angegeben werden. Dadurch wird die Klasse aller Eigenschaften/Properties aufgebaut.
- Mit `rdfs:domain` und `rdfs:range` kann für jedes Prädikat angegeben werden, aus welchem Definitions- bzw. Wertebereich die Subjekte und Objekte stammen dürfen. Hier werden also die Klassen angegeben, zwischen denen das jeweilige Prädikat (genauer: der „Prädikatstyp") definiert ist. Werden hier für ein Prädikat mehrere Definitions- bzw. Wertebereiche angegeben, so müssen die entsprechenden Subjekte und Objekte jeweils allen angegebenen Klassen angehören.
- Analog zu `rdfs:subClassOf` können mit `rdf:subPropertyOf` Hierarchien von Prädikaten gebildet werden.
- Neben der Klasse aller Klassen (`rdfs:Class`) und der Klasse aller Prädikate (`rdf:Property`) gibt es noch weitere vordefinierte Klassen:

  - `rdfs:Resource` ist die Klasse aller Ressourcen,
  - `rdfs:Literal` ist die Klasse aller Literalwerte, welche typisiert oder nicht typisiert sein können. `rdfs:Literal` ist eine Unterklasse von `rdfs:Resource` und eine Instanz der Klasse `rdfs:Class`.
  - Die Klasse aller Datentypen ist `rdfs:Datatype`. Es handelt sich dabei sowohl um eine Unterklasse als auch um eine Instanz von `rdfs:Class`. Jede Instanz von `rdfs:Datatype` ist eine Unterklasse von `rdfs:Literal`.

Klassenzugehörigkeit in RDFS ist nicht exklusiv, sodass Ressourcen durchaus mehreren Klassen gleichzeitig angehören können. Andersherum gibt es aber z. B. keine Möglichkeit festzulegen, dass zwei Klassen disjunkt sein müssen. Dies wird erst mit OWL möglich.

RDFS stellt noch einige weitere Klassen und Properties zum Aufbau von Schema-Dokumenten zur Verfügung. Eine informelle Übersicht gibt beispielsweise der RDF-Primer [MM04a], die Spezifikation ist in [BG04] zu finden.

Insgesamt handelt es sich bei RDFS um eine erste Ontologiesprache, die es ermöglicht, einfache Ontologien aufzustellen. Der Aufbau kontrollierter Vokabulare in Form von Hierarchien, wie es zum Beispiel für Taxonomien der Fall ist, wird ermöglicht. Um allerdings wirklich aussagekräftige Ontologien aufzustellen, wird eine größere Ausdrucksmächtigkeit benötigt. Laut [AvH09] gehören unter anderem folgende Konzepte dazu:

- Oben haben wir bereits erwähnt, dass die Disjunktheit von Klassen spezifizierbar sein sollte, damit man beispielsweise angeben kann, dass die Klassen Tee und Kaffee beide Unterklassen von Getränk aber disjunkt zueinander sind.
- Mitunter ist es wünschenswert, Mengenoperationen wie Vereinigung, Schnittmengen- und Komplementbildung für Klassen durchführen zu können. Zum Beispiel möchte man ausdrücken können, dass die Schnittmenge der Klasse der alkoholfreien Getränke mit der Klasse der Cocktails gerade die Klasse der Autofahrer-Cocktails ergibt.
- Für ein Prädikat können nicht mehrere Definitionsbereiche angegeben werden, denen dann unterschiedliche Wertebereiche zugeordnet werden. Zum Beispiel kann nicht ausgedrückt werden, dass Teetrinker Tee trinken und Kaffeetrinker Kaffee trinken. Man müsste dazu unterschiedliche Prädikate definieren.
- Auch auf andere Weise könnte man Prädikate näher charakterisieren. Nämlich dadurch, dass man ihnen bestimmte Eigenschaften zuordnet wie Transitivität, Eindeutigkeit und dass sie das Inverse eines anderen Prädikats sind.
- Kardinalitätseinschränkungen werden immer wieder benötigt, z. B. um festzulegen, dass jedes Buch mindestens einen Autor haben muss.

Viele dieser Ideen wurden in der Web Ontology Language (OWL) realisiert, die wir in Abschn. 4.3 vorstellen. Nun würde man sich natürlich wünschen, dass eine Ontologiesprache wie OWL direkt auf RDF und RDFS aufbaut und unter anderem die genannten Erweiterungen zur Verfügung stellt. Das ist aber nicht der Fall, da RDFS über einige sehr ausdrucksstarke Konzepte verfügt: `rdfs:Class`, die Klasse aller Klassen, und `rdf:Property`, die Klasse aller Prädikate. Diese beiden Konzepte in Kombination mit den oben skizzierten Erweiterungen führen dazu, dass eine solche Sprache unentscheidbar ist.

4.3 OWL

OWL steht für Web Ontology Language. Die Version 1 ist seit Februar 2004 eine W3C-Recommendation [MvH04] und die Version 2, die einige neue Möglichkeiten zur Verfügung stellt, seit Oktober 2009 [Gro09]. Da die meisten Ontologien, die uns hier interessieren, aber noch in OWL 1 vorliegen, konzentrieren wir uns hier insbesondere auf diese Version der Sprache. Dementsprechend ist mit der Bezeichnung OWL auch immer OWL 1 gemeint. Einen kurzen Überblick über OWL 2 geben wir in Abschn. 4.3.4.

Um einen Kompromiss zwischen Ausdrucksstärke und Skalierbarkeitseigenschaften zu machen, bzw. dem Anwender selbst die Auswahl zu lassen, wurde OWL in drei Teilsprachen mit unterschiedlicher Mächtigkeit aufgeteilt: OWL Lite, OWL DL (OWL Description Logic) und OWL Full. OWL Lite ist eine echte Teilsprache von OWL DL. Es entspricht der Beschreibungslogik $\mathcal{SHIF}$(D), wobei das in runden Klammern ergänzte D die Möglichkeit kennzeichnet, Datentypen zu verwenden. Somit wissen wir, dass OWL Lite entscheidbar ist und im schlimmsten Fall eine Komplexität von ExpTime besitzt (vgl. Abschn. 4.2.2). OWL DL ist ausdrucksstärker als OWL Lite, wobei wir auf die genauen Unterschiede später noch zu sprechen kommen (vgl. Abschn. 4.3.3). Es ist eine Teilsprache von OWL Full, entscheidbar und entspricht der Beschreibungslogik $\mathcal{SHOIN}$(D). Somit liegt OWL DL in der Komplexitätsklasse NExpTime (vgl. Abschn. 4.2.2). OWL Full ist die ausdrucksstäkste Teilsprache aber auch unentscheidbar und somit auch keine Beschreibungslogik mehr. Sie unterstützt als einzige der drei Teilsprachen RDF-Schema komplett. Von den meisten Softwarewerkzeugen wird OWL DL unterstützt [HKRS08].

Formal gesehen ist eine OWL-Ontologie ein RDF-Graph und dadurch eine Menge von RDF-Tripeln. Da es eine ganze Reihe verschiedener Möglichkeiten gibt, RDF-Graphen zu serialisieren, gibt es ebenfalls unterschiedliche OWL-Repräsentationen, die aber alle die gleiche Ausdrucksmächtigkeit besitzen. Da die RDF/XML-Syntax die am weitesten verbreitete ist, ist sie auch die Syntax unserer Wahl, die wir im weiteren Verlauf verwenden werden. Eine Übersicht über die anderen Repräsentationsmöglichkeiten ist beipielswcise in [Kup10] zu finden.

OWL stellt verschiedene Sprachkonstrukte zur Verfügung, von denen wir die grundlegenden bereits aus RDF(S) kennen: Es gibt Klassen, die die Dinge der realen Welt beschreiben, Eigenschaften (properties), die zur Beschreibung verwendet werden, und Instanzen, die Individuen einer oder mehrerer Klassen sind. Die Eigenschaften lassen sich in Eigenschaften von Objekten (object properties) und Daten-Eigenschaften (data properties) unterteilen. Sie können eingeschränkt werden und Beziehungen zu anderen Eigenschaften haben. Wir stellen zunächst die Sprachkonstrukte vor, bevor wir anschließend genauer darauf eingehen, in welcher Teilsprache die verschiedenen Konstrukte wie verwendet werden dürfen. Abbildung 4.4 gibt einen Überblick über Unterklassenbeziehungen der wichtigsten RDF(S)- und OWL-Sprachkonstrukte.

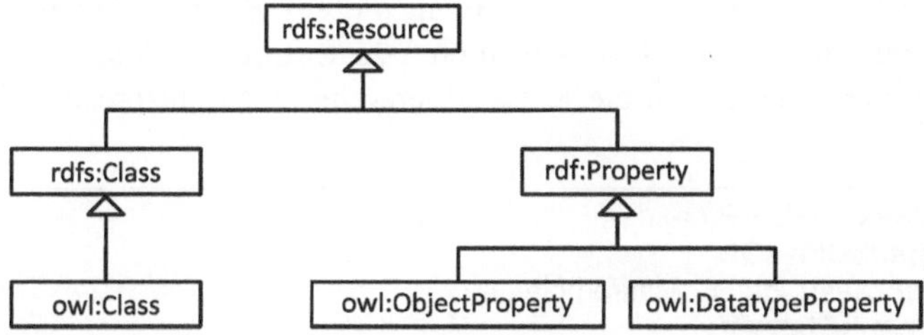

Abb. 4.4 Unterklassenbeziehungen der wichtigsten RDF(S)- und OWL-Sprachkonstrukte (angelehnt an [AvH09])

4.3.1 Klassen, Eigenschaften und Individuen

Klassen entsprechen den Konzepten in den Beschreibungslogiken. Sie werden in OWL durch `owl:Class` definiert, wobei `owl:Class` eine Unterklasse von `rdfs:Class` ist. Klassen können wie – bereits aus RDF-Schema bekannt – mit Hilfe von `rdfs:subclassOF` in Unterklassenhierarchien angeordnet werden. Das folgende Beispiel zeigt die Definition der Klassen Makromolekül, Protein, Nukleinsäure, DNA und RNA, die außerdem noch in der in Abb. 4.5 gezeigten Unterklassenhierarchie angeordnet werden:

```
1  <owl:Class rdf:ID="Makromolekül"/>
2  <owl:Class rdf:ID="Protein">
3    <rdfs:subClassOf rdf:resource="Makromolekül"/>
4  </owl:Class>
5  <owl:Class rdf:ID="Nukleinsäure">
6    <rdfs:subClassOf rdf:resource="Makromolekül"/>
7  </owl:Class>
8  <owl:Class rdf:ID="DNA">
9    <rdfs:subClassOf rdf:resource="Nukleinsäure"/>
10 </owl:Class>
11 <owl:Class rdf:ID="RNA"/>
12   <rdfs:subClassOf rdf:resource="Nukleinsäure"/>
13 </owl:Class>
```

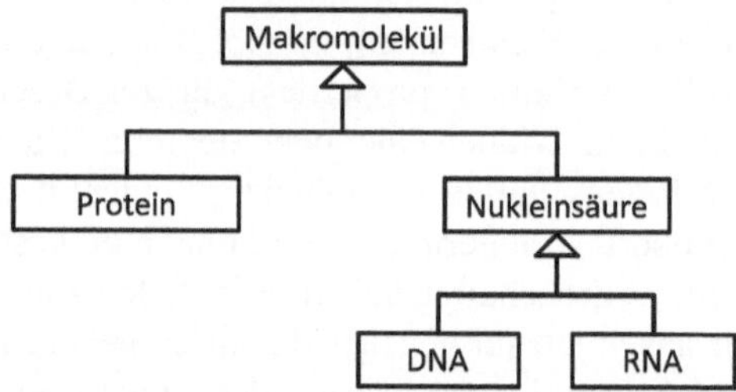

Abb. 4.5 Unterklassenhierarchie einiger Konzepte der Molekularbiologie

Zur Benennung der Klassen werden hier `rdf:ID`-Attribute verwendet. Alternativ könnten auch `rdf:about`-Attribute eingesetzt werden (vgl. auch d. Diskussion auf S. 111). Die Unterklassenhierarchie wird in diesem Beispiel dadurch aufgebaut, dass die bereits definierten Klassen durch `rdf:resource`-Attribute referenziert werden. Alternativ hätte man die Klassenhierarchie auch entsprechend schachteln können:

```
1  <owl:Class rdf:ID="Protein">
2    <rdfs:subClassOf>
3      <owl:Class rdf:ID="Makromolekül"/>
4    </rdfs:subClassOf>
5  </owl:Class>
```

In OWL gibt es zwei vordefinierte Klassen: `owl:Thing` ist die allgemeinste Klasse, die die Oberklasse aller anderen Klassen ist und damit auch alle Instanzen enthält. Sie entspricht dem universellen Konzept $\top$ aus den Beschreibungslogiken. `owl:Nothing` ist eine leere Unterklasse aller Klassen und entspricht $\bot$.

Klassen können benannt sein, wie in den Beispielen oben, und eine beliebige Anzahl an Individuen enthalten. Ein Individuum der Klasse Protein lässt sich wie in den Zeilen 1 bis 4 des folgenden Beispiels definieren oder auch in der in Zeile 6 gezeigten Kurzform:

```
1   <owl:Thing rdf:ID="TLR4" />
2   <owl:Thing rdf:about="TLR4">
3       <rdf:type  rdf:resource="Protein"/>
4   </owl:Thing>

6   <Protein rdf:ID="TLR4" />
```

Klassen repräsentieren also die Konzepte, die mit Hilfe der Ontologie beschrieben werden sollen. Ihre Eigenschaften werden durch sog. Properties angegeben, die in den Beschreibungslogiken Rollen genannt werden. Dabei sind Daten-Eigenschaften (auch data bzw. datatype properties) vergleichbar mit Attributen der objektorientierten Modellierung. Präzise ausgedrückt, stellen Daten-Eigenschaften eine Beziehung zwischen einem Individuum einer Klasse und einem Wert eines RDF-Datenyps dar. Die Datentypangaben werden durch URI-Referenzen, die auf XML-Schema-Datentypen verweisen, gemacht.

Datentyp-Properties können wie folgt zugewiesen werden:

```
1   <owl:DatatypeProperty rdf:ID="Name">
2     <rdfs:domain rdf:resource="Makromolekül"/>
3     <rdfs:range
4        rdf:resource="http://www.w3.org/2001/XMLSchema#string"/>
5   </owl:DatatypeProperty>
```

Makromoleküle bekommen damit einen Namen vom Typ String.

Objekt-Eigenschaften beschreiben Beziehungen zwischen Individuen. Mit Hilfe der Angabe von Domain und Range können die Klassen, aus denen die Individuen stammen müssen, festgelegt werden. Das folgende Beispiel besagt, dass Proteine mit Proteinen interagieren können:

```
1   <owl:ObjectProperty rdf:ID="interactsWith">
2     <rdfs:domain rdf:resource="Protein"/>
3     <rdfs:range rdf:resource="Protein"/>
4   </owl:ObjectProperty>
```

Auf der Instanzenebene könnte das dann so aussehen:

```
1   <Protein rdf:ID="LBP">
2     <interactsWith rdf:resource="LPS"/>
3   </Protein>
```

Ohne weitere Angaben können Individuen auch mehreren Klassen gleichzeitig angehören. Ähnlich wie Klassen können auch Eigenschaften in Hierarchien angeordnet werden. Dies geschieht mittels `rdfs:subPropertyOf`.

Mit Hilfe von Axiomen lassen sich die definierten Klassen und Eigenschaften (Rollen, Properties) genauer spezifizieren. Beispeilsweise lässt sich mit (`owl:disjointWith`) bzw. (`owl:equivalentClass`) festlegen, dass eine Klasse zu einer anderen disjunkt bzw. äquivalent ist. Auch Eigenschaften können durch `owl:equivalentProperty` als äquivalent definiert werden, sodass sich quasi Synonyme definieren lassen. Bezogen auf unser Beispiel (vgl. Abb. 4.5) könnten wir etwa explizit festlegen, dass Proteine und Nukleinsäuren unterschiedliche Arten von Makromolekülen und ihre Klassen daher disjunkt voneinander sind. Außerdem könnten wir festhalten, dass DNS ein Synonym für DNA ist:

```
1  <owl:Class rdf:about="Protein">
2    <owl:disjointWith rdf:resource="Nukleinsäure"/>
3  </owl:Class>
4  <owl:Class rdf:ID="DNS">
5    <owl:equivalentClass rdf:resource="DNA"/>
6  </owl:Class>
```

Auf der Instanzebene wird mit `owl:sameAs` festgelegt, dass es sich bei zwei separat angegebenen Individuen um ein und dasselbe handelt. Andersherum kann mittels `owl:differentFrom` auch explizit angegeben werden, dass es sich bei zwei Individuen eben nicht um ein und dasselbe handelt. Da OWL genauso wie RDF und überhaupt Beschreibungslogiken nicht davon ausgehen, dass ein Individuum nur einen einzigen Namen haben kann, machen sie bei der Angabe mehrerer Individuen mit verschiedenen Namen keine Annahmen darüber, ob es sich dabei um ein und dasselbe oder um verschiedene Individuen handelt. Daher ist es wichtig, solche Informationen explizit aufschreiben zu können. Mit Hilfe von `owl:AllDifferent` kann angegeben werden, dass es sich bei allen Individuen einer gegebenen Menge um paarweise verschiedene handelt.

OWL stellt verschiedene Möglichkeiten zur Verfügung, Aussagen über Eigenschaften zu machen: Sehr nützlich ist es beispielsweise, mit `owl:inverseOf` festlegen zu können, dass eine Eigenschaft das Inverse einer anderen ist. Mit `owl:TransitiveProperty` kann angegeben werden, dass eine Eigenschaft transitiv ist, sodass sie auch für X und Z gilt, wenn sie denn für X und Y sowie für Y und Z gilt. Manchmal sind Eigenschaften auch symmetrisch wie `interactsWith` in dem Beispiel oben. Dass das so ist, kann mit `SymmetricProperty` explizit gemacht werden. Des Weiteren lässt sich noch festlegen, dass eine Eigenschaft funktional bzw. dass ihr Inverses funktional ist (mit `owl:FunctionalProperty` bzw. `owl:InverseFunctionalProperty`).

Mit `owl:Restriction`-Elementen können die Eigenschaften weiter eingeschränkt bzw. genauer spezifiziert werden. Technisch wird das so gemacht, dass eine anonyme Oberklasse definiert wird, die ein `owl:Restriction`-Element enthält, in welchem dann die Einschränkungen definiert werden. Dadurch kann man dafür sorgen, dass Einschränkungen für bestimmte Eigenschaften nur im Kontext bestimmter

Klassen gelten. Die entsprechende Eigenschaft wird mit `owl:onProperty` referenziert. Anschließend können die eigentlichen Einschränkungen angegeben werden. Dazu gehören z. B. Kardianlitätsangaben, die mit `owl:minCardinality` bzw.
`owl:maxCardinality` spezifiziert werden. Mit `owl:allValuesFrom` kann festgelegt werden, dass die Werte, die die Eigenschaft annehmen kann, nur aus einer bestimmten Klasse kommen können. Es handelt sich hierbei um eine universelle Quantifikation. Auch eine existenzielle Quantifikation ist möglich: mit
`owl:someValuesFrom`.

Die Verwendung von `Restriction`-Elementen veranschaulicht das folgende
Beispiel, das einen vereinfachten Ausschnitt aus der BioPAX-Ontologie zeigt, die
wir später in Abschn. 4.4.3 noch genauer vorstellen werden. Zu sehen ist die Definition einer Klasse „interaction", für die gelten soll, dass es mindestens einen Teilnehmer an dieser Interaktion geben soll, der aus einer von zwei bestimmten Klassen
stammt:

```
 1   <owl:Class rdf:about="#interaction">
 2       <rdfs:subClassOf>
 3         <owl:Restriction>
 4           <owl:someValuesFrom>
 5             <owl:Class>
 6               <owl:unionOf rdf:parseType="Collection">
 7                 <owl:Class rdf:about="#entity"/>
 8                 <owl:Class rdf:about="#physicalEntityParticipant"/>
 9               </owl:unionOf>
10             </owl:Class>
11           </owl:someValuesFrom>
12           <owl:onProperty>
13             <owl:ObjectProperty rdf:about="#PARTICIPANTS"/>
14           </owl:onProperty>
15         </owl:Restriction>
16       </rdfs:subClassOf>
17   </owl:Class>
```

In Zeile 2 bis 16 wird die anonyme Oberklasse definiert, für die die Einschränkung (Zeile 13 – 15) gilt. Diese bezieht sich auf die Object-Property „PARTICI-
PANT" (Zeile 12 – 15) und besagt, dass es mindestens einen Teilnehmer (existenzielle Quantifikation, Zeile 4 – 11) geben soll, der aus der Vereinigung der beiden
Klassen „entity" und „physicalEntityParticipant" stammt (Zeile 6 – 9).

Die Verwendung des Attributs `rdf:parseType="Collection"` ist dabei eine
abkürzende Schreibweise für die explizite Einführung einer abgeschlossenen Liste
von Elementen [AvH09]. Neben der Vereinigung (union) können auch Schnittmen-
gen (intersection) und Komplemente (complement) von Klassen gebildet werden.

4.3.2 Header, Namensräume und Einbindung anderer Ontologien

OWL-Ontologien sind RDF-Dokumente. Daher ist das Wurzelelement einer OWL-
Ontologie ein `rdf:RDF`-Element, in dem typischerweise auch einige Namensräume
deklariert werden (vgl. auch Abschn. 4.2.3):

```
1   <rdf:RDF
2     xmlns:owl ="http: // www.w3.org/2002/07owl#"
3     xmlns:rdf ="http: // www.w3.org/1999/02/22−rdf−syntax−nsl#"
4     xmlns:rdfs="http: // www.w3.org/2000/01−rdf−schema#"
5     xmlns:xsd ="http: // www.w3.org/2001/XMLSchema#"
6     ...
```

Zusätzlich zu den Namensräumen für OWL, RDF(S) und XML-Schema werden typischerweise noch weitere deklariert. Zum Beispiel bietet es sich an, den Namensraum der gerade erstellten Ontologie als Defaultnamensraum festzulegen, da dann alle nicht mit einem Präfix versehenen Namen der aktuellen Ontologie zugeordnet werden.

Auch die oben diskutierte abkürzende Schreibweise für URI-Referenzen in Attributwerten, bei der Entity-Referenzen verwendet werden (vgl. S. 110), kommt in OWL-Dokumenten häufig zum Einsatz. Deklariert man also beispielsweise in der Document Type Declaration (DOCTYPE) des XML-Dokuments das Entity `<!ENTITY xsd 'http://www.w3.org/2001/XMLSchema#'>`, dann kann das Datentyp-Beispiel aus Abschn. 4.3.1 wie folgt angegeben werden:

```
1   <owl:DatatypeProperty rdf:ID="Name">
2     <rdfs:domain rdf:resource="Molecule"/>
3     <rdfs:range rdf:resource="&xsd;string"/>
4   </owl:DatatypeProperty>
```

In so einem Fall würde es sich anbieten, die dort deklarierten Entities auch gleich in den Namensraumdeklarationen des RDF-Elements zu verwenden, damit später mögliche URI-Änderungen nicht an zwei Stellen eingepflegt werden müssen.

Auf das Wurzel-RDF-Element folgt typischerweise ein `owl:Ontology`-Element, in dem wichtige allgemeine Informationen über die Ontologie abgelegt werden können. Dazu gehören beispielsweise Kommentare, die die Aufgabe der Ontologie beschreiben, Versionshinweise und auch der Import anderer Ontologien. Im folgenden Beispiel enthält das Attribut `rdf:about` des `owl:Ontology`-Elements als Wert einen leeren String. Dadurch wird die Basis-URI der Ontologie zu ihrem Namen. Nur wenn man einen anderen Namen verwenden möchte, muss man ihn explizit angeben. Die Basis-URI ist die URI des Dokuments, in dem die Ontologie enthalten ist, es sei denn, sie wird im Wurzelelement explizit mit `xml:base` deklariert.

```
1   <owl:Ontology rdf:about="">
2     <rdfs:comment>Dies ist eine Beispiel−Ontologie</rdfs:comment>
3     <owl:priorVersion
4        rdf:resource=" http: // www.myDomain.de/Beispiel−alt"/>
5     <owl:imports
6        rdf:resource=" http: // www.myDomain.de/BeispielErgaenzung"/>
7     <rdfs:label>Beispiel−Ontologie</rdfs:label>
8     ...
```

Der Import einer Ontologie bewirkt, dass deren Inhalt in der aktuellen Ontologie zur Verfügung steht, als wäre er lokal definiert worden. Typischerweise erfolgt auch eine Namensraumdeklaration für alle eingebundenen Ontologien, um Referenzierungsprobleme zu vermeiden. Der Import von Ontologien ist transitiv.

4.3.3 Unterschiede zwischen OWL Lite, OWL DL und OWL Full

Wie bereits in der Einleitung zu diesem Abschnitt angedeutet (vgl. S. 115), verwenden OWL Full und OWL DL den gleichen Sprachumfang, wobei in OWL DL nicht alle Sprachkonstrukte beliebig kombiniert werden dürfen. Für OWL Lite dürfen einige Sprachkonstrukte gar nicht zum Einsatz kommen. Insgesamt sehen die Unterschiede zwischen den Teilsprachen wie folgt aus:

OWL Full kann den kompletten Sprachumfang verwenden und alle Sprachkonstrukte miteinander und mit den Sprachkonstrukten aus RDF und RDF-Schema kombinieren. Die einzige Einschränkung ist, dass gültige RDF-Dokumente entstehen müssen. Insbesondere können zum Beispiel Klassen gleichzeitig Individuen sein.

Dies ist in OWL DL nicht erlaubt, da alle Ressourcen explizit typisiert sein müssen und auch nicht mehr als einen Typ besitzen dürfen. Dadurch erfolgt eine Partitionierung des zur Verfügung stehenden Vokabulars, da jede Ressource nur die durch ihren Typ vorgegebene Rolle spielen kann. Eine weitere Einschränkung betrifft die Eigenschaften (properties): Da auch eine strikte Trennung zwischen Daten- und Objekteigenschaften erfolgt, ist es nicht erlaubt, dass Datentypeigenschaften als invers, funktional, invers-funktional oder symmetrisch charakterisiert werden.

Kardinalitätsangaben sind nur für nicht-transitive Eigenschaften erlaubt und anonyme Klassen dürfen nur im Definitions- und Wertebereich (Domain und Range) von `owl:equivalentClass` und `owl:disjointWith` sowie als Wertebereich von `rdfs:subClassOf` vorkommen.

Für OWL Lite gelten alle Einschränkungen, die auch für OWL DL gelten. Zusätzlich dürfen die Sprachkonstrukte `owl:oneOF`, `owl:disjointWith`, `owl:unionOf`, `owl:complementOf` und `owl:hasValue` nicht verwendet werden. Als Kardinalitätseinschränkungen dürfen nur die Werte 0 oder 1 verwendet werden und anonyme Klassen dürfen weder im Definitions- noch im Wertebereich von `owl:equivalentClass`-Ausdrücken vorkommen.

4.3.4 OWL 2

OWL 1 ist seit 2004 W3C-Recommendation und OWL 2 seit Oktober 2009. In OWL 2 sind die Erfahrungen der letzten Jahre mit OWL 1 eingeflossen, was als auffälligste Änderung dazu geführt hat, dass die Sprachvarianten grundlegend überarbeitet wurden. Nichtsdestotrotz hat man versucht, eine möglichst große Kompatibilität zu OWL 1 zu behalten, insbesondere sind alle OWL-1-Ontologien auch gültige OWL-2-Ontologien. Die Dokumentation von OWL 2 besteht aus insgesamt 13 Dokumenten, für die [Gro09] einen Einstiegspunkt darstellt.

Nach wie vor existieren OWL DL und OWL Full, wobei OWL DL eine Beschreibungslogik repräsentiert und somit entscheidbar ist, während OWL Full unentscheidbar ist und durch eine RDF-basierte Semantik formal definiert wird. Allerdings basiert OWL DL jetzt nicht mehr auf der Beschreibungslogik $\mathcal{SHOIN}$(D) sondern auf $\mathcal{SROIQ}$(D), die mächtiger ist als ihre Vorgängerin. Der Hintergrund ist der, dass zwischenzeitlich gezeigt werden konnte, dass es Erweiterungen von $\mathcal{SHOIN}$(D) gibt, die noch entscheidbar sind. Hinzugekommen sind hier das Konzept der negierten Rollen in der ABox, qualifizierte Zahlenrestriktionen, das Konzept „Self" sowie neue Möglichkeiten, Aussagen über Rollen zu machen. In $\mathcal{SHOIN}$(D) konnte man Rollen bereits als transitiv und symmetrisch kennzeichnen, jetzt kann man sie auch noch als reflexiv, irreflexiv oder disjunkt kennzeichnen. Des Weiteren wurde in Analogie zum universellen Konzept $\top$ die universelle Rolle U eingeführt, die somit die Wurzel der Rollenhierarchie darstellt.

Weiterhin verbessert OWL 2 die Unterstützung von Datentypen, führt neue Möglichkeiten zur Metamodellierung und zur Annotation von Ontologien mit Kommentaren ein. Beispielsweise können jetzt auch Axiome mit Kommentaren versehen werden. Einen Überblick über alle Veränderungen und Erweiterungen gibt [GW09].

OWL Lite wird in OWL 2 durch verschiedene Sprachprofile ersetzt. Der Hintergrund ist der, dass OWL Lite einerseits syntaktisch und semantisch eingeschränkt gegenüber OWL DL war, aber trotzdem eine Berechnungskomplexität von EXPTIME hat. Die Einschränkungen waren also, was das Ziel effizienterer Auswertbarkeit von Ausdrücken anbelangt, nicht sonderlich erfolgreich. Das W3C hat daher jetzt seine Strategie insofern geändert, als dass es drei Sprachprofile – OWL 2 EL, QL und RL – definiert, die alle drei weniger ausdrucksstark sind als OWL DL, deren Berechnungskomplexität dafür aber auch deutlich geringer ist. Diese Profile sind dabei auf spezielle Anwendungsszenarien hin optimiert.

OWL 2 EL wurde nach der Beschreibungslogik $\mathcal{EL}$++ [BBL05] benannt, die nur existenzielle Quantifikation kennt. Nicht erlaubt sind die universelle Quantifikation von Eigenschaften, Disjunktion und Negation sowie inverse Rollen. Die Berechnungskomplexität von OWL 2 EL ist im ungünstigsten Fall polynomial und die Sprache ist trotzdem noch ausdrucksstark genug, um zum Beispiel biomedizinische Sachverhalte auszudrücken, wie sie etwa in der SNOMED CT-Ontologie (Systematized Nomenclature of Medicine-Clinical Terms) vorkommen. Solche Ontologien sind dadurch charakterisiert, dass sie große Taxonomien repräsentieren, deren Konzepte zum Teil aus komplexen Strukturen bestehen. Erklärtes Ziel war es, eine Ontologiesprache zur Verfügung zu stellen, die auch mit einer großen Anzahl von Klassen umgehen kann, also gute Skalierungseigenschaften hinsichtlich der automatischen logischen Schlussfolgerung besitzt.

Das Ziel bei der Entwicklung des OWL-2-QL-Profils war die enge Integration mit relationalen Datenbanksystemen inklusive der Einsetzbarkeit von Anfragesprachen wie SQL. Die Sprache bietet eingeschränkte Modellierungsmöglichkeiten dafür aber eine gute Unterstützung für Ontologien mit einer großen Anzahl an Individuen. Und OWL RL schließlich kann mit Hilfe von regelbasierten Sprachen implementiert werden, hat schlimmstenfalls ein polynomiale Komplexität und kann direkt auf RDF-Tripeln arbeiten. Für genaue Angaben über die Grenzen und Möglichkeiten der OWL2-Profile siehe [MCH+09].

4.4 Ontologien in der Molekularbiologie

Der Einsatz von Ontologien im weitesten Sinne hat in der Biologie eine lange Tradition, die bis ins 18. Jahrhundert zu Carl von Linné zurückreicht (vgl. oben S. 102). Innerhalb des letzten Jahrzehnts hat sich auch die Verwendung maschinenlesbarer Ontologiesprachen wie zum Beispiel RDF und OWL und ihrer Vorgängersprachen durchgesetzt und Ontologien zur Annotation biologischer Daten haben eine weite Verbreitung gefunden.

Wir werden in diesem Abschnitt drei Ontologien bzw. Ontologieinitiativen genauer ansehen: Zunächst die Gene Ontology als Beispiel für eine Ontologie zur Bereitstellung eines kontrollierten Vokabulars, die eine große Akzeptanz und Verbreitung gefunden hat. Anschließend die „Open Biomedical Ontologies (OBO)“-Initiative, die sich um die Interoperabilität von Ontologien in den Lebenswissenschaften kümmert, damit durch die Entwicklung und den Einsatz verschiedenster Ontologien nicht einfach noch eine Abstraktionsebene mit eigenen Heterogenitäts- und Integrationsproblemen zu den bisher bekannten hinzukommt. Und zum Schluss schauen wir uns die BioPAX-Ontologie an, die als ein Austauschformat für Pathway-Beschreibungen entwickelt wurde und weite Verbreitung gefunden hat.

4.4.1 Gene Ontology

Die Gene Ontology [Gen10b] ist eine der großen, weit verbreiteten Ontologien in der Biologie, die sich in den letzten Jahren durchgesetzt hat. Sie hat das Ziel, die Repräsentation von Genen und Genprodukten zu standardisieren. Ihre Entwicklung begann 1998 und wird heute vom Gene Ontology Consortium getragen.

Letztlich besteht die Gene Ontology aus drei kontrollierten Vokabularen, mit denen Genprodukte beschrieben werden:

- Genprodukte können sich in einer oder mehreren **zellulären Komponenten** befinden oder mit diesen assoziiert sein.
- Sie sind dort an einem oder mehreren **biologischen Prozessen** beteiligt und
- üben dadurch eine oder mehrere **molekulare Funktionen** aus.

Die Genprodukte selber sind dabei nicht Bestandteil der Ontologie, sondern ihre Eigenschaften, die sie in den drei oben angegebenen Aspekten beschreiben. Des Weiteren werden normale, nicht-pathologische Funktionen beschrieben [Gen10a].

Abbildung 4.6 gibt einen ersten Überblick über die Gene Ontology. Im oberen Teil der Abbildung befinden sich die drei Oberklassen „cellular component“, „biological process“ und „molecular function“. Unter „biological process“ sind einige Beispielklassen und ihre Beziehungen untereinander gezeigt.

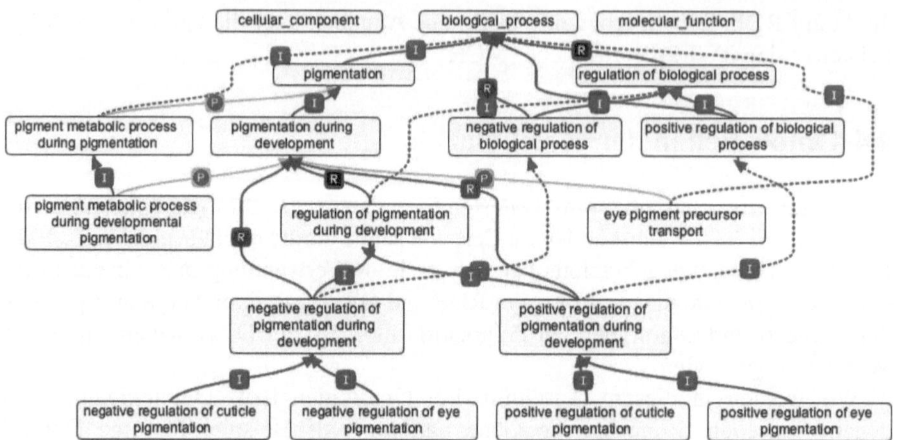

Abb. 4.6 Überblick über die Gene Ontology (vgl. http://www.geneontology.org/GO.ontology. structure.shtml), erstellt mit OBO-Edit (http://oboedit.org/)

Dabei entsprechen die Knoten des Graphs den Termen (Konzepten), die durch die Ontologie definiert werden, und die Kanten zwischen ihnen den Beziehungen zwischen den Termen. Jeder Term hat eine eindeutige ID, die aus dem Präfix „GO:" und einer siebenstelligen Zahl besteht. Diese GO-IDs oder GO-Numbers werden verwendet, um die entsprechenden Einträge in der Ontologie zu referenzieren. Des Weiteren hat jeder Term einen Namen, ist mit einer Namensraumangabe den Sub-ontologien zugeordnet, zu denen er gehört, besitzt eine Definition und ggf. noch weitere Angaben wie zum Beispiel Synonyme, Kommentare etc. Diese Attribute sind in der grafischen Übersicht nicht dargestellt, sondern müssen in einem der textuellen Formate der Ontologie nachgesehen werden (s.u.).

In der grafischen Darstellung kennzeichnen die farbigen Pfeile, die mit Buch-staben annotiert sind, die Art der Beziehung, die zwischen den einzelnen Termen bestehen, welche durch die Knoten repräsentiert werden. Die Unterklassenbezie-hungen (`is_a`), die das Grundgerüst der Ontologie bilden, sind durch blaue, mit einem „I" gekennzeichnet Pfeile dargestellt. Gelb und mit einem „P" gekennzeich-net sind Komponenten-(`part_of`)-Beziehungen. Die dritte Art von Beziehungen, die von der Gene Ontolgy unterstützt werden, beschreiben, dass ein Prozess einen anderen reguliert (`regulates`). Diese Beziehungen werden durch lila Pfeile mit einem „R" repräsentiert. Falls bekannt, kann noch genauer angegeben werden, ob eine positive oder eine negative Regulation stattfindet. Dann werden grüne bzw. rote Pfeile verwendet und durch ein Plus bzw. ein Minus am „R" gekennzeichnet.

Bei den gestrichelten Pfeilen handelt es sich um abgeleitete Beziehungen, die nicht explizit angegeben sondern berechnet wurden. In der Online-Dokumentation (http://www.geneontology.org/GO.contents.doc.shtml) zur Gene Ontology wird ausführlich diskutiert, welche Inferenzmöglichkeiten sich beim Vorhandensein bestimmter Beziehungen ergeben.

2009 wurden weitere Arten von Beziehungen eingeführt [Gen10b]: Mit `has_part` kann man Komponentenbeziehungen aus der entgegengesetzten Richtung zu `part_of` beschreiben. Der Unterschied zwischen beiden besteht darin, dass bei einer `part_of`-Beziehung zwischen X und Y (X `part_of` Y) die Existenz von Y notwendig ist für die Existenz von X, wohingegen Y auch ohne X existieren kann. Bei der `has_part`-Beziehung (Y `has_part` X) ist es genau anders herum. Die Existenz von Y erzwingt die Existenz von X, während X auch ohne Y exisiteren kann.

Die zweite Erweiterung betrifft Beziehungen zwischen den drei disjunkten Zweigen der Gene Ontology. Es sind nun `part_of`-Beziehungen zwischen den Unterklassen von `molecular_function` und `biological_process` möglich und `regulates`-Beziehungen in beiden Richtungen zwischen den Unterklassen von `molecular_function` und `biological_process`.

Die Gene Ontology startete 1998 mit 3.500 Termen und umfasst im März 2010 bereits über 30.000. Sie hat sich zum De-facto-Standard zur Annotation von Genprodukten entwickelt und wird in vielen Datenbanken eingesetzt. Dieser große Erfolg der Gene Ontology beruht laut [BS06] auf folgenden Tatsachen:

Einbindung der Community. Eine Ontologie kann sich nur dann weit verbreiten, wenn die Community, die sie verwenden soll, in ihre Entwicklung mit einbezogen ist bzw. diese vorantreibt.

Klare Ziele. Die Gene Ontology wurde mit dem speziellen Ziel entwickelt, Genprodukte zu annotieren. Dieser Fokus wurde beibehalten.

Beschränkter Anwendungsbereich. Geht Hand in Hand mit dem vorherigen Punkt. Nur so kann eine Verzetteln vermieden werden. (Siehe hierzu auch Abschn. 4.4.2 über die OBO-Ontologien.)

Einfache Struktur. Die Gene Ontology startete mit einer einfachen, leicht zu verstehenden Struktur als azyklischer gerichteter Graph. Erst nach und nach wurden weitere Arten von Beziehungen zwischen den Konzepten erlaubt (s.o.). Es steht zu vermuten, dass sich eine mit zu vielen Möglichkeiten überfrachtete Ontologie nicht in der Community durchgesetzt hätte.

Kontinuierliche Weiterentwicklung sowie aktive Pflege. Nur so kann mit den Veränderungen in diesem sich rasant entwickelnden Anwendungsgebiet Schritt gehalten und die Ontologie vor dem Herausaltern bewahrt werden.

Verwendung von Anfang an. Die Gene Ontology wurde aus der Community heraus entwickelt und quasi von Anfang an eingesetzt.

Als Beispiel betrachten wir im Folgenden den Eintrag für Glykolyse („glycolysis") in der Gene Ontology. Abbildung 4.8 zeigt die Einordnung der Glykolyse in der Gene Ontology. Die Darstellung erfolgt mit dem Werkzeug AmiGO, das vom Gene-Ontology-Konsortium entwickelt wird. Mit Hilfe dieses Werkzeugs lässt sich die Gene-Ontology nach bestimmten Begriffen durchsuchen und die Ergebnisse im Kontext anzeigen. In unserem Beispiel wurde nach „glycolysis" gesucht und der erste von fünf Treffern ausgewählt (vgl. Abb. 4.7). In der dann erscheinenden Übersichtsseite sind grundsätzliche Informationen über den Prozess zusammengestellt

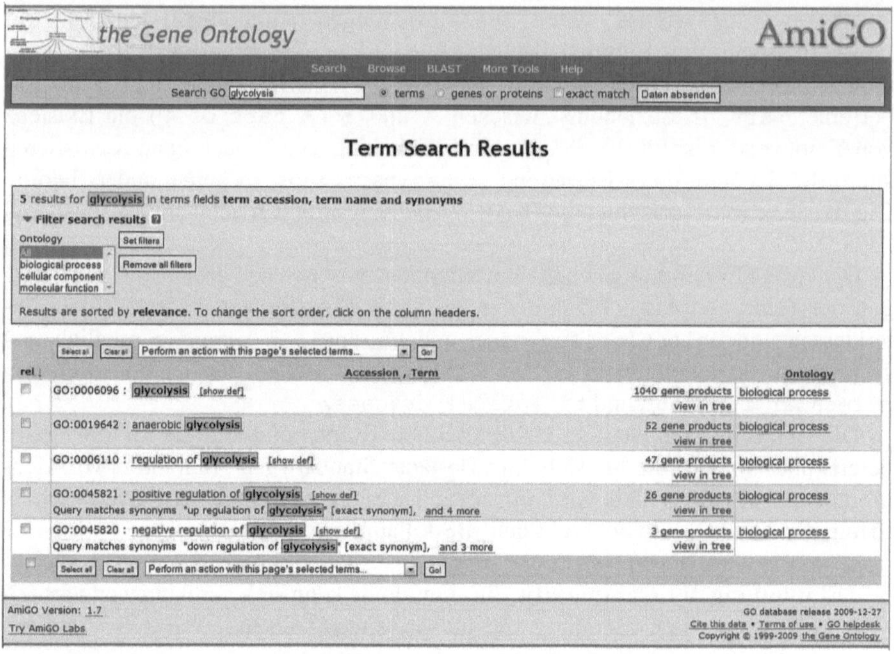

Abb. 4.7 Suche nach „glycolysis" in AmiGO

und man kann auswählen, auf welche Art und Weise man den entsprechenden Ausschnitt aus der Gene-Ontology betrachten möchte.

Abbildung 4.8 zeigt eine graphische Ansicht, wobei die Verbindungslinien zwischen den Einträgen für „is_a"-Beziehungen stehen und sich die Oberklasse über der Unterklasse befindet. Des Weiteren werden z. B. Repräsentationen im RDF/XML- und im OBO-Format angeboten. In der graphischen Ansicht lässt sich schön erkennen, dass es sich bei der Gene Ontology um einen (bzw. drei) gerichtete, azyklische Graphen (DAGs) handelt. Ein Ausschnitt aus der textuellen RDF/XML-Repräsentation, der den Anfang des Eintrags für Glykolyse zeigt, ist in Quelltext 4.1 zu sehen.

Dort folgt auf das XML-Header-Element der Verweis auf eine externe DTD und anschließend das Wurzelelement `go:go`, in welchem Namensräume für die Gene Ontology und für RDF deklariert werden. Das sich anschließende `rdf:RDF`-Element beinhaltet ein `go:term`-Element, das gerade den Glykolyse-Eintrag repräsentiert. Es enthält eine Accession-Nummer, den Schlüssel der Gene Ontology, der auch in anderen Quellen verwendet wird, um Einträge in der Gene Ontology zu referenzieren. Des Weiteren findet sich der Name und eine natürlichsprachliche Definition des Eintrags. Mit Hilfe der `go:is_a`-Elemente wird der Eintrag schließlich in die Konzepthierarchie der Ontologie eingeordnet. Wenn man die beiden dort angegebenen GO-Nummern mit den in Abb. 4.8 gezeigten direkten Oberklassen von „glycolysis" vergleicht, sieht man die Übereinstimmung zwischen textueller und graphischer Repräsentation.

```
1   <?xml version="1.0" encoding="UTF-8"?>
2   <!DOCTYPE go:go PUBLIC "-//Gene Ontology//Custom XML/RDF Version
        2.0//EN" "http://www.geneontology.org/dtd/go.dtd">
3   <go:go xmlns:go="http://www.geneontology.org/dtds/go.dtd#"
          xmlns:rdf="http://www.w3.org/1999/02/22-rdf-syntax-ns#">
4     <rdf:RDF>
5       <go:term focus="yes"
            rdf:about="http: // www.geneontology.org/go#GO:0006096">
6         <go:accession>GO:0006096</go:accession>
7         <go:name>glycolysis</go:name>
8         < go:definition >The chemical reactions and pathways resulting in the
            breakdown of a monosaccharide (generally glucose) into pyruvate, with
            the concomitant production of a small amount of ATP. Pyruvate may be
            converted to ethanol, lactate, or other small molecules, or fed into the
            TCA cycle.</go:definition>
9         <go:is_a rdf:resource=" http: // www.geneontology.org/go#GO:0006007" />
10        <go:is_a rdf:resource=" http: // www.geneontology.org/go#GO:0006091" />
11        ...
12      </go:term>
```

Listing 4.1 Ausschnitt aus der Gene Ontology im RDF/XML-Format

4.4.2 Die „Open Biomedical Ontologies"-Initiative

Die Gene Ontology ist Teil der „Open Biomedical Ontologies"-Initiative, die es sich zum Ziel gesetzt hat, die Interoperabilität zwischen Ontologien in den Lebenswissenschaften zu verbessern [SAR+07]. Dazu hat sie eine Reihe von Prinzipien definiert, die Ontologien erfüllen müssen, wenn sie der OBO Initiative angehören sollen. Eins dieser Prinzipien ist zum Beispiel die Verwendung einer einheitlichen Syntax. Konkret heißt das, dass die Ontologien entweder in OWL oder im OBO-Format geschrieben sein müssen oder sich in eins dieser Formate konvertieren lassen müssen. Zwischen dem OBO-Format, das recht ähnlich zu OWL ist, und der OWL selber gibt es ebenfalls Konvertierungswerkzeuge. Weitere Forderungen sind, dass die verwendeten Relationen gemäß der OBO-Relation-Ontology definiert werden, sodass eine einheitliche Verwendung der Relationen erreicht wird. Außerdem sollen die Ontologien ganz allgemein gut dokumentiert sein etc.

Die OBO-Relation-Ontology ist eine Ontologie, die definiert, welche Relationen (Beziehungen, Rollen) in OBO-Ontologien verwendet werden dürfen. Die Relationen werden dabei in vier disjunkte Gruppen unterteilt:

- Es gibt die Basis-Relationen `is_a` und `part_of`.
- Räumliche Relationen setzen Entities in Bezug auf ihre räumliche Anordnung zueinander in Beziehung. Es gibt die Relationen `located_in`, `contained_in` und `adjacent_to`.
- Temporale Relationen erlauben es, Verbindungen zwischen Entities herzustellen, die zu unterschiedlichen Zeiten existieren. Die zur Verfügung stehenden Relationen sind `transformation_of`, `derives_from` sowie `preceded_by`.
- Relationen über die Teilnahme an Prozessen sind `has_participant` und `has_agent`.

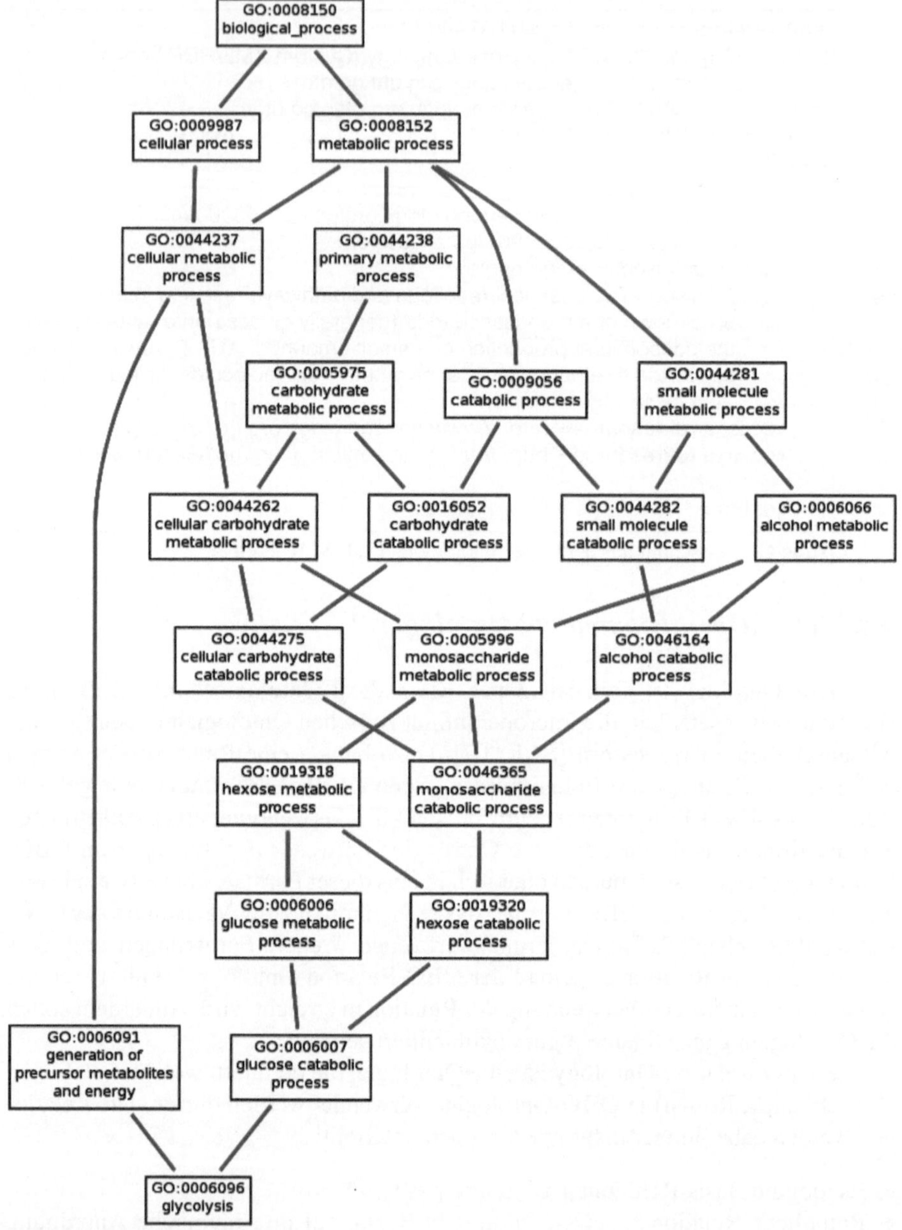

Abb. 4.8 Glykolyse in der Gene Ontology. Die Verbindungslinien zwischen den Einträgen stehen für "is_a"-Beziehungen, wobei sich die Oberklassen jeweils über den Unterklassen befinden

Alle diese Relationen werden in [SCK$^+$05] definiert und ausführlich erläutert. Damit möchte man erreichen, dass die in den verschiedenen OBO-Ontologien verwendeten Arten von Relationen eindeutig definiert sind und überall die gleiche Bedeutung haben.

Die OBO-Initiative ist also der Versuch, biomedizinische Ontologien interoperabel zu halten, indem man sie einzeln nebeneinander bestehen lässt aber gleichzeitig grundsätzliche Vorgaben hinsichtlich des Aufbaus und der zu verwendenden Syntax macht. Es ist dadurch gleichzeitig der Versuch, zwei große fachliche Gebiete mit Ontologien abzudecken, ohne dabei eine „eierlegende Wollmilchsau" zu produzieren. Vielmehr wählt man hier einen Bottom-Up-Anatz, indem man einzelnen Expertenteams (ganz unterschiedlicher Größe) erlaubt, Ontologien für ihre jeweiligen Fachgebiete zu entwickeln. Durch die genannten Vorgaben sorgt man dafür, dass die Ontologien dort, wo die einzelnen Gebiete überlappen, gut ineinandergreifen und gemeinsam verwendet werden können.

Fachlich decken die OBO-Ontologien dabei das gesamte Spektrum von Genotyp- bis hin zu Phänotyp-Informationen ab [BS06]. Angefangen bei Ontologien, die Vokabulare zur Beschreibung von Sequenzen, Genprodukten und Proteinen zur Verfügung stellen bis hin zu Ontologien über Entwicklungsstufen bestimmter Lebewesen sowie über ihre Anatomie. Darüberhinaus gibt es Ontologien, die Experimente und experimentelle Daten zu beschreiben helfen.

4.4.3 BioPAX

BioPAX ist eine Ontologie, die seit 2002 entwickelt wird und molekulare Interaktionen in Pathways beschreibt. Sie dient als Austauschformat für Pathway-Daten und hat zum Ziel, die in mehr als 200 Pathway-Datenbanken zur Verfügung stehenden Informationen besser handhab- und weiterverarbeitbar zu machen. Die Ontologie wird im OWL-Format zur Verfügung gestellt und in mehreren Stufen entwickelt. Level 1 erlaubt es, metabolische Pathways zu beschreiben. Er besteht aus 28 Klassen, 19 Object-Properties und 30 Datentyp-Properties. In Level 2 kommen molekulare Interaktionsnetzwerke hinzu, die mit 13 weiteren Klassen und 21 Properties beschrieben werden. Level 3, der sich momentan noch in der Entwicklung befindet, soll Signaltransduktionsnetzwerke unterstützen. Als 4. Stufe sind genetische Netzwerke sowie generische Pathways geplant und in noch weiterer Zukunft möchte man Interaktionen auf Zellebene mit einbeziehen können.

Einige wichtige Pathway-Datenbanken stellen ihre Daten bereits im BioPAX-Format zur Verfügung, wobei zur Zeit meistens Level 2 verwendet wird. Dazu gehören Reactome (vgl. S. 57), die BioCyc-Datenbanken (vgl. S. 58), KEGG (vgl. S. 57) und PathwayCommons(vgl. S. 64).

Die Grundstruktur der Ontologie ist so aufgebaut, dass es eine Oberklasse `Entity` gibt mit den Unterklassen `Pathway`, `Interaction` und `Physical Entity` (vgl. Abb. 4.9). Je nach Sprachlevel gehören zu den Klassen `Physical Entity` und `Interaction` ihrerseits unterschiedlich viele Unterklassen.

In Level 2 zum Beispiel besitzt `physicalEntity` die Unterklassen `complex`, `protein`, `rna`, `dna` und `small molecule`. Außerdem werden diverse Arten von

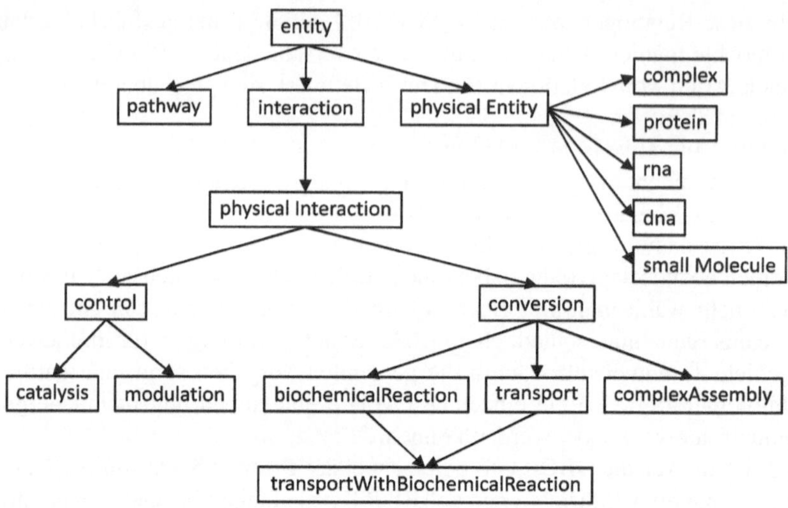

Abb. 4.9 BioPAX-Grundstruktur. Die Pfeile kennzeichnen Unterklassenbeziehungen und zeigen
von der Ober- zur Unterklasse

(physischen) Interaktionen unterschieden: Da gibt es auf der einen Seite solche, die
eine Kontrollfunktion ausüben und auf der anderen Seite solche, die Umwandlungen
von Stoffen beschreiben. Zu den Kontrollfunktionen gehören die Katalyse, also beispielsweise die Tatsache, dass ein bestimmtes Enzym eine biochemische Reaktion
katalysiert. Für Instanzen dieser Klasse werden unter anderem auch die die Katalyse
kontrollierenden Entities abgelegt. Bei Modulationen handelt es sich um Reaktionen, in denen ein Molekül eine katalytische Reaktion dadurch beeinflusst, dass es
das Enzym aktiviert oder inhibiert, das die Reaktion katalysiert. Beispiele für die
zweite Art von Reaktionen sind die Bildung von Molekülkomplexen oder auch der
Transport von Molekülen.

Nicht in der Abbildung gezeigt ist die Tatsache, dass zwischen `Pathway`
und `Interaction` sowie zwischen `Interaction` und `Entity` Contains-(has-a-)-
Beziehungen bestehen. Das heißt also, dass sich Pathways aus Interaktionen zusammensetzen, welche wiederum aus Entities bestehen.

Neben der Klassenhierarchie unter der Klasse `Entity` gibt es in der BioPAX-
Ontologie noch eine Hierarchie von `utility`-Klassen (vgl. Abb. 4.10). Deren
Aufgabe ist es, bestimmte Aspekte der Entities genauer zu beschreiben. Sie werden laut [BC05] immer dann eingesetzt, wenn einfache Attribute nicht ausreichen,
um einen bestimmten Aspekt eines Entities zu beschreiben. Als Unterklassen der
`utilityClass` werden sie nur aus organisatorischen Gründen erstellt.

Die `utility`-Klassen beschreiben Aspekte wie zum Beipiel die Art des experimentellen Nachweises (evidence), die Verlässlichkeit (confidence) der Daten,
Verweise auf Datenquellen etc. Man kann also sagen, dass die Hierarchie
unter der Klasse `Entity` die Biologie widerspiegelt, während die `utility`-
Klassen die Aufgabe haben, zusätzliche Informationen über die Pathwaydaten

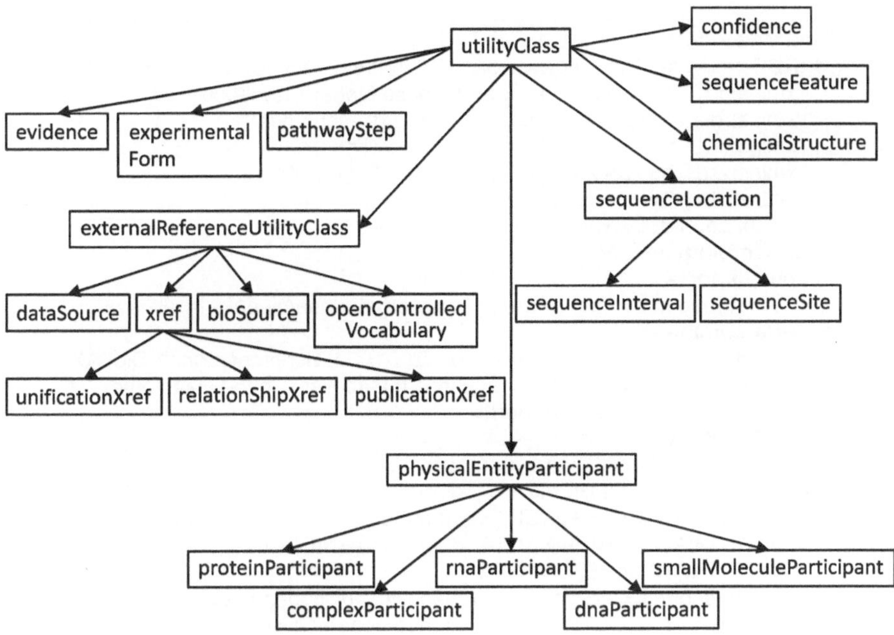

Abb. 4.10 BioPAX: Utility-Klassen

aufzunehmen. Exemplarisch soll die Klasse `pathway` etwas genauer vorgestellt
werden (vgl. auch [BC05]). Abbildung 4.11 zeigt diese Klasse mit ihren Datentyp-
und Object-Properties. Auch die von `entity` geerbten Eigenschaften sind in dem
Diagramm mit aufgeführt.

Ein Pathway-Eintrag kann also Informationen über alternative Namen (Synonyme oder Kurzformen) enthalten. Diese sind ebenso wie Kommentare und Angaben
über die Verfügbarkeit (`AVAILABILITY`) Datentyp-Properties. Bei allen anderen
handelt es sich um Object-Properties. Die Eigenschaft `PATHWAY-COMPONENTS`
beispielsweise verweist auf eine Instanz entweder der Klasse `Interaction` oder
der Utility-Klasse `pathwayStep`.

Listing 4.2 illustriert die Verwendung des BioPAX-Formats zur Beschreibung
von metabolischen Pathways anhand des humanen Glukose-Pathways aus der

pathway
SHORT-NAME
SYNONYMS
DATA-SOURCE
XREF
AVAILABILITY
COMMENT
ORGANISM
EVIDENCE
PATHWAY-COMPONENTS

Abb. 4.11 Die `pathway`-Klasse der BioPAX-Ontologie

```
1   <?xml version="1.0" encoding="UTF-8"?>
2   <rdf:RDF xmlns:rdf="http://www.w3.org/1999/02/22-rdf-syntax-ns#"
           xmlns:bp="http://www.biopax.org/release/biopax-level2.owl#"
           xmlns:rdfs="http://www.w3.org/2000/01/rdf-schema#"
           xmlns:owl="http://www.w3.org/2002/07/owl#"
           xmlns:xsd="http://www.w3.org/2001/XMLSchema#"
           xmlns="http://www.reactome.org/biopax#"
           xml:base="http://www.reactome.org/biopax">
3     <owl:Ontology rdf:about="">
4       <owl:imports
               rdf:resource=" http: // www.biopax.org/release/biopax-level2.owl" />
5       <rdfs:comment
               rdf:datatype="http://www.w3.org/2001/XMLSchema#string">BioPAX
               pathway converted from "Glucose metabolism" in the Reactome
               database.</rdfs:comment>
6     </owl:Ontology>
7     <bp:pathway rdf:ID="Glucose_metabolism">
8       <bp:PATHWAY-COMPONENTS rdf:resource="#GluconeogenesisStep" />
9       <bp:PATHWAY-COMPONENTS rdf:resource="#GlycolysisStep" />
10      <bp:PATHWAY-COMPONENTS rdf:resource="#Glucose_uptakeStep" />
11      <bp:PATHWAY-COMPONENTS
               rdf:resource="#Glycogen_breakdown__glycogenolysis_Step" />
12      <bp:PATHWAY-COMPONENTS rdf:resource="#Glycogen_synthesisStep" />
13      <bp:PATHWAY-COMPONENTS rdf:resource="#Pyruvate_metabolismStep" />
14      <bp:ORGANISM rdf:resource="#Homo_sapiens" />
15      <bp:NAME
               rdf:datatype="http://www.w3.org/2001/XMLSchema#string">Glucose
               metabolism</bp:NAME>
16      <bp:SHORT-NAME
               rdf:datatype="http://www.w3.org/2001/XMLSchema#string">Glucose
               metabolism</bp:SHORT-NAME>
17      <bp:XREF rdf:resource="#Reactome70326" />
18      <bp:XREF rdf:resource="#REACT_723.2" />
19      <bp:COMMENT
               rdf:datatype="http://www.w3.org/2001/XMLSchema#string">Glucose is
               the major form in which dietary sugars are made available to cells of the
               human body. ... </bp:COMMENT>
20      <bp:XREF rdf:resource="#glucose_metabolic_process" />
21      <bp:DATA-SOURCE rdf:resource="#ReactomeDataSource" />
22      <bp:COMMENT
               rdf:datatype="http://www.w3.org/2001/XMLSchema#string">Authored:
               Schmidt, EE, 2003-02-05 00:00:00</bp:COMMENT>
23      <bp:COMMENT
               rdf:datatype="http://www.w3.org/2001/XMLSchema#string">Edited:
               D'Eustachio, P, 0000-00-00 00:00:00</bp:COMMENT>
24    </bp:pathway>
25    <bp:pathway rdf:ID="Glucose_uptake">
26      ...
```

Listing 4.2 Ausschnitt aus dem Glucose-Pathway der Reactome-Datenbank in
BioPax-2-Format

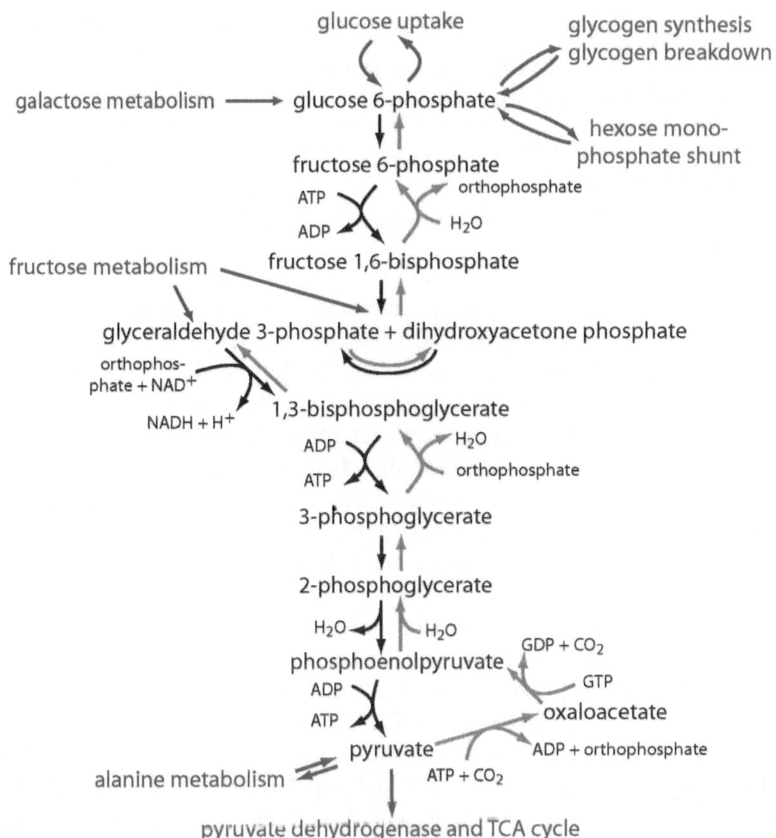

Abb. 4.12 Glucose-Pathway aus der Reactome-Datenbank

Reactome-Datenbank. Abbildung 4.12 zeigt ihn in einer graphischen Darstellung, die ebenfalls aus der Reactome-Datenbank stammt.

Die ersten Zeilen (1–6) enthalten den XML-Header, das `rdf:RDF`-Element mit diversen Namensraumdeklarationen, und das `owl:Ontology`-Element, in dem die BioPAX-Ontologie importiert wird, damit sie hier benutzt werden kann. Die konkreten Pathwaydaten werden als Instanzen der Ontologie abgelegt. Auf das `owl:Ontology`-Element folgen eine Reihe von `bp:pathway`-Elementen, von denen wir hier das erste betrachten, das den Glucose-Pathway als solchen repräsentiert. Es hat die ID `Glucose_metabolism` und enthält 6 `bp:PATHWAY-COMPONENTS`-Elemente, die den Pathway quasi in einzelne Abschnitte unterteilen. Es handelt sich dabei jeweils um Verweise auf Instanzen bzw. Individuen der Klasse `bp:pathwayStep`.

Anschließend kommen die anderen oben vorgestellten Properties der Klasse `pathway` vor wie zum Beispiel der Verweis auf den Organismus, aus dem der Pathway stammt, der Name und der Kurzname, Angaben zur Datenquelle sowie diverse Referenzen (`bp:XREF`) und Kommentare.

Listing 4.3 zeigt die Instanz `Glucose_uptakeStep` der Klasse `pathwayStep`

```
1    <bp:pathwayStep rdf:ID="Glucose_uptakeStep">
2      <bp:STEP-INTERACTIONS rdf:resource="#Glucose_uptake" />
3      <bp:NEXT-STEP rdf:resource="#Glycogen_synthesisStep" />
4      <bp:NEXT-STEP rdf:resource="#GlycolysisStep" />
5    </bp:pathwayStep>
```

Listing 4.3 Der Pathway-Setp `Glucose_uptakeStep` aus dem Glucose-Pathway der Reactome-Datenbank

Dort wird angegeben, dass sich die Interaktionen, aus denen dieser Schritt besteht, in `#Glucose_uptake` befinden. Dabei handelt es sich wiederum um eine Instanz der Klasse `pathway` (vgl. Listing 4.2, Zeile 25), die also einen bestimmten Teil eines größeren Pathways beschreibt. Außerdem wird noch mit Hilfe von `bp:NEXT-STEP`-Elementen angegeben, welche Schritte auf den hier beschriebenen folgen. Damit wird auch deutlich, dass die oben erwähnte Trennung von biologischen Informationen in der `entity`-Hierarchie und beschreibenden Informationen in der `utilityClass`-Hierarchie nicht sauber durchgehalten wird, da die hier in `pathwayStep` abgelegten Informationen den (biologischen) Aufbau des Pathways betreffen.

Von den in Abschn. 3.1.5 besprochenen Interaktionsdatenbanken stellen DIP, IntAct, Reactome, KEGG und die BioCyc-Datenbanken ihre Daten im BioPAX-Format zur Verfügung (vgl. auch Abb. 3.26). Es gibt eine Reihe von Werkzeugen, die BioPAX-Daten verarbeiten können. Ein Beispiel ist Cytoscape [CSC$^+$07], ein Werkzeug zur Visualisierung und Analyse biologischer Pathways und Netzwerke, welches außerdem auch SBML, PSI-MI und OBO versteht (vgl. Abschn. 3.2 bzw. 4.4.2). Auch PathwayCommons, ein Ansatz zur Integration von Pathway-Daten, der in Abschn. 3.1.7 vorgestellt wurde, unterstützt BioPAX. Zur Entwicklung eigener Werkzeuge, die BioPAX-Daten verarbeiten, steht die Java-Bibliothek Paxtools zur Verfügung.

In Abschn. 3.2.4 beziehen wir BioPAX in einen kurzen Vergleich mit anderen Austauschformaten mit ein. In [RMSB09] wird das Austauschformat SBPAX vorgestellt, das entwickelt wurde, um SBML- und BioPAX-Daten zu integrieren. Es stellt im Prinzip eine Obermenge der Konzepte der beiden Sprachen zur Verfügung sowie Operationen auf diesen Daten, die die Abbildung bewerkstelligen. Ganz ohne Interaktionen mit dem Benutzer funktioniert das allerdings nicht. Der Vorteil, die Daten zunächst in ein gemeinsames Format zu konvertieren, liegt darin, dass so auch Datensätze vereinigt werden können, wenn zum Beispiel über denselben Pathway sowohl SBML- als auch BioPAX-Daten zur Verfügung stehen.

4.5 Ontosync

Zum Abschluss dieses Kapitels wollen wir einen Ansatz zur Synchronisation von Datenbanken und Ontologien vorstellen, der es ermöglicht, systemübergreifende Anfragen zu stellen. Die Grundidee dabei ist es, Datenbankschemata mit Hilfe von

Ontologien zu beschreiben und dadurch Repräsentationen der in den Datenbanken abgelegten Konzepte zu erhalten, die unabhängig von konkreten Datenbankschemata sind. Diese Ontologien können dann durch Domänenontologien annotiert werden, wodurch die Konzepte mit Informationen über ihre Semantik angereichert werden. Diese annotierten Ontologien dienen schließlich dazu, datenbankübergreifende Anfragen zu stellen, bei denen kein konkretes Schemawissen über die einzelnen Datenbanken mehr benötigt wird.

Der Vorteil dieses Ansatzes ist zugleich eine Herausforderung. Durch die Unabhängigkeit vom konkreten Datenbankschema wird das System auch unabhängig von Schemaänderungen. Wie aber lässt sich die die Datenbank beschreibende Ontologie in Bezug auf das Schema konsistent halten, wenn sich letzteres ändert? Dazu haben wir einen Synchronisationsansatz zwischen Datenbankschema und Ontologie entwickelt. Die zweite Frage, die sich in diesem Rahmen stellt, ist die nach der Übersetzung der Anfragen an die Ontologie in Anfragen an die Datenbank und die Zusammenführung der Ergebnisse aus verschiedenen Datenbanken in ein Gesamtergebnis. Auch darauf gehen wir im Laufe dieses Abschnitts ein.

Der hier vorgestellte Ansatz wurde in zwei aufeinanderfolgenden Projekten entwickelt und realisiert: Im Rahmen des vom BMBF geförderten Intergenomics-Projekts wurden der grundlegende Ansatz zur Synchronisation von Ontologien und Datenbankschemata entwickelt, Erfahrungen mit der Erstellung von Domänenontologien gesammelt und erste Annotationen durchgeführt. Im EFRE-(Europäischer Fonds für regionale Entwicklung)-Projekt „Synchronisation von Ontologien und Datenbanken" wurde die Synchronisation weiterentwickelt, auf Datenbanken der Firma Biobase angewandt und ein System zur Umsetzung systemübergreifender Anfragen realisiert.

Dieser Abschnitt gliedert sich gemäß der Schritte, die in unserem Ansatz durchgeführt werden: In Abschn. 4.5.1 geben wir einen Überblick über die Generierung von Datenbankontologien aus Datenbankschemata. Anschließend stellen wir die Annotation solcher Datenbankontologien exemplarisch vor und zeigen in Abschn. 4.5.3 wie sie sich mit Hilfe von grafisch visualisierten Ontologien unterstützen lässt. Durch die Annotation der Ontologie und die Evolution des Datenbankschemas entwickeln sich beide unabhängig voneinander weiter und sind nicht mehr konsistent zueinander. Die daher notwendige Synchronisation von Ontologie und Datenbankschema behandeln wir in Abschn. 4.5.4 und die Anfragebearbeitung schließlich in Abschn. 4.5.5. Der generelle Synchronisationsansatz ist in Abb. 4.13 zu sehen.

Die Ontologiegenerierung wurde in [KENM06c, KE05], die Annotationsmethode in [KESM07, KENM06a] und das Synchronisationsverfahren in [KES$^+$06, KENM06b] veröffentlicht. In der Dissertation [Kup10] wird der hier nur überblicksartig dargestellte Ansatz ausführlich präsentiert.

4.5.1 Abbildung von Datenbankschemata auf Ontologien

In dem Ontosync-Ansatz wird für jedes Datenbankschema eine Ontologie generiert, die dieses Schema repräsentiert. Dabei enthält die Ontologie ausschließlich

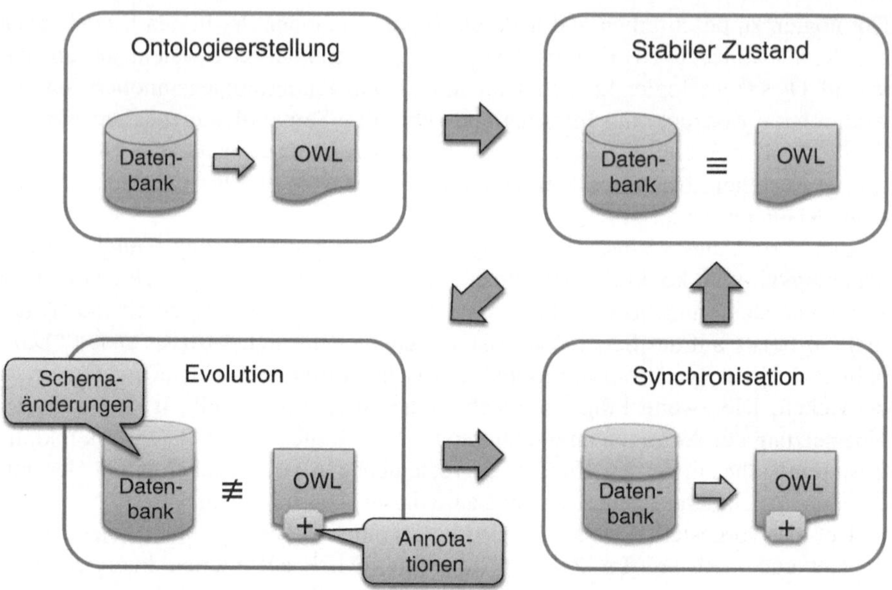

Abb. 4.13 Synchronisation von Datenbankschema und Ontologie

Schemainformationen aber keine Daten. Letztere bleiben nach wie vor in der Datenbank und werden nicht in die Ontologie übernommen, sodass die Anfragen selbst effizient von der Datenbank beantwortet werden können. Die Ontologie muss daher alle Informationen enthalten, die zur Erstellung von SQL-Anfragen an die jeweilige Datenbank benötigt werden.

Damit die Datenbankontologien verschiedener Datenbanken gut integrierbar sind, wurde zunächst eine abstrakte Datenbankontologie entworfen, in der alle Konzepte zur Beschreibung von Datenbankschemata definiert wurden. Für jede Datenbank wird dann eine Ontologie von der abstrakten Datenbankontologie abgeleitet. Die Struktur der abstrakten Datenbankontologie ist in Abb. 4.14 zu sehen. Dabei werden Klassen bzw. Konzepte als Ellipsen, Objekteigenschaften (`object properties`) als Rechtecke, die Unterklassenhierarchie mit der üblichen UML-Notation und auf den Objekteigenschaften basierende Beziehungen zwischen den Klassen durch beschriftete Pfeile dargestellt.

Die abstrakte Datenbankontologie enthält die Klasse `DatabaseOntology`, von der alle anderen Klassen abgeleitet sind. Diese spiegeln die prinzipielle Struktur von Datenbankschemata direkt wider: Das Schema an sich wird durch die Klasse `Database` repräsentiert, jedes Schema besteht aus einer Reihe von Tabellen, repräsentiert durch `Relation`, welche wiederum Attribute mit bestimmten Datentypen besitzen. Zwischen diesen Klassen bestehen Aggregationsbeziehungen dargestellt durch die Objekteigenschaft `consistsOf`.

In den konkreten Datenbankontologien wird das konkrete Datenbankschema als Unterklasse von Database modelliert. Jede Tabelle wird als Unterklasse von

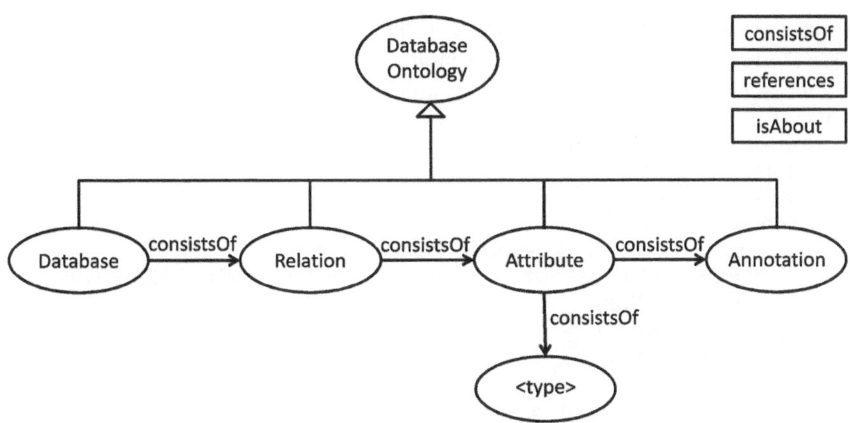

Abb. 4.14 Struktur der Datenbankontologien (vgl. auch [Kup10])

`Relation` und jedes Attribut als Unterklasse von `Attribute` definiert. Als Bezeichner werden dabei der Schemaname und die Tabellennamen für die jeweiligen Unterklassen verwendet. Für Attribute setzt sich der Bezeichner aus dem Attributnamen, einem Separator („__") sowie dem Tabellennamen zusammen. Dies ist notwendig, da Attributnamen in Datenbanken nur pro Relation eindeutig sein müssen. Als Datentypen werden XML-Schema-Datentypen verwendet, die in etwa den in der Datenbank verwendeten Datentypen entsprechen. Eine möglichst genaue Konvertierung ist hier nicht notwendig, da die Typangaben nicht zur Sicherstellung von Datenintegrität dienen sondern als Unterstützung zur Anfragegenerierung. Es genügt also beispielsweise die Information, dass es sich um einen String oder einen Integerwert handelt.

Die konkreten Datenbankkonzepte werden als Unterklassen der abstrakten Datenbankontologie erstellt und nicht als Instanzen, was vielleicht auf den ersten Blick der naheliegende Ansatz wäre. Der Nachteil dabei ist allerdings, dass es dabei formale Schwierigkeiten gibt, Verbindungen zu anderen Klassen herzustellen, da dann Objekteigenschaften zwischen einem Objekt und einer Klasse spezifiziert werden müssten, was OWL nicht erlaubt. Da aber Annotationen typischerweise auf Konzepte verweisen, die als Klassen modelliert werden, ist dies in unserem Ansatz unbedingt notwenig. Daher werden konkrete Relationen als Unterklassen der Klasse `Relation` der abstrakten Datenbankontologie erstellt. Gleiches gilt entsprechend für die Attribute, Datentypen und das Schema selbst. Dadurch können dann Objekteigenschaften als Verbindungen verwendet werden, die mit Hilfe von `Restrictions` auf genau die Klassen eingeschränkt werden, zwischen denen sie gelten sollen. Für eine ausführliche Diskussion dieser Entwurfsentscheidung siehe [Kup10].

Listing 4.4 zeigt eine Klasse `PROTEIN`, die als Unterklasse von `Relation` angelegt wird. Mit Hilfe von Einschränkungen werden `consistsOf`-Beziehungen zwischen der Klasse `PROTEIN` und den Klassen `PROTEIN_NO__PROTEIN` sowie `TYPE__PROTEIN` hergestellt. Letztere sind Klassen, die Attribute repräsentieren.

Listing 4.5 zeigt dies exemplarisch für das Attribut PROTEIN_NO der Tabelle PROTEIN. Hier kann man auch sehr schön die oben beschriebene Namensgebung mit dem angefügten Tabellennamen erkennen.

```
1   <owl:Class rdf:ID="PROTEIN">
2     <rdfs:subClassOf rdf:resource="#Relation"/>
3     <rdfs:subClassOf>
4       <owl:Restriction>
5         <owl:onProperty rdf:resource="#consistsOf"/>
6         <owl:someValuesFrom rdf:resource="#PROTEIN_NO__PROTEIN"/>
7       </owl:Restriction>
8     </rdfs:subClassOf>
9     <rdfs:subClassOf>
10      <owl:Restriction>
11        <owl:onProperty rdf:resource="#consistsOf"/>
12        <owl:someValuesFrom rdf:resource="#TYPE__PROTEIN"/>
13      </owl:Restriction>
14    </rdfs:subClassOf>
15    ...
16  </owl:Class>
```

Listing 4.4 Tabelle PROTEIN

Die Klasse PROTEIN_NO__PROTEIN enthält ein Element rdfs:label, in dem der Attributname ohne den angefügten Tabellennamen abgelegt ist (Zeile 2–4). Diesen können dann beispielsweise grafische Editoren verwenden, um kürzere Namen anzuzeigen.

```
1   <owl:Class rdf:ID="PROTEIN_NO__PROTEIN">
2     <rdfs:label rdf:datatype="http: // www.w3.org/2001/XMLSchema#string">
3       PROTEIN_NO
4     </rdfs:label>
5     <rdfs:subClassOf rdf:resource="#Attribute"/>
6     <rdfs:subClassOf>
7       <owl:Restriction>
8         <owl:onProperty rdf:resource="#consistsOf"/>
9         <owl:someValuesFrom
10          rdf:resource="http: // www.w3.org/2001/XMLSchema#integer"/>
11      </owl:Restriction>
12    </rdfs:subClassOf>
13    ...
14  </owl:Class>
```

Listing 4.5 Attribut PROTEIN_NO der Tabelle PROTEIN

Die zweite in Abb. 4.14 gezeigte Objekteigenschaft references wird verwendet, um Fremdschlüsselbeziehungen zu beschreiben. Diese Informationen werden später bei der Generierung von Datenbankanfragen verwendet. Annotationen, die die Konzepte der jeweiligen Datenbank näher beschreiben, werden als Unterklassen von Annotation definiert und mit der Objekteigenschaft isAbout den Tabellen oder Attributen zugeordnet. Alle Klassen werden explizit als disjunkt voneinander spezifiziert. Die Komplexitätsklasse dieser Ontologie ist $\mathcal{ALC}$ (vgl. Abschn. 4.2.2).

4.5.1.1 Erstellung von Datenbankontologien

Zum Generieren der Datenbankontologien werden nicht etwa die Metadaten aus den entsprechenden Systemtabellen der Datenbanksysteme gelesen, sondern ein Schema-Dump verwendet. Der Hintergrund ist der, dass sich die Datenbankhersteller bzgl. Systemtabellen nicht an den SQL-Standard halten. Natürlich stellen sie alle die Schemainformationen zur Verfügung, aber jeder auf eine etwas andere Art und Weise. Die Schema-Dumps enthalten alle SQL-Befehle, die abgesetzt wurden, um das jeweils vorliegende Schema zu erzeugen. Sie werden geparst und Befehl für Befehl in die Datenbankontologie umgesetzt.

Dabei wird zunächst eine Unterklasse der Klasse `Database` erzeugt, die den vom Benutzer einzugebenden Datenbanknamen erhält. Anschließend werden nacheinander alle `CREATE TABLE`-Befehle abgearbeitet. Für jede Tabelle wird dabei eine neue Unterklasse der Klasse `Relation` erstellt, die den Namen der Tabelle erhält. Außerdem wird jeweils ein neues `Restriction`-Element in der `Database`-Klasse erzeugt, das mit `consistsOf` auf die neue Klasse verweist.

Das Vorgehen für Attribute ist analog. Es werden neue Klassen als Unterklassen von `Attribute` erzeugt und die zugehörige `Relation`-Klasse um eine Einschränkung erweitert, mit der die Verbindung zu der entsprechenden `Attribute`-Klasse hergestellt wird (vgl. oben, Listing 4.4 und 4.5). Bei `Attribute`-Klassen wird zusätzlich ein `label`-Element angelegt, das nur den Attributnamen enthält.

Datentypen werden wie oben beschrieben auf die grundlegenden XML-Schema-Datentypen abgebildet. Für Fremdschlüsselbeziehungen wird die Klasse des referenzierenden Attributs um eine Einschränkung ergänzt, die mittels der Objekteigenschaft `references` einen Bezug zu der Klasse des referenzierten Attributs herstellt. Andere Integritätsbedingungen werden nicht berücksichtigt, da sie für unseren Ansatz nicht benötigt werden.

Ein Schema-Dump kann neben `CREATE TABLE`-Befehlen auch `ALTER TABLE`-Anweisungen enthalten. In diesem Fall werden keine neuen Unterklassen angelegt, sondern die bereits vorhandenen entsprechend abgeändert.

Auf diese Art und Weise kann für jede Datenbank, für die ein Schema-Dump zur Verfügung steht, eine Datenbankontologie generiert werden. Wie solche Ontologien mit weiteren Informationen annotiert werden, zeigt der nächste Abschnitt.

4.5.2 Annotation von Ontologien

Die Ontologieannotation ist im Gegensatz zur im letzten Abschnitt beschriebenen Generierung der Datenbankontologie ein manueller Prozess, der mit Unterstützung von Domänenspezialisten durchgeführt werden sollte. Hier wird die Datenbankontologie um weitere Konzepte ergänzt, mit denen die Semantik der Tabellen und Attribute beschrieben wird. Die Qualität dieser Annotationen ist für die angestrebte Integration bzw. Anfrageverarbeitung von großer Bedeutung. Die Annotationen können mit einem beliebigen Ontologieeditor vorgenommen werden.

Ausgangspunkt für die Annotation ist die generierte Datenbankontologie, die zunächst keine Informationen enthält, die nicht auch dem Datenbankschema zu entnehmen wären. Im Zuge der Annotation werden neue Konzepte hinzugefügt oder aus anderen, bereits bestehenden Ontologien importiert und mit den das Schema beschreibenden Klassen verbunden.

Alle Konzepte, die zu Annotationszwecken hinzugefügt werden, werden als direkte oder indirekte Unterklassen der Klasse `Annotation` erstellt. Neben der Unterklassenbeziehung können auch beliebige andere Beziehungen zwischen diesen Klassen in Form von Einschränkungen von Objekteigenschaften angegeben werden. Dadurch hat man zum Beispiel die Möglichkeit, ein konzeptionelles Datenbankschema komplett in die Ontologie mit aufzunehmen. Dieses kann dann verwendet werden, um Informationen, die im Zuge der Transformation des konzeptionellen Schemas in ein relationales nicht erhalten bleiben konnten, wieder explizit zu machen. Damit stellt ein möglicherweise vorhandenes konzeptionelles Schema einen ersten Ansatzpunkt für Annotationen dar. Generell können alle Konzepte, die helfen, die Datenbankstrukturen semantisch zu beschreiben, als Unterklassen von `Annotation` angelegt und Beziehungen zwischen ihnen etabliert werden.

Um nun die Annotations-Konzepte auch den Datenbankkonzepten zuzuordnen, werden Untereigenschaften von `isAbout` verwendet. Listing 4.6 zeigt die Deklaration der Objekteigenschaften `containsDataAbout` und `hasDataIn`, die invers zueinander sind und beide `isAbout` als Oberklasse verwenden.

```
1   <owl:ObjectProperty rdf:ID="containsDataAbout">
2     <rdfs:comment rdf:datatype="http://www.w3.org/2001/XMLSchema#string">
3       connecting a specifc table or  attribute  to a concept
4     </rdfs:comment>
5     <owl:inverseOf>
6       <owl:ObjectProperty rdf:ID="hasDataIn"/>
7     </owl:inverseOf>
8     <rdfs:domain rdf:resource="#DatabaseOntology"/>
9     <rdfs:range rdf:resource="#Annotation"/>
10     <rdfs:subPropertyOf rdf:resource="#isAbout"/>
11  </owl:ObjectProperty>

13  <owl:ObjectProperty rdf:about="#hasDataIn">
14     <rdfs:comment rdf:datatype="http://www.w3.org/2001/XMLSchema#string">
15       connecting a concept to a point  in  the database schema, where such data is
              stored
16     </rdfs:comment>
17     <owl:inverseOf rdf:resource="#containsDataAbout"/>
18     <rdfs:domain rdf:resource="#Annotation"/>
19     <rdfs:range rdf:resource="#DatabaseOntology"/>
20     <rdfs:subPropertyOf rdf:resource="#isAbout"/>
21  </owl:ObjectProperty>
```

Listing 4.6 `containsDataAbout` und `hasDataIn` als Unterklassen von `isAbout`

An den Domain- und Range-Angaben erkennt man bereits, dass die Objekteigenschaft `containsDataAbout` von den Konzepten der Datenbank auf Annotationskonzepte verweisen soll und `hasDataIn` genau andersherum.

Soll nun z. B. von einem Attribut auf ein Annotationskonzept verwiesen werden, so wird in der Klasse, die das Attribut repräsentiert, ein Restriction-Element angelegt, das mit Hilfe der Objekteigenschaft `containsDataAbout` gerade die Verbindung zu der entsprechenden Klasse herstellt. Listing 4.7 zeigt ein Beispiel.

```
1   <owl:Class rdf:ID="NAME__CHAIN">
2     <rdfs:label rdf:datatype=" http: // www.w3.org/2001/XMLSchema#string">
3       NAME
4     </rdfs:label>
5     <rdfs:subClassOf rdf:resource="#Attribute"/>
6     ...
7     <rdfs:subClassOf>
8       <owl:Restriction>
9         <owl:onProperty rdf:resource="#containsDataAbout"/>
10          <owl:someValuesFrom rdf:resource="#SignalTransductionPathway"/>
11      </owl:Restriction>
12    </rdfs:subClassOf>
13  </owl:Class>
```

Listing 4.7 Verweis auf Annotationskonzepte

Es handelt sich um die Klasse `NAME__CHAIN`, die das Attribut `NAME` der Tabelle `CHAIN` beschreibt. Der Kontext ist eine Datenbank über Signaltransduktionswege, die Informationen über Moleküle, Reaktionen und Folgen von Reaktionen enthält, die auch als Chains bezeichnet werden. Eine Chain kann dabei ein ganzer Signaltransduktionsweg oder auch ein bestimmter Ausschnitt davon sein. Mit Hilfe von `containsDataAbout` wird die Verbindung zu der Klasse `SignalTransductionPathway` hergestellt, die eine Unterklasse von `Annotation` ist.

Sehr sinnvoll ist es auch, auf Konzepte aus weit verbreiteten Ontologien wie etwa der Gene Ontology (vgl. Abschn. 4.4.1) Bezug zu nehmen, da dadurch die Qualität datenbankübergreifender Anfragen erhöht werden kann. Damit das möglich ist, muss für jedes Konzept einer externen Ontologie, auf das verwiesen werden soll, ein Annotationskonzept erstellt werden, das dann als äquivalent mit dem externen Konzept deklariert wird.

Listing 4.8 zeigt die Klasse `SignalTransductionPathway`, auf die im obigen Beispiel verwiesen wurde. Sie verweist ihrerseits auf `NAME__CHAIN` und ist eine Unterklasse von `Annotation` (Zeile 12). In den Zeilen 3 und 4 wird mit Hilfe von `owl:equivalentClass` der Bezug zur Gene Ontology hergestellt und festgehalten, dass die vorliegende Klasse äquivalent zum Konzept „7242" dieser Ontologie ist, welches für „intracellular signalling cascade" steht. (Vgl. auch [Kup10].)

```
1   <owl:Class rdf:ID="SignalTransductionPathway">
2     <hasDataIn rdf:resource="#NAME__CHAIN"/>
3     <owl:equivalentClass
4        rdf:resource =" http: // www.geneontology.org/owl/#GO_0007242"/>
5     <rdfs:comment rdf:datatype="http://www.w3.org/2001/XMLSchema#string">
6       SignalTransductionPathways describe how signals are transmitted
7       through a network of chemical reactions and interactions  inside a
8       cell . Most pathways are manually summarized by choosing from a variety
9       of  well  evidenced signaling components distinguishing them from mere
10      evidence chains.
11    </rdfs:comment>
12    <rdfs:subClassOf rdf:resource="#Annotation"/>
13    ...
14  </owl:Class>
```

Listing 4.8 Annotationskonzept mit Verweis auf die Gene Ontology

Wichtig für die Erstellung von Datenbankanfragen ist noch ein technisches Detail. Damit solche Anfragen generiert werden können, müssen die Zugangsparameter zu der jeweiligen Datenbank in der zugehörigen Datenbankontologie mit abgelegt sein. Diese Informationen werden als Dateneigenschaften für Instanzen der entsprechenden `Database`-Klasse abgelegt und stehen dem Anfragegenerator damit zur Verfügung.

4.5.3 *Ontologievisualisierung*

Für die im letzten Abschnitt vorgestellte Ontologieannotation wird eine gute Werkzeugunterstützung benötigt, da die Datenbankontologien schnell groß und unübersichtlich werden. Dabei ist vor allem eine geschickte graphische Repräsentation der Ontologien von Vorteil, da sich die Benutzer so einen schnellen Überblick über die Ontologien verschaffen können. Da ein graphisches Format für OWL-Ontologien bisher weder standardisiert wurde noch ein De-facto-Standard existiert, wurden in [Kup10] Visualisierungsplugins für den weit verbreiteten Open-Source-OWL-Editor Protégé [KFNM04] untersucht. Es existieren verschiedene solcher Plugins, die aber alle nicht ganz den Anforderungen entsprechen, die für den Annotationsprozess wichtig sind. Das Plugin, das in der Untersuchung am besten abschnitt, war OWLViz [Hor05].

Daher wurde OWLViz zu OWLPropViz weiterentwickelt, dessen grundlegende Idee es ist, beliebige Beziehungen zwischen Klassen zu visualisieren, was in OWLViz bisher nicht möglich ist. Dort wird lediglich die Unterklassenhierarchie visualisiert. Mit OWLPropViz können alle Objekteigenschaften graphisch dargestellt werden, die in `Restriction`-Elementen in Klassen verwendet werden.

Abbildung 4.15 zeigt den Ontologieeditor Protégé mit einer Datenbankontologie in RDF/XML-Darstellung. Der Editor erlaubt eine ganze Reihe verschiedener Darstellungen von Ontologien. Hier wird im großen Feld auf der linken Seite die komplette Ontologie in ihrer RDF/XML-Repräsentation gezeigt. Auf der rechten Seite sind verschiedene Statistiken zu sehen, wie zum Beispiel die Anzahl der Klassen, der Objekteigenschaften etc. Auch die Komplexität der Ontologie wird angezeigt.

Protégé bietet verschiedene Filter, mit denen etwa nur die Klassen oder alle Individuen angezeigt werden können. Diese Ansichten verbergen sich hinter den Tabs im oberen Teil der Bedienoberfläche. Dort kann auch das Visualisierungsplugin OWLPropViz aufgerufen werden, das in Abb. 4.16 gezeigt wird.

Der Graph auf der rechten Seite zeigt einen Teil der Annotationshierarchie der Datenbankontologie für die TRANSPATH-Datenbank. Man sieht, dass sich hier Signaltransduktionswege aus Chains zusammensetzen, die wiederum aus einzelnen Schritten (`SignalTransductionStep`) bestehen, welche entweder für eine Interaktion oder eine Reaktion stehen. An diesen Schritten können Gene und Moleküle in verschiedenen Rollen beteiligt sein. Im linken oberen Teil der Abbildung ist die Klassenhierarchie in einer textuellen Baumform zu sehen und man kann einzelne Klassen auswählen, um sie und ihre Beziehungen zu anderen Klassen in der Graphik mit anzeigen zu lassen.

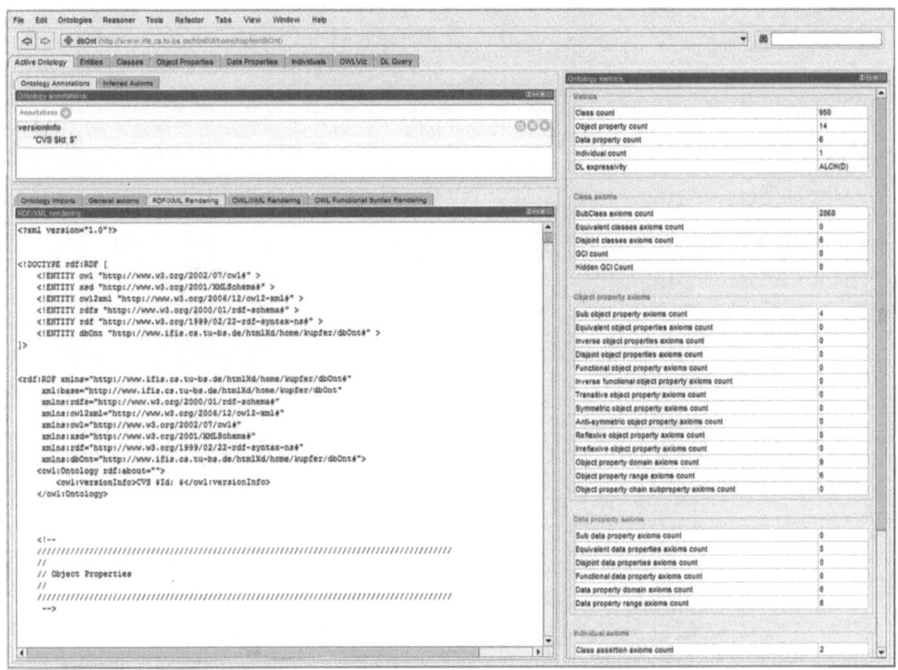

Abb. 4.15 Protégé mit Datenbankontologie in RDF/XML-Darstellung

OWLPropViz ermöglicht auch das Hinzufügen von Klassen und Eigenschaften, sodass sich die Annotationen mit graphischer Unterstützung durchführen lassen. Natürlich ist dieses Protégé-Plugin nicht auf Datenbankontologien beschränkt sondern kann zur Visualisierung beliebiger OWL-Ontologien verwendet werden.

4.5.4 Synchronisation von Ontologie und Datenbankschema

Wir haben in Abschn. 4.5.1 gesehen wie Datenbankontologien zu einem Datenbankschema generiert werden und in Abschn. 4.5.2 wie sie mit weiteren Informationen annotiert werden, um die Semantik der Datenbankstrukturen zu beschreiben. Diese Weiterentwicklung beeinträchtigt die Konsistenz zwischen Datenbankschema und der zugehörigen Datenbankontologie nicht, da lediglich Informationen hinzugefügt werden. Was aber passiert, wenn sich das Datenbankschema ändert? Dann müssen diese Änderungen auch in der Ontologie durchgeführt werden, da sonst die Konsistenz der beiden nicht mehr gewährleistet ist.

Änderungen am Datenbankschema sind relativ häufig, insbesondere, wenn es sich um Forschungsdatenbanken handelt, wie es im Bereich der Molekularbiologie meistens der Fall ist. In [KENM06a] berichten wir über diesbezügliche Untersuchungen, weitere Informationen sind in [Kup10] zu finden.

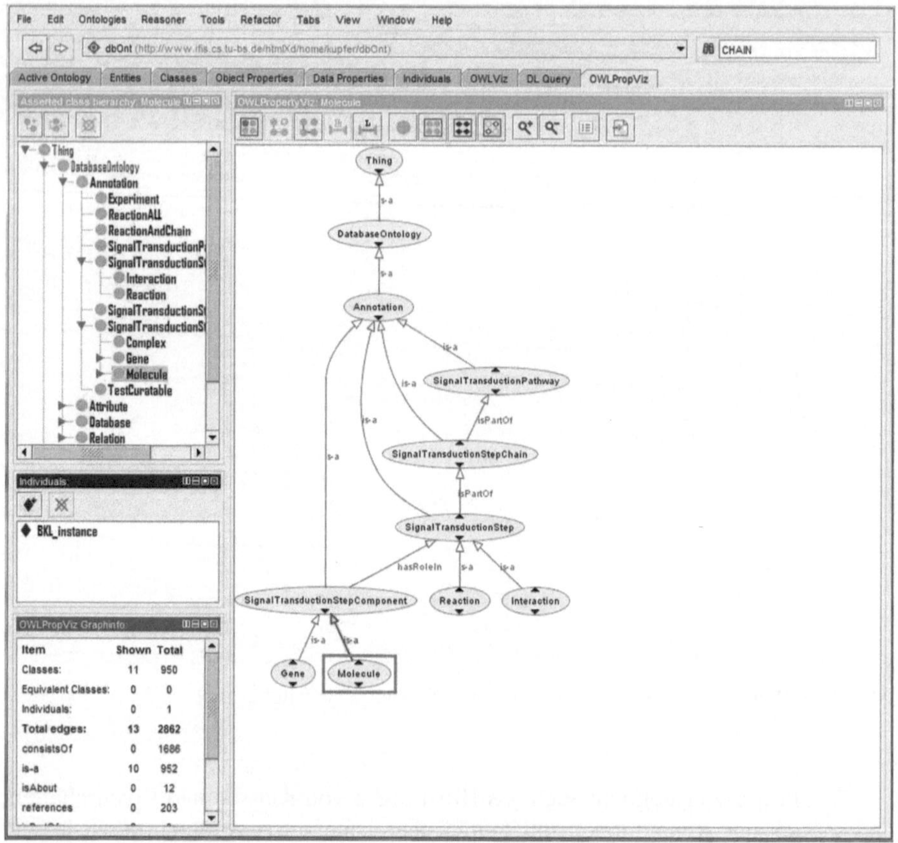

Abb. 4.16 OWLPropViz

Eine erneute automatische Generierung der Datenbankontologie kommt nicht in
Frage, da die Annotationen nicht verloren gehen dürfen. Deshalb wurde ein Verfahren entwickelt, das die Änderungen im Datenbankschema in der Ontologie nach-
trägt. Dieses Verfahren ist halbautomatisch in dem Sinn, dass es nicht in jedem Fall –
für jede mögliche Änderung am Datenbankschema – ohne Benutzerinteraktionen
auskommt, um die Änderungen auf die Ontologie zu übertragen.

Änderungen am Datenbankschema werden durch SQL-Anweisungen vorgenommen, die in Log-Dateien protokolliert werden. Ggf. muss das DBMS explizit so kon-
figuriert werden, dass es auch Schemaänderungen in der Log-Datei mitprotokolliert.
Um die Änderungen an einem Datenbankschema ab einem bestimmten Zeitpunkt
in der zugehörigen Ontologie nachzuziehen, werden alle SQL-Anweisungen in der
Log-Datei seit dem entsprechenden Zeitpunkt analysiert und in entsprechende
Modifikationen der Ontologie umgesetzt.

Konkret werden dabei die Änderungsoperationen am Datenbankschema zunächst
in Änderungsprimitive zerlegt, die dann in Ontologiemodifikationen umgesetzt

werden. Die auftretenden Änderungsprimitive sind das Erstellen, Löschen oder Ändern von Tabellen oder von Attributen. Eine `CREATE TABLE`-Anweisung würde beispielsweise in ein Änderungsprimitiv zum Hinzufügen einer Tabelle und in je ein weiteres Änderungsprimitiv zum Hinzufügen der einzelnen Attribute zerlegt werden. Das Hinzufügen funktioniert auf der Ontologieseite analog zum Generierungsprozess. Die Anweisung `CREATE TABLE ADD COLUMN` erzeugt nur ein Änderungsprimitiv zum Hinzufügen des entsprechenden Attributs.

Auf diese Art und Weise werden alle Änderungsoperationen am Datenbankschema in Änderungsprimitive zerlegt. Änderungsprimitive zum Hinzufügen von Tabellen oder Attributen können eins zu eins in die Ontologie umgesetzt werden. Schwieriger wird es beim Löschen und bei `ALTER TABLE`-Anweisungen. Beim Löschen muss beispielsweise unterschieden werden, ob die betroffene Tabelle oder das betroffene Attribut wirklich aus der Datenbank entfernt wurde oder ob es durch eine neue Tabelle oder ein neues Attribut ersetzt wurde, die letztlich das gleiche Konzept repräsentieren wie der Vorgänger. Dann würde man nämlich die Referenzen zu und von den Annotationsklassen auf die neue Tabelle oder das neue Attribut übertragen wollen. In so einem Fall ist eine Benutzerinteraktion notwendig.

Auch für `ALTER TABLE`-Anweisungen müssen verschiedene Fälle unterschieden werden. Manche fordern Benutzerinteraktionen und andere können direkt in Änderungsoperationen an der Ontologie umgesetzt werden. Für Details siehe [KES$^+$06] und [Kup10]. Insgesamt wurde ein Synchronisationsprozess entwickelt und implementiert, der es ermöglicht, Datenbankschema und Ontologie semi-automatisch konsistent zu halten. So wird die semantische Beschreibung von Datenbankschemata mit Hilfe von Ontologien realistisch, da der Aufwand, beide konsistent zueinander zu halten, auf ein Mindestmaß an Benutzerinteraktionen reduziert wurde.

4.5.5 Anfragebearbeitung

Die bisher vorgestellten grundlegenden Techniken zur Generierung, Annotation und Synchronisation von Datenbankontologien lassen sich überall dort einsetzen, wo man Datenbankschemata mit Hilfe von Ontologien beschreiben möchte. Unser Einsatzgebiet ist der Aufbau einer Anfragekomponente, die datenbankübergreifende Anfragen erlaubt, ohne dass der Benutzer wissen muss, welche der Datenbanken die gesuchten Informationen enthalten könnte, geschweige denn wie die Schemata der einzelnen Datenbanken aussehen. Die technische Besonderheit dabei ist, dass wir diese Informationen auch nicht fest verdrahten wollen, wie es bei den klassischen Wrapper-Ansätzen der Fall ist.

Die Basis für die systemübergreifenden Anfragen bilden die Datenbankontologien. Dabei muss für jede in das System zu integrierende Datenbank eine solche Ontologie generiert und annotiert werden, wie es in den vorangegangenen Abschnitten beschrieben wurde. Zur Beantwortung von systemübergreifenden Anfragen müssen alle diese Ontologien zusammengeführt werden. Dies ist problemlos möglich, wenn man dafür sorgt, dass keine Klassennamen in den schemabeschreibenden Teilen der Ontologien mehrfach vorkommen. Das wird dadurch sicher gestellt, dass das Schema zur Vergabe von Klassennamen einen weiteren Aspekt umfasst, den wir in Abschn. 4.5.1 zugunsten einer kompakteren Darstellung nicht gezeigt haben. Es werden nicht nur Attribute zusätzlich mit ihrem Tabellennamen gekennzeichnet sondern sowohl Tabellen als auch Attribute zusätzlich mit dem Datenbanknamen versehen, sodass alle Bezeichner für Unterklassen von `Relation` und`Attribute` auch über verschiedene Datenbankontologien hinweg eindeutig sind.

Für Annotationsklassen wird diese Eindeutigkeit gerade nicht gefordert, da sie das Rückgrat für die systemübergreifenden Anfragen darstellen. Von Annotationsklassen mit gleichem Namen wird angenommen, dass sie ein und dasselbe Konzept beschreiben. Wenn wir zum Beispiel zwei Ontologien zusammenführen, die je eine Annotationsklasse `Signaltransductionpathway` besitzen mit Verweisen auf die passenden Schemaobjekte und evtl. noch in die Gene Ontology, dann ist der integrierten Ontologie bekannt, dass es zwei Datenbankschemata gibt, die Informationen über Signaltransduktionswege enthalten.

In Abb. 4.17 wird der prinzipielle Ablauf der Anfragebearbeitung gezeigt. Die verschiedenen Bestandteile der integrierten Ontologie sind dabei getrennt dargestellt, damit man besser erkennen kann, auf welchen Informationen in welchem Schritt gearbeitet wird. Dabei sind mit der Bezeichnung „Domänen-Ontologie" alle Annotationsklassen gemeint und mit „DB-Ontologie" die jeweils schemaspezifischen Klassen.

Die grundsätzliche Idee der Anfragebearbeitung in unserem Ansatz ist also die, dass Anfragen an die Domänenontologie gestellt werden, so dass es für den Benutzer nicht notwendig ist, über Schemawissen zu den einzelnen Datenbanken zu verfügen. Er muss nicht einmal wissen, welche der Datenbanken die von ihm gesuchten Informationen enthalten. Er stellt lediglich eine Anfrage, die das Konzept, nach dem er sucht, und einen Suchstring enthält. Also zum Beispiel „pathway" als

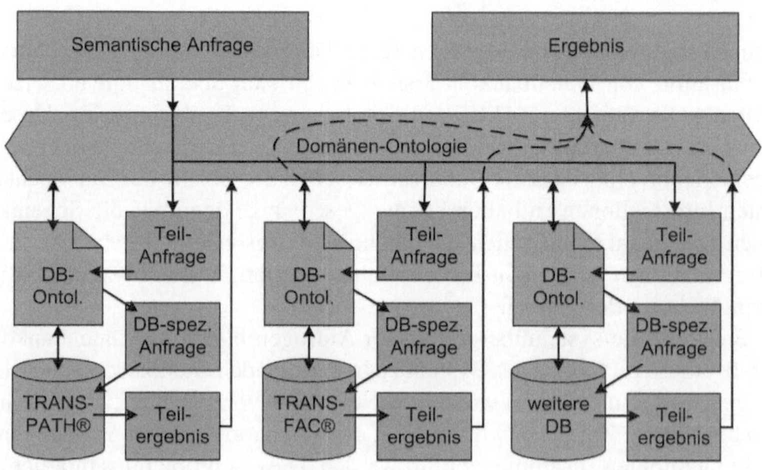

Abb. 4.17 Ablauf der Anfragebearbeitung

Konzept und „tlr4" als Name des gesuchten Pathways. Oder „gene" und einen Gen-namen etc.

Während der Anfragebearbeitung wird zunächst die Domänenontologie nach dem passenden oder einem ähnlichen Konzept durchsucht. Anschließend wird fest-gestellt, welche Datenbanken Daten zu diesem Konzept beinhalten. Diese Informa-tionen erhält man durch Auswertung der `containsDataAbout`- bzw. `hasDataIn`-Beziehungen zwischen den Annotationsklassen und denen, die die Schemainfor-mationen zu den Datenbanken enthalten. Am Ende dieses zweiten Schritts kennt das System also die Datenbanken, die angefragt werden müssen und weiß, welche Tabellen und Attribute Daten zu dem gesuchten Konzept enthalten. Basierend auf diesen Informationen können im dritten Schritt SQL-Anfragen an die jeweiligen Datenbanken generiert werden, die dann auch den Suchstring mit einbeziehen.

Die Anfrageergebnisse der einzelnen Datenbanken werden zu einem Gesamter-gebnis zusammengestellt und dem Benutzer zurückgeliefert. Dabei erhält er auch die Informationen, welche Teile des Anfrageergebnisses aus welchen Datenbanken stammen, so dass er ggf. noch gezieltere Anfragen an die einzelnen Datenbanken stellen kann. Außerdem gibt es im Bereich der molekularbiologischen Datenbanken große Unterschiede, was die Qualität der zur Verfügung gestellten Daten anbelangt. Für die Forscher ist es daher wichtig, die Quelle der Daten zu kennen, um die Ver-trauenswürdigkeit zumindest grob abschätzen zu können [LN07].

Das System wurde als Prototyp implementiert, auf den über das in Abb. 4.18 ge-zeigte Web-Interface zugegriffen werden kann. Abbildung 4.19 zeigt ein Anfrageer-gebnis. Dort werden auch Links zu den Web-Interfaces der einzelenen Datenbanken zur Verfügung gestellt, falls der Benutzer in einem zweiten Schritt noch spezifische-re Anfragen an die jeweiligen Datenbanken stellen möchte. Informationen über die Generierung der SPARQL- und SQL-Anfragen sowie über Evaluationsergebnisse dieses Ansatzes finden sich in [Kup10]. Es konnte gezeigt werden, dass der Ansatz auch für 1.000 Ontologien und eine Datenmenge von 830 MB mit 1.1 Millionen Verweisen zwischen den Daten im Millisekundenbereich funktioniert.

4.5.6 Fazit

Insgesamt hat der hier vorgestellte Ontosync-Ansatz [Kup10] gezeigt, dass es mit Standard-Semantic-Web-Technologien möglich ist, Ontologien, die Datenbank-schemata beschreiben, automatisch zu generieren, zu annotieren, mit dem Schema synchron zu halten und als Basis für systemübergreifende Anfragen zu verwenden. Dabei ist man nicht auf administrative Kontrolle über die einzelnen Datenbanken angewiesen. Benötigt werden lediglich ein Schema-Dump für die initale Erstellung der Ontologie und Log-Dateien mit DDL-Einträgen, um die Synchronisation durch-führen zu können.

Es gibt andere Ansätze, in denen Ontologien zur Beschreibung von Datenbanken bzw. zur Datenintegration verwendet werden: In [PdLC05] beispielsweise wird der Ansatz `Relational.OWL` vorgestellt, in dem OWL als Repräsentation relationaler

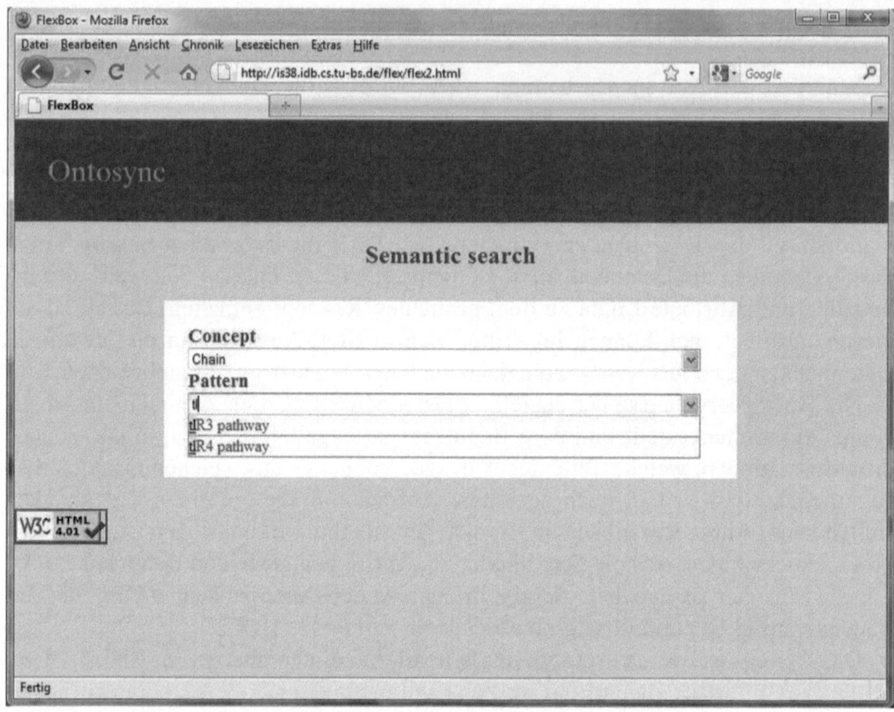

Abb. 4.18 Web-Interface

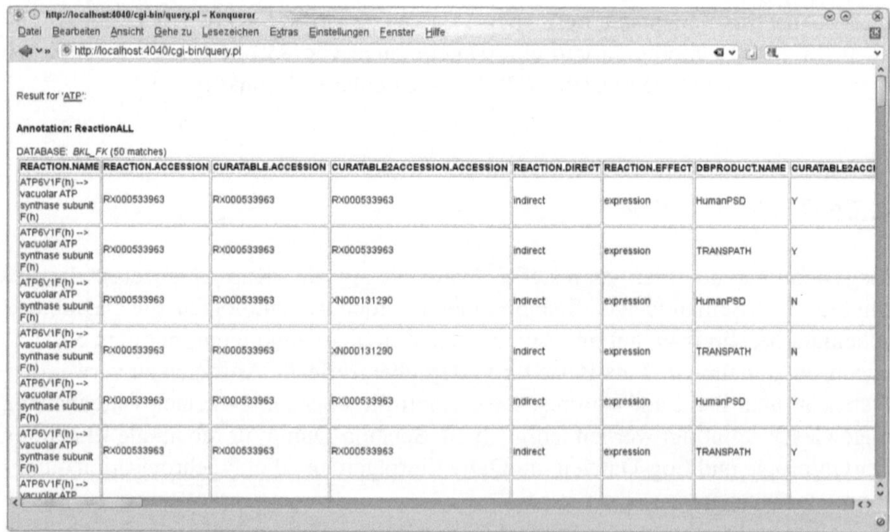

Abb. 4.19 Anfrageergebnis

Datenbanken verwendet wird. Es werden dabei sowohl das Schema als auch die Daten selbst im OWL-Format abgelegt. Ein solcher Ansatz wäre in unserem Projektkontext wenig sinnvoll, da er das zentrale Abspeichern verschiedener (großer) Datenbanken mit sich bringen würde und dadurch alle Probleme redundanter Datenhaltung. Hinzu kommt, dass die dort vorgestellte Ontologie in der Komplexitätsklasse von OWL Full liegt, während Ontosync mit OWL lite auskommt.

TAMBIS [GSN$^+$01] hat eine vorgegebene Domänenontologie, auf die es die Schemainformationen der einzelnen Datenbanken abbildet. Eine graphische Darstellung dieser Domänenontologie wird auch in der Benutzerschnittstelle zur interaktiven Zusammenstellung von Anfragen verwendet. Damit ist der inhaltliche Rahmen sehr fest vorgegeben und es können nur Systeme integriert werden, die inhaltlich zur Domänenontologie dazugehören. Da die Entwicklung der Domänenontologie ein Hauptbestandteil der Arbeit an TAMBIS war, lässt sich das System nicht ohne weiteres auf andere Bereiche ausdehnen oder übertragen. Im Gegensatz dazu ist unser Ansatz sehr flexibel, da zu jeder Datenbank eine Datenbankontologie generiert werden kann, die dann mit dem jeweiligen Domänenwissen verknüpft wird. Eine Integration von Daten wird natürlich auch nur dann möglich, wenn mehrere verschiedene Datenbanken aus der gleichen oder sich überschneidenden Domänen annotiert wurden. Nichtsdestotrotz ist der Ontosync-Ansatz flexibler einsetzbar und kann auf jede beliebige Domäne angewandt werden. Außerdem kann auf bereits bestehende Standard-Ontologien wie zum Beispiel die Gene Ontology zurückgegeriffen werden.

Auch SEMEDA („Semantic Meta Database") [KPL03] – ein weiterer der frühen ontologiebasierten Integrationsansätze – stellt eine eigene Ontologie zur Verfügung, mit Hilfe derer die zu intergrierenden Datenbanken annotiert werden müssen. Im Gegensatz zu TAMBIS wird hier die Ontologie aber nicht zur interaktiven Erstellung von Anfragen verwendet sondern vor dem Benutzer zugunsten einer leichter zu bedienenden Schnittstelle verborgen [KPL03].

Ähnlich sieht es bei BACIIS (Biological and Chemical Information Integration System) [BMLB05] aus. Auch hier wird eine Domänenontologie fest vorgegeben. Verschiedene webbasierte Datenbanken werden über Wrapper auf die Domänenontologie, die das globale Schema dieses föderierten Systems darstellt, abgebildet. Dabei werden die Wrapper automatisch generiert, müssen also nicht für jede hinzukommende Datenbank manuell neu erstellt und bei sich ändernden Datenbankschemata manuell angepasst werden. Allerdings basiert die Wrappergenerierung auf sogenannten Data-Source-Schemata, die die Abbildung vom Datenbankschema auf die Domänenontologie definieren und manuell erstellt bzw. angepasst werden werden müssen.

Der oben erwähnte ONTOFUSION-Ansatz [PRMGR$^+$06] (vgl. auch Abschn. 4.1) unterscheidet sich von unserem Ontosync-Ansatz dahingehend, dass zum einen die die Datenbanken beschreibenden Ontologien semiautomatisch erstellt werden müssen und es keine Möglichkeit gibt, Schemaänderungen automatisch nachzuziehen. Zum anderen setzt der automatische Integrationsprozess die Verwendung der gleichen Domänenontologie voraus. Vom Aufwand her sind die semiautomatische Erstellung im ONTOFUSION-Ansatz und die manuelle (ebenfalls werkzeugunterstützte) Annotation der Datenbankontologien im Ontosync-Ansatz vermutlich vergleichbar. Der Vorteil unseres Ansatzes besteht aber darin, dass wir die Erstellung der Datenbankontologien und deren Annotation entkoppelt haben und Schemaänderungen in der Datenbank berücksichtigen können. Außerdem setzt bei uns die Integration nicht die Verwendung ein und derselben Ontologie zur Annotation voraus. Natürlich werden die Integrationsergebnisse besser, wenn Standard-Ontologien zur Annotation verwendet werden. Dies ist aber keine Voraussetzung, damit unser Ansatz funktioniert.

4.6 Zusammenfassung

Das Thema dieses Kapitels war die Integration von Daten und Informationen mit einem besonderen Schwerpunkt auf der semantischen Integration. Zunächst wurden die Dimensionen der Informationsintegration – Verteilung, Autonomie und Heterogenität – vorgestellt, bevor drei Ansätze diskutiert wurden, die bei der Integration biologischer Datenbanken häufig zum Einsatz kommen:

- Die navigierende oder Link-Integration, die die Tatsache ausnutzt, dass viele Datenbanken explizite Verweise auf Datensätze in anderen Datenbanken enthalten,
- die Warehouse-Integration, bei der die Daten der zu integrierenden Datenbanken in ein zentrales homogenes System importiert werden, und
- die mediatorbasierte Integration, bei der auf der Anfrage- und nicht auf der Datenebene integriert wird.

Ein Spezialfall der mediatorbasierten Integration ist die semantische Integration, bei der typischerweise Ontologien zum Einsatz kommen.

Da die semantische, ontologiebasierte Integration der Schwerpunkt des Kapitels ist, wurden zunächst die dafür benötigten Grundlagen eingeführt: Ontologien, Beschreibungslogiken als formale Grundlage für Ontologiesprachen sowie RDF und RDF-Schema zur Beschreibung einfacher Ontologien.

Darauf aufbauend konnte in Abschn. 4.3 die Web Ontology Language (OWL) des W3C eingeführt werden. Dabei wurde der dreistufige Aufbau von OWL 1 (OWL Lite, DL und Full) besprochen sowie die neue und noch nicht sehr weit verbreitete Version OWL 2.

Das nächste Thema war der Einsatz von Ontologien in der Molekularbiologie. Hier wurden die Gene Ontology (GO), die Open Biomedical Ontologies (OBO) sowie das Austauschformat für Pathway-Daten BioPAX genauer vorgestellt.

Die Grundidee der semantischen Integration von Daten wurde dann anhand eines Ansatzes zur Synchronisation von Datenbanken und Ontologien vorgestellt, der es ermöglicht, systemübergreifende Anfragen zu stellen ohne die einzelnen Datenbankschemata vorab zu kennen. Die in den Datenbanken abgelegten Konzepte werden dabei durch Ontologien repräsentiert.

Ein Vergleich des vorgestellten Ansatzes mit anderen Ansätzen zur semantischen, ontologiebasierten Integration von Datenbanken rundete das Kapitel ab.

Wir haben uns in diesem Kapitel stark auf die zur Integration biologischer Datenbanken verwendeten Verfahren und Ansätze konzentriert und dort auf die semantische Integration fokussiert. Umfassende Übersichten über Informationsintegration im Allgemeinen finden sich z. B. in [LN07] und [CHKT06].

Datenintegration im Bereich der biologischen Datenbanken oder allgemein in den Lebenswissenschaften ist ein aktives Forschungsgebiet, was sich auch in der Existenz einer eigenen Konferenzreihe zu dem Thema äußert: „Data Integration in the Life Sciences" (DILS).

XML-Grundlagen haben wir nicht eingeführt sondern als bekannt vorausgesetzt. Als Referenz sei hier die Spezifikation von XML 1.1 des W3C unter http://www. w3.org/TR/xml11 genannt. Eine Einführung in XML und XML-Schema findet sich z. B. in [EE04]. Dort wird zwar XML 1.0 behandelt, die Änderungen von XML 1.0 zu 1.1 betreffen aber im Wesentlichen Regeln zur Namensbildung (Elementtypnamen, Attributnamen etc.), die in XML 1.1 gelockert wurden, sowie Regeln zur Repräsentation von Unicodezeichen, sodass die meisten Ausführungen nach wie vor gelten.

Ausführliche Informationen zu Ontologien in RDF, RDF-Schema und OWL sowie zur formalen Semantik der genannten Sprachen und zum automatisierten Schlussfolgern mit OWL finden sich z. B. in [HKRS08] sowie in [SS09]. Beschreibungslogiken werden beispielsweise in [BHS09] behandelt.

Der Open-Source-OWL-Editor Protégé wird ausführlich in [Hor09] vorgestellt.

Ontologien können nicht nur dazu verwendet werden, Daten genauer zu beschreiben. Sie können auch helfen, die Literatursuche zu verbessern. Ein Beispiel für eine solche Suchmaschine ist GoPubMed (www.gopubmed.org), die die Informationen der Gene Ontology zur Verbesserung von PubMed-Suchen verwendet. [DS09] stellt das Projekt vor und gibt außerdem eine Übersicht über Suchmaschinen für die biomedizinische Literatur.

In [SL09] wird ausführlich über die verschiedensten Anwendungen von Ontologien im Bereich der Bioinformatik berichtet und eine entsprechende Klassifikation vorgestellt.

Kapitel 5
Modellierung und Analyse biologischer Netzwerke

Die Modellierung, Simulation und Analyse biologischer Netzwerke bildet die Grundlage dafür, die intra- und interzellulären Prozesse zu verstehen und ein integriertes Bild der Abläufe in einem Organismus zu entwickeln. Dabei erlauben es die Gensequenzierung und die funktionale Analyse von Genomen erstmals, biologische Netzwerke in einem großem Stil zu rekonstruieren. Dadurch ist nicht mehr nur der traditionelle Bottom-Up-Ansatz möglich, bei dem einzelne biochemische Reaktionen im Detail untersucht und die so gewonnenen Erkenntnisse zusammengesetzt werden, um Folgen solcher Reaktionen zu beschreiben. Vielmehr können Netzwerke nun aus unterschiedlichen Perspektiven modelliert und untersucht werden.

5.1 Einleitung

Ganz allgemein bestehen beispielsweise metabolische und Signaltransduktionsnetzwerke aus biochemischen Reaktionen, die die Konzentrationen der beteiligten Substanzen mit einer bestimmten Geschwindigkeit ändern. Man spricht in diesem Zusammenhang auch von der Reaktionskinetik. Diese Konzentrationsänderungen über die Zeit lassen sich mit Hilfe von gewöhnlichen Differentialgleichungen beschreiben (vgl. auch Abschn. 2.6). Dabei werden zunächst Zustandsvariablen verwendet, um die Objekte des zu modellierenden Systems – wie beispielsweise Metaboliten, Proteine etc. – zu beschreiben. Diese Zustandsvariablen geben typischerweise die Menge oder die Konzentration der Objekte zu einem bestimmten Zeitpunkt an. Dann werden mit Hilfe von Differentialgleichungen die Veränderungen der Werte dieser Variablen über die Zeit beschrieben. In die Differentialgleichungen gehen nicht nur die Zustandsvariablen ein sondern auch noch kinetische Konstanten, die angeben, mit welcher Geschwindigkeit die verschiedenen biochemischen Reaktionen ablaufen [WZ08]. Für eine ausführlichere Diskussion der Modellierung biochemischer Reaktionen mit gewöhnlichen Differentialgleichungen siehe etwa [KHK$^+$05].

Es entstehen Systeme gewöhnlicher Differentialgleichungen, die die Konzentrationsveränderungen der Substanzen für eine bestimmte Menge biochemischer Reaktionen beschreiben. Dabei handelt es sich um einen sogenannten Bottom-Up-Ansatz, da man ausgehend von der Modellierung einzelner Reaktionen die Modelle

S. Eckstein, *Informationsmanagement in der Systembiologie*,
DOI 10.1007/978-3-642-18234-1_5, © Springer-Verlag Berlin Heidelberg 2011

zu größeren Einheiten bzw. Systemen zusammensetzt. Für diese können mit Hilfe von Analyse- und Simulationswerkzeugen beispielsweise zeitliche Verläufe der Konzentrationen berechnet und visualisiert werden, sodass auch das zeitliche Zusammenspiel mehrerer Reaktionen sichtbar wird.

Allerdings erfordert diese Art der Modellierung detaillierte Kenntnisse und vor allem quantitative Daten über den Ablauf der Reaktionen, welche in dem benötigten Umfang oft nicht zur Verfügung stehen. Insbesondere werden durch die Fortschritte in der Genomsequenzierung und -analyse sowie durch Hochdurchsatzexperimente große Mengen qualitativer Daten erzeugt [KH08], die Top-Down-Ansätze möglich werden lassen.

Die Untersuchung biologischer Netzwerke kann dadurch nun von verschiedenen Richtungen aus und unter verschiedenen Fragestellungen erfolgen: Nach wie vor ist es interessant und wichtig, bestimmte Vorgänge und Abläufe angefangen bei einzelnen Reaktionen bis hin zu Pathways mit bestimmten Aufgaben im Detail zu erforschen. Hierbei kann es um die prinzipiellen Abläufe oder auch um die genaue Kinetik gehen. Außerdem können Netzwerke als Ganzes erforscht und auf graphentheoretische Eigenschaften hin untersucht werden. Des Weiteren sind die Wechselwirkungen zwischen den verschiedenen biologischen Netzwerken – beispielsweise zwischen Signaltransduktion und Metabolismus – aufschlussreich für das Gesamtverständnis eines Organismus. Und schließlich möchte man diese ganzen Zusammenhänge für unterschiedliche Randbedingungen, wie gesunde und pathologische Organismen, erforschen. Letzteres ist besonders aufschlussreich, da Krankheiten beispielsweise häufig den zellulären Stoffwechsel beeinflussen und somit das Verständnis der Stoffwechselvorgänge ein Schlüssel bei der Entwicklung von Medikamenten ist [RC09].

Um einen Überblick über die Modellierungs-, Simulations- und Analysemöglichkeiten für biologische Netzwerke zu geben, führen wir in diesem Kapitel zunächst einige graphentheoretische Grundlagen ein (Abschn. 5.2) und beschäftigen uns am Beispiel metabolischer Netzwerke damit, wie sich diese auf der Basis von Gensequenzen und der funktionalen Analyse von Genomen im großen Stil rekonstruieren lassen (Abschn. 5.3). Das Ergebnis der Netzwerkrekonstruktion ist zum einen eine stöchiometrische Matrix, die die ablaufenden Reaktionen, die daran beteiligten Substanzen und deren Mengenverhältnisse beschreibt. Zum anderen lässt sich ein solches rekonstruiertes Netzwerk auch als Graph repräsentieren, dessen Struktur analysiert werden kann.

Diese graphentheoretische Analyse der Netzwerke ist das Thema von Abschn. 5.4. Sie hat zum Einen das Ziel, globale Informationen über das Netzwerk herauszufinden, wie zum Beispiel die durchschnittliche Distanz zweier Knoten, den Durchmesser, die Gradverteilung und ähnliches. Zum anderen werden mit Hilfe der Netzwerkanalyse funktionale Module, Hierarchien und häufig wiederkehrende Strukturen, sogenannte Motive, ermittelt. Eine andere Analysemöglichkeit ist die stöchiometrische Analyse (Abschn. 5.5), bei der die stöchiometrische Matrix sowie weitere Bedingungen, von denen man weiß, dass sie in dem Netzwerk gelten, verwendet werden, um die wahrscheinlichen Stoffflüsse im Netzwerk zu bestimmen. Die Ergebnisse dieser Analyse können zur Unterstützung der quantitativen

Modellierung mit gewöhnlichen Differentialgleichungen verwendet werden, da sie es erlauben, bestimmte Differentialgleichungen durch algebraische Gleichungen zu ersetzen. An dieser Stelle greifen also ein Bottom-Up- und ein Top-Down-Ansatz ineinander.

Ein weiterer Schwerpunkt in diesem Kapitel wird die Modellierung biologischer Netzwerke sein. Ausgehend von grundsätzlichen Überlegungen zur Modellierung und der Diskussion verschiedener Modellierungsdimensionen und ihrer unterschiedlichen Ausprägungen fokussieren wir auf die algorithmische Modellierung, die sich dadurch auszeichnet, dass ihre Modelle mit einer Spezifikationssprache beschrieben werden und eine operationale Semantik besitzen [FH07]. Wir stellen verschiedene Ansätze, die in diese Kategorie fallen, vor und erläutern die grundsätzlichen Ideen.

Einem dieser Ansätze – den Petri-Netzen – wenden wir uns in Kap. 6 ganz ausführlich zu, da dieser viele der in diesem Kapitel vorgestellten Analysemöglichkeiten miteinander vereint. Zunächst einmal sind Petri-Netze auch Graphen und erlauben somit eine entsprechende Visualisierung der Netzwerke. In ihrer Grundform ermöglichen sie eine qualitative Modellierung, es gibt aber auch kontinuierliche und stochastische Petri-Netze, mit denen sich quantitative Modelle erstellen lassen. Besonders interessant ist, dass sich die quantitativen – falls die entsprechenden Daten zur Verfügung stehen – aus den qualitativen Modellen weiterentwickeln lassen. Die Repräsentation als Graph bildet dabei den gemeinsamen Bezugspunkt. Die Stöchiometrie als verfeinerte qualitative Modellierung lässt sich auf ganz natürliche Weise in die Petri-Netze mit aufnehmen und auch für die stöchiometrischen Analysen lassen sich Entsprechungen bei den Analyseverfahren für Petri-Netze finden.

5.2 Graphen

Wir haben bereits in Abschn. 2.7 gesehen, dass sich die molekularen Interaktionen in Zellen als Netzwerke auffassen lassen. Über die dort diskutierten Netzwerke auf molekularer Ebene hinaus durchzieht der Netzwerkbegriff die ganze Biologie: es lassen sich interzelluläre Aktionen als Netzwerke beschreiben, man untersucht in phylogenetischen Netzwerken die evolutionären Beziehungen zwischen Organismen, es gibt ökologische Netzwerke und viele mehr.

Da verschiedene Arten von Netzwerken also eine zentrale Rolle in der Biologie spielen, scheint es sinnvoll, sie auch unter einem mathematischen Gesichtspunkt zu untersuchen [SZL08]. Eine graphentheoretische Perspektive ermöglicht es, komplexe biologische Reaktionsnetzwerke als Ganzes zu betrachten und Eigenschaften des Netzwerks als solchem zu untersuchen – im Gegensatz etwa zur Konzentration auf einzelne Reaktionen. Barabási und Oltvai haben in diesem Zusammenhang den Begriff der „Netzwerkbiologie" geprägt [BO04], der einen wichtigen Ausgangspunkt für die Systembiologie darstellt. Insbesondere will man hier die Zusammenhänge zwischen Topologie und Dynamik untersuchen.

Man stellt sich also die Frage, ob man von einer bestimmten Topologie eines Netzwerks Rückschlüsse auf sein dynamisches Verhalten ziehen kann.

Andersherum ist es auch interessant zu wissen, ob man aus einer bekannten (be-obachteten) Dynamik Rückschlüsse auf die Topologie des zu Grunde liegenden Netzwerks ziehen kann. Dazu versucht man, bestimmte Strukturen in den Netzwerken zu erkennen, wie zum Beispiel sogenannte Netzwerkmotive - bestimmte überdurchschnittlich oft auftretende Muster - oder auch Module. Bei letzteren stellt sich die Frage, ob solche topologisch abgrenzbaren Netzwerkbereiche funktionelle Komponenten des untersuchten Systems darstellen [HD06].

Möglich wurden solche Untersuchungen zum Einen dadurch, dass sich der Datenbestand in der Biologie in den letzten Jahren drastisch erhöht hat, zum anderen gab es im gleichen Zeitraum immense Fortschritte in der Graphentheorie, die Aussagen über bestimmte Netzwerkeigenschaften überhaupt erst erlauben.

Im Folgenden führen wir die Grundlagen aus der Graphentheorie ein, die wir zur Betrachtung der verschiedenen molekularen Interaktionsnetzwerke benötigen. Wir sprechen dabei von Graphen, wenn die mathematische Struktur gemeint ist, und von Netzwerken, wenn wir auf die biologischen Interaktionen Bezug nehmen.

5.2.1 Grundlagen

Ein Graph besteht aus Knoten und aus Kanten, die die Knoten miteinander verbinden. Graphen können gerichtet oder ungerichtet sein. Wird nichts anderes erwähnt, so betrachten wir ungerichtete Graphen. Ist jeder Knoten durch eine Kante mit jedem anderen Knoten verbunden, so bezeichnet man den Graph als vollständig. Kann man von jedem Knoten aus jeden anderen – auch über mehrere Kanten hinweg – erreichen, so ist der Graph zusammenhängend. Abbildung 5.1 gibt einen Überblick über diese Grundbegriffe.

Da die meisten betrachteten Graphen nicht vollständig sind, ist der Vernetzungsgrad eine interessante Größe. Er gibt das Verhältnis der tatsächlich vorhandenen Kanten zu der Anzahl der möglichen Kanten an. In einem ungerichteten Graphen G mit N Knoten kann es maximal $m = \frac{N(N-1)}{2}$ Kanten geben. Der Vernetzungsgrad ist die Wahrscheinlichkeit π, mit der eine Kante in dem Graphen G realisiert ist. Daher lässt sich die Anzahl V der tatsächlich vorhandenen Kanten mit $V = \frac{\pi N(N-1)}{2}$ angeben. Bei sehr kleinem π entstehen nicht zusammenhängende Graphen.

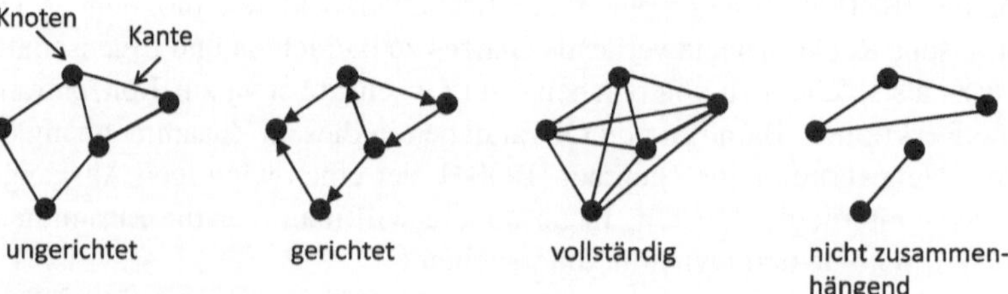

Abb. 5.1 Grundbegriffe für Graphen

Der Grad oder die Konnektivität K eines Knoten entspricht der Anzahl der Kanten, die an ihm anliegen, bzw. der Anzahl der Knoten, mit denen er verbunden ist. Letzteres gilt nur, falls der Graph keine Mehrfach- und keine reflexiven Kanten besitzt. Mehrfachkanten verbinden zwei Knoten mit mehr als einer Kante, und reflexive Kanten verbinden Knoten mit sich selbst.

Bei gerichteten Graphen unterscheidet man zwischen dem Eingangsgrad und dem Ausgangsgrad eines Knoten, die die Anzahl der ankommenden bzw. der ausgehenden Kanten angeben. Abbildung 5.2 zeigt Beispiele für Vernetzungsgrade und Konnektivitäten.

Um in einem Graphen von einem Knoten zu einem anderen zu gelangen, gibt es normalerweise mehrere Möglichkeiten. Dabei ist der kürzeste Weg zwischen zwei Knoten von besonderem Interesse. Dieser wird auch als Abstand der Knoten bezeichnet und ergibt sich aus der minimalen Anzahl der Kanten, denen man folgen muss, um von dem einem zu dem anderen Knoten zu gelangen. Die durchschnittliche Pfadlänge eines Graphen ergibt sich aus der durchschnittlichen Länge der kürzesten Wege aller Knotenpaare in dem Graphen. Als Durchmesser eines Graphen bezeichnet man den längsten Abstand zwischen zwei Knoten in dem Graphen – also den längsten der kürzesten Wege aller Knotenpaare. Beispielsweise ist der kürzeste Pfad in Graph A in Abb. 5.2 zwischen den Knoten b und e gerade 2, in Graph B ist er 1 und in Graph C ∞, da es hier keinen Weg zwischen b und e gibt. Graph A hat den Durchmesser 2, Graph B 1 und der Durchmesser von Graph C ist ∞.

Graphen können auch gewichtet sein. Das wird durch eine Zahl an ihren Kanten angegeben. Ein Beispiel für Gewichte sind Abstände zwischen den Knoten. Einfache Graphen besitzen eine Knotenart. Sind zwei verschiedene Arten von Knoten in einem Graph vorhanden und verbinden die Kanten nur Knoten unterschiedlicher Art, so spricht man von bipartiten Graphen. Diese bilden z. B. die Grundlage für Petri-Netze, die wir in Kap. 6 betrachten.

Typischerweise werden Graphen durch Adjazenzmatritzen repräsentiert, wobei ein Eintrag $A_{ij} = 1$ in einer solchen Matrix A besagt, dass es eine Kante zwischen den Knoten v_i und v_j gibt. Adjazenzmatritzen von ungerichteten Graphen sind symmetrisch zur Hauptdiagonalen, sodass $A_{ij} = A_{ji}$ gilt. Für Graphen ohne reflexive Kanten enthält die Hauptdiagonale nur Nullen. Für gewichtete Graphen werden statt der Einsen für existierende Kanten deren Gewichte in die Matrix eingetragen. Eine andere Repräsentationsform für Graphen sind Adjazenzlisten, die für jeden Knoten

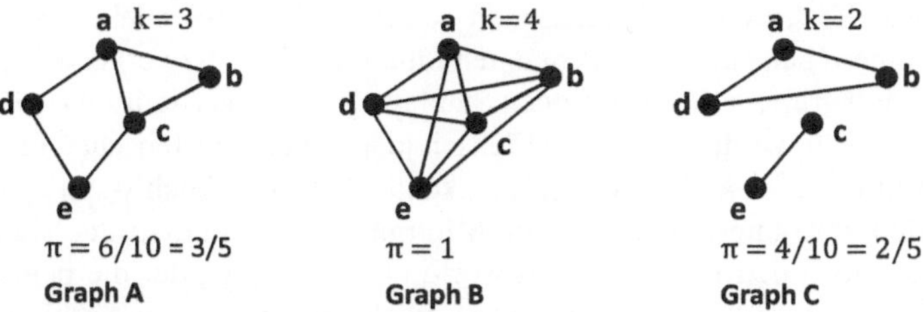

Abb. 5.2 Vernetzungsgrade und Konnektivitäten

existieren und Einträge für alle Knoten enthalten, mit denen der jeweilige Knoten verbunden ist. Diese Variante bietet sich für Graphen mit einem sehr geringen Vernetzungsgrad an, da sie in so einem Fall effizienter zu handhaben ist als eine Adjazenzmatrix.

5.2.2 Graphenmodelle

Basierend auf diesen grundlegenden Definitionen kann man verschiedene Arten und weitere globale Eigenschaften von Graphen betrachten. So wird ein Graph als regulär bezeichnet, falls alle seine Knoten denselben Grad haben. Typische Beispiele sind etwa Gitterstrukturen. Im Gegensatz dazu ist der Grad der Knoten in Zufallsgraphen nicht festgelegt. Hier ist jede mögliche Kante mit einer gewissen Wahrscheinlichkeit π realisiert. Ein Modell zur Beschreibung von Zufallsgraphen ist der Erdős-Rényi- bzw. ER-Graph. Die Wahrscheinlichkeit, mit der zwei Knoten in einem Zufallsgraphen miteinander verbunden sind, entspricht gerade dem Vernetzungsgrad des Graphen. Zur genaueren Charakterisierung von Zufallsgraphen ist es interessant, die Gradverteilung $P(k)$ des Graphen zu kennen, also die Häufigkeit, mit der Knoten des Grads k vorkommen. Diese Funktion ist abhängig vom Vernetzungsgrad π des Graphen und kann durch folgende Binomialverteilung angegeben werden [HD06]:

$$P(k) = \binom{N-1}{k} \pi^k (1 - \pi)^{N-1-k}$$

$P(k)$ gibt also die Wahrscheinlichkeit an, einen Knoten mit Grad k in einem Graphen mit Vernetzungsgrad π vorliegen zu haben. Dabei beschreibt der Binomialkoeffizient die verschiedenen Auswahlmöglichkeiten von k Knoten, zu denen eine Verbindung besteht. Für die $N-1$ möglichen Kanten eines Knoten mit Grad k müssen dann k realisiert sein (mit der Wahrscheinlichkeit π^k) und N−1−k dürfen nicht realisiert sein $((1-\pi)^{N-1-k})$.

Bei Erdős-Rényi-Graphen kommen im Unterschied zu regulären Graphen zwar unterschiedliche Knotengrade vor, trotzdem sind sie relativ gleichmäßig um den durchschnittlichen Knotengrad des Graphen verteilt. Das heißt der Grad der allermeisten Knoten in ER-Graphen liegt nahe am durchschnittlichen Knotengrad des gesamten Graphen (vgl. z.B [SZL08]).

Eine spezielle Art von Netzwerken, die seit Ende der 1990er Jahre viel Aufmerksamkeit erfahren hat, sind die sogenannten Small-World-Netzwerke. Sie gehen letzlich auf ein Experiment des Soziologen Stanley Milgram aus dem Jahr 1967 zurück, mit dem er zeigen wollte, dass jeder Mensch jeden anderen Menschen indirekt über durchschnittlich sechs andere Menschen „kennt" [Mil67]. Auch wenn die Resultate und vor allem ihre Interpretation durch Milgram durchaus umstritten sind [Kle01], prägte er dennoch den Begriff „small world phenomenon", der die beiden folgenden Eigenschaften umfasst: Erstens gibt es vergleichsweise kurze Verbindungswege zwischen zwei beliebigen Knoten eines Netzwerks. Zweitens ist für zwei Knoten,

die eine Kante zu demselben dritten Knoten besitzen, die Wahrscheinlichkeit sehr
hoch, dass sie auch untereinander verbunden sind. Für Bekanntschaftsnetzwerke
lässt sich das anschaulich als „die Freunde einer Person kennen sich meist auch
untereinander" zusammenfassen.

Mathematisch spricht man von einem geringen Graphdurchmesser sowie von hohen Clusterkoeffizienten, die ein Maß für die lokale Clusterbildung darstellen. Der
Clusterkoeffizient C_i des Knoten i ist definiert als die Anzahl v der tatsächlich vorhandenen Verbindungen zwischen seinen Nachbarknoten dividiert durch die Anzahl
der möglichen Verbindungen. Da die k Nachbarknoten des Knoten i letztlich $\frac{k(k-1)}{2}$
Verbindungen untereinander besitzen können, lässt sich der Clusterkoeffizient C_i
wie folgt berechnen:

$$C_i = \frac{2v}{k(k-1)}$$

Anschaulich wird durch den Clusterkoeffizienten die Anzahl der aus Kanten gebil-
deteten Dreiecke angegeben, an denen der Knoten beteiligt ist, dividiert durch die
Anzahl der möglichen Dreiecke [HD06]. In Abb. 5.2, Graph A hat der Knoten a den
Clusterkoeffizienten $C_a = \frac{1}{3}$ und für e gilt $C_e = 0$. In Graph B ist $C_a = 1$. Der
durchschnittliche Clusterkoeffizient für Graph A ist $\frac{1}{3}$ und für B und C jeweils 1.

Das Small-World-Phänomen wurde Ende der 1990er Jahre auf andere Arten von
Netzwerken übertragen. Zum Beispiel weisen sowohl das neuronale Netzwerk des
Wurms *C.elegans*, das amerikanische Stromnetz sowie das Netzwerk, das gemein-
sam in Filmen auftretende Schauspieler darstellt, diese Eigenschaften auf [WS98].
Andere Beispiele sind die Router des Internet und das WWW.

Es wurden verschiedene Modelle entwickelt, um Small-World-Netzwerke zu
formalisieren. Dabei gibt es unterschiedliche Meinungen darüber, welches genau
die minimalen Eigenschaften sind, die ein Netzwerk haben muss, damit man es
als Small-World-Netzwerk bezeichnen kann. Manche Autoren sehen nur die kurze durchschnittliche Pfadlänge als Voraussetzung an, die höchstens logarithmisch
in der Anzahl der Knoten wächst [SZL08]. In diesem Fall erfüllen bereits Erdős-
Rényi-Graphen die Small-World-Eigenschaften. Erdős-Rényi-Graphen weisen allerdings keinerlei lokale Strukturen auf, d. h. sie erfüllen die Forderung nach einem
hohen Clusterkoeffizienten nicht. Andere Autoren halten diese zweite Eigenschaft
auch für eine wesentliche Charakterisierung von Small-World-Netzwerken [HD06].
Dieser Sicht schließen wir uns im Folgenden an.

Watts und Strogatz publizierten 1998 den ersten Ansatz, in dem sie Small-World-
Graphen auf Basis regulärer Graphen durch das Rewiring- oder das Link-Adding-
Verfahren konstruierten [WS98]. Als Ausgangsgraph kann man sich beispielsweise
einen Ring aus N Knoten vorstellen, in dem jeder Knoten mit seinen $2m$ nächsten Nachbarn verknüpft ist. Solch ein regulärer Ausgangsgraph zeichnet sich durch
einen hohen Clusterkoeffizienten aus, allerdings wächst die durchschnittliche Pfadlänge linear mit der Graphengröße. Bei der Neuverdrahtung wird nun ein Endpunkt
jeder Kante mit einer bestimmten Wahrscheinlichkeit einem anderen Knoten des
Graphen zugeordnet. Dabei ändern sich die Eigenschaften des Graphen schon bei

einer relativ kleinen Wahrscheinlichkeit für die Neuzuordnung drastisch: Der hohe Clusterkoeffizient bleibt erhalten, aber die durchschnittliche Pfadlänge sinkt durch die eingebauten „Abkürzungen" erheblich [SZL08]. Erst für eine große Neuverdrahtungswahrscheinlichkeit sinkt auch der Clusterkoeffizient. Das Verfahren überführt daher einen regulären Graphen in einen Zufalls- bzw. ER-Graphen und produziert zwischen diesen beiden Extrema Graphen, die die Small-World-Charakteristika zeigen [HD06].

Beim Link-Adding-Verfahren werden dem regulären Ausgangsgraphen mit einer bestimmten Wahrscheinlichkeit neue Kanten hinzugefügt. Dabei wird mit steigender Wahrscheinlichkeit für das Hinzufügen neuer Kanten der reguläre Ausgangsgraph in einen vollständigen Graphen überführt. Auch hier zeigen die zwischen den Extrema liegenden Graphen die Small-World-Eigenschaften der hohen Clusterbildung sowie der kurzen Wegstrecken zwischen beliebigen Knotenpaaren.

Ein Jahr später prägten Barabási und Albert den Begriff „skalenfreier Graph" [BA99]. Dabei ist die Grundidee die, dass die Gradverteilung $P(k)$ einem Potenzgesetz folgt: $P(k) \sim k^{-\gamma}$. Die Wahrscheinlichkeit für einen Knoten mit Grad k ist also proportional zu $k^{-\gamma}$. Das heißt, dass die allermeisten Knoten über einen geringen Grad verfügen, während nur einige wenige einen sehr hohen Grad haben. Diese hochvernetzten Knoten werden auch Hubs genannt. Es hat sich gezeigt [BO04], dass in den meisten (biologischen oder nicht-biologischen) Netzwerken für den Exponenten γ gilt $2 < \gamma < 3$. Für Werte in diesem Bereich ergibt sich eine Hierarchie von Hubs. Gilt $\gamma > 3$, so sind die Hubs nicht mehr relevant, und für $\gamma = 2$ entstehen Hub-and-spoke- (Nabe-und-Speichen-)-Graphen, in denen fast alle Knoten direkt mit einem Hub verbunden sind.

Solche Graphen werden auch als Barabási-Albert- bzw. BA-Graphen bezeichnet [HD06]. Konstruiert werden sie wie folgt: Es wird ein kleiner Graph als Ausgangspunkt genommen, der aus N_0 unverbundenen Knoten besteht. Diesem Graphen werden iterativ neue Knoten hinzugefügt, die durch eine festgelegte Anzahl m von Kanten mit dem bestehenden Graphen verbunden werden. Dabei ist die Wahrscheinlichkeit, dass ein bereits vorhandener Knoten mit dem neu hinzugekommenen durch eine Kante verbunden wird, proportional zum Grad des bereits vorhandenen Knoten. Knoten, die bereits gut vernetzt sind, haben also eine größere Wahrscheinlichkeit, noch stärker vernetzt zu werden. Das Verfahren wird auch „preferential attachment" genannt.

Formal stellt sich die Situation zu einem beliebigen Zeitpunkt t so dar, dass N_t Knoten vorliegen, wobei jeder Knoten i einen bestimmten Grad k_i hat. Für jeden Knoten i gibt p_i die Wahrscheinlichkeit an, dass er eine Verbindung zu dem neu hinzugefügten Knoten erhält. p_i ist dabei gegeben durch:

$$p_i = \frac{k_i}{\sum_{j=1}^{N_t} k_j}$$

Graphen, die nach dieser Vorschrift konstruiert werden, entwickeln nach einer genügend großen Anzahl von Schritten die oben diskutierte Gradverteilung skalenfreier Graphen. Für den Exponenten γ gilt dabei $\gamma = 3$ und zwar unabhängig von den Größen N_0 und m.

Dieser Ansatz erfüllt die Small-World-Eigenschaften genauso wie der von Watts und Strogatz vorgestellte. Er verfügt sogar über eine geringere durchschnittliche Pfadlänge als ER- und WS-Graphen mit gleicher Knotenanzahl und gleichem Vernetzungsgrad. Genauer gesagt gilt für die durchschnittliche Pfadlänge l bei N Knoten $l \sim log \, logN$. Darüberhinaus beschreibt er aber real vorkommende Netzwerke insofern noch genauer, da die sehr inhomogene Gradverteilung, die in diesem Modell eingeführt wurde, typisch ist für real vorkommende Netzwerke [SZL08]. Die tatsächliche Gradverteilung in bestehenden Netzwerken statistisch korrekt zu bestimmen, ist dabei nur sehr schwer möglich. Allerdings ist es in der Praxis auch eher wichtiger, festzustellen, ob ein konkretes Netzwerk eine sehr inhomogene Gradverteilung besitzt, als den genauen Wert für γ auszurechnen [SZL08].

5.2.3 Topologische Eigenschaften

Einige grundlegende topologische Eigenschaften von Graphen haben wir bereits in den vorangehenden Abschnitten kennengelernt, da wir sie zum Beispiel zur Charkterisierung der verschiedenen Graphenmodelle benötigten. Der durchschnittliche Grad der Knoten eines Graphen, die durchschnittliche Pfadlänge und der durchschnittliche Clusterkoeffizient sind dabei von der Anzahl der Knoten und dem Vernetzungsgrad des Graphen abhängig. Die Gradverteilung $P(k)$ hingegen ist unabhängig von diesen Werten. Gleiches gilt auch für die Funktion $C(k)$, die den durchschnittlichen Clusterkoeffizienten für alle Knoten mit Grad k angibt.

Im Folgenden betrachten wir weitere topologische Charakterisierungsmöglichkeiten, die verwendet werden, um biologische Netzwerke näher zu beschreiben. Außerdem wird für einige dieser Eigenschaften zur Zeit in der Literatur diskutiert, ob sie auch Rückschlüsse auf die funktionellen Eigenschaften der biologischen Netzwerke zulassen.

Neben der Gradverteilung und der Clusterbildung ist auch die Gradkorrelation eine interessante Eigenschaft von Graphen. Dahinter steht die Frage, ob der Grad eines Knoten Auskunft über den (mittleren) Grad seiner Nachbarknoten gibt. Ist das der Fall, haben also die Nachbarknoten eines beliebigen Knoten i im Mittel ebenso viele Kanten wie i selbst, so spricht man von assortativen Graphen. Ist dies nicht der Fall, so bezeichnet man den Graphen als dissortativ. In dissortativen Graphen haben die meisten hochgradig vernetzten Knoten (die Hubs) Nachbarn mit einer niedrigen Gradzahl. Diese Eigenschaft trifft also gerade auf die oben diskutierten skalenfreien Graphen zu. In assortativen Graphen sind Knoten mit einer hohen Gradzahl häufiger mit Knoten verbunden, die ebenfalls über eine hohe Gradzahl verfügen [SZL08]. Reguläre Graphen sind also assortativ.

Es hat sich gezeigt [SZL08], dass technische und biologische Netzwerke eher dissortativ sind, während soziale Netzwerke eher assortativ sind (Menschen, die viele Freunde haben, sind eher mit Menschen befreundet, die ebenfalls viele Freunde haben).

5.2.3.1 Module und Subgraphen

Sehr stark diskutiert wird in den letzten Jahren die Frage, ob sich in biologischen Netzwerken auf topologischer Ebene Module erkennen lassen, die gleichzeitig funktionelle Einheiten des Systems darstellen. Zunächst geht es daher darum, Module in Graphen zu erkennen. Eine Möglichkeit dazu ist die topologische Überlappung (topological overlap), die in [RSM$^+$02] vorgestellt wurde. Die topologische Überlappung O_{ij} eines Knotenpaares definiert man dort wie fogt:

$$O_{ij} = \frac{K_{ij}}{min(k_i, k_j)},$$

wobei K_{ij} die Anzahl der Knoten ist, mit denen sowohl i als auch j verbunden sind. Eine Verbindung zwischen i und j wird dabei auch mitgezählt. Diese Anzahl wird dann durch den kleineren der beiden Grade der Knoten i und j dividiert, um die topologische Überlappung des Knotenpaares zu erhalten. Damit ergibt sich eine Wertematrix, für die topologische Überlappung aller Knotenpaare des Graphen. Diese stellt ein Maß für die lokale Kompaktheit des Graphen dar. Als Module lassen sich dann solche Regionen in der Matrix betrachten, die sehr hohe Werte enthalten und von niedrigen Werten umgeben sind. Da die Reihenfolge der Knoten in einer solchen Matrix zunächst willkürlich ist, muss diese ggf. geändert werden, um solche Regionen zu finden. Dies geschieht durch gleichzeitiges Umsortieren der Zeilen und Spalten.

Auch die Überführung in einen Clusterbaum ist möglich. Hier stellen sich Module dann als kompakte Gruppen von Zweigen dar.

Barabási und Oltavi gehen in [BO04] davon aus, dass in vielen Netzwerken Module bzw. Cluster in einer hierarchischen Art und Weise angeordnet sind. Sie ziehen daher eine Verbindung zwischen der Skalenfreiheit solcher Netze und den modularen Strukturen und zeigen wie sich hierarchische Graphen konstruieren lassen, deren Gradverteilungen einem Potenzgesetz folgen und die einen hohen durchschnittlichen Clusterkoeffizienten von $\sim 0,6$ besitzen, der unabhängig von der Systemgröße ist.

Die Konstruktion funktioniert wie folgt: Man beginnt beispielsweise mit einem 4 Knoten umfassenden Cluster, in dem alle Knoten miteinander verbunden sind. Drei dieser Knoten bilden ein Dreieck und der vierte liegt in der Mitte des Dreiecks. Dieses Cluster repliziert man dreimal und ordnet die Replikate außen um das ursprüngliche Cluster an. Alle äußeren Knoten der Replikate verbindet man mit dem zentralen (vierten) Knoten des Originals und alle zentralen Knoten der Replikate verbindet man untereinander. Durch wiederholtes Anwenden dieses Konstruktionsprinzip entsteht ein hierarchischer Graph wie er in Abb. 5.3 zu sehen ist.

Sehr interessant ist in diesem Zusammenhang die Funktion $C(k)$, die den durchschnittlichen Clusterkoeffizienten für alle Knoten mit Grad k angibt. In den hierarchischen Graphen gilt $C(k) \sim k^{-1}$. Das besagt, dass in dieser Art von Graphen Knoten mit einem kleinen Grad einen hohen Clusterkoeffizienten C haben und zu

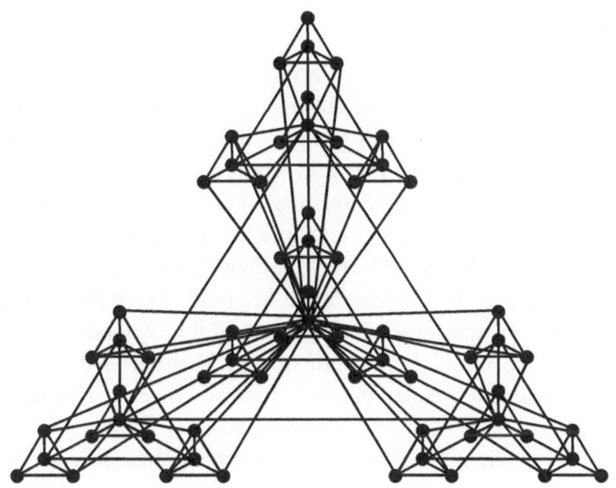

Abb. 5.3 Hierarchischer Graph nach [BO04]

stark vernetzten kleinen Modulen gehören. Knoten mit einem hohen Grad – die Hubs – hingegen haben nur einen kleinen Clusterkoeffizienten, da sie verschiedene Module miteinander verbinden.

Insgesamt gibt es eine ganze Reihe von Algorithmen, die Netzwerke nach unterschiedlichen Kriterien in Module oder Subgraphen zerlegen. [RSM$^+$08] gibt einen Überblick und Hinweise auf weiterführende Literatur.

Neben dem Ansatz, Netzwerkstrukturen als Ganzes zu untersuchen, um dann beispielsweise funktionale Module zu finden, gibt es auch den umgekehrten Ansatz, bei dem man herauszufinden versucht, ob es bestimmte kleinere Strukturen (building blocks) gibt, aus denen sich Netzwerke zusammensetzen [BO04, SZL08]. Man betrachtet dabei kleinere Subgraphen und überprüft, ob sie in den untersuchten Netzwerken häufiger vorkommen, als es statistisch zu erwarten wäre. Solche häufiger vorkommenden Subgraphen werden auch als Motive (motifs) bezeichnet. Hat man Motive gefunden, so stellt sich natürlich die Frage, ob man ihnen eine bestimmte Funktionalität zuordnen kann, die sie an anderen Stellen im Netzwerk oder auch in anderen Netzwerken erfüllen. Man versucht also herauszufinden, ob zelluläre Netzwerke nach ähnlichen Designprinzipien aufgebaut sind wie etwa digitale Schaltungen, die sich auch aus bestimmten Schaltkreisen mit fest definierter Funktion zusammensetzen.

Eine weitere Fragestellung in diesem Kontext ist, ob sich solche kleineren Motive auch wieder zu größeren Strukturen zusammensetzen, ob man also Cluster bestehend aus bestimmten Motiven finden kann.

Die Untersuchungen in diesem Bereich sind offenbar noch lange nicht abgeschlossen, da es sowohl Untersuchungen gibt, die einen Zusammenhang zwischen topologischen Strukturen und biologischer Funktion meinen belegen zu können, als auch Untersuchungen, die genau das widerlegen wollen [SZL08].

5.2.3.2 Robustheit von Netzwerken

Ebenfalls im biologischen Kontext sehr interessant ist die Frage, wie robust sich ein Netzwerk gegenüber Änderungen verhält. Kann es zum Beispiel seine Funktionalität beibehalten, wenn Knoten gelöscht werden, d. h. wenn etwa bestimmte Moleküle nicht vorhanden sind? Und gilt das für alle Knoten gleichermaßen?

Eine wichtige Rolle spielt in diesem Zusammenhang die Untersuchung von zentralen Knoten im Netzwerk (network centralities). Dabei gibt es verschiedene Maße, die die Wichtigkeit von Knoten im Netzwerk charakterisieren. Realtiv simpel ist es, die Wichtigkeit an den Grad des Knoten zu koppeln. Denn Knoten, die mit vielen anderen verbunden sind, spielen in den meisten Fällen wahrscheinlich eine wichtigere Rolle im Netzwerk als solche, die nur wenige Verbindungen zu anderen Knoten haben. Auch in biologischen Netzwerken konnte so ein Zusammenhang festgestellt werden [SZL08].

Eine oft wichtigere Eigenschaft ist aber die sogenannte Betweenness Centrality, die angibt, wie häufig ein Knoten in der Menge der kürzesten Wege des Graphen vorkommt. Hier können auch Knoten mit Grad 2 einen hohen Wert besitzen, wenn sie zum Beispiel die einzige Verbindung zwischen zwei Teilgraphen darstellen. Fallen solche Knoten aus, dann kann das erhebliche Auswirkungen auf den Signalfluss im Netz haben.

5.3 Rekonstruktion biologischer Netzwerke

Die fortschreitende Genomannotation und die Verfügbarkeit dieser Daten in online zugänglichen Datenbanken macht es seit einigen Jahren möglich, die Rekonstruktion metabolischer Netzwerke in einem Top-Down-Verfahren anzugehen. Das heißt, ausgehend vom Genom eines Organismus schließt man auf die in seinem Stoffwechsel ablaufenden Reaktionen und rekonstruiert daraus sein mutmaßliches metabolisches Netzwerk.

Die Aufklärung des Glykolyse-Pathways hingegen begann etwa Mitte des 19-ten Jahrhunderts und wurde Stück für Stück durch eine ganze Reihe von Forschern vorangetrieben. Gegen Ende der 1930er Jahre waren dann alle Reaktionen der Glykolyse bekannt [KSH05].

Wir betrachten hier im Folgenden die genombasierte Netzwerkrekonstruktion genauer, da sie die Grundlage sowohl für die graphentheoretische als auch für die stöchiometrische Analyse bildet, die die Themen der nächsten Abschnitte sind. Wir konzentrieren uns dabei zunächst auf den Stoffwechsel, da die Netzwerkrekonstruktion in diesem Bereich am weitesten fortgeschritten ist. Anschließend kommen wir noch kurz auf die Rekonstruktion anderer Arten von Netzwerken zu sprechen.

Die genombasierte Rekonstruktion von metabolischen Netzwerken erfordert es, Informationen ganz unterschiedlicher Abstraktionsebenen miteinander zu integrieren. Ausgehend vom Genom wird auf die zur Verfügung stehenden Proteine, die prinzipiell möglichen biochemischen Reaktionen und schließlich auf Stoffflüsse im metabolischen Netzwerk geschlossen [FFF$^+$03].

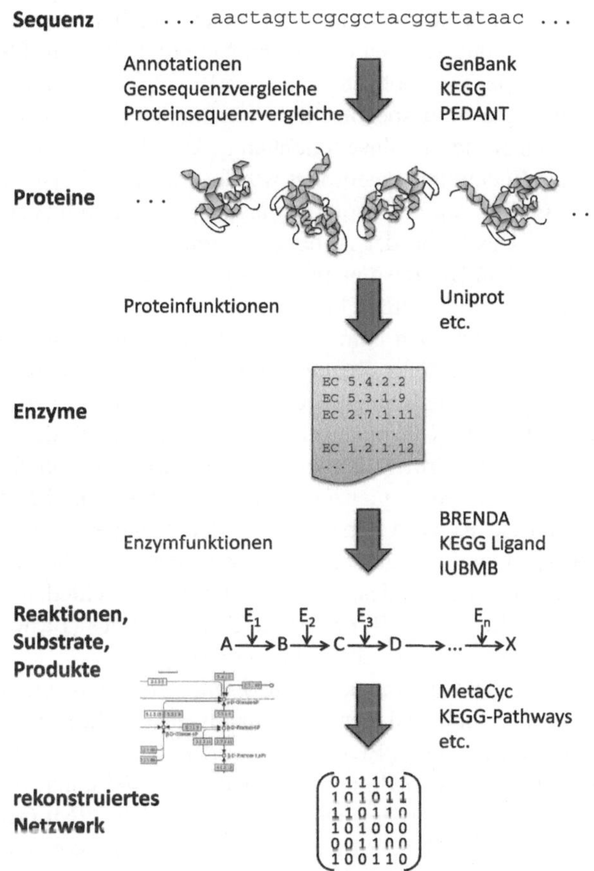

Abb. 5.4 Grober Ablauf der Rekonstruktion metabolischer Netzwerke

Abbildung 5.4 zeigt das prinzipielle Vorgehen und vor allem den Zusammenhang
zwischen den verschiedenen Informationen, die in den Rekonstruktionsprozess einbezogen werden. Die tatsächlich gewählte Reihenfolge der einzelnen Schritte kann
in konkreten Rekonstruktionsprojekten abweichen. Bei der in [FFF+03] dargestellten Rekonstruktion des metabolischen Netzwerks von *Saccharomyces cerevisiae*
beispielsweise wurden zunächst alle enzymatischen Reaktionen zusammengestellt,
für die bereits bekannt war, dass sie dem Metabolismus der Backhefe angehören.
Ausgehend von dieser Reaktionsliste wurde dann unter Berücksichtigung der in
Abb. 5.4 dargestellten Zusammenhänge intensive Datenbank- und Literaturrecherchen betrieben, um das Bild zu vervollständigen.

Im Folgenden beschreiben wir also die prinzipiell notwendigen Schritte zur Rekonstruktion metabolischer Netzwerke, ohne dabei die Reihenfolge fest vorgeben
zu wollen. Ohnehin ist zu berücksichtigen, dass das Verfahren iterativ zu erfolgen
hat, da die aufgestellten Hypothesen über das Netzwerk immer wieder überprüft
und verfeinert werden müssen. Insbesondere ist hier auch im Auge zu behalten, ob

die durch das rekonstruierte Netzwerk repräsentierten metabolischen Möglichkeiten mit der Physiologie des untersuchten Organismus übereinstimmen [FST05].

Zur Rekonstruktion des metabolischen Netzwerks eines bestimmten Organismus werden zunächst die organismusspezifischen Genomannotationen betrachtet. Genomannotation bedeutet in diesem Zusammenhang, dass den einzelnen Abschnitten auf dem Genom eine Bedeutung zugeordnet wurde. Also zum Beispiel, welche Abschnitte Gene sind und für welche Proteine diese Gene kodieren (vgl. Abschn. 2.5 über Genexpression). Das heißt, der Annotation eines Genoms kann man entnehmen, welche Proteine dem Organismus im Prinzip zur Verfügung stehen, da sie aus seiner Gensequenz exprimiert werden können.

Solche Informationen beruhen zum Teil auf Experimenten, in denen – vereinfacht gesagt – gezeigt wird, dass ein bestimmtes Protein nicht mehr exprimiert wird, wenn eine bestimmte Gensequenz deaktiviert wird (Knockout-Experimente), sodass man im Umkehrschluss davon ausgehen kann, dass gerade der entsprechende Sequenzabschnitt für dieses Protein kodiert. Des Weiteren basieren Genomannotationen auf Vergleichen mit Gensequenzen anderer Organismen, über deren Genom bereits mehr bekannt ist. Konkret versucht man durch Sequenzvergleiche auf das Vorhandensein bestimmter Gene zu schließen. Man spricht in diesem Zusammenhang von Sequenzalignment. Zu diesem Zweck wurden verschiedene Algorithmen entwickelt. Weit verbreitet sind z. B. der BLAST-Algorithmus (Basic Local Alignment Search Tool) und seine Weiterentwicklungen [Les08].

Da sich das Gebiet der Genomannotation rasant entwickelt, muss man immer damit rechnen, dass die verschiedenen Genomannotations-Datenbanken, wie zum Beispiel GenBank, KEGG und PEDANT (vgl. Abschn. 3.1.1 und [BKML⁺08, KAG⁺08, WRR⁺09]), unterschiedliche Informationen (und unterschiedliche Fehler) enthalten. Zum Beispiel darüber, welche Abschnitte auf dem Genom nun tatsächlich Gene sind und für welche Proteine sie kodieren. Hier können Bewertungsmetriken zum Einsatz kommen, die den verschiedenen Datenquellen unterschiedliches Gewicht beimessen, ebenso häufiger gefundenen oder neueren Ergebnissen etc.

Neben dem Vergleich der Gensequenzen bietet sich auch ein Sequenzvergleich der vorhergesagten Genprodukte – also der Proteine – z. B. gegen die Uniprot-Datenbank an. Am Ende dieser Phase steht schließlich eine Liste von Proteinen, die mit großer Wahrscheinlichkeit in dem Organismus vorkommen.

Als nächstes stellt sich nun die Frage, welche molekulare Aufgabe diese Proteine haben. Genauer gesagt möchte man die enzymatisch tätigen Proteine finden, um von ihnen auf die im Organismus ablaufenden biochemischen Reaktionen schließen zu können. Man betrachtet also die einzelnen Proteine genauer und versucht, ihre molekulare Funktion herauszufinden [FST05]. Dazu greift man auf Proteindatenbanken zurück, wo solche Informationen abgelegt sind. Uniprot etwa verlinkt zu den wichtigsten Datenbanken, die Informationen über Proteinfunktionen enthalten. Des Weiteren versucht man auch durch Sequenzvergleiche auf Proteinebene, Schlussfolgerungen bzgl. der Aufgaben von bisher nicht so ausführlich annotierten Proteinen zu ziehen. Eine Schwierigkeit dabei ist, dass Proteine in unterschiedlichen Kontexten durchaus auch unterschiedliche Rollen und Aufgaben haben können. Schließlich entsteht so eine vorläufige Liste der in dem Organismus vorkommenden Enzyme, die durch ihre EC-Nummern repräsentiert werden (vgl. Abschn. 2.6).

Da quasi alle metabolischen Reaktionen von Enzymen katalysiert werden (vgl. Abschn. 2.6), kann man so auf die prinzipiell möglichen biochemischen Reaktionen schließen. Diese Informationen kann man Enzymdatenbanken wie BRENDA, KEGG Ligand und den Datenbanken der International Union of Biochemestry and Molecular Biology (IUBMB) entnehmen [FST05]. Hier erhält man Informationen über die an den Reaktionen beteiligten Substrate und Produkte sowie über die Reaktionsstöchiometrie. Eine Schwierigkeit in diesem Schritt besteht darin, dass ein und dasselbe Enzym durchaus mehrere Reaktionen katalysieren kann und man nicht unbedingt weiss, welche davon in dem untersuchten Organismus abläuft [MZ03]. Schlüsse versucht man aus den benötigten Substraten und den erzeugten Produkten zu ziehen, da es für diese ihrerseits produzierende und verbrauchende Reaktionen geben muss.

Andersherum ist es aber auch so, dass Enzyme zum Teil Proteinkomplexe sind, deren Bestandteile von unterschiedlichen Genen kodiert werden. Damit das Enzym gebildet werden kann und dazu in der Lage ist, die entsprechenden Reaktionen zu katalysieren, müssen alle Gene vorhanden sein. Wir haben es hier also mit m:n-Beziehungen zwischen Genen und Enzymen und zwischen Enzymen und Reaktionen zu tun (vgl. Abb. 5.5), die sowohl die Rekonstruktion als auch die Überprüfung der Annahmen schwierig und fehleranfällig machen [Pal06].

An dieser Stelle kommt außerdem noch eine weitere Schwierigkeit ins Spiel, da die Genomannotation nicht vollständig sein muss und es heutzutage auch typischerweise bei weitem noch nicht ist, sodass sie nicht alle tatsächlich vorkommenden Enzyme eines Organismus liefert. Hier sind also Lücken zu füllen. Um mit diesen unvollständigen und ungenauen Daten umgehen zu können, werden neben den Enzym-Datenbanken auch Pathway-Datenbanken, wie beispielsweise MetaCyc und KEGG Pathways, herangezogen. Mit deren Hilfe können zum einen die bereits bekannten Teile des metabolische Netzwerks des untersuchten Organismus in die Betrachtungen mit einbezogen werden. In den noch unbekannten Bereichen wird wiederum versucht, aus Informationen über andere Organismen Rückschlüsse auf

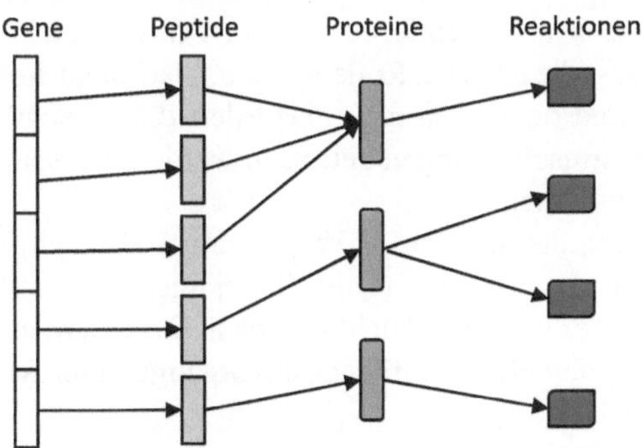

Abb. 5.5 M:n-Beziehungen zwischen, Genen, Proteinen und Reaktionen

den zu untersuchenden zu ziehen. Zum Einsatz kommen dabei sogenannte Referenzpathways, in denen Informationen aus verschiedenen Organismen zusammengefasst sind.

Hier ist typischerweise viel manuelle Arbeit notwendig, da sich die Daten aus den unterschiedlichen Datenbanken zum Teil widersprechen [FST05]. Solche Widersprüche kann es auf ganz unterschiedlichen Ebenen geben, z. B. durch inkorrekte Daten in einer oder mehreren der Datenbanken oder auch durch Inkonsistenzen zwischen den Datenbanken etwa durch unterschiedlich verwendete Identifier. Es kommt viel Expertenwissen zum Einsatz, um schließlich eine möglichst konsistente Liste der in dem zu untersuchenden Organismus ablaufenden metabolischen Reaktionen zu erhalten. Diese Reaktionen werden soweit möglich noch um Informationen zur Reversibilität ergänzt und können dann je nach den geplanten weiteren Analysen zu verschiedenen Arten von Matritzen zusammengestellt werden.

Die stöchiometrische Matrix beispielsweise enthält die Reaktionen als Spalten und die Substanzen als Zeilen. Die Einträge in den Matrixfeldern geben die stöchiometrischen Koeffizienten der Reaktionen an. Auf die Möglichkeiten und Ziele der stöchiometrischen Analyse gehen wir weiter unten in Abschn. 5.5 noch genauer ein. Eine andere Art der Darstellung ist die Verbindungsmatrix (connection matrix), die alle Substanzen als Zeilen und als Spalten enthält und deren Einträge angeben, welche Substanz aus welcher anderen erzeugt wird (vgl. z. B. [RSM$^+$08]). Solche Connection-Matritzen können auch von Netzwerkvisualisierungstools wie Cytoscape eingelesen werden [RSM$^+$08].

Allerdings ist bei den Verbindungsmatritzen zu beachten, dass sie vor der Weiterverarbeitung noch von den sogenannten „currency metabolites" bereinigt werden müssen [RSM$^+$08]. Darunter versteht man Moleküle wie etwa ATP, NADH, H_2O und CO_2, deren Aufgabe es meistens ist, funktionale Gruppen oder auch einzelne Elektronen zu übertragen. Ein Beispiel ist die Übertragung von Phosphatgruppen durch ATP, das dann als ADP aus einer solchen Reaktion hervorgeht (vgl. Abschn. 2.6). Auch die Umwandlung von ATP in ADP würde in die Verbindungsmatrix mit eingehen. Wenn dann an einer anderen Stelle im Netzwerk wiederum ADP in ATP umgewandelt wird und solche Einträge in der Matrix verbleiben, entstehen Abkürzungen, die nicht die biologische Wirklichkeit widerspiegeln. Diese „currency metabolites" müssen daher entfernt werden. Da aber nicht alle Substanzen in jedem Zusammenhang die gleiche Rolle spielen, also nicht immer entweder „currency metabolites" sind oder eben nicht, erfordert dieser Schritt manuelle Arbeit, da kontextabhängige Entscheidungen getroffen werden müssen, die sich nicht ohne weiteres formalisieren lassen.

Ein weiterer Aspekt, der sowohl für Verbindungs- als auch für stöchiometrische Matritzen gilt, ist der, dass beide ein (unvollständiges) Gesamtbild der Stoffwechselmöglichkeiten der Zelle liefern. Nicht berücksichtigt werden physiologische Zustände, die beeinflussen, welche Stoffwechselvorgänge unter welchen äußeren Umständen ablaufen [FST05].

Ma und Zeng weisen darauf hin, dass solche Methoden wie Elementary Flux Mode Analysis und Extreme Pathway Analysis zwar entwickelt wurden, um die Pathway-Struktur metabolischer Netze zu analysieren, dass sie aber nur für verhältnismäßig kleine Netze einsetzbar seien. Sie schlagen daher vor, größere Netze zunächst mit graphenbasierten Verfahren in Subnetzwerke zu zerlegen, die dann mit den genannten Methoden untersucht werden könnten [MZ03].

Insgesamt hilft die hier dargestellt Rekonstruktion metabolischer Netzwerke, sich einen Überblick über die metabolischen Prozesse zu machen, die prinzipiell in der Zelle des untersuchten Organismus ablaufen können. Es lässt sich noch keine Aussage dahingehend machen, wann – unter welchen Bedingungen – welche Stoffwechselprozesse aktiv werden. Um Aussagen darüber treffen zu können, dürfen metabolischen Netzwerke nicht in Isolation betrachtet werden, sondern sie müssen mit Signaltransduktions- und Transkriptionsnetzwerken (vgl. Abschn. 2.7.1 und 2.7.2) kombiniert werden [FST05].

Die Rekonstruktion metabolischer Netzwerke ist im Vergleich mit der Rekonstruktion von Signaltransduktionsnetzwerken bereits sehr weit fortgeschritten. Das liegt auch daran, dass die Datenlage im Bereich der Signaltransduktion deutlich schlechter ist als für metabolische Vorgänge. [Pot08] bezeichnet sie sogar als fragmental. Das hat auch damit zu tun, dass sich die vorliegende gar nicht so kleine Menge an Daten auf unterschiedliche Zelltypen und unterschiedliche Organismen bezieht. Da die zellulären Signalnetze das Verhalten der Zellen steuern, kann nicht unbedingt davon ausgegangen werden, dass unterschiedliche Zelltypen dieselben Signale auch gleich verarbeiten. [Pal06] weist darauf hin, dass sich ein Mensch aus einer befruchteten Eizelle zu einem Organismus entwickelt, der aus mehr als 10^{14} Zellen besteht, die mehr als 200 verschiedenen Zelltypen angehören. Koordiniert werden die dahinterliegenden Prozesse u.a. durch Signalnetzwerke.

Ein wesentlicher Unterschied bei der Betrachtung von metabolischen Netzwerken und von Signalnetzwerken besteht darin, dass die metabolischen Netzwerke die Umwandlung von Stoffen und somit den Transport von Masse beschreiben [KSRL+06]. Ein Metabolit geht als Substrat in eine Reaktion hinein und wird in einen (etwas) anderen Metaboliten umgewandelt. Zur Erzeugung des Produktes wird also quasi das Substrat verbraucht. Bei Signalnetzwerken hingegen ist es so, dass es sowohl Stoff- als auch Signalflüsse geben kann. Die Signalflüsse zeichnen sich durch die Aktivierung von Enzymen aus, die Folgereaktionen katalysieren, welche wiederum Enzyme aktivieren etc. Ein und dasselbe Enzym kann aber immer wieder Reaktionen katalysieren, solange es aktiv ist. Es wird also nicht verbraucht. Selbst wenn man also weiß, welche Stimuli welche Zellreaktionen hervorrufen, so ist es ungleich schwieriger, einen Signalverlauf zu reproduzieren als einen Stoffwechselvorgang, bei dem man immerhin den Stofffluss verfolgen kann. Diese Tatsachen machen es schwierig, die Methoden der Netzwerkrekonstruktion und auch die der stöchiometrischen Analyse, die wir im übernächsten Abschnitt besprechen werden, ganz direkt auf Signalnetze zu übertragen.

Die Rekonstruktion von Signalnetzwerken wurde bisher auf drei verschiedene Arten angegangen [PHPS05]:

- Zum einen werden bestimmte Knoten in den Netzwerken intensiv untersucht. Das heißt für ausgewählte, typischerweise hochvernetzte Proteine, Metabolite oder Ionen werden möglichst vollständige Listen ihrer Interaktionen und Bindungen zusammengestellt.

- Zweitens werden Signal-Module ermittelt. Das sind Gruppen von Knoten, die gemeinsam unter bestimmten Bedingungen bestimmte Aufgaben erfüllen.
- Und der dritte Ansatz besteht darin, Signalverläufe zu betrachten, die Eingangssignale mit Zellreaktionen verbinden. Hier werden also Signaltransduktionspathways rekonstruiert.

Die Ansätze zwei und drei wären ohne die an erster Stelle aufgeführten Arbeiten nicht möglich. Die Signal-Module wurden zunächst durch das Wiedererkennen bestimmter Gruppen von Molekülen mit spezifischen Aufgaben gefunden, also eher manuell und intuitiv [Pal06]. Zunehmend wird gezielt durch spezielle Analysen nach ihnen gesucht. Wir kommen in Abschn. 5.4 darauf zurück. Zunehmend werden auch Querverbindungen zwischen den Pathways untersucht, sodass man sich langsam zu einer Netzwerksicht vorarbeitet.

Wie verschiedene Arten von Hochdurchsatzexperimenten helfen können, das Wissen über Signalnetzwerke zu erweitern, wird zum Beispiel in [PHPS05] beschrieben.

Daten über Signaltransduktion liegen in unterschiedlichen Detailgeraden vor: Zum Teil stehen genaue Angaben der ablaufenden biochemischen Reaktionen zur Verfügung, man spricht hier auch von einer mechanistischen Sichtweise. Manchmal weiß man nur, dass Molekül A Molekül B aktiviert, welches wiederum C aktiviert u.s.w., ohne die genauen Reaktionen zu kennen. Diese Abstraktionsebene wird auch als semantische bezeichnet. Und mitunter steht nur die Information zur Verfügung, dass ein Molekül ein anderes über mehrere unbekannte Zwischenschritte hinweg aktiviert bzw. inhibiert.

Um trotz der hier genannten Schwierigkeiten überhaupt einen ersten Eindruck von den Eigenschaften von Signaltransduktionsnetzen zu bekommen und erste Analysen durchführen zu können, wurde in dem in [Pot08] vorgestellten Ansatz stark abstrahiert. Zum einen wurde die Rekonstruktion zelltyp- und speziesübergreifend durchgeführt. Und zum anderen wurde eine semantische und keine mechanistische Sichtweise auf die ablaufenden Interaktionen gewählt. Auf diesem Abstraktionsniveau wurde aus der TRANSPATH-Datenbank (vgl. S. 58) ein Signalnetz extrahiert, das sich aus mehreren tausend Knoten und Kanten zusammensetzt. Dies ist zwar aufgrund der oben diskutierten Abstraktionen mit Vorsicht zu verwenden, liefert aber erste Hinweise auf die grundsätzlichen graphentheoretischen Eigenschaften von Signalnetzen, die Thema des nächsten Abschnitts sind.

5.4 Netzwerkanalyse

Die fortschreitende Rekonstruktion biologischer Netzwerke macht es möglich, diese nicht nur ausgehend von ihren einzelnen Komponenten zu untersuchen, sondern quasi einen Blick von oben darauf zu werfen und die Netzwerke als solche zu analysieren. Das Ziel einer solchen graphentheoretischen Netzwerkanalyse ist es, globale Informationen über das Netzwerk herauszufinden, wie zum Beispiel die durchschnittlich Distanz zweier Knoten, den Durchmesser, die Gradverteilung und ähnliches.

Zum anderen werden mit Hilfe der Netzwerkanalyse funktionale Module, Hierarchien und häufig wiederkehrende Strukturen, sogenannte Motive, ermittelt. Man erhofft sich davon allgemeingültige Erkenntnisse bzgl. des generellen Aufbaus biologischer Netze und möchte herausfinden, ob es bestimmte Strukturen gibt, die die Basisbausteine der Netze darstellen. Solche Basisbausteine hätten immer die gleiche Funktionalität und würden sich evtl. ihrerseits zu größeren Einheiten zusammenfassen lassen, deren Funktionalität sich ebenfalls auf andere Netze übertragen lässt, wenn sie denn einmal bekannt ist. Letztlich fragt man sich also, ob biologische Netzwerke vielleicht nach ähnlichen Prinzipien aufgebaut sind wie etwa elektrische Schaltkreise, die sich auch aus bestimmten Baugruppen mit wohldefinierter Funktionalität zusammensetzen lassen.

5.4.1 Genregulatorische Netzwerke

In genregulatorischen Netzwerken (vgl. Abschn. 2.7.1) repräsentieren die Knoten die Gene und eine Kante von Gen A zu Gen B besagt, dass das Produkt von A ein Transkriptionsfaktor ist, der die Expression von Gen B reguliert. Solch ein Netz bekommt Eingaben von außen in Form von Signalen, die die Transkriptionsfaktoren aktivieren oder inhibieren. Diese Signale sind oft die Endpunkte von Signaltransduktionsnetzen, deren Struktur wir im nächsten Abschnitt analysieren. Abbildung 5.6 zeigt eine schematische Darstellung dieser Zusammenhänge sowie eine Repräsentation als Graph.

Auf die genregulatorischen Netzwerke werfen wir zunächst einen Blick aus der Vogelperspektive und betrachten die Netzwerke als Ganzes bevor wir die Perspektive wechseln und die Grundbausteinen analysieren, aus denen sie zusammengesetzt sind.

5.4.1.1 Globale Eigenschaften

Untersuchungen zeigen, dass sowohl Transkriptionsnetzwerke von Bakterien als auch solche von Eukaryoten charakteristische Eigenschaften von Small-World-Netzwerken aufweisen [Pot08]. Sie haben also einen geringen Durchmesser und

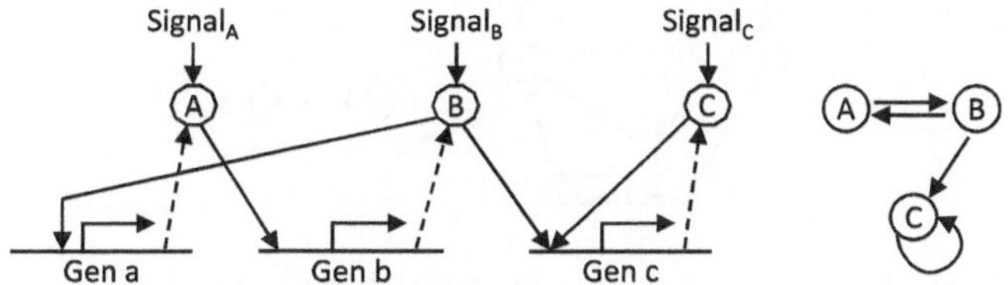

Abb. 5.6 Schematischer Aufbau von genregulatorischen Netzwerken und Darstellung als Graph

einen hohen durchschnittlichen Clusterkoeffizienten. Außerdem folgt die Gradverteilung einem Potenzgesetz mit dem Exponenten $\gamma \sim 2$. Es handelt sich daher um skalenfreie Netzwerke.

In beiden Arten von Netzwerken kann man auch eine hierarchische Modularität feststellen, die sich darin äußert, dass der durchschnittliche Clusterkoeffzient aller Knoten mit Grad k einem Potenzgesetz folgt. Es gilt also $C(k) \sim k^{-1}$ (vgl. auch Abschn. 5.2.3).

5.4.1.2 Module und hierarchische Strukturen

Strukturanalysen von Genregulationsnetzwerken verschiedener Spezies haben ergeben, dass es bestimmte Netzwerkmotive gibt, die überdurchschnittlich häufig in diesen Netzwerken vorkommen [Jun08, Alo07, LRR$^+$02]. Untersucht wurden *E. coli* [SOMMA02] und *S. cerevisae* [LRR$^+$02] als Vertreter für prokaryotische und eukaryotische Transkriptionsnetzwerke. Einige dieser Motive werden wir im Folgenden etwas genauer vorstellen.

Ein Netzwerkmotiv in Transkriptionsregulationsnetzwerken ist die **negative Selbstregulierung**, bei der das Genprodukt als Repressor der Transkription fungiert. In Abb. 5.7 beispielsweise wird Gen X von den Transkriptionsfaktoren A und X reguliert. A muss dabei vorhanden und aktiv sein, damit Gen X exprimiert werden kann. Der Transkriptionsfaktor X hingegen hemmt die Expression von Gen X sobald er vorhanden und aktiv ist.

Man kann zeigen, dass autoregulierte Genexpression schneller zu der benötigten Produktkonzentration führt als einfach regulierte Genexpression [Alo07]. Um das zu verstehen, müssen wir die Vorgänge der Genregulation etwas detaillierter betrachten:

Genexpression Bisher haben wir uns auf eine qualitative Betrachtung der Genexpression beschränkt. Das heißt wir haben von der Tatsache abstrahiert, dass nicht ein einzelnes Molekül gemeint ist, wenn wir sagen, dass ein Transkriptionsfaktor an die Promotorregion eines Gen bindet (vgl. Abschn. 2.5). Genausowenig wird bei der Genexpression ein einziges Exemplar des Proteins erstellt, für das das Gen kodiert. Außerdem haben wir uns nicht damit beschäftigt, unter welchen Umständen die Bindung eines Transkriptionsfaktors an die Promotorregion eines Gens zustande kommt. Tatsächlich – und immer noch sehr stark abstrahiert – ist es so, dass

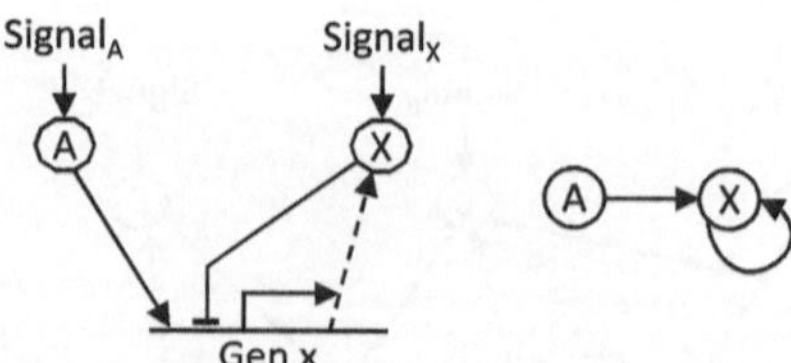

Abb. 5.7 Schematischer Aufbau der negativen Selbstregulierung und Darstellung als Graph

der Transkriptionsfaktor zunächst einmal in die räumliche Nähe der entsprechenden Promotorregion der DNA gelangen muss. Dann kann eine Bindung erfolgen, die aber nicht dauerhaft bestehen bleibt sondern sich wieder löst. Man spricht von Dissoziation. Ist die Konzentration der Transkriptionsfaktoren hoch genug, so stellt sich ein Fließgleichgewicht in dem Sinn ein, dass immer wieder ein entsprechendes Protein an die Promotorregion bindet und zwar mit einer solchen Rate, dass das Gen quasi dauerhaft aktiviert ist – als ob die Bindung die ganze Zeit über bestehen bleiben würde. Entsprechend werden dann dauerhaft die Genprodukte dieses Gens exprimiert, sodass ihre Konzentration ansteigt.

Auch hinsichtlich der Menge der Genprodukte strebt die Zelle ein Fließgleichgewicht an. Dazu müssen – wenn keine weitere Regulation stattfindet – die Produktion und der Abbau/Verbrauch der Genprodukte mit den gleichen Raten erfolgen. Das führt dazu, dass zu Beginn der Produktion die Konzentration des Produkts nur langsam ansteigt, da ja von Anfang an auch ein Abbau stattfindet.

Bei der negativen Selbstregulierung stellt sich das Fließgleichgewicht nun nicht durch gleiche Produktions- und Verbrauchsraten ein sondern wird durch das Genprodukt selber reguliert. Ist die Konzentration des Produkts hoch genug, bindet es an die Promotorregion und unterdrückt die Genexpression. Sinkt dadurch seine Konzentration wieder, lässt die Bindung nach und es wird wieder mehr produziert bis die Konzentration wiederum hoch genug ist. Bei gleichbleibender Abbaurate und gleicher zu erzielender Konzentration kann daher die Produktionsrate des Genprodukts deutlich höher sein als ohne Selbstregulierung. Die Konzentration des Produkts steigt dadurch zu Beginn schneller an und erreicht schneller den für das Fließgleichgewicht notwendigen Level. Weitere ausführliche Erklärungen zu diesen Vorgängen sind in [Alo07] zu finden.

Die autoregulierte Genexpression führt also schneller zu der benötigten Produktkonzentration als die einfach regulierte Genexpression. Die Tatsache, dass das Netzwerkmotiv der negativen Selbstregulierung in Transkriptionsregulationsnetzwerken häufiger auftritt, als es in vergleichbaren zufälligen Netzwerken zu erwarten wäre, ist also vermutlich darauf zurückzuführen, dass sich ein solcher Aufbau in der Natur bewährt hat.

Ein anderes Netzwerkmotiv sind **vorwärtsregulierende Schleifen** (feed-forward loops, vgl. Abb. 5.8). In [Alo07] wird gezeigt, dass sie unter allen Strukturen, die drei Knoten umfassen, signifikant häufiger auftreten, als statistisch zu erwarten wäre. Da die Interaktionen in Transkriptionsnetzwerken immer entweder

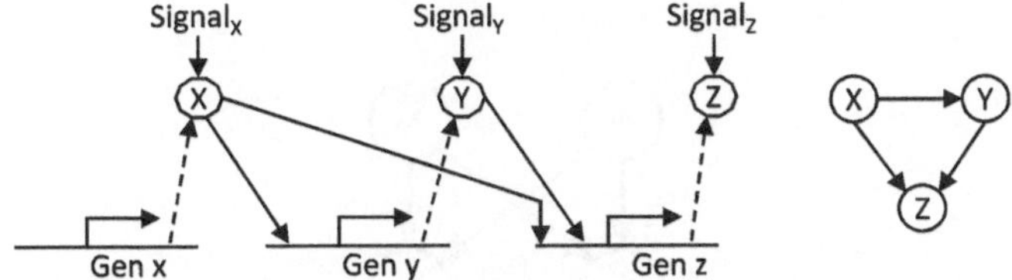

Abb. 5.8 Schematischer Aufbau der vorwärtsregulierenden Schleife und Darstellung als Graph

aktivierend oder hemmend sein können, gibt es 2^3 Ausprägungen dieser Struktur. Von diesen kommen wiederum nur zwei überdurchschnittlich oft vor. In der ersten Variante aktiviert X Y und Z und Y aktiviert ebenfalls Z. In der zweiten Variante aktiviert X Y und Z wohingegen Y Z hemmt. Wir betrachten im Folgenden die erste Variante, in der nur Aktivierungen vorkommen, genauer. Die zweite wird in [Alo07] ausführlich diskutiert.

Für die erste Variante muss noch einmal zwischen zwei verschiedenen Situationen unterschieden werden: Z wird sowohl von X als auch von Y aktiviert. Dabei macht es einen Unterschied, ob zur Aktivierung von Z nur einer der beiden Transkriptionsfaktoren benötigt wird, oder ob beide gemeinsam vorhanden sein müssen. Abstrakt ausgedrückt könnte hier entweder eine ODER-Verknüpfung oder eine UND-Verknüpfung vorliegen. Wir betrachten beide Fälle:

Geht man davon aus, dass die bei Z ankommenden Signale UND-verknüpft sind, so stellt diese Struktur eine Verzögerung des aktivierenden Signals (des „Anschaltens") dar, während sie auf das Wegbleiben des Signals (das „Ausschalten") ohne Verzögerung reagiert. Das führt zum Beispiel dazu, dass ein kurzes aktivierendes Signal ausgefiltert wird und ohne Auswirkungen bleibt. Eine solche Struktur sorgt also dafür, dass nur solche Signale weitergeleitet werden, die eine gewisse Zeit lang vorhanden sind [Alo07].

Die Verzögerung kommt dadurch zustande, dass das Genprodukt von Y – der Transkriptionsfaktor TFY – zunächst eine gewisse Konzentration erreichen muss, bevor er – zusammen mit TFX – die Expression von Gen Z ermöglicht.

Liegt in Z eine Oder-Verknüpfung der beiden Signale (von X und von Y) vor, wird also nur eins von beiden benötigt, um die Genexpression von Z zu starten, so dreht sich die Wirkung genau um: Nun werden Anschaltsignale direkt durchgereicht, während das Ausschalten verzögert wird.

Experimentelle Untersuchungen ergaben, dass beide Varianten (UND- und ODER-Verknüpfung) nicht nur theoretisch sondern tatsächlich in Transkriptionsnetzwerken vorkommen [Alo07]. Das bedeutet, dass Schlussfolgerungen über die tatsächliche Funktion eines solchen Motivs in einem konkreten Netzwerk nicht ohne weitergehende Untersuchungen des dynamischen Verhaltens gezogen werden können [Sch08].

In [ISS06] wird eine Studie über das **Bi-Fan-Motiv** (vgl. Abb. 5.9) vorgestellt, bei der fünf Varianten des Motivs unter verschiedenen biologisch plausiblen Bedingungen (mit verschiedenen Eingabesignalen) untersucht werden. Die untersuchten Varianten sind die in *Saccharomyces cerevisiae* überdurchschnittlich oft

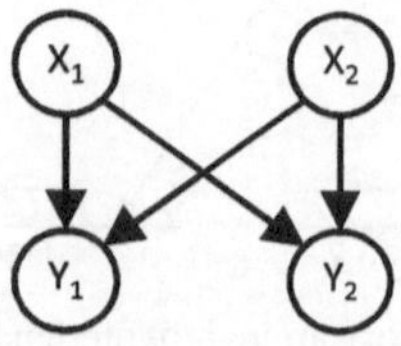

Abb. 5.9 Das Bi-Fan-Motiv als Graph

vorkommenden. Es konnte kein charakteristisches Verhalten des Netzwerkmotivs nachgewiesen werden, sodass die Autoren davon ausgehen, dass nicht von der Struktur des Motivs auf seine Funktion geschlossen werden kann, sondern dass dazu vielmehr weitere Informationen über dynamische Eigenschaften wie z. B. kinetische Parameter vorliegen müssen.

Wie häufig vorkommende Netzwerkmotive statistisch ermittelt werden, wird beispielsweise in [Sch08] erklärt. Dort werden auch Werkzeuge vorgestellt, mit denen sich solche Netzwerkanalysen durchführen lassen.

5.4.2 Signaltransduktionsnetzwerke

Während die topologische Analyse für metabolische Netzwerke bereits seit langem Stand der Technik ist, wird sie bisher für Signaltransduktionsnetzwerke eher selten angewandt [Pot08]. Das liegt daran, dass die verfügbaren Daten noch sehr unvollständig sind und aus unterschiedlichen Spezies und unterschiedlichen Zelltypen stammen. Man behilft sich daher damit, dass man zum einen von speziesspezifischen Unterschieden zwischen homologen Molekülen abstrahiert. Das heißt man verwendet orthologe Abstraktionen dieser Moleküle. Zum anderen vernachlässigt man auch die biochemischen Details von Reaktionen, verwendet also nicht ihre mechanistische sondern ihre semantische Repräsentation, die lediglich angibt, dass es einen Signalfluss von A nach B gibt. Durch diese Abstraktionen wird es einfacher, bekannte Fragmente von Signalnetzen zusammenzusetzen und Netzwerkanalysen durchzuführen [Pot08].

5.4.2.1 Globale Eigenschaften

In [Pot08] wird beschrieben, dass aus der TRANSPATH-Datenbank ein Signaltransduktionsnetzwerk extrahiert und analysiert wurde, das mehrere tausend Knoten und Kanten umfasst. Dabei wurde auf der oben diskutierten Abstraktionsebene von orthologen Molekülen und semantischen Reaktionen gearbeitet. Erste Analysen des Netzwerks ergaben, dass es charakteristische Eigenschaften von Small-World-Netzwerken aufweist, was den Durchmesser und den Clustering-Koeffizienten anbelangt. Vermutlich handelt es sich auch um ein skalenfreies Netzwerk, dessen Topologie durch eine Power-Law-Verteilung in der Anzahl der Kanten pro Knoten gekennzeichnet ist.

Des Weiteren wurde festgestellt, dass Signaltransduktionsnetzwerke oft eine „Bow-Tie"- bzw. Sanduhren-Struktur besitzen, wie sie in Abb. 5.10 zu sehen ist [Ma'09]. Sie besagt, dass viele verschiedene Rezeptoren die empfangenen Signale an wenige zentrale Komponenten übermitteln, welche sie dann wiederum über Zwischenschritte zu diversen Transkriptionsfaktoren weiterleiten. Dies ist zum Beispiel bei den Toll-like-Rezeptoren der Fall, von denen viele ihre empfangenen Signale an das Adapter-Protein MyD88 weiterleiten, das somit die Rolle eines zentralen Hubs in diesem Netzwerk einnimmt [OK06, SSP$^+$09].

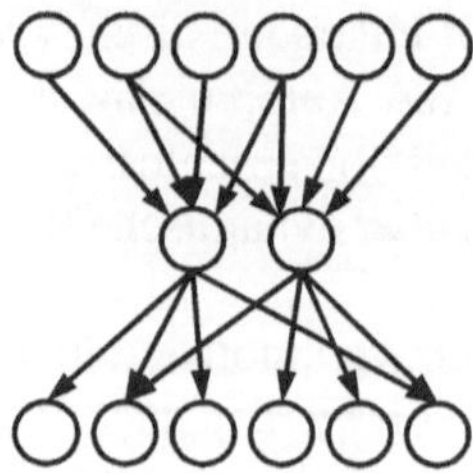

Abb. 5.10 Sanduhren- bzw. "Bow-Tie"-Struktur von Signaltransduktionsnetzen

5.4.2.2 Module und hierarchische Strukturen

In [MJN$^+$05] wird berichtet, dass in Signaltransduktionsnetzen negative Feedback-Schleifen in der Nähe der Zellmembran häufiger zu finden sind, als zu erwarten wäre. Negative Feedback-Schleifen stabilisieren Signale. Sind sie häufiger in der Nähe der Zellmembran – also am Anfang der Signalwege – zu finden, so schirmen sie also das Netz gegen ungleichmäßige und schwankende Signale ab [Ma'09].

Abbildung 5.11 zeigt in der oberen Hälfte Netzwerkmotive mit vier Knoten, die in Signaltransduktionsnetzwerken häufig zu finden sind [Alo07]: Die Raute und das Bi-Fan-Motiv, wobei letzeres auch in Transkriptionsregulationsnetzwerken regelmäßig auftritt (s.o.). Wenn man die Struktur der Raute dahingehend verallgemeinert, dass man einen der vier Knoten und alle seine Kanten verdoppelt, bekommt man solche Strukturen, wie sie unten links und unten in der Mitte in Abb. 5.11 zu sehen sind. Das Motiv ganz rechts unten ist einerseits eine Verallgemeinerung der beiden vorherigen Motive und entspricht gleichzeitig einer Kaskade von Bi-Fan-Motiven. Solche Kaskaden sind in Signaltransduktionsnetzwerken häufig anzutreffen, in Transkriptionsregulationsnetzwerken allerdings nicht [Alo07]. Letztlich sind dies Muster, die sich über mehrere Ebenen erstrecken – Alon spricht von „multi layer patterns" – und die typisch sind für Signalkaskaden.

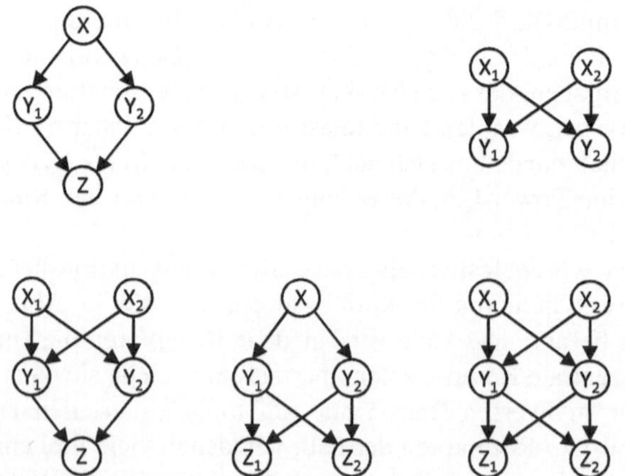

Abb. 5.11 Netzwerkmotive in Signaltransduktionsnetzwerken (angelehnt an [Alo07])

In Abb. 2.15 ist solch ein für Signaltransduktionsnetzwerke typischer, kaskadenartiger Signalfluss zu sehen wie er zum Beispiel in Protein-Kinase-Kaskaden vorkommt (vgl. Abschn. 2.7.2). Solche Protein-Kinase-Kaskaden können auch mit einer Doppelphosphorylierung vorkommen und sehen dann wie in Abb. 5.12 gezeigt aus. Dort wird eine Kinase X aktiviert und phosphoryliert dann die Kinase Y an zwei spezifischen Stellen, sodass beide Stellen mit einer Phosphorgruppe versehen sind, Y also doppeltphosphoryliert vorliegt. Diese doppelt phosphorylierte Kinase Y ist nun in der Lage, ihrerseits die Kinase Z an zwei spezifischen Stellen zu phosphorylieren etc. In der entstehenden Struktur erkennt man das Netzwerkmotiv „Raute" wieder, das hier mehrfach hintereinander auftritt.

Die Darstellung solcher Strukturen als einfache Graphen mit den Substanzen als Knoten und den Signalen als Kanten ist nicht richtig aussagekräftig wie man auf der rechten Seite von Abb. 5.12 sieht. Dem dort gezeigten Graphen kann man nur entnehmen, dass S X aktiviert und X Y, aber nicht, dass eine Doppelphosphorylierung dahintersteckt. Solche Art von Strukturen lassen sich mit bipartiten Graphen besser erfassen. Beispiele dazu werden wir im Petri-Netz-Kapitel sehen (vgl. Abschn. 6).

Abbildung 5.13 zeigt das Bi-Fan-Motiv in einer Protein-Kinase-Kaskade. Hier können unterschiedliche Rezeptoren die Kinasen in der obersten Ebene aktivieren und damit die Signalkaskade auslösen [Alo07].

Genau wie genregulatorische Netzwerke haben auch Signaltransduktionsnetze eine logische Komponente. Wenn man nur die Struktur betrachtet und eine Komponente von zwei anderen aktiviert werden kann, so ist daraus noch nicht ersichtlich, ob beide zur Aktivierung benötigt werden oder ob eine von beiden ausreicht, d. h. ob eine UND- oder eine ODER-Verknüpfung vorliegt [Les07]. Für Strukturen wie die in Abb. 5.13 gezeigte heißt das, dass alleine die Struktur nichts darüber aussagt, ob die beiden Kaskaden immer parallel ablaufen und durch das Bi-Fan-Motiv quasi eine Synchronisation stattfindet, oder ob hier eine Struktur vorliegt, die besonders robust gegen Störungen ist, weil ggf. immer noch der andere Kaskadenzweig zur Verfügung steht.

Eine ähnliche Argumenaton findet sich in [Ma'09], wo verschiedene Arten von Hubs diskutiert werden: „Party-Hubs" interagieren mit verschiedenen Proteinen gleichzeitig, wohingegen „Date-Hubs" zu unterschiedlichen Zeiten und evtl. auch

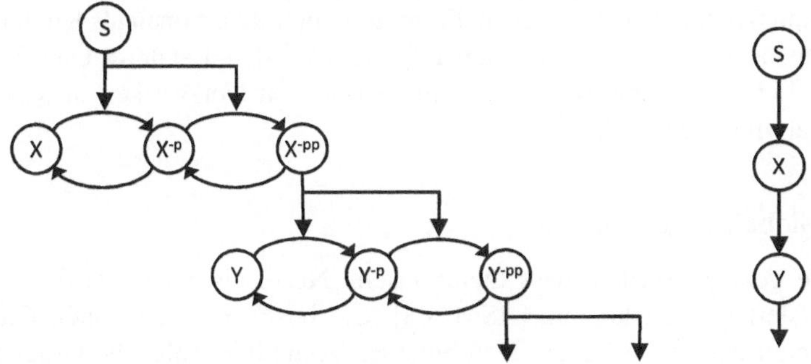

Abb. 5.12 Doppelphosphorylierungskaskade (linke Seite angelehnt an [Alo07])

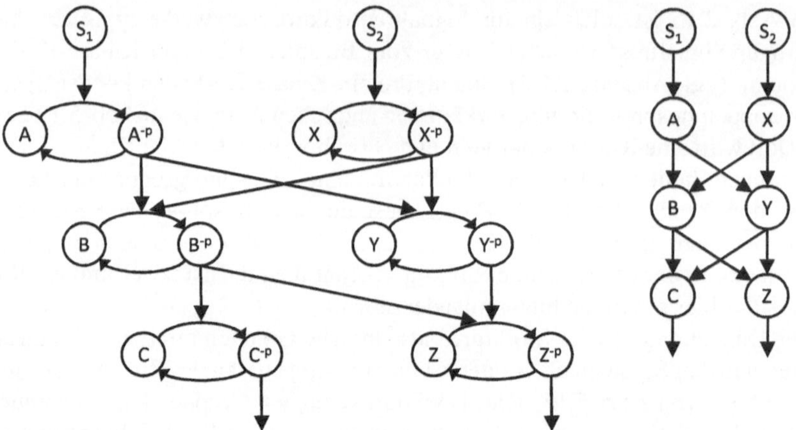

Abb. 5.13 Das Bi-Fan-Motiv in einer Protein-Kinase-Kaskade (linke Seite angelehnt an [Alo07])

an unterschiedlichen Orten mit unterschiedlichen Proteinen interagieren. Eine weitere Unterscheidung für Hubs ist die in „single domain hubs" und „multiple domain hubs", wobei bei letzteren unterschiedliche Proteine an unterschiedlichen Stellen an den Hub binden.

Die Repräsentation der Netzwerke als Graphen ist daher nur als ein erster Schritt zu weitergehenden Analysen des dynamischen Verhaltens zu sehen wie sie zum Beispiel durch die Modellierung und Simulation mit Petri-Netzen oder Booleschen Netzwerken durchgeführt werden kann [Ma'09] (vgl. Abschn. 5.6.3 u. Kap. 6).

5.4.3 Metabolische Netzwerke

Metabolische Netze können sowohl als einfache gerichtete Graphen wie auch als bipartite Graphen repräsentiert werden. Da die meisten Graphalgorithmen auf einfachen Graphen arbeiten, entscheidet man sich oft für solche [RSM⁺08]. Dabei werden die Metabolite als Knoten und die Reaktionen als Kanten dargestellt. Im Fall von bipartiten Graphen werden die beteiligten Enzyme als zweite Knotenart mit aufgenommen. Mitunter macht es auch Sinn, sogenannte Reaktionsgraphen (reaction graphs) aufzustellen, in denen die ablaufenden Reaktionen als Knoten und die Metabolite als Kanten zwischen ihnen aufgefasst werden. Letzteres kann bestimmte Probleme bei der automatischen Dekomposition von Netzwerken in Module vermeiden helfen [RSM⁺08].

5.4.3.1 Globale Eigenschaften

Es konnte gezeigt werden, dass metabolische Netze als Small-World-Netzwerke charakterisiert werden können [RSM⁺08]: Sie besitzen einen hohen Clustering-Koeffizienten und einen kurzen Durchmesser. Außerdem folgt die Gradverteilung der Knoten einem Potenzgesetz.

5.4.3.2 Module und hierarchische Strukturen

Metabolische Netzwerke weisen eine hierarchische Modularität auf [RSM⁺08].
Module zeichnen sich in diesem Zusammenhang dadurch aus, dass ihre internen
Knoten stark miteinander vernetzt sind, während es nach außen verhältnismäßig
wenig Verbindungen gibt. Es gibt Netzwerk-Dekompositionsalgorithmen, die Netzwerke in Module mit einem möglichst hohen Modularitäts-Koeffizienten zerlegen.

Unabhängig von dem Ansatz genomweite metabolische Netzwerke zu untersuchen und in kleinere Einheiten zu zerlegen, werden die unterschiedlichen Stoff-
wechselaufgaben in Zellen oder Organismen schon lange als einzelne Module betrachtet. Unter Modulen versteht man in diesem Zusammenhang kleine funktionale
Einheiten, die aus interagierenden biochemischen Reaktionen bestehen und eine
gemeinsame Aufgabe im Stoffwechsel erfüllen. Die Rede ist von den Stoffwech-
selwegen bzw. metabolischen Pathways.

In [MZYZ04] wurde gezeigt, dass die aus dem Dekompositionsansatz errechne-
ten Module mit den seit langem diskutierten metabolischen Pathways zum Großteil
übereinstimmen, in dem Sinn, dass die Pathways meistens vollständig innerhalb
jeweils eines berechneten Moduls liegen.

Eine spannende Frage in diesem Zusammenhang ist, ob sich weitergehende
Analysen wie etwa Elementary-Flux-Mode und Extreme Pathways (vgl. unten,
Abschn. 5.5.1 und 5.5.2) auf Basis dieser einzelnen Module berechnen und sich
diese Einzelergebnisse zu einem Gesamtergebnis für das ganze Netz zusammensetzen lassen.

Die oben für Genregulations- und Signaltransduktionsnetzwerke diskutierten
Netzwerkmotive haben für metabolische Netze eine geringere Bedeutung, da mit
ihnen typischerweise Regulationsaufgaben im weitesten Sinn verbunden werden.
Diese sind in metabolischen Netzen weniger wichtig als der eigentliche Stofffluss
durch die kontinuierliche Umwandlung von Metaboliten in andere Metaboliten. Veröffentlichungen, in denen Netzwerkmotive hinsichtlich ihrer Funktion in metabolischen Netzen interpretiert werden, gibt es daher anscheinend nicht. Allerdings gibt
es Untersuchungen, die die Häufigkeit von Motiven für unterschiedliche Spezies aus
unterschiedlichen Domänen vergleichen [ZQ05, ELJ06]. [ZQ05] kommen dabei zu
dem Ergebnis, dass sich die grundlegenden Strukturen der metabolischen Netze von
Spezies aus den Domänen der Bakterien und der Eukaryoten deutlich von denen der
Achaea unterscheiden. [ELJ06] hingegen fanden ähnliche lokale Strukturen bei verschiedenen Spezies aus den drei Domänen, die sich aber individurell (pro Spezies)
unterscheiden.

5.4.4 Proteininteraktionsnetzwerke

Proteininteraktionsnetzwerke unterscheiden sich von den in den vorherigen Ab-
schnitten diskutierten biologischen Netzwerken dadurch, dass sie keine speziellen
Aufgaben wie die Weiterleitung von Signalen, die Genregulation oder metabolische
Vorgänge in den Mittelpunkt der Betrachtungen stellen, sondern die Interaktionen

bestimmter Moleküle, der Proteine. Sie bieten dadurch, dass sie quasi „aufgaben-
übergreifend" angelegt sind, eine andere Perspektive auf die Interaktionen innerhalb der Zelle. Proteininteraktionsnetzwerke werden typischerweise auf Basis von
verschiedenen Hochdurchsatzexperimenten erstellt, aus Proteininteraktionsdatenbanken abgeleitet, durch Literatur-Mining gewonnen und mit Hilfe algorithmischer
Methoden vorhergesagt [PHJ04, Bö08]. [Jun08] weist darauf hin, dass es durch den
Einsatz solch unterschiedlicher Methoden ganz unterschiedlich geartete Netzwerke
entstehen können, sodass vor einem Vergleich zweier Proteininteraktionsnetzwerke genau auf die eingesetzten Methoden zur Erstellung derselben geachtet werden
sollte.

5.4.4.1 Globale Eigenschaften

Wie auch die anderen oben besprochenen biologischen Netzwerke weisen Proteininteraktionsnetzwerke Eigenschaften von Small-World-Netzwerken auf, d. h. sie haben einen geringen Durchmesser und einen hohen Clusterkoeffizienten. Außerdem
folgt die Gradverteilung ihrer Knoten ebenfalls einem Potenzgesetz [Bö08].

Des Weiteren konnte nachgewiesen werden, dass diejenigen Proteine, die an
den meisten Interaktionen beteiligt sind (deren Grad im Graphen also sehr hoch
ist) auch diejenigen Proteine sind, die für das Überleben der Zelle am wichtigsten sind [JMBO01]. Solche Ergebnisse gibt es für die Proteininteraktionsnetzwerke
verschiedener Organismen und sie werden oft unter dem Begriff „centrality-lethality
rule" zusammengefasst [Bö08]. Allerdings gibt es auch Untersuchungen, die nahe-
legen, dass dieses Phänomen eine rein mathematische, domänenunabhängige Erklärung haben könnte: In [HZ06] wurden für die Zelle lebenswichtige Proteininteraktionen untersucht, deren Ausfall oder Nichtvorhandensein die Zelle nicht kom-
pensieren kann. Es konnte gezeigt werden, dass Knoten mit einem hohen Grad an
Kanten auch eine hohe Wahrscheinlichkeit haben, dass eine dieser Kanten überle-
benswichtig für die Zelle ist, während Knoten mit einer geringen Anzahl von Kanten
auch eine geringere Chance haben, dass eine überlebenswichtige dabei ist.

5.4.4.2 Module und hierarchische Strukturen

Als Module in Proteininteraktionsnetzwerken werden typischerweise solche Subgraphen angesehen, deren Knoten untereinander stark vernetzt sind und die verhältnismäßig wenige Verbindungen nach außen haben. Es wurden verschiedene
Ansätze entwickelt, um solche Module in Proteininteraktionsnetzwerken zu finden.
Dabei werden entweder globale Metriken wie die Betweenness Centrality [GN02]
(vgl. auch Abschn. 5.2.3.2) oder lokale Metriken wie der Clusteringkoeffizient für
Kanten herangezogen [RCC$^+$04]. Letzterer gibt an, an wievielen Dreiecken die jeweilige Kante beteiligt ist. Mit solchen Algorithmen ist es zum Beispiel gelungen,
bereits bekannte Proteinkomplexe sowie bekannte Pathways zu finden und auch bisher unbekannte Proteinkomplexe sowie unbekannte Komponenten bekannter Proteinkomplexe vorherzusagen [Bö08]. In [WDYH07] wird ein Ansatz vorgestellt, der
beide Metriken vereint und robustere Ergebnisse liefert.

Es werden auch Netzwerkmotive in Proteininteraktionsnetzwerken untersucht. Hier sind insbesondere solche Subgraphen überrepräsentiert, in denen jeder Knoten mit jedem anderen verbunden ist. [Bö08] weist allerdings darauf hin, dass hier noch systematische experimentelle Untersuchungen folgen müssen.

5.5 Stöchiometrische Analyse

In der stöchiometrischen Matrix, die ein Ergebnis der Netzwerkrekonstruktion ist (vgl. Abschn. 5.3), geben die Spalten die Reaktionen, die Zeilen die Substanzen und die Einträge in den Matrixfeldern die stöchiometrischen Koeffizienten an. Eine solche Matrix gibt also Auskunft darüber, welche Reaktionen in dem Netzwerk auftreten und an welchen Reaktionen die einzelnen Substanzen als Substrate oder Produkte teilnehmen. Man unterscheidet zwischen internen Reaktionen und Randreaktionen (boundary reactions). Letztere lassen sich in der stöchiometrischen Matrix daran erkennen, dass ihre Spalten nur Zahlen mit dem gleichen Vorzeichen oder Nullen enthalten. Interne Reaktionen hingegen enthalten stets Einträge mit unterschiedlichen Vorzeichen. Ebenso kann man interne und externe Metabolite unterscheiden: Interne Metabolite enthalten in ihren Zeilen jeweils Einträge mit unterschiedlichen Vorzeichen, während externe Metabolite nur Einträge mit gleichem Vorzeichen oder Nullen enthalten.

$$
\begin{array}{c}
\textbf{Reaktionen} \\
\begin{array}{ccccc}
 & r_1 & r_2 & r_3 & r_4 \\
s_0 & -1 & 0 & 0 & 0 \\
s_1 & 1 & -1 & 0 & 0 \\
s_2 & 0 & 1 & -1 & -1 \\
s_3 & 0 & 0 & 1 & 0 \\
s_4 & 0 & 0 & 0 & -1
\end{array}
\end{array}
$$

Kennt man zusätzlich die Reaktionsraten der einzelnen Reaktionen, so kann man die Veränderungen der Konzentrationen der einzelnen Substanzen über die Zeit berechnen. Für eine stöchiometrische Matrix M mit m Substanzen und n Reaktionen, einen Flußvektor $v = (v_1, v_2, \ldots, v_n)^T$ mit den Reaktionsraten der einzelnen Reaktionen und einen Vektor $x = (x_1, x_2, \ldots, x_m)$ von Konzentrationen gilt daher

$$\frac{dx}{dt} = Sv. \tag{5.1}$$

Typischerweise kennt man aber weder die Konzentrationen der Substanzen noch für alle Reaktionen die Reaktionsraten, mit denen sie ablaufen. Wenn man aus der stöchiometrischen Matrix also Rückschlüsse auf das zugrunde liegende Netzwerk ziehen möchte, so muss man an dieser Stelle vereinfachen. Das macht man dadurch, dass man das Netzwerk unter Steady-State-Bedingungen betrachtet:

Chemische und biochemische Reaktionen streben einen Gleichgewichtszustand an, in dem die Substrate und die Produkte in einem bestimmten Verhältnis zueinander stehen. Diese charakteristische Konstante wird als Gleichgewichts- oder Massenwirkungskonstante bezeichnet. Von einem Fließgleichgewicht oder einem quasi-stationären Zustand (quasi steady state) spricht man dann, wenn immer ausreichend neue Substrate zur Verfügung gestellt und gleichzeitig die Produkte entzogen (anderweitig verbraucht) werden, die Substrat- und Produktkonzentrationen aber konstant bleiben [Mun00] (vgl. auch Abschn. 2.6 über enzymatische Reaktionen).

Ein metabolisches Netzwerk, dem die Ausgangsmetabolite in ausreichender Menge zugeführt werden und dessen Endprodukte mit der passenden Geschwindigkeit verbraucht werden, strebt ein Fließgleichgewicht an, in dem die Konzentrationen aller beteiligten Metabolite und Enzyme konstant bleiben. Wenn wir nun für den Flußvektor v Steady-State-Bedingungen annehmen, so gilt:

$$Sv = 0. \tag{5.2}$$

Damit entspricht der gesuchte Flußvektor v dem Kern der Matrix S.

Wenn der Rang r (die Anzahl der unabhängigen Zeilen) der stöchiometrischen Matrix kleiner ist als die Anzahl m der Substanzen (Anzahl der Zeilen der Matrix), dann ist das durch Gl. (5.2) repräsentierte Gleichungssystem unterbesetzt, sodass der Kern durch einen Lösungsraum beschrieben wird, dessen Dimension sich aus der Anzahl der Spalten der Matrix vermindert um den Rang der Matrix ergibt:

$$Dim(v) = n - r. \tag{5.3}$$

Anschaulich stellt der Kern alle (rechnerisch) möglichen Stoffflüsse in dem zugrunde liegenden Netzwerk unter Steady-State-Bedingungen dar.

Die den Lösungsraum des Kerns aufspannenden Basisvektoren lassen sich aus dem gegebenen Gleichungssystem (5.2) zum Beispiel mit dem Gaußschen Eliminationsverfahren berechnen. Dazu bringt man das Gleichungssystem zunächst in eine Zeilenstufen- bzw. Echolon-Form. Dies geschieht durch ggf. mehrfaches Anwenden der folgenden Operationen:

1. Vertauschen von Zeilen.
2. Subtraktion einer Zeile von einer anderen Zeile
3. Multiplikation einer Zeile mit einem Faktor $\neq 0$.

Auch Kombinationen der zweiten und dritten Operation sind erlaubt. Das Ziel der Umformungen ist es, das Gleichungssystem in eine Form zu bringen, in der in jeder Zeile der erste Koeffizient weiter rechts steht als in der vorhergehenden Zeile, sodass eine Art Diagonale entsteht. Die Spalten, in denen jeweils das erste Element einer Zeile steht, nennt man Pivot-Spalten. Sie enthalten die gebundenen Variablen. Die übrigen Spalten enthalten freie Variablen. Basisvektoren, die den Lösungsraum aufspannen, erhält man nun, indem man die freien Variablen für die gebundenen einsetzt und dann die freien Variablen ausfaktorisiert. Für jede freie Variable entsteht so ein Vektor.

Abbildung 5.14 zeigt ein Netzwerk mit zwei Metaboliten und vier Reaktionen sowie die zugehörige stöchiometrische Matrix.

Das Netzwerk besitzt zwei linear unabhängige Zeilen, sodass $Rang(N) = 2$ und damit $Dim(v) = 4 - 2 = 2$ gilt. Der Kern der Matrix N wird also durch zwei linear unabhängige Basisvektoren beschrieben. Das durch die stöchiometrische Matrix repräsentierte Gleichungssystem ist in Abb. 5.15 zu sehen. Es befindet

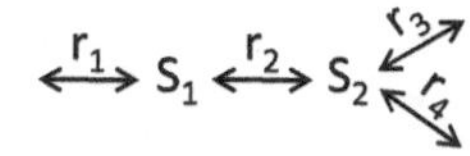

$$\xrightarrow{r_1} S_1 \xleftrightarrow{r_2} S_2 \underset{r_4}{\overset{r_3}{\rightrightarrows}} \qquad N = \begin{pmatrix} 1 & -1 & 0 & 0 \\ 0 & 1 & -1 & -1 \end{pmatrix}$$

Abb. 5.14 Metabolisches Netzwerk mit zugehöriger stöchiometrischer Matrix

$$\begin{matrix} x_1 & -x_2 & & = 0 \\ & x_2 & -x_3 & -x_4 & = 0 \end{matrix} \qquad \begin{pmatrix} x_1 \\ x_2 \\ x_3 \\ x_4 \end{pmatrix} = \begin{pmatrix} x_3 + x_4 \\ x_3 + x_4 \\ x_3 \\ x_4 \end{pmatrix} = x_3 \begin{pmatrix} 1 \\ 1 \\ 1 \\ 0 \end{pmatrix} + x_4 \begin{pmatrix} 1 \\ 1 \\ 0 \\ 1 \end{pmatrix}$$

Abb. 5.15 Gleichungssystem und Basisvektoren zum Netzwerk aus Abb. 5.14

sich bereits in Zeilenstufenform und muss daher nicht weiter umgeformt werden. Spalte 1 und 2 sind die Pivot-Spalten. Daher sind x_1 und x_2 gebundene und x_3 und x_4 freie Variablen. Die Berechnung der beiden Lösungsvektoren ist im rechten Teil der Abbildung zu sehen.

Enthalten alle Basisvektoren für eine bestimmte Menge von Zeilen jeweils gleiche Werte, so bilden diese Reaktionen einen unverzweigten Pfad im Netzwerk, sie müssen unter Steady-State-Bedingungen mit den gleichen Reaktionsraten ablaufen [KHK$^+$05]. Im Beispielnetzwerk in Abb. 5.14 gilt dies für die Reaktionen r_1 und r_2, wie man auch den ersten beiden Zeilen der Basisvektoren entnehmen kann. r_3 und r_4 hingegen bilden eine Verzweigung. Über ihre Reaktionsraten im Vergleich mit den vorangehenden kann man aufgrund der Basisvektoren keine Aussagen treffen.

Basierend auf diesen grundlegenden Eigenschaften der stöchiometrischen Matrix wurden seit etwa Mitte der 90er Jahre verschiedene Ansätze entwickelt, um die tatsächlichen Stoffflüsse – aus der Menge der rechnerisch möglichen – zuverlässiger bestimmen zu können. Im Folgenden werden daher die grundlegenden Ideen der „Elementary Flux Modes", der „Extreme Pathways" und der „Flux Balance Analysis" kurz vorgestellt.

5.5.1 Elementary Flux Modes

Die Idee hinter den „Elementary Flux Modes" [SH94] ist die, dass man auf Basis der Stöchiometrie alle direkten Wege durch das Netzwerk von einem externen Metaboliten zu einem anderen externen Metaboliten bestimmen möchte. Dabei wird berücksichtigt, dass einige Reaktionen irreversibel sind, der Stofffluss also nur in eine bestimmte Richtung erfolgen kann. Das Ergebnis sind Vektoren, die Stoffflüsse durch das Netzwerk repräsentieren. Das Ganze hat die Bezeichnung „elementary", da nur nach minimalen Mengen von Reaktionen gesucht wird, die die entsprechenden Pfade bilden. Ein Elementary Flux Mode ist also ein minimales Subnetz, das im Fließgleichgewicht funktioniert und bei dem alle irreversiblen Reaktionen in der

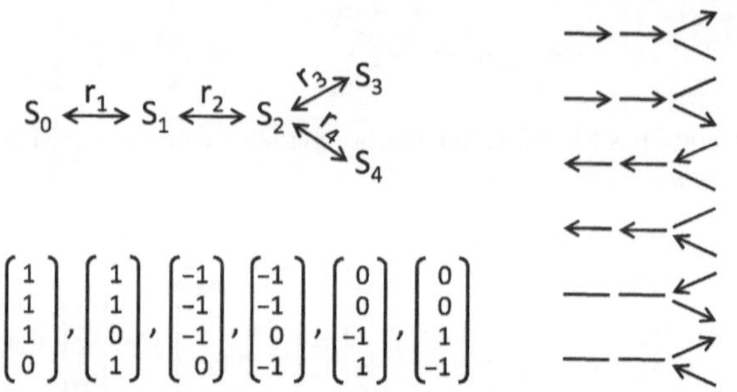

$$v = \begin{bmatrix} 1 \\ 1 \\ 1 \\ 0 \end{bmatrix}, \begin{bmatrix} 1 \\ 1 \\ 0 \\ 1 \end{bmatrix}, \begin{bmatrix} -1 \\ -1 \\ -1 \\ 0 \end{bmatrix}, \begin{bmatrix} -1 \\ -1 \\ 0 \\ -1 \end{bmatrix}, \begin{bmatrix} 0 \\ 0 \\ -1 \\ 1 \end{bmatrix}, \begin{bmatrix} 0 \\ 0 \\ 1 \\ -1 \end{bmatrix}$$

Abb. 5.16 Beispielnetz mit Flussvektoren und graphischer Darstellung der möglichen Wege durch das Netz

richtigen Richtung ablaufen. Es ist minimal in dem Sinne, dass die Inhibierung eines der beteiligten Metaboliten das Fließgleichgewicht unterbrechen würde [RSM$^+$08].

Bezogen auf die Vektoren bedeutet das, dass für keinen der Ergebnisvektoren andere Vektoren gefunden werden können, deren nicht-negative lineare Kombination den Ergebnisvektor ergibt und die außerdem mehr Nullen enthalten, die Steady-State-Bedingungen erfüllen und irreversible Reaktionen in der richtigen Richtung darstellen.

Während der Kern der Matrix, den wir weiter oben betrachtet haben, im Allgemeinen einen unendlichen Lösungsraum besitzt, der durch die Basisvektoren aufgespannt wird, gibt es für jedes Netz eine endliche Anzahl von Elementary Flux Modes.

In Abb. 5.16 wurde das Beispielnetz aus Abb. 5.14 um die externen Metaboliten S_0, S_3 und S_4 ergänzt. Es besteht somit aus drei externen und zwei internen Metaboliten sowie vier reversiblen Reaktionen. Im unteren Teil der Abbildung sind die Flussvektoren zu sehen und im rechten Teil der Abbildung werden die möglichen Wege durch dass Netz graphisch repräsentiert.

Wäre die Reaktion r_2 des Netzwerks nicht reversibel sondern würde nur von S_1 zu S_2 ablaufen ($S_1 \xrightarrow{r_2} S_2$), dann würden der dritte und der vierte Vektor sowie der dritte und der vierte Weg durch das Netzwerk wegfallen.

Elementary Flux Modes lassen sich zum Beispiel mit dem Werkzeug „Metatool" berechnen [vKS06].

5.5.2 Extreme Pathways

Der von Schilling et.al vorgestellte Ansatz der „Extreme Pathways" [SSPH99, SLP00] verfeinert die Elementary Flux Mode-Methode dahingehend, dass alle Extreme Pathways in dem Sinn unabhängig voneinander sind, dass sich kein solcher Pathway durch eine nicht triviale, nicht negative lineare Kombination anderer Extreme Pathways berechnen lässt.

Das wird dadurch erreicht, dass die reversiblen Reaktionen in eine Vorwärts- und eine Rückwärtskomponente zerlegt werden. Dadurch gehören bestimmte Wege nicht mehr zur Ergebnismenge dazu, und es handelt sich bei den Extreme Pathways um eine Untermenge der Elementary Flux Modes. Betrachtet man ein Netzwerk, das nur irreversible Reaktionen enthält, so ergeben beide Ansätze die gleiche Menge möglicher Pathways durch das Netz.

Außerdem werden in diesem Ansatz zwei Arten von internen Komponenten unterschieden: Die sogenannten „currency compounds" sind typischerweise Kofaktoren (wie z. B. ATP, ADP, NADH etc.), die z. B. bei der Energieübertragung eine Rolle spielen, und als „primary compounds" werden die internen Metabolite des Netzes bezeichnet. Für die primary compounds wird weiterhin ein Fließgleichgewicht angenommen, für die currency compounds muss das nicht mehr der Fall sein [PB08, Pal06]. Diese werden also in gewisser Weise den externen Metaboliten zugeordnet [RSM+08]. Die Autoren dieses Papers weisen darauf hin, dass die Grenzziehung zwischen internen und externen Metaboliten in der Literatur unterschiedlich gehandhabt wird und nicht trivial ist.

In [PSP+04] werden die beiden Ansätze miteinander verglichen. Für das metabolische Netz der roten Blutkörperchen wurden 55 Extreme Pathways und 6.180 Elementary Modes gefunden.

5.5.3 Flux Balance Analysis

Für die Flux-Balance-Analyse wird wiederum die stöchiometrische Matrix herangezogen sowie zusätzliche Randbedingungen. Die Betrachtungen werden auf Steady-State-Verhalten beschränkt genauso wie bei den anderen bisher diskutierten Ansätzen auch. Es werden nur irreversible Reaktionen betrachtet und reversible ggf. wie beim Extreme-Pathway Ansatz in Vorwärts- und Rückwärtskomponente zerlegt. Soweit bekannt werden auch die Reaktionsraten der einzelnen Reaktionen mit ins Modell aufgenommen. Und zusätzlich werden alle weiteren bekannten Einschränkungen eingebracht wie zum Beispiel die Zusammensetzung der produzierten Biomasse u.ä. Anschließend wird eine Zielfunktion gewählt, die es zu optimieren gilt. Solche Zielfunktionen können zum Beispiel die Maximierung der Produktion von ATP (zur Speicherung von Energie), die Maximierung der Wachstumsrate oder des Stoffwechselendprodukts sein oder auch die Minimierung der Nährstoffaufnahme [KHK+05].

Diese Zielfunktion wird mit Hilfe des Optimierungsansatzes der Linearen Programmierung (vgl. z. B. [Sch98]) maximiert. Das Ergebnis der Flux-Balance-Analyse ist derjenige Weg durch das Netzwerk, der die Zielfunktion am besten erfüllt. Die Flux-Balance-Analyse kann zu verschiedenen Zwecken eingesetzt werden, u.a. auch zur Verfeinerung der Netzwerkrekonstruktion, da sie in der Lage ist, Lücken im Netzwerk zu schließen [RC09]. In diesem Zusammenhang wird häufig die Maximierung der Biomasseproduktion als Zielfunktion verwendet, wobei im Allgemeinen die Zielfunktion von den sonstigen Randbedingungen abhängig ist. Durch die Variation der zu optimierenden Zielfunktion und die ins Modell aufgenommenen Einschränkungen, kann man mit dem FBA-Ansatz Modelle unter verschiedenen experimentellen Randbedingungen simulieren und testen.

In [RC09] wird eine Übersicht über verschiedene Softwarewerkzeuge zur Durchführung der Flux-Balance-Analyse gegeben.

Die Flux-Balance-Analyse wurde ursprünglich für die Analyse metabolischer Netzwerke entwickelt, ist aber nicht auf diese beschränkt. Sie kann für alle Arten von biochemischen Netzwerken eingesetzt werden, die durch eine stöchiometrische Matrix repräsentiert werden und für die die weiteren oben diskutierten Parameter bekannt sind. Besonders interessant ist die Analyse integrierter Netzwerke wie sie in [LGEP08] vorgestellt wird, da Signaltransduktion, Metabolismus und Genregulation nicht unabhängig voneinander ablaufen sondern im Gegenteil eng miteinander verzahnt sind. Allerdings müssen bei der Übertragung dieser Ansätze auf andere Arten von Netzwerken – insbesondere auf Singnalnetzwerke – die weiter oben (vgl. S. 169ff.) diskutierten grundsätzlichen Unterschiede zwischen diesen berücksichtigt werden [KSRL$^+$06].

Neben der Flux-Balance-Analyse gibt es eine ganze Reihe weiterer Methoden, die auf Optimierungsansätzen beruhen und die Untersuchung bestimmter Aspekte biochemischer Reaktionsnetzwerke erlauben. Eine Diskussion dieser Ansätze würde aber den Rahmen des vorliegenden Buches sprengen und wir verweisen daher auf Kap. 16 in [Pal06], wo eine Übersicht über diese Methoden gegeben wird.

5.6 Modellierungsansätze im Überblick

Modelle sind immer Abstraktionen vom realen System, d. h. sie vereinfachen, verdichten und lassen Details weg. Die Begriffsbildung, ab wann etwas als Modell zu bezeichnen ist, ist nicht immer ganz eindeutig. Zum einen könnte man jede Repräsentation eines Sachverhalts auf einer abstrakteren Ebene bereits als Modell bezeichnen. Dann wären alle Repräsentationen biologischer Netzwerke, die wir in den letzten Abschnitten betrachtet haben, Modelle – sei es die rekonstruierten Netzwerke in Form von stöchiometrischen Matritzen oder ganz abstrakt als Graphen. Auch die mit Hilfe der Ansätze „Elementary Flux Modes" und „Extreme Pathways" gefundenen Pathways wären Modelle genauso wie die Ergebnisse der „Flux Balance Analysis".

In [Pal06] wird nur die „Flux Balance Analysis" als Modellbildung bezeichnet, während die stöchiometrische Matrix und die beiden anderen oben genannten Ansätze als mathematische Repräsentation rekonstruierter Netzwerke bezeichnet werden. Trotzdem haben wir die „Flux Balance Analysis" noch mit in den letzten Abschnitt aufgenommen – quasi als Vorgriff auf die Modellbildung – da sie eine Erweiterung der anderen beiden Ansätze darstellt und der Übergang sicherlich fließend ist.

Modellierungsansätze lassen sich nach der Art der Abstraktionen, die sie vornehmen, klassifizieren. Eine Möglichkeit sind die in Abb. 5.17 gezeigten Modellierungsdimensionen nach [UDZ05]. Die dort verwendeten Begriffe werden im Gebiet der Systembiologie häufig benutzt, um die diskutierten Modelle einzuordnen. Eine etwas andere, weiter greifende und gleichzeitig differenziertere Klassifikation von Modellierungsansätzen wird beispielsweise in [CL06] vorgestellt.

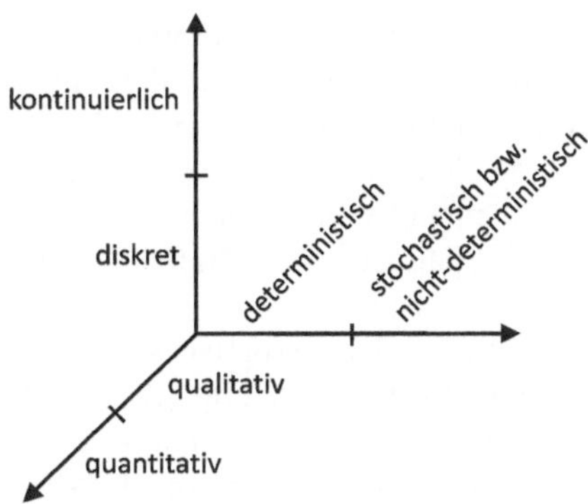

Abb. 5.17 Modellierungsdimensionen

5.6.1 Modellierungsdimensionen

Die drei in Abb. 5.17 gezeigten Modellierungsdimensionen geben Auskunft darüber, ob die Zustandsänderungen des Modells kontinuierlich oder zu diskreten Zeitpunkten stattfinden, ob der Zustandsraum qualitativ oder quantitativ dargestellt wird und ob das Systemverhalten deterministisch, nicht-deterministisch oder stochastisch beschrieben wird. Dabei existieren auch hybride Ansätze, die beispielsweise sowohl diskrete als auch kontinuierliche Aspekte berücksichtigen.

5.6.1.1 Diskrete versus kontinuierliche Modellierung

Diskrete Modelle zeichnen sich dadurch aus, dass sie eine endliche Anzahl von Zustandsänderungen innerhalb eines Zeitintervalls beschreiben, während sich bei kontinuierlichen Modellen der Systemzustand permanent ändert (ändern kann).

Traditionell werden biochemische Reaktionen oder Reaktionsfolgen mit gewöhnlichen Differentialgleichungen modelliert (vgl. Abschn. 2.6), die kontinuierliche Zustandsänderungen in Abhängigkeit von der Zeit beschreiben. Die Zustandsänderungen sind dabei typischerweise Konzentrationsänderungen der beteiligten Substanzen.

Die diskreten Modelle können noch danach unterschieden werden, ob die Zustandsänderungen zeit- oder ereignisgesteuert stattfinden. Die zur ersten Gruppe gehörenden Modelle werden auch als „time-driven", „time-stepped" oder „discrete stepwise" bezeichnet, die zur zweiten Gruppe gehörenden als „event-driven".

Bei den zeitgesteuerten Modellen ist die Zeit in gleichgroße Intervalle unterteilt und zu jedem so definierten diskreten Zeitpunkt – also in Abhängigkeit einer (abstrakten) Uhr – findet eine Zustandsänderung statt. Diese kann auch eine Null-Operation (null event) sein. Bei den ereignisgesteuerten Modellen hingegen sind Zustandsänderungen nicht von der Zeit abhängig sondern werden durch das Auftreten von Ereignissen ausgelöst.

Je nach Betrachtungsweise kann man die ereignisgesteuerten Modelle so interpretieren, dass ihnen ein kontinuierliches Zeitmodell zugrunde liegt, Zustandsänderungen aber nur durch Ereignisse ausgelöst werden können [UDZ05]. Oder man betrachtet sie als zeitlose Modelle, bei denen es nur darauf ankommt zu zeigen, welche Ereignisse kausal voneinander abhängen und welche nebenläufig zueinander auftreten können. In so einem Fall ist dann lediglich das logische Systemverhalten interessant [CL06].

Die Klassifikation als zeit- oder ereignisgesteuerter Ansatz ist nicht für alle diskreten Modellierungssprachen eindeutig. Klassische Petri-Netze (Stellen-Transitionsnetze, s.u., Abschn. 6.1) etwa kann man beispielsweise als zeitgesteuert einordnen, da zu jedem (abstrakten) Zeitpunkt eine der schaltbereiten Transitionen schaltet. Ist der Zeitbegriff für das Modell aber nicht wichtig, sieht man es also als zeitlos an, kann man es auch den ereignisgesteuerten Modellen zuordnen [CL06].

Wenn im Folgenden ganz allgemein von diskreten Modellen oder Ansätzen die Rede ist, ist die Unterscheidung zwischen zeit- und ereignisgesteuerten Ansätzen nicht wichtig, sondern lediglich die Tatsache, dass die Zustandsänderungen eben nicht kontinuierlich erfolgen.

5.6.1.2 Qualitative versus quantitative Modellierung

Im Allgemeinen kann man auch bei der Frage, wie der Zustandsraum modelliert wird, zwischen diskreten und kontinuierlichen Ansätzen unterscheiden. Mathematisch ausgedrückt bedeutet das, dass in diskreten Ansätzen die Zustandsvariablen nur ganzzahlige Werte annehmen dürfen, während es im kontinuierlichen Fall auch reelle Zahlen sein dürfen. Anschaulich bedeutet das, dass mit diskreten Zustandsräumen zum Beispiel Stückzahlen von Gegenständen modelliert werden, während es im kontinuierlichen Fall etwa um Konzentrationen oder Gewichte geht.

Werden nun bei der Modellierung biologischer Systeme qualitative und quantitative Ansätze unterschieden, so ist unter „quantitativ" meist ein kontinuierlicher Zustandsraum zu verstehen – typischerweise die Konzentration der einzelnen Substanzen. Bei einer qualitativen Modellierung werden meist nur Aussagen darüber gemacht, ob die Substanzen vorhanden sind oder nicht, wobei „vorhanden" dann bedeutet, dass sie in ausreichender Menge vorhanden sind. Bei Enzymen kann auch zwischen „vorhanden und aktiv", „vorhanden und inaktiv" sowie „nicht vorhanden" unterschieden werden. Auch die stöchiometrischen Koeffizienten werden bei der qualitativen Modellierung zum Teil berücksichtigt.

Insgesamt heißt das, dass wir es mit diskreten Zustandsräumen zu tun haben, deren Wertebereiche aber stark eingeschränkt sind, z. B. auf die Werte 1 und 0 für vorhanden und nicht vorhanden oder auf drei Werte, wenn man noch die Unterscheidung zwischen aktiv und inaktiv berücksichtigen will oder auf den Wertebereich, den man für die stöchiometrischen Koeffizienten benötigt.

Man möchte durch die Begriffswahl qualitativ und quantitativ für den Zustandsraum statt diskret und kontinuierlich also ausdrücken, dass im nicht-kontinuierlichen Fall nur ganz wenige diskrete Werte zum Einsatz kommen.

5.6.1.3 Deterministische versus nicht-deterministische versus stochastische Modellierung

Hier steht die Frage im Vordergrund, ob das Systemverhalten deterministisch – also reproduzierbar bei gleichen Ausgangswerten – modelliert wird oder ob Zufallskomponenten im Spiel sind. Es kann verschiedene Gründe geben, das Systemverhalten stochastisch zu modellieren. Zum Beispiel sind manchmal die zur Verfügung stehenden Daten nicht ausreichend, um ein System präzise zu modellieren. Die Zufallskomponenten würden dann die Unsicherheitsfaktoren bzgl. der vorhandenen Informationen ausdrücken [UDZ05]. Auf der anderen Seite sind manche biologischen Sachverhalte inhärent stochastisch, also von nicht vorhersehbaren Faktoren abhängig. Im Stoffwechsel könnte das zum Beispiel die Menge der umzusetzenden Metabolite sein. Solche Sachverhalte modelliert man am adäquatesten mit stochastischen Ansätzen.

Mit dem Gegensatzpaar deterministisch versus stochastisch wird aber nicht die ganze Bandbreite an Modellierungsmöglichkeiten des Systemverhaltens abgedeckt. Petri-Netze (vgl. Kap. 6) z. B. sind nicht-deterministisch, ohne dass sie über eine explizite Zufallskomponente verfügen. In Petri-Netzen darf pro Schritt nur eine einzige Transition schalten. Sind mehrere Transitionen aktiviert, so wählt das System nicht-deterministisch eine aus, die schaltet. Dadurch wird modelliert, dass bestimmte Transitionen unabhängig voneinander sind, also nicht in einer bestimmten Reihenfolge stattfinden müssen. Es gibt aber bei klassischen Petri-Netzen keine Möglichkeit, die Zufallskomponente des Systems zu beeinflussen.

Spricht man aber von stochastischen Modellen, so geht es dadrum, Zufallskomponenten explizit zu modellieren und zum Beispiel auch eine Verteilungsfunktion für die Wahrscheinlichkeitswerte anzugeben, die den zu modellierenden Sachverhalt möglichst adäquat widerspiegelt.

5.6.2 Einordnung von Modellierungsansätzen

Im Prinzip sind die Eigenschaften der unterschiedlichen Modellierungsdimensionen frei miteinander kombinierbar und es lassen sich auch für alle Kombinationen Beispiele finden (vgl. etwa [UDZ05] oder [CL06]), aber bestimmte Kombinationen sind trotzdem vorherrschend und diese werden wir im Folgenden genauer ansehen. Zur Veranschaulichung betrachten wir die Aktivierung von Rezeptoren durch Liganden (vgl. Abb. 5.18).

Eine Rezeptor-Liganden-Interaktion stellt zum Beispiel den Anfang eines Signaltransduktionswegs dar. Viele Rezeptoren sind Transmembranproteine, d. h. sie befinden sich in der Zellmembran, bieten zur Außenseite hin eine Bindungsstelle für Liganden und können Signalkaskaden im Inneren der Zelle auslösen. Zunächst sind die Rezeptoren inaktiv. Bindet jedoch ein Ligand an sie, werden sie aktiviert und leiten das Signal ins Innere der Zelle weiter.

Abbildung 5.19 stellt eine solche Rezeptor-Liganden-Interaktion als Live Sequence Chart (LSC) dar. Live Sequence Charts [DH01] sind eine der diskreten

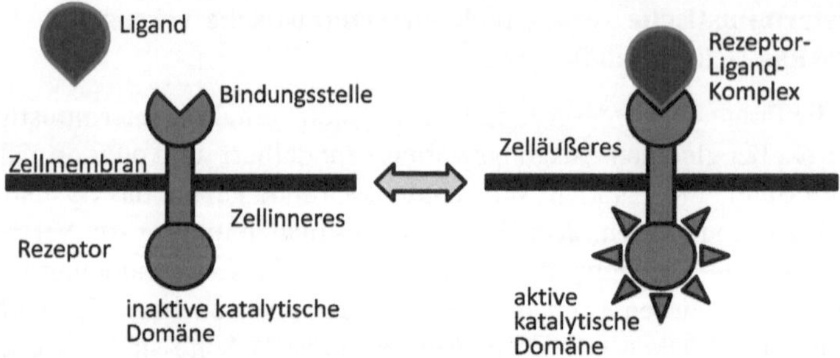

Abb. 5.18 Rezeptor-Liganden-Interaktion schematisch

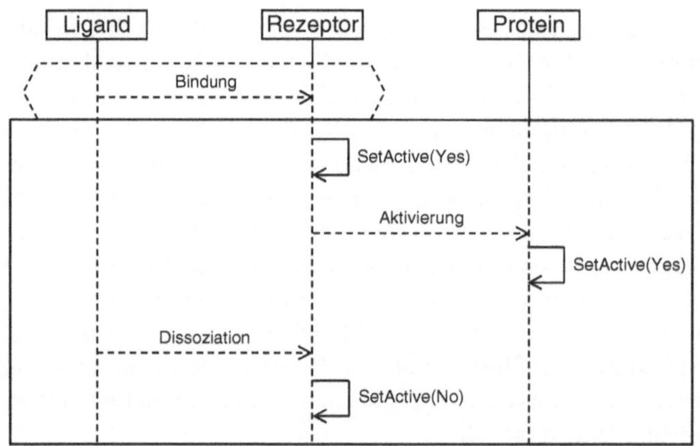

Abb. 5.19 Rezeptor-Liganden-Interaktion als Live Sequence Chart

Modellierungssprachen, die ursprünglich für die Spezifikation technischer Systeme entwickelt wurden und die seit einigen Jahren auch zur Beschreibung biologischer Systeme eingesetzt werden. Weitere solche Sprachen diskutieren wir in Abschn. 5.6.3. LSCs sind den aus der Unified Modeling Language (UML) bekannten Sequenzdiagrammen sehr ähnlich, bieten allerdings einige zusätzliche Möglichkeiten und haben eine eindeutigere Semantik [CHK08].

In LSCs werden Objekte durch Rechtecke repräsentiert, die den Namen des Objekts enthalten und unter denen eine senkrechte Linie angeordnet ist, ihre sogenannte Lebenslinie. Auf dieser Lebenslinie werden Ereignisse, an denen das Objekt teilnimmt, sowie Nachrichten, die es verschickt oder bekommt, eingetragen. Die Nachrichten werden dabei als waagerechte Pfeile zwischen dem versendenden und dem empfangenden Objekt dargestellt. LSCs können einen sogenannten Pre-Chart enthalten, der durch ein langgezogenes gestricheltes Sechseck umschlossen wird. Er besagt, dass bei Auftreten der dort angegebenen Aktion, der Vorbedingung, die im Haupt-Chart beschriebenen Aktionen auftreten müssen.

In unserem Beispiel ist die Bindung eines Liganden an den Rezeptor die Vorbedingung dafür, dass dieser in seinen aktiven Zustand übergeht und seinerseits ein Protein aktiviert, wodurch er eine Signalkaskade im Inneren der Zelle anstößt, deren weiterer Verlauf hier aber nicht gezeigt wird. Irgendwann später dissoziieren Ligand und Rezeptor wieder, wodurch der Rezeptor inaktiviert wird.

Dieses Modell ist diskret, qualitativ und deterministisch. Diskret ist es, da nur beschrieben wird, welche Ereignisse auftreten können und was die Folgen dieser Ereignisse sind, d. h. in welchen Zustand das System wechselt. Qualitativ ist es, weil nur exemplarisch gezeigt wird, was passiert. Wieviele Rezeptoren und Liganden tatsächlich in und an einer Zelle vorhanden sind, wie ihre Produktions- oder Abbauraten aussehen etc. wird gar nicht thematisiert. Außerdem ist das System deterministisch, da der Folgezustand immer feststeht. Im Allgemeinen lassen sich mit LSCs aber durchaus nicht-deterministische Modelle beschreiben.

Die hier gezeigte Modellierung der Rezeptor-Liganden-Interaktion ist auf einem sehr abstrakten Niveau gehalten und könnte auch mit LSCs noch detaillierter gestaltet werden. Es geht uns an dieser Stelle aber nicht um die Präsentation von LSCs mit allen ihren Möglichkeiten sondern um die Gegenüberstellung von diskreter qualitativer und kontinuierlicher quantitativer Modellierung. Auf LSCs kommen wir weiter unten in Abschn. 5.6.2 nochmal zurück, wo auch Hinweise auf weiterführende Literatur gegeben werden. Eine andere diskrete qualitative Modellierung diese Beispiels wird im Petri-Netz-Kapitel in Abschn. 6.5.2.1 gezeigt.

Traditionell werden biochemische Reaktionen mit gewöhnlichen Differentialgleichungen modelliert (vgl. Abschn. 2.6), die Konzentrationsänderungen der Substanzen in Abhängigkeit von der Zeit beschreiben. Dieser Ansatz ist also kontinuierlich, quantitativ und deterministisch. [KHK$^+$05] enthält ein mit Differentialgleichungen modelliertes Beispiel zur Rezeptor-Ligand-Interaktion, das wir hier kurz zusammenfassen wollen:

In [KHK$^+$05] können Rezeptoren nicht nur inaktiv oder aktiv sein sondern es gibt noch eine dritten Zustand „empfänglich". Inaktive Rezeptoren müssen zunächst empfänglich werden, bevor sie mit einem Liganden eine Bindung eingehen können, wodurch sie dann aktiv werden. Es gibt also zu jedem beliebigen Zeitpunkt eine bestimmte Menge an inaktiven Rezeptoren (R_i), an empfänglichen (R_e) und an aktiven (R_a). Diese Mengen werden typischerweise als Konzentrationen angegeben und das Differentialgleichungsmodell beschreibt nun die Konzentrationsveränderungen von R_i, R_e und R_a über die Zeit. Dabei müssen die Raten berücksichtigt werden, mit denen die Rezeptoren von ihrem inaktiven in den empfänglichen Zustand übergehen und von dort mit Hilfe des Liganden in den aktiven Zutand. Ebenso müssen die Raten für den „Rückweg" bekannt sein. Dabei können Rezeptoren vom aktiven Zustand in den empfänglichen oder auch direkt in den inaktiven Zustand wechseln, und empfängliche Rezeptoren können auch wieder inaktiv werden. Abbildung 5.20 zeigt diese Zusammenhänge. Dabei steht v_{ie} beispielsweise für die Reaktionsrate beim Wechsel vom inaktiven in den empfänglichen Zustand.

Die Abbildung zeigt außerdem, dass inaktive und und empfängliche Rezeptoren auch direkt aus Vorläuferstoffen produziert werden (v_{p*}) und dass alle Rezeptoren auch degradiert (abgebaut) werden können (v_{d*}).

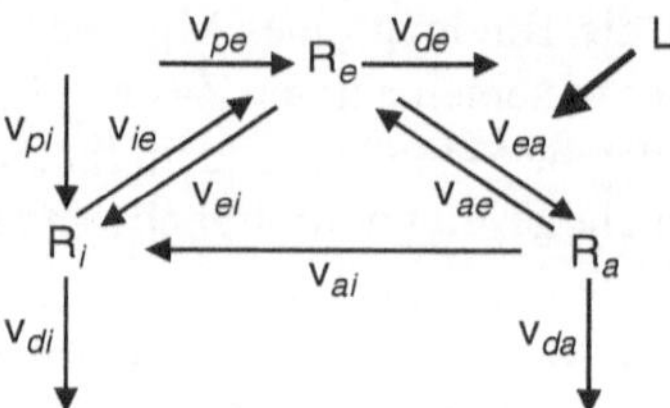

Abb. 5.20 Rezeptor-Liganden-Interaktion kontinuierlich und quantitativ (angelehnt an [KHK$^+$05])

Die Veränderung der Anzahl der aktiven Rezeptoren über die Zeit lässt sich somit wie folgt beschreiben:

$$\frac{d}{dt}R_a = v_{ea} - v_{ae} - v_{ai} - v_{da} \qquad (5.4)$$

Die Veränderung von R_a ergibt sich also aus der Rate, mit der empfängliche Rezeptoren an Liganden binden und aktiv werden, abzüglich der Raten, mit denen aktive Rezeptoren in ihren empfänglichen oder ihren inaktiven Zustand übergehen und mit denen sie abgebaut werden.

Entsprechende Gleichungen lassen sich für die anderen Rezeptorzustände aus der Abbildung ablesen. Um aus diesen Informationen ein ausführbares Modell zu erstellen, müssen die einzelnen Reaktionsraten v_{**} bekannt sein. Wie man sich solchen Werten im Prinzip annähert, haben wir in Abschn. 2.6 kurz angerissen. Ausführlichere Informationen speziell zu diesem Beispiel finden sich in [KHK$^+$05], S. 203 ff.

Es lässt sich schon an diesem einfachen Beispiel gut erkennen, dass diese beiden grundsätzlich unterschiedlichen Modellierungsansätze ganz verschieden Stärken und Einsatzbereiche haben. Die Modellierung mit Differentialgleichungen erfasst sehr genau, wie die Rezeptoraktivierung im Einzelnen aussieht, welche Parameter dabei zu beachten sind und mit welchen Geschwindigkeiten die einzelnen Prozesse ablaufen. Man bekommt also eine sehr detaillierte Vorstellung von den betrachteten Abläufen. Der Preis dafür ist aber, dass auch jede Menge Daten bekannt sein bzw. abgeschätzt werden müssen. Informationen in einem solchen Detailgrad für ganze Pathways oder gar ganze Netzwerke zu bekommen, ist mindestens schwierig wenn nicht in manchen Fällen gar unmöglich.

Die diskrete Modellierung hingegen betrachtet die Vorgänge am Rezeptor auf einer sehr viel höheren Abstraktionsebene. Hier interessiert nur, dass ein Rezeptor verschiedene Zustände haben kann, dass er durch Bindung des Liganden von einem in den anderen wechselt und dass er in seinem aktiven Zustand selbst in der Lage ist, andere Moleküle zu aktivieren und dadurch das Signal weiterzuleiten. Wieviele Rezeptoren und Liganden an solchen Vorgängen beteiligt sind und wie schnell diese Vorgänge ablaufen, interessiert hier nicht. Auch wenn wir es in dem Beispiel oben nicht gezeigt haben, interessiert hier viel mehr, wie es denn weitergeht, welche Abläufe der Rezeptor anstößt und wie letztlich die Reaktion der Zelle auf das

Signal von außen ist. Die hohe Abstraktionsebene bei dieser Art von Modellierung erlaubt es, komplette Pathways zu betrachten und den Blick vom Detail aufs Ganze zu lenken.

Gleichzeitig erlaubt die diskrete Modellierung andere Arten von Analysen als die kontinuierliche. Wir werden später anhand der Petri-Netze ausführlich darauf zurückkommen (vgl. Kap. 6).

Nachdem wir nun je ein Beispiel für die diskrete qualitative und für die kontinuierliche quantitative Modellierung betrachtet haben, stellt sich die Frage, welche Kombinationen von Eigenschaften der verschiedenen Modellierungsdimensionen noch möglich bzw. gängig sind.

5.6.2.1 Deterministisch versus stochastisch versus nicht-deterministisch

Stochastische Aspekte zum Beispiel kommen häufig im Zusammenhang mit diskreten (discrete event) Modellen vor, sind aber auch auf kontinuierliche Systeme anwendbar [UDZ05]. Es gibt stochastische Differentialgleichungen, die das ermöglichen. Meistens sind aber diskrete Modelle entweder stochastisch oder nichtdeterministisch und kontinuierliche Modelle deterministisch. Es gibt auch die Kombination von stochastischen diskreten Modellen mit kontinuierlichen Submodellen.

5.6.2.2 Qualitativ versus quantitativ

Normalerweise sind kontinuierliche Modelle auch quantitativ. Es gibt aber auch kontinuierliche qualitative Modelle. Diese zeigen dann keine Quantitäten sondern Tendenzen (wenig/viel) über einem kontinuierlich dargestellten Zeitabschnitt [UDZ05].

Oftmals liegen zu wenig quantitative Daten vor, sodass zunächst eine qualitative Modellierung durchgeführt wird. Ändert sich die Datenlage, können nach und nach quantitative Aspekte im Modell ergänzt werden. Dies ist insbesondere bei hybriden Modellierungsansätzen möglich.

Die Frage nach der Erreichbarkeit bestimmter Systemzustände ist eine typische Frage, die mit qualitativen Modellen beantwortet werden kann.

5.6.3 Modellierungssprachen und ihre Anwendung in der Biologie

In [FH07] wird grundsätzlich zwischen mathematischer und algorithmischer (computational) Modellierung unterschieden. Unter einem mathematischen Modell verstehen die Autoren dabei ein Modell, dass typischerweise aus Gleichungen besteht und eine denotationale Semantik besitzt. Algorithmische Modelle hingegen werden mit Spezifikationssprachen beschrieben und besitzen eine operationale Semantik.

Die im letzten Abschnitt angerissene Modellierung der Rezeptoraktivitäten mit Hilfe von Differentialgleichungen ist ein mathematischer Ansatz, in dem Quantitäten zueinander in Beziehung gesetzt werden. Je nach genauem Modellierungsansatz und Komplexität der Modelle können die Gleichungssysteme gelöst und analysiert werden. Oder es werden mit numerischen Methoden Näherungslösungen gefunden. Mit Simulationen können die Veränderungen der Quantitäten der verschiedenen Variablen über der Zeit aufgezeichnet und visualisiert werden. Dies gilt generell für die traditionellen Ansätze, die kontinuierlich, quantitativ und deterministisch sind. Auch die in Abschn. 5.5.3 vorgestellte „Flux Balance Analysis" ist ein mathematischer Modellierungsansatz.

Im Gegensatz dazu sind algorithmische Modelle letztlich Ausführungsvorschriften für eine abstrakte Maschine. Hier liegt der Fokus auf den Ereignissen, die zwischen den verschiedenen Entitäten des Systems auftreten können. Es werden Spezifikationssprachen verwendet, um auf einer abstrakten aber dennoch eindeutigen Ebene zu beschreiben, welche Ereignisse voneinander abhängig sind, also nur nacheinander auftreten können, und welche unabhängig voneinander stattfinden können.

Mathematische Modellierung	Algorithmische Modellierung
Gleichungen	Spezifikationen
denotationale Semantik	operationale Semantik
(approximative) Lösung der Gleichungssysteme	Ausführung der Modelle
mathematische Analyse	Zustandsraumanalyse, Model-Checking etc.
Simulation	Simulation/Ausführung
meistens kontinuierlich, quantitativ, deterministisch	meistens diskret, qualitativ, nicht-deterministisch
Veränderungen von Quantitäten unter bestimmten Bedingungen	Ereignisse sowie ihre Abhängigkeiten voneinander

Es entstanden im Laufe der Zeit viele verschiedene Spezifikationssprachen, die unterschiedliche Blickwinkel auf das zu modellierende System erlauben und somit unterschiedliche Schwerpunkte setzen. Typischerweise wurden sie zur Spezifikation von rechnerbasierten Systemen entwickelt und kommen erst seit einigen Jahren auch bei der Beschreibung bereits bestehender Systeme wie etwa biologischen Pathways zum Einsatz. Naturgemäß erlauben sie eine ganz andere Sicht auf die zu beschreibenden Systeme, da sie eher im diskreten, qualitativen und nicht-deterministischen Bereich anzusiedeln sind.

Algorithmische Modelle sind also letztlich im weitesten Sinn Ablaufvorschriften, für die ausführbarer Code erzeugt werden kann. Man kann die Abläufe dieser Modelle berechnen, visualisieren und mit verschiedenen Techniken analysieren. Dazu gehören beispielsweise die Zustandsraumanalyse von Petri-Netzen (vgl. Abschn. 6.4) oder auch Model-Checking-Ansätze [BK08], die für unterschiedliche Sprachen zum Einsatz kommen können.

Im Folgenden konzentrieren wir uns auf die algorithmische Modellierung und geben eine Übersicht über die verschiedenen Ansätze, die in den letzten Jahren in der Biologie angewandt wurden.

5.6.3.1 Boolesche Netzwerke

Boolesche Netzwerke wurden 1969 von Kauffmann zur Beschreibung genregulatorischer Netzwerke entwickelt [Kau69] und stellen die älteste Art ausführbarer biologischer Modelle dar [FH07]. Ihr Haupteinsatzgebiet sind nach wie vor genregulatorische Netzwerke [dJ02] aber inzwischen werden sie auch zur Modellierung von Signalnetzwerken verwendet [KSRL$^+$06].

In Booleschen Netzwerken wird jeder Knoten des Graphen durch eine Boolesche Variable repräsentiert. Das Verhalten eines einzelnen Knoten wird durch eine Boolesche Funktion beschrieben, die den nächsten Zustand des Knoten in Abhängigkeit von seinem aktuellen Zustand und dem der Knoten, mit denen er verbunden ist, angibt. Die Boolesche Funktion wird im zugrundeliegenden Graphen durch die Kanten repräsentiert, welche dabei für Aktivierung oder Inhibierung stehen können. In einen Knoten eingehende Kanten können und- oder oder-verknüpft sein.

Die den Booleschen Netzwerken zugrundeliegenden Graphen sind daher keine einfachen Interaktionsgraphen, bei denen eine Kante zwischen zwei Knoten für eine Interaktion bzw. eine gerichtete Kante für die Aktivierung des einen Knoten durch den anderen steht. Boolesche Netzwerke lassen sich durch Hypergraphen darstellen, die durch Kanten mit mehr als zwei Endpunkten darstellen können, dass eine Reaktion mehrere Substrate und mehrere Produkte haben kann [KHT09]. Des Weiteren kann angegeben werden, ob die Teilkanten und- oder oder-verknüpft sind, und ob sie inhibierend oder aktivierend wirken. Man spricht dann auch von logischen, gerichteten Interaktionshypergraphen [KSRL$^+$06].

Abbildung 5.21 zeigt in der linken Hälfte ein Boolesches Netzwerk als Hypergraph und in der rechten als Matrix. Dargestellt wird eine Situation mit zwei Rezeptor-Liganden-Paaren (L_1 und R_1 sowie L_2 und R_2), die jeweils ein Signalmolekül, nämlich a A bzw. B, aktivieren. B kann darüberhinaus auch von A aktiviert werden, welches durch C gehemmt werden kann. Die Zahlen an den Hyperkanten des Graphen sind die Namen derselben.

Der Graph kodiert die folgenden beiden Booleschen Funktionen für die Moleküle A und B:

$$A(t + 1) = (L_1(t) \wedge R_1(t)) \vee \neg C(t) \tag{5.5}$$

$$B(t + 1) = A(t) \vee (L_2(t) \wedge R_2(t)) \tag{5.6}$$

Die Matrix B auf der rechten Seite von Abb. 5.21 enthält als Zeilen die Substanzen und als Spalten die Hyperkanten. Die Startknoten der Hyperkanten bekommen als Eintrag eine -1 und die Endknoten eine 1. Negation wird durch einen Stern am Startknoten der entsprechenden Teilkante gekennzeichnet. Will man das Verhalten eines solchen Netzes analysieren, muss man zumindest für alle die Knoten, die keine

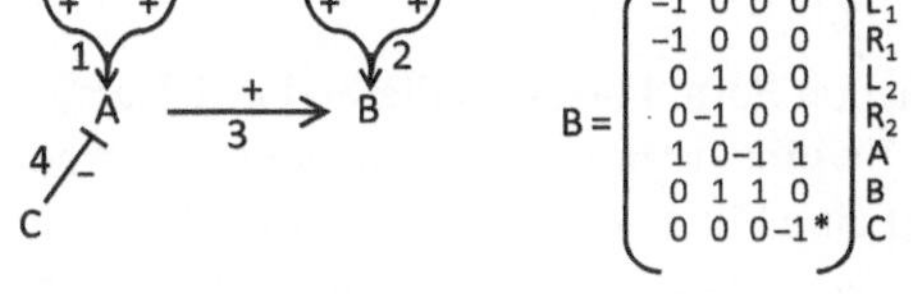

$$B = \begin{pmatrix} -1 & 0 & 0 & 0 \\ -1 & 0 & 0 & 0 \\ 0 & 1 & 0 & 0 \\ 0 & -1 & 0 & 0 \\ 1 & 0 & -1 & 1 \\ 0 & 1 & 1 & 0 \\ 0 & 0 & 0 & -1* \end{pmatrix} \begin{matrix} L_1 \\ R_1 \\ L_2 \\ R_2 \\ A \\ B \\ C \end{matrix}$$

Abb. 5.21 Boolesches Netzwerk als Hypergraph und in Matrix-Darstellung

eingehenden Kanten besitzen, Initialwerte angeben. Die Werte der anderen Knoten lassen sich dann in Abhängigkeit davon Stück für Stück berechnen.

Das so beschriebene dynamische Verhalten kann synchron oder asynchron interpretiert werden: Im synchronen Fall werden in jedem Ausführungsschritt die Werte aller Knoten entsprechend ihrer Booleschen Funktionen geändert. Im asynchronen Fall können diese Änderungen unabhängig voneinander auftreten, d. h. es wird jeweils zufällig ein Knoten ausgewählt, dessen Zustand neu berechnet wird. Diese zwei unterschiedlichen Interpretationsmöglichkeiten resultieren in deterministischen bzw. nicht-deterministischen Modellen.

Unabhängig vom Ausführungsmodell kann eine logische Steady-State-Analyse (logical steady state analysis) durchgeführt werden. In einem logischen quasi-stabilen Zustand (in einem logischen Fließgleichgewicht) befindet sich ein Boolesches Netzwerk dann, wenn sich die Zustände der Knoten nicht mehr ändern. Eine ausführliche Diskussion der Modellierung von Signalnetzen durch Boolesche Netzwerke und der sich daraus ergebenden Analysemöglichkeiten findet sich beispielsweise in [KSRL$^+$06].

Ein Beispiel für ein Werkzeug zur Erstellung Boolescher Netzwerke ist der Cell-NetAnalyzer [KSRG07], der auf MATLAB basiert. Er stellt strukturelle und qualitative Analysemöglichkeiten für metabolische, Signal- und regulatorische Netzwerke zur Verfügung.

In [SRSL$^+$07] wird ein Signalnetzwerk der T-Zell-Rezeptor-Aktivierung als Boolesches Netzwerk repräsentiert und analysiert. Die In-Silico-Analysen ergaben bisher unbekannte Ereignisse, die später experimentell validiert werden konnten. In [SRES$^+$09] finden sich weitere Verweise auf den Einsatz Boolescher Netzwerke. Außerdem wird dort eine Methode zur Kalibrierung der logischen Modelle gegenüber experimentellen Daten vorgestellt. Auch stochastische Aspekte lassen sich mit diesem Ansatz darstellen: In [SDKZ02] werden probabilistische Boolesche Netzwerke eingesetzt, um genregulatorische Netzwerke zu modellieren.

5.6.3.2 Petri-Netze

Petri-Netze sind bipartite gerichtete Graphen. Dabei repräsentiert die eine Knotenmenge – die Plätze – in unserem Fall die Moleküle und die andere – die Transitionen – die Reaktionen. Des Weiteren gibt es Marken oder Token, die sich auf den Stellen befinden können. Im einfachsten Fall bedeutet das Vorhandensein einer Marke, dass das Molekül gerade aktiv, und das Nichtvorhandensein, dass es inaktiv oder nicht vorhanden ist. Graphisch dargestellt werden Stellen typischerweise als Kreise und Transitionen als Rechtecke, die durch Pfeile – die Kanten – miteinander verbunden sind. Marken werden durch ausgefüllte Kreise, die auf den Stellen liegen, repräsentiert.

In ihrer ganz einfachen Form korrespondieren Petri-Netze direkt mit Booleschen Netzwerken [FH07]. Es gibt sie in verschiedenen unterschiedlich ausdrucksstarken Varianten und es steht eine Fülle von Werkzeugen zur Erstellung, Analyse und Ausführung derselben zur Verfügung. Wir besprechen Petri-Netze und ihre Verwendung zur Modellierung biologischer Netzwerke ausführlich im nächsten Kapitel.

5.6.3.3 Regelbasierter Ansatz

In [TD06] wird das Werkzeug Pathway Logic Assistant vorgestellt, das Petri-Netze verwendet, um biologische Netzwerke anzuzeigen. Die Pathway Logic [Tal08] selbst basiert auf der Rewriting-Logik Maude [Mes00] und wird zur Modellierung biologischer Netzwerke verwendet.

In Maude werden Systemzustände durch Variablen algebraischer Datentypen verwendet und lokale Zustandsübergänge durch Rewriting-Rules beschrieben. Solche Regeln haben die Form $p \Rightarrow p'\ if\ c$ und besagen, dass das Muster p, das auch Platzhaltervariablen enthalten kann, in p' überführt wird, falls die Bedingung c gilt. Wenn in einem gegebenen Systemzustand z die linke Seite der Regel nach Auswertung der Platzhaltervariablen auf einen Teil dieses Zustands passt und die Bedingung erfüllt ist, wird die Regel angewandt und die spezifizierten Ersetzungen vorgenommen. Erfüllen mehrere Regeln diese Voraussetzungen, wird nicht-deterministisch eine ausgewählt.

Angewandt auf biologische Netzwerke bedeutet das, dass man solche Rewriting-Regeln verwenden kann, um Reaktionen zu beschreiben. Auf der linken Seite stehen die Substrate, auf der rechten die Produkte und die Bedingung gibt an, unter welchen Umständen die Reaktion stattfinden kann.

Die Rewriting-Logik Maude ist nicht nur eine Sprache sondern auch ein umfangreiches Analysewerkzeug. Beide werden seit vielen Jahren weiterentwickelt. Gleiches gilt für Petri-Netze, wie wir im nächsten Kapitel sehen werden. Der Pathway Logic Assistant nutzt die Vorteile und Möglichkeiten aus beiden Welten, indem er den Wechsel zwischen den verschiedenen Repräsentationen automatisiert und somit die Verwendung der unterschiedlichen zur Verfügung stehenden Analyse- und Simulationswerkzeuge ermöglicht, um unterschiedliche Fragestellungen bearbeiten zu können [TD06].

Eine ausführliche Übersicht über den Ansatz findet sich in [Tal08]. In [ABS$^+$07] wird eine Weiterentwicklung in Richtung quantitativer und stochastischer Modellierung untersucht.

Ein weiterer regelbasierter Ansatz ist BIOCHAM (Biochemical Abstract Machine) [MFS09]. Ähnlich wie der Pathway Logic liegt ihm eine regelbasierte Sprache und eine algebraische Syntax zugrunde. Anfragen an Modelle werden in CTL (Computation Tree Logic) formuliert und mit Hilfe des Modelcheckers NuSMV beantwortet. In [FSCR04] wird der Ansatz auf Signaltransduktionswege angewandt und in [FS08] ausführlich vorgestellt.

5.6.3.4 Szenariobasierter Ansatz

Im szenariobasierten Ansatz werden Interaktionsdiagramme dazu verwendet, um den Signalfluss zwischen verschiedenen Objekten zu beschreiben und zu visualisieren. Die einzelnen Objekte bzw. Objektklassen verfügen dabei meistens über eine „Lebenslinie", die den zeitlichen Verlauf kennzeichnet. Finden Interaktionen zwischen Objekten statt, so werden diese als Pfeile zwischen ihren Lebenslinien eingetragen. Dabei können Objekte auch mit sich selbst interagieren. Dann geht der Pfeil von der eigenen zur eigenen Lebenslinie. Diese Interaktionen werden Nachrichten (messages) genannt, die von einem Sender zu einem Empfänger geschickt werden. Daneben gibt es auch weitere Konstrukte wie etwa Bedingungen, Fallunterscheidungen, Schleifen etc. Interaktionsdiagramme sind gut geeignet, einen Überblick über den Signalfluss im System zu geben.

Live Sequence Charts [DH01] als eine Ausprägung von Interaktionsdiagrammen kamen bereits in Abschn. 5.6.2 bei der Einordnung typischer Modellierungsansätze in die verschiedenen Modellierungsdimensionen als Beispiel für die diskrete, qualitative und nicht-deterministische Modellierung vor. Typische LSCs bestehen aus einem Prechart, der wie oben in Abb. 5.19 durch ein gestricheltes Sechseck eingefasst ist, und einem Mainchart, der von einer durchgezogenen Linie umschlossen ist. Immer wenn nun in einem Systemdurchlauf der Prechart erfüllt ist, muss der Mainchart ebenfalls erfüllt werden. Die Sprache Live Sequence Charts stellt noch weitere Konstrukte zur Verfügung, die es ermöglichen, zwischen möglichen und obligatorischem Verhalten zu unterscheiden.

LSCs wurden in [KHK$^+$04] und [KKM$^+$08] eingesetzt, um bestimmte Entwicklungsphasen des Wurms *C.elegans* zu beschreiben und in [TE07] um Signaltransduktionswege zu repräsentieren. Zur Modellierung und Ausführung von Live Seqence Charts steht das Werkzeug Play Engine [HM03] zur Verfügung.

5.6.3.5 Interagierende Zustandsautomaten

Bei den Zustandsautomaten liegt der Fokus im Gegensatz zum szenariobasierten Ansatz mehr auf den einzelnen Objekten, den unterschiedlichen Zuständen, in denen sie sich befinden können und den Bedingungen, unter denen sie von einem Zustand in einen anderen wechseln. Interagierende Zustandsautomaten betrachten mehrere Objekte und erlauben es, Interaktionen zwischen diesen Objekten zu modellieren, sodass beispielsweise ein Zustandswechsel des einen Objekts einen Zustandswechsel eines anderen Objekts beschreiben kann. Auf diese Weise lassen sich auch Signalfüsse modellieren.

Eine Sprache zur Beschreibung interagierender Zustandsautomaten sind Statecharts [HG97]. Sie wurden zur Modellierung der T-Zellen-Aktivierung und -Differenzierung eingesetzt [EHC03, EHC07], zur Beschreibung von Entwicklungsphasen von *C.elegans* [FPH$^+$05, FPHH07], sowie zur Repräsentation von Signaltransduktionswegen [EMRU07] und genregulatorischen Netzwerken [SN10]. Sie bilden auch die Grundlage für den in [KLH09] vorgestellten Ansatz Biocharts.

Abbildung 5.22 zeigt die Rezeptoraktivierung als Statechart. Es gibt je einen Subchart für den Liganden, den Rezeptor und das vom Rezeptor aktivierte Protein A. Diese Subcharts sind nebenläufig zueinander. Das heißt, das System befindet sich immer gleichzeitig in einem Zustand pro Subchart, wobei Zustände als abgerundete Rechtecke dargestellt sind. Die Pfeile zwischen den Zuständen stehen für Transitionen, die Zustandswechsel beschreiben. Jede Transition kann eine Beschriftung der Form e[b]/a aufweisen, wobei e für ein Ereignis, das auftritt, b für eine Bedingung, die erfüllt sein muss, und a für eine Aktion, die beim Zustandswechsel angestoßen wird, steht. Alle drei Teile der Beschriftung sind optional.

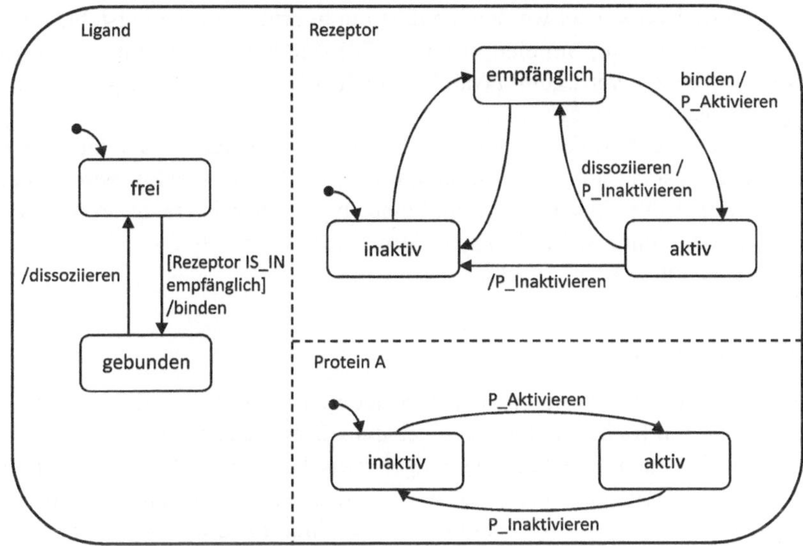

Abb. 5.22 Rezeptoraktivierung als Statechart

Die Beschriftung an der Transition zwischen den Zuständen „frei" und „gebunden" des Subcharts „Ligand" besagt beispielsweise, dass dieser Zustandswechsel nur stattfinden darf, wenn sich der Rezeptor im Zustand „empfänglich" befindet. Außerdem wird das Ereignis „binden" angestoßen, wenn dieser Zustandswechsel ausgeführt wird. Wenn sich nun der Rezeptor im Zustand empfänglich" befindet und der Ligand den beschriebenen Zustandswechsel durch führt, so bekommt der Rezeptor das Ereignis „binden", welches ihn ebenfalls zu einem Zustandswechsel veranlasst etc. Diese Vorgänge könnten durch das Einbeziehen zeitlicher Aspekte wie etwa Verzögerungen von Folgereaktionen u.ä. realitätsnäher modelliert werden in Abhängigkeit von der Verfügbarkeit der entsprechenden Daten. In [KHC01] wird ein recht ähnliches Beispiel zur T-Zellen-Aktivierung gezeigt.

Statecharts können mit dem Werkzeug Rhapsody [HG97] modelliert und analysiert werden. Rhapsody ist auch Bestandteil einer neueren Modellierungsplattform für biologische Systeme GemCell [AKSCH08], die aus Einträgen einer zugehörigen Datenbank automtisch Statecharts generiert.

Ein recht ähnlicher Ansatz sind DEVS (Discrete Event System Specification) [Zei84]. Auch hier liegt der Fokus auf Zuständen und Transitionen, die Zustandsübergänge beschreiben. Modelle können entweder atomar sein oder aus Subsystemen bestehen. Dann werden sie als gekoppelt (coupled) bezeichnet. Die Kommunikation der einzelnen Modelle mit ihrer Umgebung findet über Ein- und Ausgabeschnittstellen (input/output ports) statt. DEVS bringen keine eigene Visualisierung mit, werden aber häufig mit Hilfe von Statecharts dargestellt [EMRU07].

In DEVS können sowohl diskrete als auch kontinuierliche Zustandsübergänge modelliert werden, wobei erste durch Zustandsübergangstabellen und letztere durch Differentialgleichungen angegeben werden können. Beide können auch gemeinsam in einem Modell verwendet werden, so dass ein hybrider Ansatz entsteht. Zur Modellierung, Analyse und Simulation von DEVS-Modellen steht eine ganze Reihe von Werkzeugen zur Verfügung [Wai09]. In [EMRU07] werden DEVS verwendet, um Signaltransduktionswege zu modellieren.

In [Car08] werden Makromoleküle in biologischen Systemen als interagierende stochastische Zustandsautomaten modelliert. Jedes Makromolekül wird dabei als eigener Automat mit einer Identität und einer typischerweise recht großen Anzahl interner Zustände dargestellt. Typische Strukturen wie positive Feedbackschleifen etc. werden ausführlich untersucht.

5.6.3.6 Prozesskalküle

Im Gegensatz zu Zustandsautomaten oder auch zu Petri-Netzen liegt bei Prozesskalkülen der Hauptfokus nicht auf den verschiedenen Zuständen, in denen sich ein System befinden kann, und den Übergängen zwischen diesen Zuständen. Vielmehr stehen hier die Ereignisse, die auftreten können, im Vordergrund und die Frage inwieweit sie sich gegenseitig beeinflussen. Bedingt ein Ereignis ein anderes? Ist es die einzige Bedingung, damit das zweite Ereignis stattfinden kann? Sind zwei Ereignisse unabhängig voneinander? Etc.

Prozesskalküle wie zum Beispiel das π-Kalkül [Mil99] wurden entwickelt, um Netzwerke aus kommunizierenden Prozessen zu beschreiben.

Werden Prozesskalküle zur Modellierung biologischer Netzwerke eingesetzt, so werden die Moleküle als Prozesse modelliert und Interaktionen zwischen den Molekülen als Kommunikation zwischen diesen Prozessen [FH07, Tal08]. Die Prozesse selbst können sich wiederum in unterschiedlichen Zuständen befinden und durch Kommunikationsereignisse von einem in den anderen Zustand überführt werden.

Eine ausführliche Einführung in die Modellierung biologischer Prozesse mit dem π-Kalkül findet sich in [RS04]. Im Laufe der Zeit wurden verschiedene Erweiterungen des π-Kalküls entwickelt und ebenfalls in diesem Gebiet eingesetzt:

Das stochastische π-Kalkül [Pri95] wurde zur Modellierung von Signaltransduktionswegen eingesetzt sowie zur Beschreibung von genregulatorischen Netzwerken [RSS01, RS04, PCC06, WCP$^+$09]. In [KLN06, Kut06] wurde es um Konzepte für nebenläufige Objekte und Vererbung erweitert und zwar basierend auf Erfahrungen bei der Modellierung biologischer Systeme.

Mit Bio-Ambients [RPS$^+$04], das wiederum auf dem stochastischen π-Kalkül basiert, kann man Zell-Kompartimente (also räumliche Gebilde) modellieren sowie die Tatsache, dass sich Entities von einem dieser Kompartimente in ein anderes fortbewegen.

PEPA (Performance Evaluation Process Algebra) [Hil05] ist eine stochastische Prozessalgebra, die in [CDGH06] eingesetzt wird, um Signaltransduktionswege zu analysieren. Diese diskrete Sprache wird dort in Kombination mit einem kontinuierlichen ODE-Ansatz verwendet. Dabei konnten mit Hilfe des Prozessalgebra-Modells, das um quantitative Daten ergänzt wurde, Fehler im ODE-Modell gefunden werden. In [CGHV10] wird ein ausführlicher Überblick über den Einsatz von PEPA zur Modellierung von Signaltransduktionswegen gegeben.

5.6.3.7 Fazit

Die meisten der hier vorgestellten Modellierungsansätze wurden ursprünglich entwickelt, um rechnerbasierte Systeme, die aus vielen nebenläufigen Prozessen bestehen, zu entwerfen und zu analysieren. Sie wählen dabei unterschiedliche Standpunkte und fokussieren auf unterschiedliche Aspekte. Alle haben ihre spezifischen Stärken und Schwächen [Car08].

Während beispielsweise Petri-Netze eine direkte Repräsentation von (Folgen von) biochemischen Reaktionen ermöglichen und diese – wie wir im nächsten Kapitel sehen werden – auf eine sehr natürliche Art darstellen können, betonen interagierende Zustandsautomaten die einzelnen Komponenten eines biologischen Systems und die verschiedenen Zustände, in denen sie sich befinden können. Prozesskalküle liegen eher zwischen diesen beiden Positionen [EMRU07].

Welche der oben diskutierten Sprachen daher am geeignetsten für eine konkrete Modellierung ist, hängt daher stark von der Sichtweise und der zu beantwortenden Fragestellung ab. Da es häufig nützlich ist, aus unterschiedlichen Blickwinkeln auf ein System zu schauen, entwickeln sich inzwischen auch hybride Ansätze, die ein reibungsloses Hin-und-her-Wechseln zwischen den unterschiedlichen Perspektiven und den sich daraus ergebenden Analysemöglichkeiten anstreben.

Da ist zum Beispiel die in [SFB$^+$08] beschriebene gemeinsame Verwendung von LSCs und Statecharts zu nennen, die einen szenariobasierten Ansatz mit einem zustandsorientierten verbindet. In [TD06] werden die Pathway Logic und Petri-Netz-Repräsentationen gemeinsam verwendet.

Ein ähnlicher Ansatz ist im Rahmen des vom BMBF geförderten Intergenomics-Projekts entstanden [ET07]: Die grundlegende Idee war es, statische Beschreibungen von Pathways in ausführbare Modelle umzuwandeln und dabei aus den oben genannten Gründen verschiedene Repräsentationen zu unterstützen. Als Datengrundlage wählten wir die TRANSPATH-Datenbank (s.o., Abschn. 3.1.5), die manuell gepflegte Daten über Signaltransduktionswege enthält und eine der wichtigen Datenbanken in diesem Gebiet ist. So konnte die Frage, was genau denn nun ein Pathway ist und welche Reaktionen jeweils dazugehören sollten und welche nicht, den Experten aus der Biologie, die die Datenbank mit Leben füllen, überlassen werden. In dem Projekt hingegen wurden aus genau den dort abgelegten Daten ausführbare Modelle generiert. Die generierten Modelle machten die abgelegten Pathways erstmals ausführbar und ermöglichten Analysen, die bisher nicht durchgeführt werden konnten. So konnten einige Unstimmigkeiten in den Daten gefunden und behoben werden.

Generiert wurden Live Sequence Charts (s.o.) und Petri-Netze, es kamen die Werkzeuge Play Engine und CPN/Tools [JKW07] zum Einsatz. Um LSCs zu simulieren, benötigt die Play Engine eine graphische Oberfläche, die das zu erstellende System repräsentiert [HM03]. Typischerweise handelt es sich dabei um die Bedienoberfläche des zukünftigen Systems mit Einstellmöglichkeiten und der Anzeige bestimmter Systemparameter. In unserem Fall haben wir dafür eine graphische Visualisierung der zu simulierenden Pathways verwendet, und konnten so die Play Engine quasi als Animationswerkzeug für diese Darstellung einsetzen. Dazu wurde

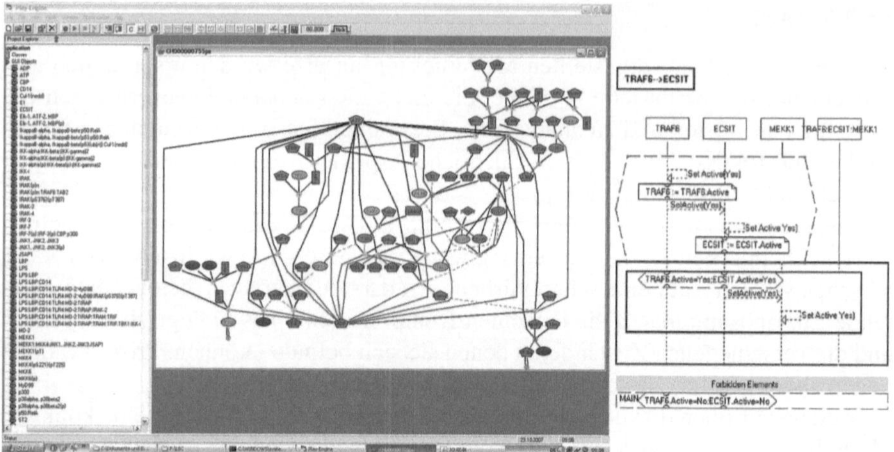

Abb. 5.23 TLR4-Pathway in der Play Engine

ein Werkzeug entwickelt, was es ermöglicht, für jeden Pathway der Datenbank eine
graphische Repräsentation zu generieren. Dabei wurden diejenigen Symbole verwendet, die in der TRANSPATH-Datenbank ohnehin schon zur graphischen Visualisierung der Daten eingesetzt wurden. Die Abbildungen in der Datenbank waren
allerdings manuell als Graphiken erstellt und daher nicht direkt automatisch weiter-
verwendbar.

Abbildung 5.23 zeigt den TLR4-Pathway der TRANSPATH-Datenbank als „Bedienoberfläche" der Play-Engine und einen der zugehörigen LSCs.

Neben den LSCs wurden Petri-Netze aus der TRANSPATH-Datenbank generiert. Abbildung 5.24 zeigt auf der linken Seite den Beginn des TLR4-Pathways
nach Kontakt mit dem Molekül LPS, das vom Bakterium *Pseudomonas aeruginosa*
stammt. In der rechten Seite der Abbildung ist das komplette aus der Datenbank
generierte Petri-Netz des TLR4-Pathways zu sehen.

Eine Übersicht über den Gesamtansatz wird in [ET07] gegeben. Die Erzeugung von LSCs wird in [TE07, TME07, TE08a] vorgestellt und die Generierung
von Petri-Netzen in [TMK+06, TE08b]. In [GLCB+07, TE08b] werden technische
Aspekte bei der Umsetzung vertieft. In der Dissertation [Täu08] wird der hier nur
kurz angerissene Ansatz ausführlich präsentiert.

Daneben gibt es hybride Ansätze, die eine Verbindung zwischen mathematischen und algorithmischen Modellen herstellen, indem sie sowohl diskrete als auch
kontinuierliche Zustandsübergänge erlauben. Zu nennen sind hier beispielsweise [CDGH06], wo die Prozessalgebra PEPA zusammen mit einem ODE-Modell
verwendet wird (s.o.), oder auch DEVS [Zei84], mit denen sowohl diskrete als auch
kontinuierliche Zustandsübergänge modelliert werden können.

Tabelle 5.1 fasst die wesentlichen Aspekte der vorgestellten Sprachen zusammen.
Die Angabe von Werkzeuge ist nur als beispielhaft zu verstehen, für die meisten
Sprachen gibt es noch deutlich mehr als die hier erwähnten.

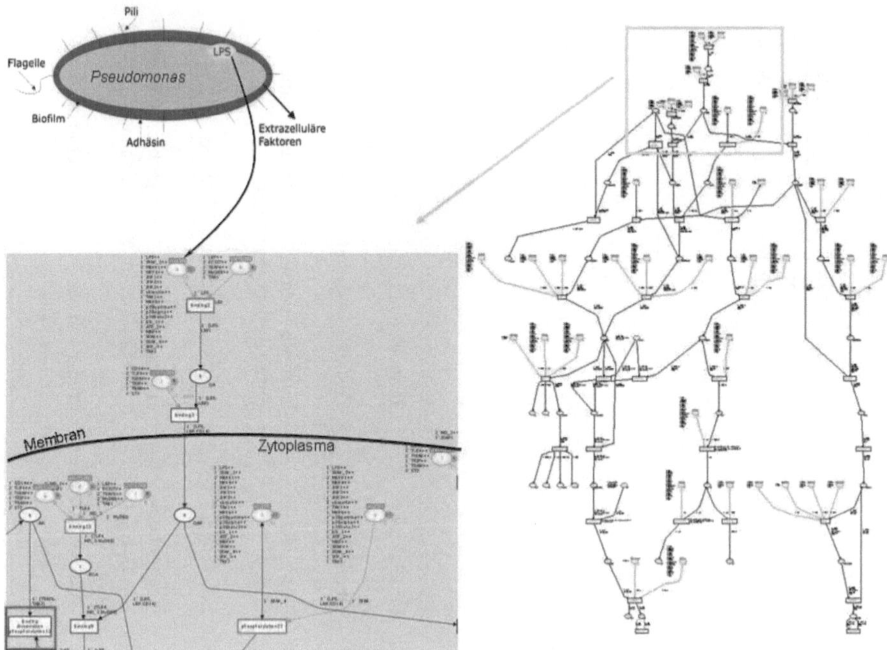

Abb. 5.24   TLR4-Pathway als Petri-Netz (aus [Täu08])

Neben den hier vorgestellten gibt es auch noch weitere Sprachen zur Erstellung algorithmischer Modelle. [GFG⁺06] enthält eine Übersicht, die sowohl mathematische als auch algorithmische Ansätze einbezieht ohne diese Unterscheidung aber selbst so vorzunehmen. Dort werden auch noch weitere Werkzeuge genannt.

Nach diesem umfassenden Überblick über die verschiedenen Modellierungsansätze wollen wir in Kap. 6 einen dieser Ansätze detailliert betrachten und uns genau ansehen, wie man damit modelliert und welche Analysemöglichkeiten es gibt. Wir haben uns dabei für die Petri-Netze entschieden, da sie eine graphische Repräsentation genauso mitbringen wie eine rigorose mathematische Fundierung. Die verschiedenen Petri-Netz-Erweiterungen greifen Aspekte wie quantitative, kontinuierliche oder auch stochastische Modellierung auf. Die zugehörigen Werkzeuge stellen vielfältige Analysemöglichkeiten zur Verfügung.

Es gibt sowohl für Petri-Netze ganz allgemein als auch für ihre Verwendung zur Modellierung biologischer Netzwerke vielfältige Literatur, die wir für unser Anwendungsgebiet hier aufarbeiten, um einen Einstieg in diese Art der Modellierung biologischer Netzwerke zu liefern. Dies geschieht in der Überzeugung, dass – bei allen Unterschieden zu den anderen oben diskutierten Modellierungsmethoden – eine ausführliche Beschäftigung mit einem Ansatz ein grundlegendes Verständnis erzeugt, dass auch die Verwendung anderer Ansätze erleichtert.

Tabelle 5.1 Modellierungsansätze im Überblick

Ansatz	Boolesche Netzwerke	Petri-Netze	Regelbasierter Ansatz	Szenariobasierter Ansatz	Interagierende Zustandsautomaten	Prozesskalküle
Sprache(n)	Boolesche Ausdrücke		Pathway Logic, BIOCHAM	Live Sequence Charts (LSCs)	Statecharts, DEVS, stoch. Zustandsautomaten	π-Kalkül und Varianten, PEPA
Werkzeuge	CellNetAnalyzer, Matlab	Snoopy, CellIllustrator (vgl. nä. Kap.)	Pathway Analyzer, BIOCHAM	Play-Engine	Rhapsody	SPiM, PEPA
graphisches Format	–	√	–	√	√	–
Modellierungsdimensionen						
diskret / kont.	√/–	√/√	√/–	√/–	√/√	√/√
det./nicht-determ./stoch.	√/√/–	√/√/√	√/√/√	√/√/–	√/√/√	√/√/√
qual./quant.	√/–	√/√	√/√	√/–	√/√	√/√
Biologische Interpretation						
Molekulare Spezies	Boolesche Variable	Stelle	algebraischer Datentyp	Objektklasse	Zustandsdiagramm	Menge paralleler Prozesse
einzelnes Molekül	Boolesche Variable	Token	Elemente eines alg. DT	Objekt	Zustandsdiagramm	Prozess
Reaktion Substrat	Bool. Funktion linke Seite	Transition Eingangsstelle	Rewrite-Rule Elemente eines alg. DT	Nachricht Sender	Zustandswechsel Zustandsdiagramm	Channel-Name Prozess
Produkt	rechte Seite	Ausgangsstelle	Elemente eines alg. DT	Empfänger	Zustandsdiagramm	Prozess
ablaufende Reaktion	Anwendung d. Funktion	Transition feuert	Anwendung d. Rewrite-Rule	Nachrichten-Austausch	Ereignis stößt Zustandswechsel an	Synchronisation von Channels
Zustand	Werte d. Variablen	Markierung	Elemente eines alg. DT	globaler Zustand	ergibt sich aus Zuständen der Subcharts	Prozessmenge

5.7 Zusammenfassung

Das Thema dieses Kapitels war die Modellierung und Analyse biologischer Netzwerke. Dies ist ein sehr breites Thema, da sich biologische Netzwerke auf ganz unterschiedliche Arten modellieren lassen und je nach Ansatz auch ganz unterschiedliche Analysemöglichkeiten zur Verfügung stehen. Ziel dieses Kapitels war es daher, einen möglichst breiten Überblick zu geben, da für ein Verständnis der komplexen Vorgänge in der Zelle das Zusammenspiel der verschiedenen Modellierungs- und Analysemethoden unumgänglich ist.

Als Basis für die weiteren Betrachtungen wurden zunächst grahentheoretische Grundlagen und Graphenmodelle eingeführt. Hier sind insbesondere Small-World-Graphen und skalenfreie Graphen von Interesse. Anschließend wurden topologische Eigenschaften von Graphen diskutiert wie Clusterbildung, Gradverteilung und -korrelation, Module und Subgraphen sowie zentrale Knoten.

Anschließend haben wir uns mit der Rekonstruktion biologischer Netzwerke befasst, die – ganz nebenbei – ein schönes Beispiel dafür ist, wie in aufeinander aufbauenden Schritten verschiedenste Arten biologischer Datenbanken zum Einsatz kommen: angefangen bei Sequenz-, über Funktions- bis hin zu Interaktionsdatenbanken (vgl. Abschn. 3.1 über molekularbiologische Datenbanken). Das Ergebnis der Netzwerkrekonstruktion ist eine stöchiometrische Matrix, die die ablaufenden Reaktionen, die daran beteiligten Substanzen und deren Mengenverhältnisse beschreibt. Geleichzeitig repräsentiert solch eine Matrix auch einen Graphen, dessen Struktur sich analysieren lässt.

In den darauffolgenden Abschnitten haben wir daher zum einen die graphentheoretische Analyse der verschiedenen Arten biologischer Netzwerke vorgestellt. Dabei wurden sowohl globale Eigenschaften wie Durchmesser und Clusterkoeffizient betrachtet aber auch Module, hierarchische Strukturen und Netzwerkmotive.

Zum anderen wurden Methoden der stöchiometrischen Analyse von Netzwerken vorgestellt, deren Ziel es ist, die wahrscheinlichen Stoffflüsse im (metabolischen) Netzwerk zu bestimmen. Die stöchiometrische Matrix gibt zunächst nur Auskunft darüber, welche Reaktionen im Prinzip auftreten können. Damit wird normalerweise eine große Menge möglicher Stoffflüsse beschrieben, die man durch die Einbeziehung bestimmter Annahmen (Steady-State-Bedingungen) und weiterer Randbedingungen einschränkt, um die tatsächlichen Stoffflüsse im Netzwerk genauer bestimmen zu können.

Modelle sind immer Abstraktionen vom realen System, d. h. sie vereinfachen, verdichten und lassen Details weg, daher lassen sich Modellierungsansätze nach der Art der Abstraktionen, die sie vornehmen, klassifizieren. Wir haben drei Modellierungsdimensionen unterschieden, die Auskunft darüber geben, ob die Zustandsänderungen des Modells kontinuierlich oder zu diskreten Zeitpunkten stattfinden, ob der Zustandsraum qualitativ oder quantitativ dargestellt wird und ob das Systemverhalten deterministisch, nicht-deterministisch oder stochastisch beschrieben wird. Dabei existieren auch hybride Ansätze, die beispielsweise sowohl diskrete als auch kontinuierliche Aspekte berücksichtigen.

Wir haben dann einen Schwerpunkt auf die algorithmische Modellierung gelegt und verschiedene Modellierungssprachen vorgestellt und miteinander verglichen (siehe Tabelle 5.1).

Kapitel 6
Biologische Netzwerke als Petri-Netze

Petri-Netze wurden zur Modellierung und Analyse diskreter Systeme mit nebenläufigen und nicht-deterministischen Abläufen entwickelt. Sie sind benannt nach ihrem Erfinder Carl Adam Petri, der 1962 in seiner Dissertation die ersten grundlegenden Konzepte veröffentlichte [Pet62]. Zwei wesentliche Ideen dabei sind, dass zum einen Information einen Träger besitzt, welcher sich mit endlicher Geschwindigkeit bewegt, sodass es sinnvoll ist, diesen Träger ins Modell aufzunehmen. Und zweitens betreffen Aktionen immer nur einen Teil des Zustandsraums (man spricht auch vom Lokalitätsprinzip), sodass es sinnvoll ist, die räumliche Verteilung ins Modell mit aufzunehmen.

Nach eigenen Angaben hat Petri die Netze sogar bereits 1939 entwickelt und zwar mit dem Ziel, chemische Prozesse zu beschreiben [PR08]. Er selbst erwähnt die Anwendungsmöglichkeit in der Chemie erstmals 1976 [Pet76]. 1993 gibt es die erste Veröffentlichung über Anwendungen in der Biologie von Reddy [RML93]. Von diesem Zeitpunkt an finden Petri-Netze eine zunehmende Verwendung zur Modellierung und Analyse biologischer Netzwerke (vgl. bspw. [GP98, CH03, HR04]).

Seit der Veröffentlichung der grundlegenden Konzepte, haben sich die Petri-Netze zu einem umfangreichen Forschungsgebiet entwickelt: Es entstand eine umfassende mathematische Theorie, die inzwischen ganze Monographien füllt (vgl. etwa [PW08, GV03]). Außerdem wurden verschiedene Erweiterungen der ursprünglichen Petri-Netze veröffentlicht: Es gibt beispielsweise gefärbte, kontinuierliche und hybride Petri-Netze, auf die wir später noch genauer eingehen werden.

Petri-Netze sind bipartite gerichtete Graphen. Sie bestehen also aus zwei Knotenmengen, den Stellen oder Plätzen und den Transitionen sowie aus gerichteten Kanten, die immer Knoten unterschiedlichen Typs miteinander verbinden. Die Plätze stellen dabei Bedingungen oder Speicher für Objekte dar, während die Transitionen Ereignisse, Aktivitäten oder Operationen repräsentieren. Des Weiteren gibt es Marken oder Token, die sich auf den Stellen befinden können. Sie stellen die Objekte im System dar und geben darüber Auskunft wie viele Exemplare einer Art zur Zeit im System vorhanden sind. Die Gesamtheit aller zu einem bestimmten Zeitpunkt vorhandenen Marken nennt man Markierung des Netzes. Sie repräsentiert den Gesamtzustand des Systems. Graphisch dargestellt werden Stellen typischerweise als Kreise und Transitionen als Rechtecke, die durch Pfeile – die Kanten – miteinander

S. Eckstein, *Informationsmanagement in der Systembiologie*,
DOI 10.1007/978-3-642-18234-1_6, © Springer-Verlag Berlin Heidelberg 2011

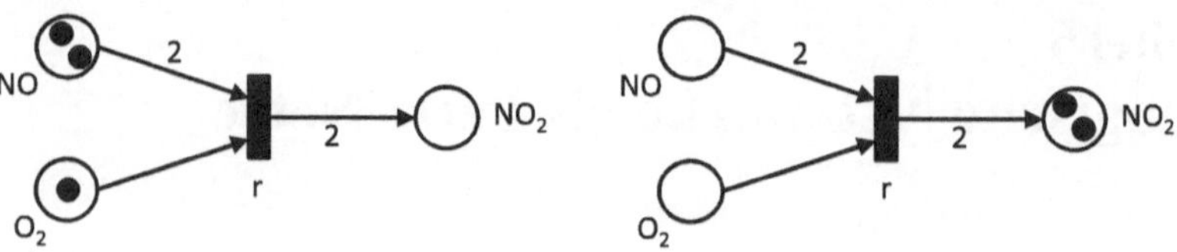

Abb. 6.1 Einfaches Petri-Netz, das die Reaktion von Stickstoffmonoxid mit Sauerstoff zu Stickstoffdioxid (2 NO + O$_2$ → 2 NO$_2$), zeigt

verbunden sind. Marken werden durch ausgefüllte Kreise, die auf den Stellen liegen, repräsentiert.

Kanten können mit Gewichten versehen sein, die als natürliche Zahlen neben die Kanten geschrieben werden. Zusammen mit den Plätzen stellen sie die Vor- und Nachbedingungen der Transitionen dar: Auf denjenigen Plätzen, die mit den eingehenden Kanten einer Transition verbunden sind, müssen soviele Marken vorhanden sein wie als Gewicht an der jeweiligen Kante angegeben ist, damit die Transition schalten kann. Ist kein Gewicht angegeben, so wird genau eine Marke benötigt. Die Gewichte an den ausgehenden Kanten einer Transition geben an, wieviele Marken auf den Ausgangsstellen im Falle des Schaltens der Transition erzeugt werden.

Das einfache Petri-Netz in Abb. 6.1 zeigt die Reaktion von Stickstoffmonoxid mit Sauerstoff zu Stickstoffdioxid. Dabei steht die Transition für die eigentliche chemische Reaktion. Auf den Eingangsstellen finden sich die Substrate – hier also Stickstoffmonoxid und Sauerstoff – auf der Ausgangsstelle das Produkt Stickstoffdioxid. Da die Reaktion 2 Stickstoffmonoxid-Moleküle benötigt und auch 2 Stickstoffdioxid-Moleküle produziert, sind entsprechende Kantengewichte angegegben. Die linke Seite der Abbildung zeigt den durch die Marken repräsentierten Zustand vor und die rechte Seite nach dem Schalten der Transition.

Transitionen, deren Vorbedingungen erfüllt sind, nennt man aktiviert oder schaltbereit. Das bedeutet, dass sie im nächsten Zustand schalten können. Allerdings liegt den Petri-Netzen ein nicht-deterministisches Ausführungsmodell zu Grunde, das besagt, dass immer genau eine Transition in einem Schritt schaltet und dass zufällig entschieden wird, welche der schaltbereiten Transitionen das ist. Das Schalten einer Transition ist atomar, kann also nicht unterbrochen werden.

6.1 Grundlegende Definitionen

Nach der überblicksartigen Einführung der grundlegenden Ideen wollen wir im Folgenden die einzelnen Bestandteile und die unterschiedlichen Arten von Petri-Netzen genauer betrachten.

Zunächst einmal liegt jedem Petri-Netz ein Netzgraph zugrunde, der aus den zwei Arten von Knoten (Stellen und Transitionen) besteht sowie aus den sie verbindenden Kanten. Als Vorbereich eines Knoten x bezeichnet man alle die Knoten, von denen eine Kante zu x führt, als seinen Nachbereich diejenigen Knoten, zu denen eine Kante von x führt. Damit können Stellen nur Transitionen als Vor- und Nachbereich besitzen und umgekehrt. Ein Knoten wird Randknoten genannt, wenn sein Vor- oder Nachbereich leer ist.

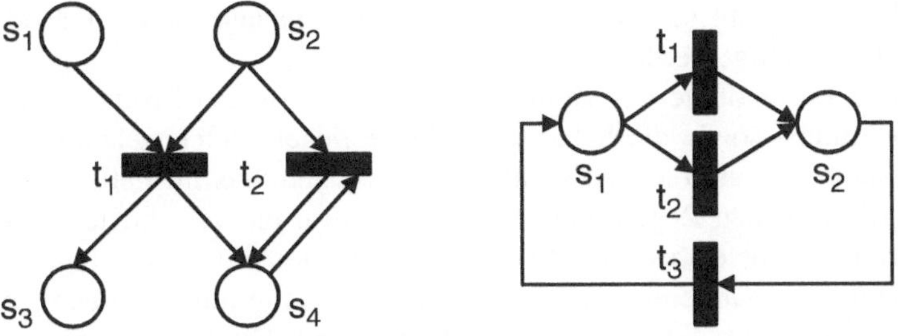

Abb. 6.2 Zwei Netzgraphen. Der linke ist schwach zusammenhängend und enthält eine Schleife. Der rechte ist stark zusammenhängend und schleifenlos

Man nennt einen Netzgraphen schlicht, wenn keine zwei Knoten denselben Vor- und Nachbereich haben. Ein Netzgraph ist schwach zusammenhängend, wenn von jedem Knoten zu jedem anderen Knoten ein Pfad existiert unabhängig von der Richtung der Kanten. Stark zusammenhängend ist er dann, wenn von jedem Knoten zu jedem anderen Knoten ein gerichteter Pfad existiert. Der Netzgraph enthält eine Schleife, wenn ein Zyklus der Länge zwei – also von einer Stelle zu einer Transition und zurück zu der Stelle – existiert.

Abbildung 6.2 zeigt zwei Netzgraphen, von denen der erste schwach und der zweite stark zusammenhängend ist und der erste eine Schleife enthält, der zweite aber nicht.

Basierend auf Netzgraphen lassen sich durch die Hinzunahme von Markierungen die eigentlichen Petri-Netze definieren. Jedes Petri-Netz wird durch seinen Netzgraph und eine Anfangs- oder Startmarkierung beschrieben, die angibt, wie die Marken auf den Stellen vor dem ersten Ausführungsschritt verteilt sind. Die einfachste und grundlegende Art von Petri Netzen sind die Bedingungs-Ereignis-Netze (BE-Netze, event conditions nets), die sich dadurch auszeichnen, dass jede Stelle maximal eine Marke aufnehmen kann. Diese Netze tendieren allerdings dazu, recht groß und unübersichtlich zu werden, sodass verschiedene weitere Arten von Petri-Netzen entwickelt wurden, die eine kompaktere Darstellung bei gleicher Ausdrucksmächtigkeit erlauben. Eine Erweiterung besteht darin, mehrere Marken pro Stelle zuzulassen und Kantengewichte einzuführen. Solche Netze bezeichnet man auch als Stellen-Transitions-Netze (ST-Netze). Im Folgenden sind mit Petri-Netzen immer Stellen-Transitions-Netze gemeint, wenn nicht explizit etwas anderes gesagt wird.

Abbildung 6.1 aus dem letzten Abschnitt zeigt also ein Stellen-Transitions-Netz. In Abb. 6.3 ist das gleiche Beispiel mit Hilfe eines Bedingungs-Ereignis-Netzes

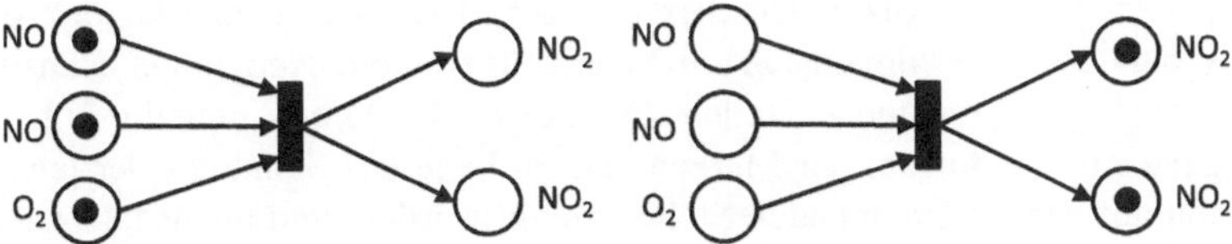

Abb. 6.3 BE-Netz, das die Reaktion von Stickstoffmonoxid mit Sauerstoff zu Stickstoffdioxid $(2\,NO + O_2 \rightarrow 2\,NO_2)$ zeigt

dargestellt. Man sieht schon an diesem kleinen Beispiel, dass zur Modellierung mehr Stellen benötigt werden.

Wichtige Bestandteile der Definition jeder Art von Petri-Netzen sind jeweils die Aktivierungs- sowie die Schaltregel, die festlegen, unter welchen Umständen eine Transition aktiviert – also schaltbereit – ist und was im Falle des Schaltens passiert. Diese beiden Regeln unterscheiden sich für die verschiedenen Arten von Petri-Netzen jeweils etwas. Für BE-Netze besagt die Aktivierungsregel, dass eine Transition dann schaltbereit ist, wenn auf jeder Stelle in ihrem Vorbereich und auf keiner Stelle in ihrem Nachbereich eine Marke liegt. Die Schaltregel besagt, dass beim Schalten einer Transition die Marken von den Stellen ihres Vorbereichs entfernt werden, während die Stellen ihres Nachbereichs nach dem Schalten Marken besitzen.

Für Stellen-Transitions-Netze müssen die Kantengewichte berücksichtigt werden. Es müssen also auf jeder Stelle im Vorbereich der Transition den Kantengewichten entsprechend viele Marken vorhanden sein. Beim Schalten der Transition werden folglich jeweils den Kantengewichten entsprechend viele Marken von den Stellen im Vorbereich entfernt und auf den Stellen im Nachbereich hinzugefügt.

Bei Stellen-Transitions-Netzen unterscheidet man zwischen solchen mit und ohne Kapazitätsbeschränkung. Bei letzteren können Stellen mit Kapazitätsangaben versehen werden. Ist eine solche Angabe vorhanden, so kann die Stelle nicht mehr als die angegebene Anzahl an Marken aufnehmen. Damit eine Transition schaltbereit ist, muss dann zusätzlich gewährleistet sein, dass ihre Ausgangsstellen noch so viele Marken aufnehmen können, wie es die Gewichte an den Ausgangskanten vorsehen. Würde durch das Schalten der Transition die Anzahl der schon auf dieser Stelle vorhandenen Marken zusammen mit den neu hinzukommenden die Kapazität überschreiten, so ist die Transition nicht schaltbereit. In diesem Fall muss sie warten, bis nachfolgende Transitionen genügend Marken von ihren Ausgangsstellen verbraucht haben. Sind keine Kapazitätsangaben vorhanden, kann die Stelle beliebig viele Marken aufnehmen.

Ein Sonderfall liegt vor, wenn kapazitätsbeschränkte Stellen-Transitions-Netze Schleifen enthalten. Dann müssen bei Überprüfung der Aktivierbarkeit rechnerisch zunächst den Inputkanten entsprechend viele Marken von der Stelle abgezogen werden, bevor überprüft wird, ob ihre Kapazität zur Aufnahme der erzeugten Marken noch ausreichen würde. Die Schaltregeln unterscheiden sich bei diesen beiden Arten von Stellen-Transitions-Netzen nicht.

$$
\begin{array}{c}
\text{Transitionen} \\
t_1\ t_2\ t_3\ t_4 \\
\text{Stellen}\quad
\begin{array}{c}
s_0 \\ s_1 \\ s_2 \\ s_3 \\ s_4
\end{array}
\left(
\begin{array}{cccc}
-1 & 0 & 0 & 0 \\
1 & -1 & 0 & 0 \\
0 & 1 & -1 & -1 \\
0 & 0 & 1 & 0 \\
0 & 0 & 0 & -1
\end{array}
\right)
\end{array}
$$

Die Markierung eines Petri-Netzes lässt sich auch algebraisch mit Hilfe eines Vektors über den Stellen des Netzes darstellen und die Schaltvorgänge können mit Hilfe einer Inzidenzmatrix angegeben werden. Dabei handelt es sich um eine $m \times n$-Matrix für ein Petri-Netz mit m Transitionen und n Stellen. Die Felder der Matrix enthalten als positive Integerwerte die Anzahl der Marken, die im Falle des Schaltens der jeweiligen Transition auf der entsprechenden Stelle erzeugt werden, und als negative Integerwerte die Anzahl der Marken, die beim Schalten verbraucht werden. Schleifen im

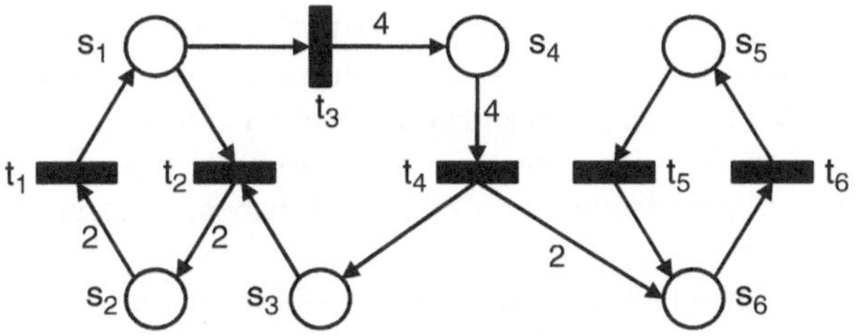

$$
I = \begin{pmatrix}
1 & -1 & -1 & 0 & 0 & 0 \\
-2 & 2 & 0 & 0 & 0 & 0 \\
0 & -1 & 0 & 1 & 0 & 0 \\
0 & 0 & 4 & -4 & 0 & 0 \\
0 & 0 & 0 & 0 & -1 & 1 \\
0 & 0 & 0 & 2 & 1 & -1
\end{pmatrix}
\quad
M_0 = \begin{pmatrix} 1 \\ 0 \\ 1 \\ 0 \\ 0 \\ 0 \end{pmatrix}
\quad
M_3 = M_0 + I \begin{pmatrix} 1 \\ 1 \\ 1 \\ 0 \\ 0 \\ 0 \end{pmatrix}
= \begin{pmatrix} 0 \\ 0 \\ 0 \\ 4 \\ 0 \\ 0 \end{pmatrix}
$$

Abb. 6.4 Ein Stellen-Transitions-Netz zusammen mit seiner Inzidenzmatrix, der Anfangsmarkierung M_0 sowie der Markierung M_3, die nach dem Feuern der Transitionen t_1, t_2 und t_3 erreicht wird

Netz lassen sich in dieser Darstellung allerdings nicht erkennen, da der Markenverbrauch mit der Erzeugung verrechnet wird. Alternativ können die Schaltvorgänge auch durch zwei Matritzen dargestellt werden, von denen eine die verbrauchten und die andere die erzeugten Marken dokumentiert. In diesem Fall sind auch Schleifen zu erkennen. Abbildung 6.4 zeigt ein Petri-Netz zusammen mit seiner Inzidenzmatrix I.

Die Abbildung zeigt außerdem eine Anfangsmarkierung M_0, die den Startzustand des Netzes angibt. Mit Hilfe von Zustandsgleichungen der Form $M' = M + I\sigma$ kann dann notiert werden, wie sich eine Markierung M in eine andere Markierung M' überführen lässt. Dabei ist σ ein sogenannter Parikh-Vektor, der angibt, welche Transition wie häufig schalten muss, damit die Markierungen ineinander überführt werden. Dabei steht ein Parikh-Vektor für alle Transitionssequenzen, die die angegebenen Transitionen in der entsprechenden Häufigkeit enthalten. Allerdings ist durch die Vorbedingungen der einzelnen Transitionen im Allgemeinen mindestens eine partielle Ordnung vorgegeben, in der sie feuern müssen. Die im Beispiel angegebene Anfangsmarkierung besagt also, dass auf den Stellen s_1 und s_3 jeweils eine Marke liegen soll, während alle anderen Stellen leer sind. Dadurch sind im Anfangszustand nur die Transition t_2 und t_3 aktiviert. Die Zustandsgleichung gibt an, dass das je einmalige Auftreten der Transitionen t_1, t_2 und t_3 die Anfangsmarkierung in die Markierung M_3 überführt. Dabei müssen die Transitionen in der Reihenfolge t_2, t_1, t_3 feuern. Würde t_3 zuerst feuern, so käme keine der durch den Parikh-Vektor beschriebenen Transitionssequenzen zustande.

Modelliert man metabolische Netzwerke mit Petri-Netzen, so entspricht die Inzidenzmatrix gerade der Stöchiometriematrix des Netzwerks, falls das Petri-Netz keine Schleifen enthält [ZOS03].

Transitionen, die Randknoten sind, werden als Quellen bezeichnet, wenn ihr Vorbereich leer ist, sie also nur über ausgehende Kanten verfügen. Da sie keine Vorbedingungen haben, können sie im Prinzip immer schalten, bringen also immer

neue Marken ins System, solange etwaige Kapazitätsbeschränkungen der Stellen
im Nachbereich einer solchen Quelle dies zulassen. Analog werden Transitionen
als Senken bezeichnet, wenn ihr Nachbereich leer ist. Solche Transitionen können
immer schalten, wenn auf den Stellen in ihrem Vorbereich genügend Marken vorhanden sind. Da sie keine Stellen im Nachbereich haben, entfernen sie Marken aus
dem System.

Um Petri-Netze übersichtlicher zu gestalten, führt man oft noch Fusionsstellen
(auch logische Stellen) ein, die z. B. hellgrau hinterlegt sind und mehrfach im System vorkommen können. So vermeidet man Layouts, die durch zu viele sich kreu-
zende Kanten sehr unübersichtlich werden. Auch hierarchische Transitionen dienen zur Strukturierung des Systems. Sie sind durch zwei ineinander geschachtelte
Rechtecke gekennzeichnet und beschreiben Subnetze, die als Randknoten je eine
Quelle und eine Senke besitzen. Lesekanten (read/test arcs) sind Abkürzungen für
Schleifen mit Kantengewichtung 1. Im biologischen Kontext können sie zum Einsatz kommen, wenn beispielsweise eine Reaktion durch Enzyme katalysiert wird.
Sie zeigen dann, dass das Enzym zwar vorhanden sein muss, damit die Transition,
an der eine solche Lesekante anliegt, feuern kann, dass es aber durch die Reaktion
auch nicht verbraucht wird, sondern hinterher wieder zur Verfügung steht.

Eine weitere Möglichkeit, um mehr Struktur in Petri-Netze hineinzubringen, ist
es, anstelle von ununterscheidbaren Marken unterscheidbare (gefärbte) Marken zu
verwenden. Man spricht dann auch von gefärbten Petri-Netzen. Wir besprechen sie
weiter unten in Abschn. 6.6.1.

6.2 Strukturelle Eigenschaften

Es lassen sich verschiedene Grundsituationen unterscheiden, die regelmäßig
vorkommen und quasi die Grundbausteine eines jeden Petri-Netzes darstellen.
Es handelt sich mit anderen Worten also um die Motive von Petri-Netzen (vgl.
Abschn. 5.2.3 und 5.4).

Eine solche grundlegende Situation ist die, in der das Schalten einer Transition
t_1 für das Schalten einer anderen Transition t_2 notwendig ist. Abbildung 6.5 zeigt
so eine Konstellation (a). Einen verwandten Fall zeigt Teil (b) derselben Abbildung.
Hier ist das Schalten von t_1 oder t_2 notwendig, damit t_3 schalten kann. Einen strukturellen Konflikt zeigt Teil (c). Hier konkurrieren t_1 und t_2 um die Marken auf der
Stelle s_1. Ein struktureller Konflikt liegt immer dann vor, wenn zwei (oder mehr)
Transitionen dieselbe Stelle in ihrem Vorbereich haben. Die Situation in Teil (d)
von Abb. 6.5 stellt Nebenläufigkeit dar. Hier können die Transitionen t_1 und t_2 unabhängig voneinander schalten. Wenn aber die Kapazität der Stelle im Nachbereich
von t_1 und t_2 beispielsweise auf 1 beschränkt ist (vgl. Teil (e)), dann sind die beiden
Transitionen nicht mehr unabhängig voneinander sondern stehen in Konflikt. Man
spricht hier auch von einem Rückwärtskonflikt. In Teil (f) und (g) schließlich sieht
man noch 2 Grundsituationen, die im Zusammenhang mit der Synchronisation von
nebenläufigen Ereignissen auftreten: In Teil (f) werden nebenläufige Ereignisse an-
gestartet (fork) und in Teil (g) werden nebenläufige Ereignisse wieder synchronisiert
(join).

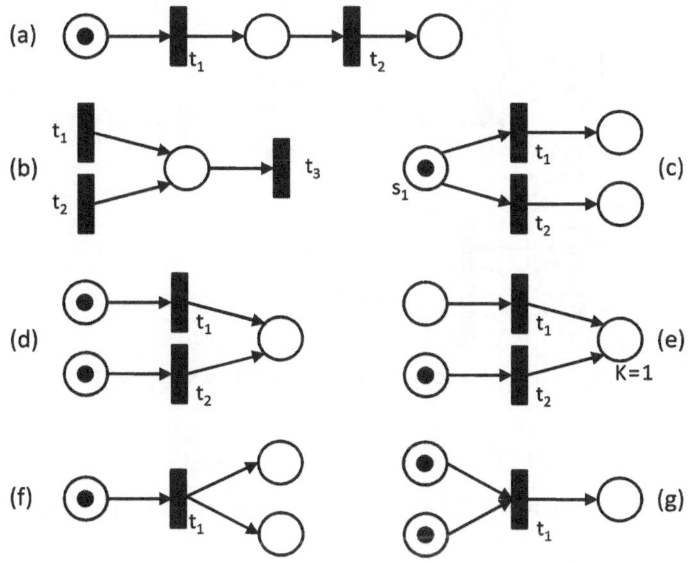

Abb. 6.5 Grundsituationen in Petri-Netzen: Kausalität (**a, b**), Konflikt (**c**), Nebenläufigkeit (**d**), Rückwärtskonflikt (**e**), Fork (**f**) und Join (**g**)

Wenn man diese Grundsituationen biologisch interpretiert, dann stellt Teil (g) in Abb. 6.5 eine Synthese zweier Moleküle dar: $X + Y \to Z$. Analog dazu ist bei (f) eine Dekomposition $X \to Y + Z$ zu sehen. (c) und (d) zeigen Situationen, in denen ein Stoff durch unterschiedliche Reaktionen in unterschiedliche Produkte umgesetzt wird ($X \to Y, X \to Z$) bzw. in denen unterschiedliche Substrate durch unterschiedliche Reaktionen in das gleiche Produkt überführt werden ($X \to Z$ und $Y \to Z$). Und in (a) wird eine Situation dargestellt, in der zunächst ein Zwischenprodukt erzeugt werden muss, bevor daraus das Endprodukt werden kann: $X \to Y \to Z$. Die einzelnen Schritte (Transitionen) aus (a) können zum Beispiel Isomerisierungen sein, bei denen die Atomfolge eines Moleküls geändert und es so in ein anderes Isomer überführt wird [ZOS03].

Weitere für biologische Petri-Netze typische Grundsituationen sind in Abb. 6.6 zu sehen (vgl. [Cha07]). Dort wird eine durch das Enzym E katalysierte Reaktion gezeigt – in Teil (a) explizit modelliert und in (b) mit einer Lesekante, die lediglich eine abkürzende Schreibweise darstellt. Teil (c) zeigt eine reversible Reaktion mit Stoichometrieangaben ($X + 2Y \leftrightarrow Z$).

Neben solchen Grundsituationen gibt es spezielle strukturelle Eigenschaften, die Petri-Netze aufweisen können. Petri-Netze werden beispielsweise als konservativ bezeichnet, wenn alle Transitionen markenerhaltend ausgeführt werden, d. h. ebensoviele Marken erzeugen wie sie verbrauchen.

Eine nichtleere Menge von Stellen befindet sich in einem strukturellen Deadlock (co-trap), wenn alle Transitionen, die Marken in diese Menge von Stellen einbringen auch Marken von diesen Stellen benötigen. Hat eine solche Menge von Stellen einmal keine Marken mehr, so kann sie nie wieder welche bekommen. In biologischen Netzwerken würde eine solche Situation (ein markenfreier Deadlock) auf einen

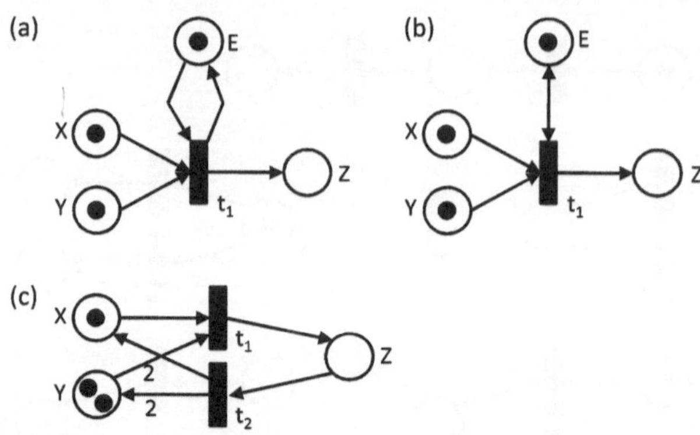

Abb. 6.6 Eine enzymatisch katalysierte Reaktion (**a**) mit Lesekante (**b**) sowie eine reversible Reaktion (**c**)

Modellierungsfehler deuten [KH08]. Eine Stelle mit leerem Vorbereich ist ein struktureller Deadlock.

Eine Menge von Stellen, für die gilt, dass jede Transition, die Marken von einer dieser Stellen verbraucht, auch wieder Marken auf mindestens einer dieser Stellen erzeugt, wird Falle (trap) genannt. Eine solche Menge von Stellen, kann also niemals mehr markenfrei werden, nachdem sie einmal eine Marke besessen hat. Biologisch interpretiert stellt eine solche Situation die nicht reversible Ablagerung bestimmter Stoffe dar. Ob diese Situation bei der Modellierung biologischer Netzwerke als Petri-Netze gewünscht ist, hängt vom zu modellierenden System ab und sollte in jedem Fall überprüft werden [KH08]. Eine Stelle mit einem leeren Nachbereich ist immer eine Falle.

6.3 Dynamische Eigenschaften

Neben den strukturellen Eigenschaften lassen sich auch dynamische Eigenschaften für Petri-Netze angeben. Diese beziehen neben dem Netzgraphen auch immer die aktuelle Markierung des Netzes mit ein. Ein dynamischer Konflikt etwa liegt vor, wenn zwei Transitionen aktiviert sind aber das Feuern der einen die Deaktivierung der anderen nach sich zieht. Voraussetzung für einen dynamischen Konflikt ist das Vorhandensein eines strukturellen Konflikts (s.o.).

Eine Markierung M eines ST-Netzes heißt erreichbar, wenn es eine Schaltfolge der Transitionen gibt, die die Anfangsmarkierung M_0 in endlich vielen Schritten in M überführt. Die Schaltfolge kann auch leer sein, wenn es sich bei M gerade um die Anfangsmarkierung M_0 handelt. Die Menge aller Schaltfolgen eines ST-Systems sind diejenigen Folgen von Transitionen, die beginnend mit der Anfangsmarkierung im System auftreten können. Und die Menge aller Markierungen des Systems, die durch die Menge aller Schaltfolgen erreicht werden können, nennt man die Erreichbarkeitsmenge oder auch den Zustandsraum des Systems.

Darauf aufbauend lassen sich die sogenannten Lebendigkeitseigenschaften von Transitionen und von ST-Systemen definieren: Eine Transition t heißt

- tot, wenn t unter keiner erreichbaren Markierung (also niemals) aktiviert ist,
- aktivierbar, wenn t unter mindestens einer erreichbaren Markierung aktiviert ist und
- lebendig, wenn t unter jeder erreichbaren Markierung (immer) aktivierbar ist.

Wenn eine Transition t aktiviert ist, bedeutet das, dass sie schaltbereit ist. Wenn sie aktivierbar ist, kann sie irgendwann schalten. Und wenn sie tot ist, ist sie nicht aktivierbar.

Ein ST-System *Sys* heißt

- tot, wenn keine Transition aktiviert ist,
- schwach lebendig (deadlockfrei), wenn immer mindestens eine Transition aktiviert ist und
- stark lebendig, wenn immer jede Transition aktivierbar ist.

Dabei ist lebendig nicht das Gegenteil von tot sondern sollte eher als unsterblich bzw. „nicht tot zu kriegen" verstanden werden. Netze ohne strukturelle Deadlocks sind immer dann lebendig, wenn es in der Anfangsmarkierung mindestens eine lebendige Transition gibt. Sehen wir uns diese Lebendigkeitseigenschaften am Beispiel an. Abbildung 6.7 zeigt noch einmal das Petri-Netz aus Abb. 6.4, wobei hier die Anfangsmarkierung durch die eingezeichneten Marken gegeben sei.

Unter der angegebenen Startmarkierung sind alle Transitionen aktivierbar, keine ist tot. Sobald aber die Transition t_3 einmal geschaltet hat, sind t_1, t_2 und t_3 tot. Anschließend kann t_4 einmal schalten und ist danach ebenfalls tot. t_5 und t_6 sind lebendig. Das Petri-Netz insgesamt ist daher schwach lebendig.

Bei der Modellierung biologischer Netzwerke würde man erwarten, dass die entstehenden Petri-Netze lebendig sind, solange sichergestellt ist, dass eine ausreichende Menge an „Eingabesubstanzen" – im Fall von metabolischen Netzwerken wären das die zu verstoffwechselnden Metabolite – dem Netz zur Verfügung steht bzw. ins Netz gelangt [KH08]. In diesem Zusammenhang ist auch die Modellierung von Systemgrenzen interessant, auf die wir später noch eingehen werden (vgl. Abschn. 6.5.4).

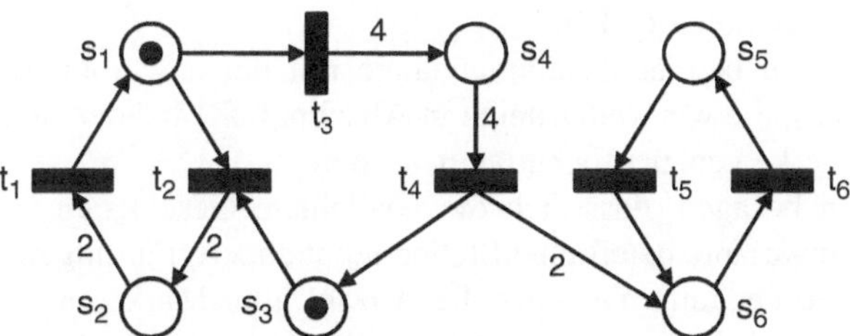

Abb. 6.7 Schwach lebendiges, nicht reversibles, beschränktes Petri-Netz

Ein Petri-Netz heißt reversibel, falls die Anfangsmarkierung von jeder erreichbaren Markierung aus erreichbar ist. Das bedeutet, dass das Netz von jedem Zustand aus in endlich vielen Schritten in seinen Anfangszustand zurückgelangen kann. Das in Abb. 6.7 gezeigte Netz ist nicht reversibel.

Existieren in einem zusammenhängenden Netz Stellen ohne Vor- oder Nachbereiche, so kann dieses Netz nicht gleichzeitig lebendig und reversibel sein. Sobald von einer Stelle ohne Vorbereich nur eine Marke durch Schalten einer Transition in ihrem Nachbereich entfernt wurde, kann die Anfangsmarkierung nicht mehr erreicht werden, da die Stelle keine Marken dazugewinnen kann. Umgekehrt können von Stellen ohne Nachbereich niemals Marken entfernt werden. Hier würden sich die Marken also ggf. anhäufen.

Für die effiziente Analyse von Petri-Netzen ist es oft entscheidend, ob das Netz beschränkt ist oder nicht. Beschränktheit einer Stelle bedeutet, dass es für die Anzahl der Marken, die sich auf der Stelle ansammeln können, eine obere Grenze k mit $k \in \mathbb{N}$ gibt. Diese kann explizit durch eine Kapazitätsangabe gegeben sein oder sich implizit aus dem Netz und seiner Anfangsmarkierung ergeben. Darauf aufbauend heißt ein Netz k-beschränkt, wenn alle Stellen des Netzes eine solche obere Grenze besitzen. In diesem Fall ist auch die Anzahl der erreichbaren Markierungen endlich. Im Beispiel in Abb. 6.7 sind s_1 und s_3 1-beschränkt, s_2, s_5 und s_6 2-beschränkt sowie s_4 4-beschränkt. Damit ist das Netz als Ganzes 4-beschränkt.

Konservative Petri-Netze sind immer beschränkt. Man spricht in diesem Zusammenhang auch von struktureller Beschränktheit. Im biologischen Kontext bedeutet Beschränktheit, dass sich etwa in metabolischen Netzwerken keine Stoffwechselprodukte akkumulieren können [Cha07].

Neben den Lebendigkeitseigenschaften ist auch interessant, ob in konkreten Petri-Netzen Invarianten existieren. Man unterscheidet zwischen zwei Arten von Invarianten, den T- (Transitions-) und den S- (Stellen-) Invarianten. T-Invarianten sind Sequenzen von Transitionen, nach deren Ausführung wieder die Ausgangsmarkierung vorliegt. Der Ablauf einer solchen Sequenz von Transitionen ändert also den Zustand des Netzes nicht. Formal sind T-Invarianten definiert als Vektoren $x \in \mathbb{Z}^n$, für die folgendes gilt: Sei I die Inzidenzmatrix eines ST-Netzes N, dann gilt $Ix = 0$. Alle Vektoren, die dieses Gleichungssystem lösen, sind T-Invarianten des ST-Netzes N. Interessiert ist man allerdings nur an minimalen Invarianten, also solchen, die sich nicht durch Addition zweier anderer Invarianten oder durch Multiplikation mit einer ganzen Zahl ergeben. Als realisierbar werden T-Invarianten dann bezeichnet, wenn eine Markierung erreichbar ist, die die benötigten Marken bereitstellt, damit die Transitionsfolge ablaufen kann.

Hier zeigen sich bereits Zusammenhänge mit der stöchiometrischen Analyse (vgl. Abschn. 5.5), die wir weiter unten in Abschn. 6.5.1 bei der Betrachtung metabolischer Netzwerke genauer diskutieren werden.

S-Invarianten besagen, dass sich die gewichtete Gesamtzahl von Marken auf den an einer S-Invariante beteiligten Stellen nicht ändert. Für ungewichtete Stellen-Transitions-Netze bedeutet das, dass die Anzahl aller Marken auf den beteiligten Stellen immer gleich bleibt, egal welche Transition schaltet. Bei Netzen mit gewichteten Kanten werden die Kantengewichte mit berücksichtigt, deshalb bleibt bei

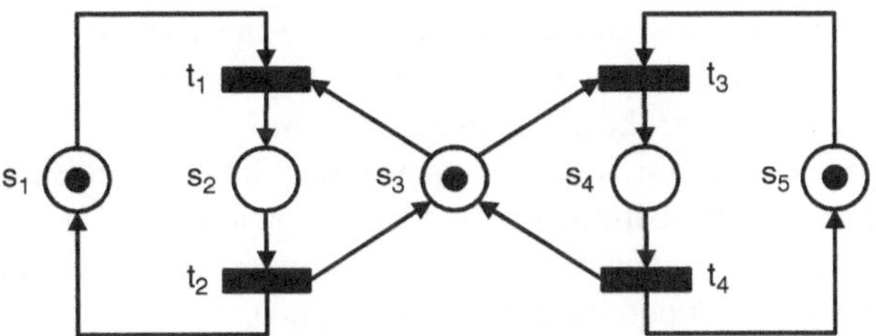

Abb. 6.8 Ein Petri-Netz, das den wechselseitigen Ausschluss modelliert

S-Invarianten die *gewichtete* Markenanzahl gleich. Formal gilt für ein ST-Netz N mit der Inzidenzmatrix I, dass ein Vektor $x \in \mathbb{Z}^m$ dann eine S-Invariante von N ist, wenn $I^T x = 0$ gilt. Die Gewichte für die einzelnen Stellen ergeben sich dann aus den Elementen des Lösungsvektors. Alle Stellen, die an S-Invarianten beteiligt sind, sind beschränkt.

Als Beispiel für Invarianten betrachten wir eine klassische Modellierung des gegenseitigen Ausschlusses. Abbildung 6.8 zeigt ein solches Petri-Netz, in dem durch die Stelle s_3 dafür gesorgt wird, dass die kritischen Bereiche – symbolisiert durch die Stellen s_2 und s_4 – nicht gleichzeitig betreten werden können. Das Petri-Netz hat genau drei erreichbare Markierungen: (1,0,1,0,1), (0,1,0,0,1) und (1,0,0,1,0), es ist 1-beschränkt, was auch als sicher bezeichnet wird, und lebendig.

Diesem Netz kann man schon ansehen, dass es durch das einmalige Schalten aller vier Transitionen wieder in den in der Abbildung angegebenen Startzustand versetzt wird. Rechnerisch lässt sich die entsprechende T-Invariante dadurch bestimmen, dass für die Inzidenzmatrix I des Petri-Netzes das Gleichungssystem $Ix = 0$ gelöst wird. Abbildung 6.9 zeigt sowohl die Inzidenzmatrix als auch das zugehörige Gleichungssystem, das sich beispielsweise mit dem Gaußschen Eliminationsverfahren lösen lässt. Die Lösungsmenge und damit die Menge der T-Invarianten ist gegeben durch $\{(\lambda, \lambda, \mu, \mu) | \lambda, \mu \in \mathbb{Z}\}$. Das bedeutet also, dass t_1 und t_2 sowie t_3 und t_4 jeweils gleich häufig feuern müssen, damit das System in seinen Startzustand zurückversetzt wird.

Analog lassen sich mit Hilfe der transponierten Inzidenzmatrix die minimalen Stellen-Invarianten (0,1,1,1,0) und (1,1,0,1,1) ermitteln.

S-Invarianten sind gleichzeitig strukturelle Deadlocks und Fallen (s.o.). Daher nennt man strukturelle Deadlocks und Fallen, die nicht gleichzeitig auch S-Invarianten sind, auch echte strukturelle Deadlocks bzw. Fallen.

$$
I = \begin{pmatrix} -1 & 1 & 0 & 0 \\ 1 & -1 & 0 & 0 \\ -1 & 1 & -1 & 1 \\ 0 & 0 & 1 & -1 \\ 0 & 0 & -1 & 1 \end{pmatrix} \qquad
\begin{aligned}
-1x_1 & +1x_2 & +0x_3 & +0x_4 & = 0 \\
1x_1 & -1x_2 & +0x_3 & +0x_4 & = 0 \\
-1x_1 & +1x_2 & -1x_3 & +1x_4 & = 0 \\
0x_1 & +0x_2 & +1x_3 & -1x_4 & = 0 \\
0x_1 & +0x_2 & -1x_3 & +1x_4 & = 0
\end{aligned}
$$

Abb. 6.9 Inzidenzmatrix zu dem Petri-Netz aus Abb. 6.8 und Gleichungssystem zur Berechnung der T-Invarianten

Ein Petri-Netz wird als überdeckt von T-(S)-Invarianten bezeichnet, wenn alle Transitionen (Stellen) an einer Invariante beteiligt sind. Von S-Invarianten überdeckte Netze sind strukturell beschränkt. Sowohl jede T- als auch jede S-Invariante repräsentiert ein zusammenhängendes Subnetz bestehend aus den zur Invariante gehörenden Transitionen bzw. Stellen sowie deren Vor- und Nachbereichen und den dazugehörenden Kanten. Dabei können die durch unterschiedliche Invarianten gebildeten Subnetze durchaus überlappen.

Basierend auf Invarianten lassen sich MCT-Sets (maximal common transition sets) definieren, wobei zwei Transitionen genau dann zu demselben MCT-Set gehören, wenn sie genau denselben minimalen T-Invarianten angehören. Die verschiedenen MCT-Mengen grenzen Subnetze voneinander ab. Man kann MCT-Mengen als die kleinsten funktionalen Einheiten eines biologischen Netzwerks verstehen [KH08].

6.4 Analyse von Petri-Netzen

Viele der strukturellen Eigenschaften von Petri-Netzen können mit Graphenalgorithmen basierend auf der Netzstruktur überprüft werden, oft sogar lokal. Strukturelle Deadlocks und Fallen können nur mit Hilfe kombinatorischer Algorithmen gefunden werden. Auch die Invarianten können durch Analyse der Netzstruktur gefunden werden. Allerdings kann ihre Anzahl exponentiell mit der Größe des Petri-Netzes steigen.

Auf Lebendigkeit und Reversibilität hin lassen sich Petri-Netze allerdings nur durch eine Analyse des Zustandsraums untersuchen. Grundsätzlich wird dazu der Erreichbarkeitsgraph des Netzes berechnet, der dann über verschiedene Eigenschaften Auskunft gibt. Die Knoten eines solchen gerichteten Graphen stellen alle erreichbaren Markierungen dar, sodass nur Erreichbarkeitsgraphen von beschränkten Petri-Netzen endlich sind. Die Kanten sind durch diejenigen Transitionen gegeben (und mit ihren Namen beschriftet), die eine Markierung in eine andere überführen. Beispielsweise lassen sich folgende Eigenschaften von beschränkten Petri-Netzen mit Hilfe von Erreichbarkeitsgraphen entscheiden:

- Genau solche Petri-Netze sind reversibel, deren Erreichbarkeitsgraphen stark zusammenhängend sind.
- Ein Petri-Netz ist genau dann frei von Deadlocks, wenn der Erreichbarkeitsgraph keine Knoten ohne ausgehende Kanten enthält.
- Ein Petri-Netz ist genau dann k-beschränkt, wenn der Erreichbarkeitsgraph keinen Knoten enthält, der für irgendeine Stelle mehr als k Marken besitzt.

Erreichbarkeitsgraphen können sehr groß werden. Man spricht in diesem Zusammenhang auch vom Problem der Zustandsraumexplosion (state space explosion problem). Diese hat im Wesentlichen zwei Gründe: Zum einen wird die Nebenläufigkeit in eine Interleaving-Semantik umgesetzt, was zur Folge hat, dass alle möglichen Reihenfolgen des Feuerns von Transitionen im Erreichbarkeitsgraphen berücksichtigt werden. Und zum anderen ergibt auch jede Möglichkeit, die Marken einer S-Invariante auf die Stellen aufzuteilen, einen eigenen Zustand im Erreichbarkeitsgraphen, was bei mehr als der minimal notwendigen Anzahl von Marken in einer S-Invariante zu einer erheblichen Steigerung führt [HGD08].

Es wurde gezeigt, dass Lebendigkeit und Reversibilität auch für unbeschränkte Petri-Netze entscheidbar sind [May81]. Allerdings sind keine effizienten Algorithmen zur Überprüfung bekannt. Für ausführliche Informationen bzgl. der Analysemöglichkeiten und der Entscheidbarkeit bestimmter Eigenschaften von Petri-Netzen siehe etwa [PW08, GV03].

Neben den allgemeinen strukturellen und dynamischen Eigenschaften sind oft spezielle Fragestellungen interessant, die sich aus einem bestimmten Anwendungskontext ergeben. Solche speziellen Eigenschaften lassen sich mit temporaler Logik formulieren und die Gültigkeit der entstehenden Formeln in einem bestimmten Petri-Netz kann dann mit Hilfe von Model-Checkern überprüft werden [GV03, KH08].

6.5 Besonderheiten biologischer Petri-Netze

In diesem Abschnitt beschäftigen wir uns mit einigen Besonderheiten wie sie bei der Modellierung biochemischer Netzwerke mit Petri-Netzen auftreten. Das sind zum Beispiel typische Strukturen und ihre biologischen Interpretationen, Unterschiede in der Modellierung für verschiedene Arten biochemischer Netzwerke und besondere Aspekte bei der Analyse solcher Netzwerke.

Wir beschränken uns bei der Diskussion zunächst auf die klassischen Petri-Netze, also Stellen-Transitions-Netze, und damit auf eine qualitative Modellierung. Es stehen zur Zeit zwar schon riesige Mengen an Daten zur Verfügung, trotzdem ist es nach wie vor schwierig, alle für eine detaillierte, quantitative Modellierung bestimmter Prozesse benötigten Werte wie zum Beispiel Konzentrationen und kinetische Parameter zu bekommen. Daher bietet es sich an, zunächst mit einer qualitativen Modellierung zu beginnen und diese Modelle dann an ausgewählten Stellen um quantitative Daten zu ergänzen [Cha07]. Hybride Petri-Netze, die es erlauben, sowohl diskrete als auch kontinuierliche Aspekte zu beschreiben, würden sich hier anbieten. In nachfolgenden Abschnitten diskutieren wir daher verschiedene Erweiterungen von Petri-Netzen, die diesen und weitere Aspekte aufgreifen.

In qualitativen Netzen bedeutet die Anwesenheit einer Marke auf einer Stelle, dass die Konzentration der entsprechenden Substanz über einem bestimmten Schwellenwert liegt [SHK06], ohne dass die Konzentration selbst angegeben wird.

6.5.1 Metabolische Netzwerke

Metabolische Netzwerke setzen sich aus enzymatisch katalysierten Reaktionen zusammen, die sich mit unterschiedlichem Detailgrad betrachten lassen (vgl. oben

Abschn. 2.6 u. 2.7.3). Diese unterschiedlichen Abstraktionsstufen lassen sich auch bei der Modellierung mit Petri-Netzen widerspiegeln [BGHO08].

In Abb. 6.6 haben wir bereits verschiedene Darstellungen enzymatisch katalysierter Reaktionen gesehen. Als Grundsituation für die Reaktionsgleichung $S \xrightarrow{E} P$ verwenden wir hier die Darstellung aus Abb. 6.10a. Ist die Reaktion reversibel, so wird sie durch das Petri-Netz (b) beschrieben, wobei hier das Enzym beide Reaktionsrichtungen katalysiert. Dabei wird jeweils durch die Lesekanten, mit denen das Enzym mit den Transitionen verknüpft ist, symbolisiert, dass das Enzym selbst durch die Reaktion nicht verändert wird und anschließend wieder zur Verfügung steht.

Betrachtet man die einzelnen Reaktionsschritte genauer, so kann man die Gleichung auch ausführlicher aufschreiben (siehe auch Gl. (2.5), Abschn. 2.6):

$$E + S \underset{k_{-1}}{\overset{k_1}{\rightleftharpoons}} ES \overset{k_2}{\rightarrow} E + P. \tag{6.1}$$

Die Petri-Netz-Darstellung dazu ist in Abb. 6.10c zu sehen. Da hier die Bildung des Enzymkomplexes, dessen Dissoziation sowie die Aufspaltung in Enzym und Produkt als separate Schritte gezeigt werden, ist das Enzym nicht mehr über Lesekanten mit den Transitionen verbunden. Statt dessen muss es bei ihrer Ausführung entweder vorhanden sein (k_1) oder wird dadurch freigesetzt (k_{-1} und k_2).

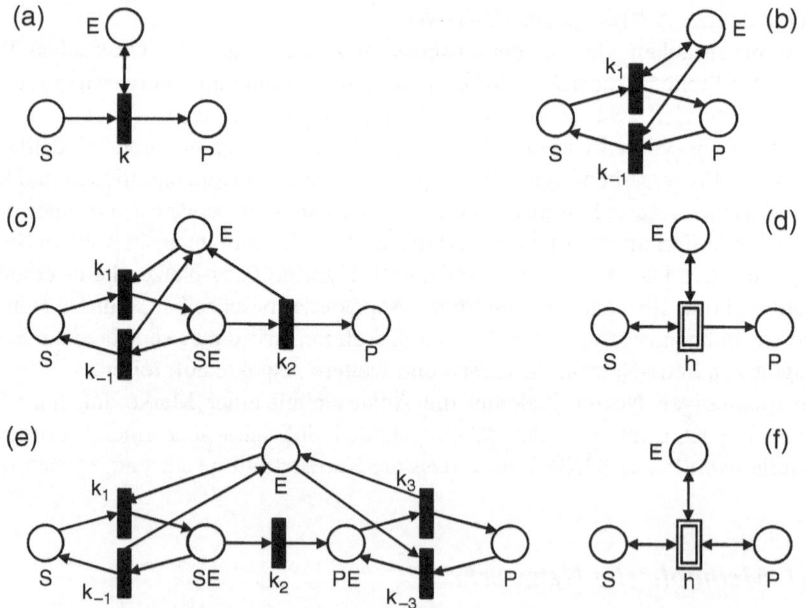

Abb. 6.10 Enzymatisch katalysierte Reaktionen auf unterschiedlichen Abstraktionsebenen

Sowohl das Petri-Netz aus (b) als auch das aus Abbildungsteil (c) lassen sich durch das hierarchische Netz aus Teil (d) abstrahieren. Im ersten Fall steht die hierarchische Transition h für die beiden Transitionen k_1 und k_{-1}, im zweiten Fall steht sie für das Subnetz, das die Transitionen k_1, k_{-1} und k_2 sowie die Stelle SE umfasst. Hier symbolisieren die Doppelpfeile keine Lesekanten im engeren Sinn, sondern zeigen an, dass von einer Stelle (z. B. S) sowohl Kanten in das Subnetz hinein als auch aus dem Subnetz heraus führen.

Betrachtet man die biochemischen Vorgänge bei der Umwandlung des Substrats S in das Produkt P noch genauer, so kann man davon ausgehen, dass aus dem Substratenzymkomplex zunächst ein Produktenzymkomplex gebildet wird, bevor sich dieser in Produkt und Enzym aufspaltet. Die folgende Reaktionsgleichung berücksichtigt diesen Sachverhalt:

$$E + S \underset{k_{-1}}{\overset{k_1}{\rightleftharpoons}} ES \overset{k_2}{\to} EP \underset{k_{-3}}{\overset{k_3}{\rightleftharpoons}} E + P. \tag{6.2}$$

Das zugehörige Petri-Netz ist in Teil (e) von Abb. 6.10 zu sehen. Dieses Netz kann durch die hierarchische Darstellung aus Teil (f) abstrahiert werden. Dann verbirgt sich hinter der hierarchischen Transition das Subnetz, das aus den Transitionen k_1, k_{-1}, k_2, k_3 und k_{-3} sowie den Stellen SE und PE besteht.

Als noch detailliertere Darstellung könnte man jetzt noch beschreiben, dass auch die Reaktion vom Enzymsubstratkomplex zum Enzymproduktkomplex reversibel ist und die entsprechenden Informationen in die Reaktionsgleichung und ins Petri-Netz mit aufnehmen. Darauf wollen wir hier aber verzichten und verweisen auf [BGHO08].

Die Petri-Netze so wie sie in Abb. 6.10 dargestellt sind, sind zunächst einmal quantitative Modellierungen enzymatischer Reaktionen. Durch die zusätzliche Angabe kinetischer Parameter, die wir durch die Beschriftung der Transitionen bereits angedeutet haben, kann man sie zu kontinuierlichen Petri-Netzen machen, die Systeme von Differentialgleichungen beschreiben [BGHO08]. Wir werden in Abschn. 6.6.3 noch darauf zu sprechen kommen. Letztlich hängt es dann von der gewünschten Abstraktionsebene und von der Verfügbarkeit der kinetischen Parameter ab, welche der hier vorgestellten Modellierungen man verwendet. Es ist dabei durchaus auch möglich, innerhalb eines Netzes unterschiedliche Abstraktionsstufen zu wählen.

Enzymatisch katalysierte Reaktionen sind sowohl für metabolische als auch für Signaltransduktions-Netzwerke von grundlegender Bedeutung. Mit den oben vorgestellten Modellierungsansätzen, die sich auch auf zwei oder mehr Substrate und zwei oder mehr Produkte ausdehnen lassen, stehen Grundbausteine zur Verfügung, die sich zu komplexen Netzen zusammensetzen lassen [BGHO08]. Diese Art der Komposition diskutieren wir weiter unten im Zusammenhang mit den Signaltransduktionsnetzwerken (vgl. Abschn. 6.5.2).

Neben diesen Überlegungen zur Modellierung, die beim systematischen Erstellen von biochemischen Petri-Netzen aus z. B. Reaktionsgleichungen oder anderen Informationen über Pathways helfen, sind natürlich auch spezielle Aspekte der Analyse interessant. Insbesondere die Überprüfung auf Invarianten hat sich als nützlich herausgestellt, da es für beide Arten von Invarianten sowohl für metabolische als auch für Signaltransduktionsnetze biologische Interpretationen gibt. Wir betrachten hier zunächst die Aspekte, die für metabolische Netze interessant sind und kommen auf die für Signaltransduktionsnetze im nächsten Abschnitt zu sprechen.

In Abschn. 5.5 wird die stöchiometrische Analyse metabolischer Netzwerke beschrieben und in Abschn. 5.5.1 wurden Elementary Flux Modes vorgestellt, die minimale Subnetze repräsentieren, welche sich im Fließgleichgewicht befinden und in denen alle irreversiblen Reaktionen in der richtigen Richtung ablaufen. Im Kontext metabolischer Netzwerke repräsentieren minimale T-Invarianten (vgl. Abschn. 6.3) diejenigen Enzyme und zugehörigen Reaktionen, die mindestens notwendig sind, damit der durch das Netz beschriebene Stoffwechsel im Fließgleichgewicht ablaufen kann [GBSH$^+$08]. Minimale T-Invarianten entsprechen also den Elementary Flux Modes.

S-Invarianten repräsentieren in metabolischen Netzen Substratkonservierungen [Cha07, KH08].

6.5.1.1 Der Glykolyse-Pathway als Petri-Netz

Als etwas größeres Beispiel für die Modellierung von metabolischen Vorgängen mit Petri-Netzen betrachten wir im Folgenden den Glykolyse-Pathway, den wir in Abschn. 2.7.3 eingeführt haben. Dieser Pathway wurde bereits in [RLM96] als Petri-Netz dargestellt. Dort wurde er in Kombination mit dem Pentose-Phosphat-Pathway modelliert, den wir nicht genauer betrachtet haben. Kurz gesagt ermöglicht der Pentose-Phosphat-Pathway es, aus Glucose andere Substanzen zu erzeugen, die in der Zelle benötigt werden. Einige dieser Substanzen können auch wieder in Zwischenprodukte des Glucolyse-Pathways umgewandelt werden, so dass auch eine „Rückkehr" zu diesem möglich ist. Die Zelle ist so in der Lage, entsprechend ihrer aktuellen Bedürfnisse aus Glucose entweder Energie oder andere benötigte Substanzen zu gewinnen.

In Anlehnung an die Veröffentlichung [RLM96] wurden immer wieder Petri-Netze publiziert, die den Glykolyse-Pathway zusammen mit oder ohne den Pentose-Phosphat-Pathway als Petri-Netz zeigen, vgl. z. B. [HT98, KZL00, VHK03, ZOS03, HR04, MM04b, KH08].

Abbildung 6.11 zeigt den kombinierten Glykolyse- und Pentose-Phosphat-Pathway dargestellt mit Hilfe des Petri-Netz-Werkzeugs Snoopy [RMH10]. Das Petri-Netz zeigt die ursprüngliche Modellierung aus [RLM96] und konnte als Beispielnetz zusammen mit Snoopy unter http://www-dssz.informatik.tu-cottbus.de/index.html?/software/snoopy.html bezogen werden. In der oberen Hälfte ist der Pentose-Phosphat-Pathway zu sehen und in der unteren Hälfte der Glykolyse-Pathway. Man kann die in Abb. 2.22 in Abschn. 2.7.3 als Hypergraph gezeigte Struktur des Pathways im Petri-Netz gut wiedererkennen.

Im Unterschied zu der Hypergraphdarstellung wird hier noch gezeigt, dass die Reaktion zwischen DHAP und GAP reversibel ist, also in beide Richtungen

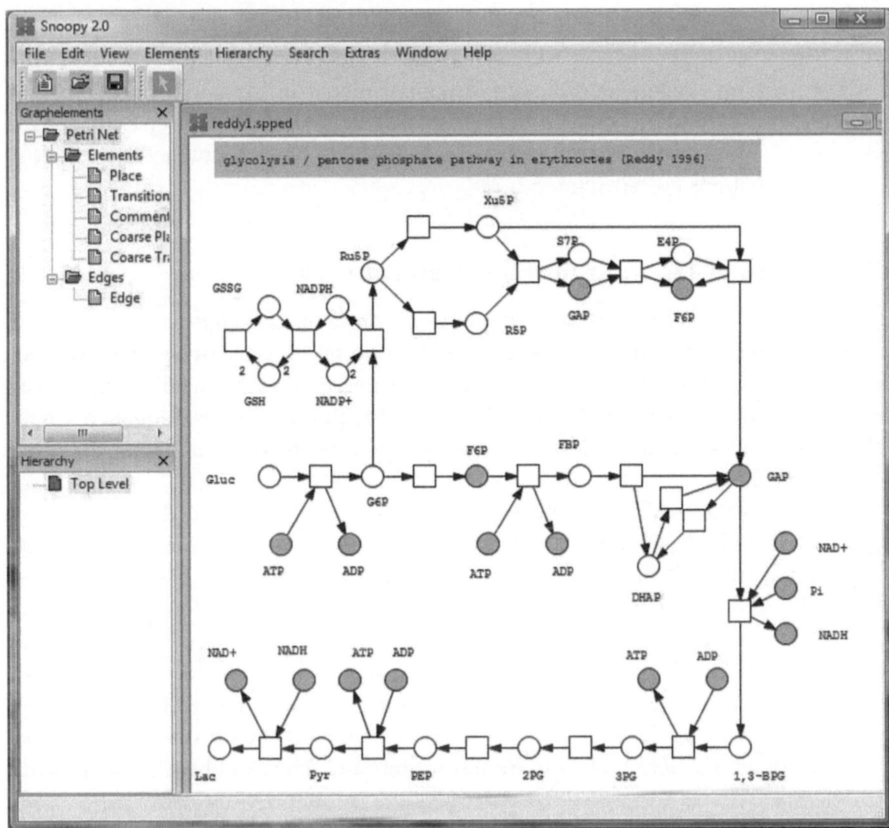

Abb. 6.11 Kombinierter Glykolyse- und Pentose-Phosphat-Pathway dargestellt mit Snoopy

ablaufen kann. Stellen, die aus Gründen der Übersichtlichkeit mehrfach im Netz
vorhanden sind, sind in der Abbildung grau hinterlegt.

In [HR04] wird der Glykolyse-Pathway als durchgängiges Beispiel verwendet,
um verschiedene Petri-Netz-Erweiterungen, wie wir sie in Abschn. 6.6 besprechen
werden, miteinander zu vergleichen.

6.5.2 Signaltransduktionsnetzwerke

Während bei metabolischen Netzwerken der eingeschwungene Zustand interessant
ist, zeichnen sich Signaltransduktionsnetzwerke eher durch kurzlebiges, flüchtiges
Verhalten aus [BGHO08]. In beiden Arten von Netzen haben wir es allerdings mit
enzymatisch katalysierten Reaktionen zu tun, sodass die Ausführungen zu Beginn
des letzten Abschnitts (vgl. insbes. Abb. 6.10) auch für Signaltransduktionsnetze
gelten. Im Gegensatz dazu spielen Enzyme in genregulatorischen Pathways gar keine Rolle. Hier beeinflussen Proteine wie etwa Transkriptionsfaktoren die Expression

von Genen. Die Produkte der genregulatorischen Pathways können aber selbst wieder in Signaltransduktions- oder metabolischen Pathways enzymatisch tätig sein.

Bevor wir im Folgenden auf die Grundbausteine von Signaltransduktionsnetzwerken eingehen und uns danach mit der Invariantenanalyse dieser Art von Netzen beschäftigen, betrachten wir zunächst die Petri-Netz-Modellierung des Rezeptor-Liganden-Beispiels aus Abschn. 5.6.2.

6.5.2.1 Rezeptor-Liganden-Interaktion als Petri-Netz

Bei der Vorstellung der verschiedenen Arten von Modellierungsansätzen im letzten Kapitel haben wir die Rezeptor-Liganden-Interaktion als Beispiel verwendet, um die Unterschiede zwischen kontinuierlicher und diskreter Modellierung zu verdeutlichen. Dort haben wir für die diskrete Modellierung Live Sequence Charts (LSCs) verwendet und wollen nun das Beispiel noch als Petri-Netz vorstellen (vgl. Abb. 6.12).

Das Petri-Netz in Abb. 6.12 besitzt drei Stellen: je eine für den Rezeptor R, den Liganden L und den Molekülkomplex aus Rezeptor und Ligand RL. Es gibt drei Transitionen. t_1 stellt die Bindung des Liganden an den Rezeptor dar, sodass der Molekülkomplex RL entsteht. t_2 steht für die Dissoziation des Molekülkomplexes, nach der Rezeptor und Ligand wieder einzeln vorhanden sind. Die dritte Transition t_3 symbolisiert die Weiterleitung des Signals in die Zelle. Würde man auch den weiteren Verlauf des Signalwegs zeigen wollen, so würde sich an die nach rechts ausgehende Kante der Transition eine Stelle anschließen, die für das nächste Molekül steht, an das der Rezeptor sein Signal weiterleitet. Dies soll hier nur angedeutet werden.

Schaltet dir Transition t_3 so wird auf der Stelle LR immer eine Marke verbraucht und eine neue erzeugt. Damit wird modelliert, dass der Rezeptor so lange Signale in die Zelle weiterleiten kann, wie er durch den Liganden aktiviert ist. Erst nach der Dissoziation von Ligand und Rezeptor ist letzterer wieder inaktiv und kann keine Signale mehr ins Zellinnere weiterleiten.

6.5.2.2 Grundbausteine von Signaltransduktionsnetzwerken

In Abschn. 2.7.2 haben wir am Beispiel von Phosphorylierung und Dephosphorylierung besprochen, wie sich sich aus Grundbausteinen, die einzelne enzymatische Reaktionen beschreiben, Signalkaskaden, Doppelphosphorylierungen und auch Doppelphosphorylierungskaskaden zusammensetzen lassen. Und in Abschn. 5.4.2

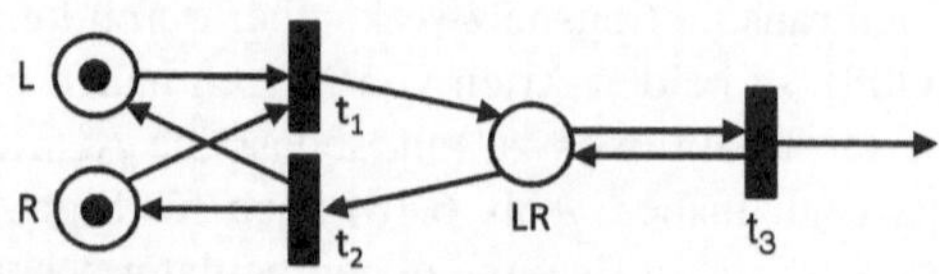

Abb. 6.12 Rezeptor-Liganden-Interaktion als Petri-Netz

haben wir diese Art von Strukturen als Beispiele für Motive in Signaltransduktionsnetzen betrachtet.

In Signalkaskaden fungiert das Produkt der einen enzymatischen Reaktion als Enzym für die nächste und so weiter. Hierbei handelt es sich also um eine vertikale Komposition. Bei Doppelphosphorylierungen spricht man auch von horizontaler Komposition. In [BGHO08] werden die entsprechenden Basisstrukturen mit Petri-Netzen modelliert und ebenfalls zu größeren Strukturen zusammengesetzt: In Abb. 6.13 ist ein Petri-Netz zu folgenden Reaktionsgleichungen angegeben:

$$S + E \underset{k_{-1}}{\overset{k_1}{\rightleftharpoons}} SE \overset{k_2}{\rightarrow} S_p + E \tag{6.3}$$

$$S + P \overset{k_4}{\leftarrow} SP \underset{k_{-3}}{\overset{k_3}{\rightleftharpoons}} S_p + P \tag{6.4}$$

Gleichung (6.3) besagt, dass ein Protein S mit einer Kinase E einen Substratenzymkomplex SE bildet, aus dem dann das phosphorylierte Protein S_p und die Kinase hervorgehen. In Gl. (6.4) (gelesen von rechts nach links) verbinden sich ein phosphoryliertes Protein S_p und eine Phosphatase P zu einem Substratenzymkomplex SP, aus dem dann wiederum das dephosphorylierte Protein S und die Phosphatase P hervorgehen. Abbildung 6.13 zeigt die gleichen Informationen als Petri-Netz.

Auf der linken Seite der Abbildung ist die Modellierung im Detail gezeigt und auf der rechten Seite als hierarchisches Petri-Netz. Das hierarchische Netz verwenden wir im Folgenden zur Modellierung von zusammengesetzten Strukturen weiter. Wie bereits oben für die Modellierung enzymatisch katalysierter Reaktionen gezeigt (vgl. Abb. 6.10) können sich auch hinter diesem hierarchischen Petri-Netz Strukturen mit unterschiedlichem Detaillierungsgrad verbergen. Wir können auf diese Weise bei der Komposition der Grundbausteine zu komplexeren Strukturen zunächst davon abstrahieren, welchen Detailgrad wir für die einzelnen Reaktionen verwenden wollen bzw. diesen auch später noch verändern.

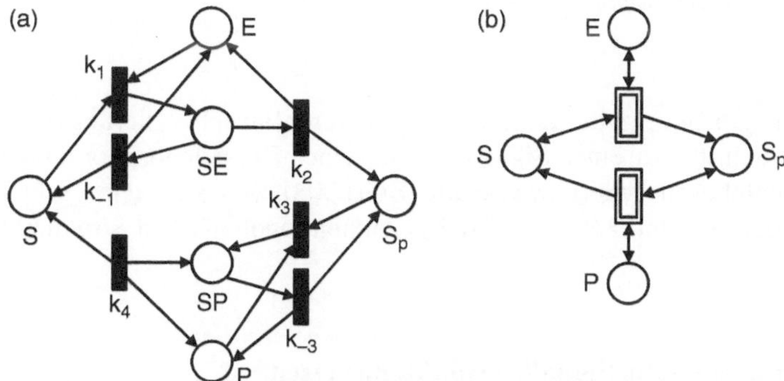

Abb. 6.13 Phosphorylierung und Dephosphorylierung als Petri-Netze auf unterschiedlichen Abstraktionsebenen (nach [BGHO08])

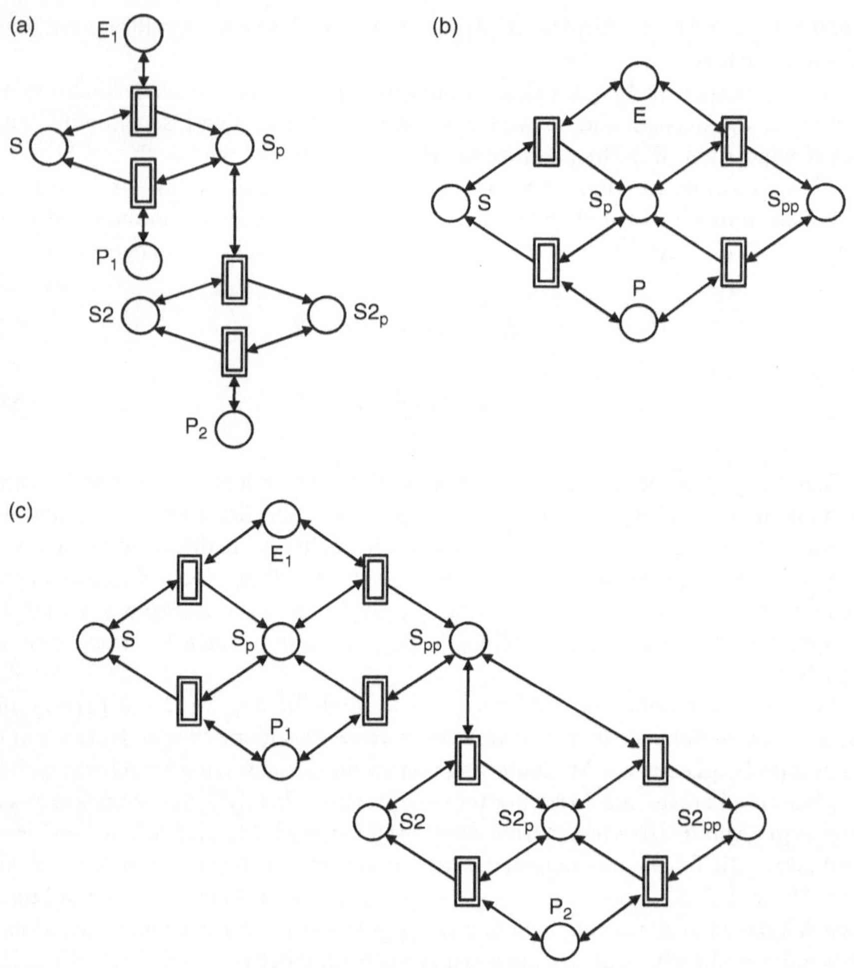

Abb. 6.14 Petri-Netz-Modellierung einer Signalkaskade, einer Doppelphosphorylierung sowie einer Doppelphosphorylierungskaskade (nach [BGHO08])

Abbildung 6.14 zeigt die Komposition mehrerer Phosphorylierungs-Dephosphorylierungs-Schritte zu einer Signalkaskade, einer Doppelphosphorylierung sowie einer Doppelphosphorylierungskaskade [BGHO08]. Man kann dabei sehr schön die bereits in den Abschn. 2.7.2 und 5.4.2 gezeigten topologischen Strukturen wiedererkennen.

6.5.2.3 Invarianten in Signaltransduktionsnetzen

Aus der Sicht des einzelnen Proteins betrachtet sind Phosphorylierung und Dephosphorylierung Modifikationen, die es von einem inaktiven in einen aktiven Zustand

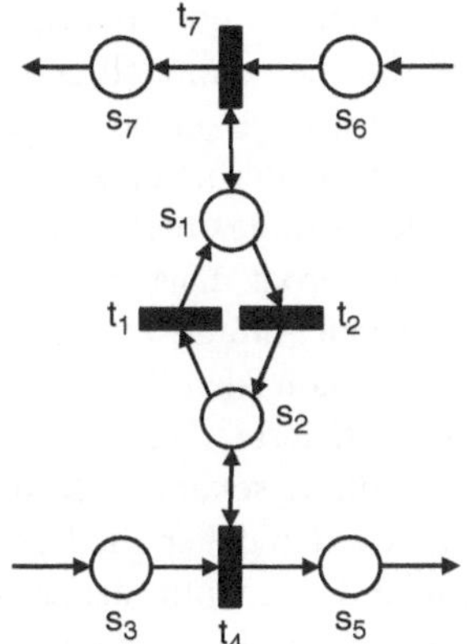

Abb. 6.15 Die Stellen S_1 und S_2 symbolisieren die beiden Zustände (aktiv/inaktiv) eines Proteins und bilden daher eine S-Invariante, falls sie in der Anfangsmarkierung über mindestens eine Marke verfügen

versetzen oder andersherum. Diese unterschiedlichen Zustände von Proteinen lassen sich mit Hilfe von S-Invarianten gut modellieren [KH08]:

In dem in Abb. 6.15 gezeigten Netz modellieren die Stellen s_1 und s_2 die beiden Zustände (aktiviert/deaktiviert oder auch phosphoryliert/dephosphoryliert) eines Proteins. Die Transition t_2 ist die einzige Transition, die eine Marke von s_1 entfernt. Sie steht für den Übergang in den aktiven Zustand. Für t_1 und s_2 gilt das analog. Andere Transitionen des Netzes sind mit s_1 und s_2 lediglich über Lesekanten verbunden, andern die Markenanzahl also nicht. Daher bilden s_1 und s_2 eine S-Invariante. Natürlich sollte in dieser S-Invariante nur eine einzige Marke existieren, die den jeweiligen Zustand des Proteins symbolisiert.

Selbst wenn man die Reaktionen auf einer niedrigeren Abstraktionsebene betrachten und in einzelne Schritte, wie Bildung des Substratenzymkomplexes, zerlegen würde (vgl. Abb. 6.13a), müsste in dem entsprechenden Subnetz eine S-Invariante gelten, da das Protein immer in einem der beiden Zustände sein muss. Für korrekt modellierte Signaltransduktionsnetzwerke muss daher für jede reversible Proteinmodifikation eine S-Invariante existieren.

Für T-Invarianten gibt es im biochemischen Kontext zwei Interpretationsmöglichkeiten [HGD08]:

- Zum einen geben die T-Invarianten Multimengen von Transitionen an, die eine bestimmte Markierung reproduzieren, wenn sie nacheinander ausgeführt werden (i.Allg. legen die T-Invarianten eine partielle Ordnung der Transitionen fest). Sie versetzen das Netz also in einen Ausgangszustand zurück.
- Man kann die T-Invarianten auch so interpretieren, dass sie relative Feuerungssequenzen der Transitionen angeben, die alle dauerhaft und simultan ablaufen. Damit würde dann ein Fließgleichgewicht modelliert.

Unabhängig von der Interpretation der T-Invarianten ist es also sinnvoll, Petri-Netze, die Signaltransduktionsnetze modellieren, auf das Vorhandensein von T-Invarianten zu überprüfen. Damit eine solche Analyse korrekte Ergebnisse liefern kann, sind allerdings einige Besonderheiten zu beachten. Zunächst einmal sind T-Invarianten unabhängig von der Anfangsmarkierung und nicht alle T-Invarianten sind unter jeder Markierung realisierbar. Uns interessieren aber insbesondere die T-Invarianten, die unter einer solchen Anfangsmarkierung realisierbar sind, die biologisch einen Sinn ergibt. Wir wollen also T-Invarianten finden, die unter einer gegebenen Anfangsmarkierung realisierbar sind.

Die zweite Schwierigkeit sind die Lesekanten, da sie in der Inzidenzmatrix nicht auftreten. Zur Invariantenanlyse werden daher alle Lesekanten durch je eine normale Kante ersetzt, die entsprechend der Hauptinformationsflussrichtung ausgerichtet ist. Ausgenommen davon sind aber die Lesekanten, die bei der Modellierung der verschiedenen Proteinzustände verwendet werden, da sonst die oben besprochenen speziellen S-Invarianten nicht mehr funktionieren. Wenn allerdings eine Transition aus einem solchen Konstrukt an einer minimalen T-Invariante beteiligt ist, auf ihrem Vorplatz in der Anfangsmarkierung keine Marke liegt und keine Transition zur Invariante gehört, die dort eine Marke erzeugt, dann ist die entsprechende T-Invariante für die Anfangsmarkierung nicht realisierbar. In [SHK06] werden in einem solchen Fall die minimalen T-Invarianten um weitere Transitionen ergänzt, die gerade auf den entsprechenden Stellen Marken erzeugen. Das sind zum Beispiel gerade die Transitionen, die Proteine in ihre aktiven Zustände überführen. Die enstehenden Invarianten werden als praktikable T-Invarianten (feasible t-invariants) bezeichnet. Letztlich wird also die Invarianten-Analyse so erweitert, dass sie auch für die speziellen Eigenschaften von Signaltransduktionsnetzen nützliche Ergebnisse liefert.

Praktikable T-Invarianten definieren genau wie klassische T-Invarianten in sich abgeschlossene Subnetze, die jeweils einen möglichen Signalfluss im Netz beschreiben. Diese Subnetze überlappen allerdings. Daher werden MCT-Sets berechnet (vgl. Abschn. 6.3), die alle die Transitionen in einer Gruppe zusammenfassen, die an genau den gleichen praktikablen T-Invarianten beteiligt sind. Diese Gruppen oder Äquivalenzklassen partitionieren das Netz und stellen eine Dekomposition in funktionelle Einheiten dar, da die Transitionen jedes Subnetzes immer gemeinsam auftreten.

Es lässt sich auch auf Basis der S- und T-Invarianten eine initiale Markierung konstruieren, sodass die Invarianten realisierbar sind [HGD08]. Dazu muss auf den Plätzen jeder S-Invariante insgesamt mindestens eine Marke vorhanden sein. Da die S-Invarianten in Signaltransduktionsnetzen jeweils die verschiedenen Zustände bestimmter Enzyme darstellen (etwa phosphoryliert / dephosphoryliert), sollten auf den zugehörigen Plätzen auch nicht mehr als eine Marke vorhanden sein und diese sollte den Zustand der jeweiligen Substanz als inaktiv kennzeichnen. Des Weiteren muss durch eine entsprechende Verteilung der Marken dafür gesorgt werden, dass die Transitionen der nichttrivialen T-Invarianten in der passenden Reihenfolge feuern können. Insgesamt sollte aus den Markierungen, die diese Kriterien erfüllen, eine minimale ausgewählt werden.

In [HGD08] werden Ein-und-Ausgabe-Invarianten (I/O invariants) betrachtet, die Auskunft über den Zusammenhang zwischen Ein- und Ausgangssignalen des Netzes geben. Sie werden als lineare Kombination von nichttrivialen T-Invarianten erzeugt, indem zuerst die minimalen T-Invarianten, in deren Subnetzen sich Randknoten befinden, genommen werden. Diese werden sukzessive um weitere minimale Mengen von T-Invarianten erweitert, bis die aktuelle Menge von T-Invarianten ein zusammenhängendes Netz beschreibt. Diese I/O-Invarianten beschreiben, wie Eingangssignale des Netzes in Ausgangssignale umgewandelt werden.

Neben der qualitativen ist auch die quantitative Modellierung und Analyse von Signaltransduktionsnetzen interessant. Als Ergebnisse einer solchen Analyse entstehen zeitliche Informationen über die Signalweiterleitung im Netzwerk. In Abschn. 6.6 über Petri-Netz-Erweiterungen diskutieren wir auch kontinuierliche und stochastische Petri-Netze, die eine solche zeitbehaftete Modellierung ermöglichen und gleichzeitig das Netzwerk und die Signalweiterleitung grafisch repräsentieren. Zunächst wenden wir uns aber einigen besonderen Aspekten bei der Analyse biologischer Netzwerke zu.

6.5.3 *Analyse biologischer Petri-Netze*

Laut [KH08] ist die Invariantenanalyse nützlich, um Inkonsistenzen zu entdecken. Die Autorinnen emfehlen, bei der Modellvalidation alle Invarianten auf biologische Plausibilität zu überprüfen (vgl. auch[SHK06]).

In [HGD08] werden Validierungskriterien aufgestellt, denen man die biologischen Petri-Netze unterziehen sollte:

- Alle erwarteten strukturellen Eigenschaften sollten gelten.
- Das Netz sollte von S-Invarianten überdeckt sein und für alle minimalen S-Invarianten sollte es eine biologische Erklärung/Interpretation geben.
- Des Weiteren sollte das Netz auch von T-Invarianten überdeckt sein und auch für jede T-Invariante sollte es eine biologische Erklärung/Interpretation geben.
- Andersherum sollte es auch kein biologisches Verhalten geben, für das keine T-Invariante vorhanden ist, wobei letztere aber nicht unbedingt minimal sein muss.
- Und schließlich sollen alle zusätzlichen speziellen Eigenschaften, die als temporallogische Formeln angegeben wurden, auch gelten.

Das Petri-Netz-Modell eines Signaltransduktionspathways ist auch für theoretische Knockout-Experimente geeignet [SHK06]. Dabei werden bestimmte Stellen und ihre benachbarten Transitionen gelöscht, um eine Nullmutante zu modellieren. Anschließend wird das Netz erneut analysiert und simuliert. Dabei zeigt sich, welche praktikablen T-Invarianten wegfallen und welche Funktion also verloren geht. Für weitere Diskussionen vgl. [SHK06].

6.5.4 Modellierung von Systemgrenzen

Biologische Pathways und Netzwerke sind keine in sich abgeschlossenen Systeme sondern interagieren mit ihrer Umgebung. Im Fall der Signaltransduktion empfangen sie Signale und erzeugen Reaktionen, metabolische Netzwerke verstoffwechseln Substanzen und erzeugen Produkte und Energie. Solche Netzwerke können daher nicht in Isolation betrachtet werden, sondern man muss bei der Modellierung ihre Umgebung mit berücksichtigen.

Der in Abschn. 6.5.1 gezeigte Glykolyse-Pathway (siehe untere Hälfte von Abb. 6.11) beispielsweise ist eine fast direkte Umsetzung des Hypergraphs aus Abb. 2.22. Insbesondere enthält er Glucose als Eingangsstelle, also als eine Stelle, die nur ausgehende Kanten besitzt. Das Ende unterscheidet sich von der in Abschn. 2.7.3 diskutierten Darstellung, da noch die Umwandlung von Pyruvat in Laktat dargestellt wird. Laktat wird als Ausgangsstelle modelliert, die also nur über eingehende Kanten verfügt.

Das Petri-Netz, so wie es in Abb. 6.11 gezeigt ist, ist noch nicht funktionsfähig, da es eine leere Anfangsmarkierung besitzt (bzw. keine Anfangsmarkierung angegeben wurde) und auch keine Marken ins System gelangen können. Es ist also sozusagen keine Glucose da und es kommt auch niemals welche. Ähnliches gilt übrigens für solche Moleküle wie ATP und NAD$^+$. Auch eine Anfangsmarkierung würde übrigens nicht richtig helfen, da irgendwann alle Marken auf den Eingangsstellen aufgebraucht wären und das Netz stehen bleiben würde.

Möchte man nun modellieren, dass die zu verstoffwechselnden Metabolite sowie die dazu notwendigen Enzyme, die hier gar nicht explizit mitmodelliert wurden, und weitere benötigte Moleküle wie ATP etc. immer in ausreichender Menge zur Verfügung stehen, so kann man sie alle mit einer vorgelagerten Transition versehen, die selbst keine Vorbedingungen hat und so bei jedem Feuern ein neues Molekül der entsprechenden Art erzeugt.

Eine ähnliche Situation entsteht bei den Ausgangsstellen des Netzes. Im Beispiel des Glykolyse-Pathways kann zwar das Pyruvat noch verbraucht werden, da als letzter Schritt die Umwandlung in Laktat modelliert wurde. Dieses aber häuft sich an, solange dem Netz Ausgangsstoffe zugeführt werden. Entsprechend sieht es bei den anderen Produkten des Netzes aus. Hier helfen nachgeschaltete Transitionen, die die erzeugten Marken immer wieder verbrauchen.

Abbildung 6.16 zeigt die Modellierungsunterschiede an einem kleinen Beispiel. Das Petri-Netz in der linken Hälfte der Abbildung kann ohne eine Anfangsmarkierung nicht ablaufen und bleibt stehen, sobald nicht mehr beide Eingangsstellen über genügend Marken verfügen. Das Netz in der rechten Hälfte der Abbildung hingegen kann immer weiter ablaufen, da es über zwei Quellen und eine Senke verfügt.

Der Nachteil dieser Art von Modellierung besteht darin, dass das Netz nun unbeschränkt ist, da durch die Quellen beliebig viele Marken erzeugt werden können. Unbeschränkte Netze sind aber ineffizienter zu analysieren als beschränkte Netze. Es stellt sich also die Frage, ob sich die entsprechenden Netze so weiterentwickeln lassen, dass sie beschränkt sind.

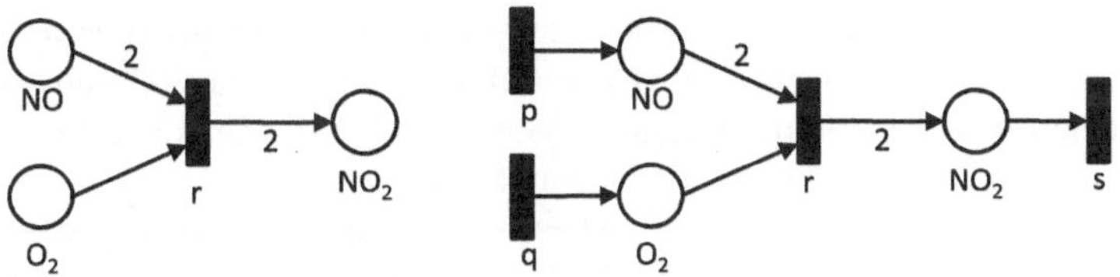

Abb. 6.16 Modellierung von Systemgrenzen mit Stellen bzw. mit Transitionen

Um aus einem unbeschränkten Petri-Netz ein beschränktes zu machen, muss man zum einen die Randknoten und zum anderen die dynamischen Konflikte beseitigen. Ersteres wird in [KH08] so gemacht, dass zunächst eine das gesamte System charakterisierende Gleichung wie folgt erstellt wird. Modelliert man biologische Netze bestehend aus biochemischen Reaktionen mit Petri-Netzen, so lässt sich aus den Eingangs- und Ausgangstransitionen einer T-Invariante eine Gleichung gewinnen, die das entsprechende Subnetz charakterisiert. Wird das System von nichttrivialen minimalen T-Invarianten überdeckt, so lassen sich die durch die Invarianten gegebenen Gleichungen so zusammensetzen, dass eine das gesamte System beschreibende Gleichung entsteht. Das Inverse dieser Gleichung wird dann durch zwei künstliche Transitionen mit einer ebenfalls künstlichen Stelle dazwischen ausgedrückt, die mit den Randknoten des Netzes verbunden werden. Dadurch wird dafür gesorgt, dass immer Marken auf den Eingangsstellen zur Verfügung gestellt und von den Ausgangsstellen entfernt werden, sodass das System lebendig bleibt und Anhäufungen von Marken vermieden werden.

Die minimale T-Invariante zu dem Beispiel in Abb. 6.16 lautet $(2p, 1q, 1r, 2s)$. Die drei Randtransitionen p, q und r ergeben somit folgende Gleichung, die in diesem kleinen Beispiel gerade der modellierten Reaktion entspricht:

$$2NO + 1O_2 \longrightarrow 2NO_2 \tag{6.5}$$

Die Randtransitionen des Petri-Netzes werden nun durch das „Inverse" dieser Gleichung wie in Abb. 6.17 ersetzt.

Des Weiteren werden zusätzliche Paare von Stellen eingeführt, um die dynamischen Konflikte zu beseitigen. Diese dynamischen Konflikte resultieren hier aus der Tatsache, dass verschiedene Möglichkeiten der Stoffumwandlung vorliegen.

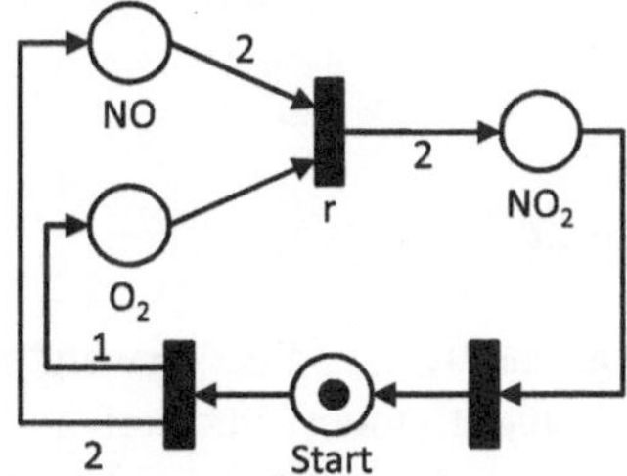

Abb. 6.17 „Rückkopplung" von Ausgangs- auf Eingangsstellen

Man löst die Konflikte durch künstlich eingeführte Paare von Stellen auf, die dafür sorgen, dass die Transitionen abwechselnd schalten. Die Tatsache, dass die verschiedenen Varianten in der Realität unterschiedlich häufig vorkommen berücksichtigt man durch unterschiedlich gewichtete Kanten.

In [ZOS03] werden noch andere Alternativen zur Modellierung von Systemgrenzen diskutiert. Unter anderem wird folgende Variante vorgeschlagen: Von jeder Transition im Nachbereich einer Eingangsstelle führt eine Kante zurück zu dieser Eingangsstelle, damit dort immer Marken vorhanden sind. Analog wird jeder Transition, die in ihrem Nachbereich eine Ausgangsstelle hat, eine zusätzliche Kante von dieser Stelle hinzugefügt, sodass die dort eintreffenden Marken immer wieder verbraucht werden. Allerdings muss dann jede Ausgangsstelle in der Anfangsmarkierung über mindestens eine Marke verfügen, damit diese Transitionen überhaupt jemals feuren können. Außerdem werden dadurch natürlich Schleifen ins Netz eingeführt.

Beide hier diskutierten Arten, das Systemverhalten zu modellieren, nehmen Steady-State-Annahmen direkt in das Modell auf.

6.6 Petri-Netz-Erweiterungen

Im Folgenden diskutieren wir verschiedene Erweiterungen von Petri-Netzen, die im Kontext der biologischen Netzwerke von besonderem Interesse sind. Dazu gehören solche Erweiterungen, die eine kompaktere Schreibweise ermöglichen aber die Mächtigkeit nicht erhöhen, wie zum Beispiel gefärbte Petri-Netze. Es werden Netz-Typen vorgestellt, die neue Aspekte wie etwa einen Zeitbezug ergänzen und erlauben, stochastische oder kontinuierliche Eigenschaften zu modellieren. Hybride Ansätze ermöglichen es, verschiedene Erweiterungen von Petri-Netzen zu kombinieren und Inhibitokanten erweitern die Mächtigkeit von Petri-Netzen hin zur Turing-Mächtigkeit, was allerdings den Verlust bestimmter Analysemöglichkeiten zur Folge hat [HR04].

Tabelle 6.1 gibt eine erste Übersicht über die verschiedenen Erweiterungen, Beispiele für zur Verfügung stehende Werkzeuge, wichtige Literaturreferenzen und einige Stichworte, die die Erweiterungen charakterisieren. Die Liste erhebt keinen Anspruch auf Vollständigkeit sondern soll eine erste Orientierung ermöglichen. Genauere Erklärungen finden sich in den folgenden Abschnitten.

6.6.1 Gefärbte Petri-Netze

Wie weiter oben bereits erwähnt, ist die Verwendung von unterscheidbaren Marken eine weitere Möglichkeit, mehr Struktur in Petri-Netze hineinzubringen. Man spricht dann auch von gefärbten Petri-Netzen [Jen97, JKW07]. Diese

Tabelle 6.1 Übersicht über Petri-Netz-Erweiterungen

Bezeichnung	Werkzeuge	Referenzen	Stichworte
Gefärbte PNe	CPNTools, vorher: Design/CPN	[JKW07]	unterscheidbare Marken
Funktionale PNe	Genomic Object Net, Cell Illustrator	[Val78, HT98]	Kantengewichte als Funktion über der Netzmarkierung
Stochastische PNe	Snoopy; UltraSAN (stochastic activity networks)	[Bal02]	Transitionen mit Feuerungsrate (WK-Funktion)
Kontinuierliche PNe	Snoopy	[DA05]	Anzahl von Marken durch reelle Zahl gegeben; Transitionen feuern kontinuierlich
Hybride funktionale PNe (HFPN)	Genomic Object Net, Cell Illustrator	[DA05]	diskrete und kontinuierliche Stellen und Transitionen; Kantengewichte als Funktion über der Netzmarkierung
PNe mit Fuzzy-Logik	Petri Net Modeling Application (PNMA)	[WZ08]	Marken sind unscharfe Werte aus Fuzzy-Mengen; Transitionen schalten gemäß Fuzzy-Regeln

sind strukturierter aber nicht mächtiger als Stellen-Transitions- oder Bedingungs-Ereignis-Netze.

In gefärbten Netzen steht jede Transition für eine Klasse von Transitionen, wobei die Elemente dieser Klasse (also die Basistransition, wenn man so will) durch die Bindung der Variablen in den benachbarten Kantenannotationen an bestimmte Farben gegeben sind.

Ein gefärbtes Petri-Netz kann man aus einem ST-Netz dadurch ableiten, dass man die Stellen und die Transitionen jeweils zu beliebigen Gruppen zusammenfasst. Jede solcher Gruppen von Stellen bzw. Transitionen wird zu einer Stelle bzw. einer Transition im gefärbten Petri-Netz. Die früheren Namen für die Stellen und Transitionen verwendet man als Bezeichnungen für die „Farben", die nur im abstrakten Sinn Farben sind und eigentlich Mengen von Variablennamen.

Wenn im ST-Netz die Stelle s_1 beispielsweise mit zwei Marken belegt ist und im gefärbten Netz zur Stelle s gehört, so hat die Stelle s dann zwei Marken der Farbe s_1. Die Aktivierungs- und Schaltregel werden dann so übertragen, dass beispielsweise die Transition t mit ihrer Farbe t_3 aktiviert ist, wenn t_3 zu der Gruppe von Transitionen gehört, die zu t zusammengefasst wurden, und wenn auf den Stellen im Eingangsbereich von t jeweils genügend Marken der Farben liegen, die den Stellen im Vorbereich von t_1 im ST-Netz entsprechen.

Leitet man gefärbte Netze mit einem entsprechenden Vorgehen aus BE-Netzen ab, erhält man von jeder Markenart (jeder Farbe) nur ein Exemplar. Man spricht dann auch von strikten gefärbten Petri-Netzen.

6.6.2 Funktionale Petri-Netze

Die grundlegende Idee der funktionalen Petri-Netze ist die, dass die Kantengewichte in Abhängigkeit von der aktuellen Markierung des Netzes definiert werden können. Für jede Kante kann eine Funktion angegeben werden, die festlegt, wie hoch das Gewicht dieser Kante in Abhängigkeit von der Anzahl der Marken auf einer oder mehreren Stellen sein soll [HT98]. Im biologischen Kontext kann damit die Tatsache berücksichtigt werden, dass die Reaktionsrate biochemischer Reaktionen von der zur Verfügung stehenden Menge des katalysierenden Enzyms abhängt. Die Kinetik der Reaktionen kann somit ins Modell einfließen [CHH$^+$09].

Dazu werden in einem einfachen Ansatz beispielsweise die stöchiometrischen Koeffizienten, die sonst direkt als Kantengewichte verwendet werden, mit der Anzahl der Marken, die auf der das Enzym repräsentierenden Stelle zur Verfügung stehen multipliziert. Steht eine große Menge Enzym zur Verfügung, können viele Substratmoleküle in viele Produktmoleküle umgesetzt werden, sonst werden in einem Schritt nur wenige Marken aus dem Eingangsbereich der Transition verbraucht und auch nur wenige im Ausgangsbereich erzeugt. Auch inhibitorische Effekte können berücksichtigt werden, indem die Anzahl der Marken auf der einen Inhibitor repräsentierenden Stelle in die Berechnung der Kantengewichte mit einbezogen wird.

Abbildung 6.18 zeigt ein funktionales Petri-Netz, dass eine Reaktion k mit der Reaktionsgleichung $3S_1 + 2S_2 \rightarrow 2P$ darstellt. Die Reaktion wird von dem Enzym E katalysiert und vom Inhibitor I inhibiert. Dabei üben das Enzym und der Inhibitor unterschiedlich starke Wirkung auf die Reaktion aus, die sich in der Formel, mit der die Kantengewichte berechnet werden, widerspiegelt. Die Bezeichnungen der Stellen des Netzes sind gleichzeitig Variablen, die die Anzahl der Marken auf der jeweiligen Stelle angeben. Sie können als Parameter in den Funktionen verwendet werden.

So eine Berücksichtigung der Markenanzahl ist natürlich nur in einem größeren als dem hier gezeigten Kontext sinnvoll. Die Stellen, die die Enzym- und die Inhibitormoleküle repräsentieren, müssten in Strukturen beteiligt sein, in denen die entsprechenden Proteine durch andere Reaktionen aktiviert und inaktiviert werden.

Funktionale Petri-Netze basieren auf selbst-modifizierenden Petri-Netzen [Val78].

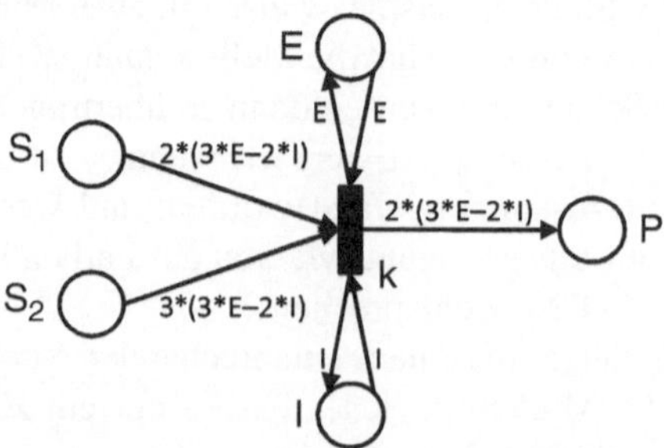

Abb. 6.18 Beispiel für ein funktionales Petri-Netz

6.6.3 Zeitbehaftete Petri-Netze

Zeitbezogene Informationen können auf zwei Arten in ein qualitatives Modell eingeführt werden: mit stochastischen und kontinuierlichen Ansätzen. Die bisher betrachteten qualitativen Modellierungen sind also Abstraktionen von stochastischen oder kontinuierlichen Modellierungen, die selbst wiederum gegenseitige Approximationen sind. Schließlich gibt es noch hybride Ansätze, die mehrere dieser Ideen miteinander verbinden.

Im Folgenden gehen wir sowohl auf stochastische als auch auf kontinuierliche und hybride Petri-Netze ein.

6.6.3.1 Stochastische Petri-Netze

Stochastische Petri-Netze eignen sich gut zur Modellierung biochemischer Netzwerke da diese nebenläufig und stochastisch sind, d. h. die einzelnen Reaktionen laufen im Allgemeinen unabhängig von einander ab und können auch gleichzeitig stattfinden, ihr zeitliches Verhalten wird am besten mit Hilfe von stochastischen Gesetzen beschrieben [HGD08]. Allerdings sind stochastische Petri-Netze nicht immer das Mittel erster Wahl, da sie zum einen aufwändiger zu analysieren sind als klassische (qualitative) Petri-Netze und da zum anderen die Datenlage nicht immer ausreichend ist. Da aber die Struktur von qualitativem und stochastischem Modell übereinstimmen, kann ersteres gut als Ausgangspunkt und zur Überprüfung der grundlegenden Eigenschaften verwendet und anschließend um stochastische Reaktionsraten erweitert werden. Das bedeutet, dass Informationen über das zeitliche Verhalten der Netzwerke ergänzt werden.

Ebenso wie ein qualitatives Petri-Netz besitzt auch ein stochastisches Petri-Netz eine diskrete Anzahl von Marken auf seinen Stellen. Im Unterschied zu diesen wird zu jeder Transition eine Feuerungsrate (firing rate) angegeben. Das ist eine Zufallsvariable mit einer bestimmten Wahrscheinlichkeitsverteilung. Wenn nun eine Transition dadurch aktiviert wird, dass auf ihren Eingangsstellen genügend Marken angekommen sind, wird für einen lokalen Timer ein Anfangswert gemäß dieser Zufallsvariable bestimmt und der Timer gestartet. Erst wenn er abgelaufen ist, feuert die Transition. Im Allgemeinen wird für jeden Simulationslauf ein anderer Wert entsprechend der Wahrscheinlichkeitsverteilung bestimmt. Wenn also zwei oder mehr Transitionen gleichzeitig aktiviert sind, entscheiden die zufälligen Anfangswerte ihrer Timer darüber, welche von ihnen zuerst feuert.

Im Prinzip ist es möglich, beliebige Wahrscheinlichkeitsfunktionen zu verwenden. Für biochemische Systeme bieten sich aber exponentielle Verteilungen an [Cha07, HGD08].

6.6.3.2 Kontinuierliche Petri-Netze

Das stochastische Verhalten von biochemischen Netzwerken kann auch durch kontinuierliche Ansätze beschrieben werden. Klassisch werden hier Systeme von gewöhnlichen Differentialgeleichungen eingesetzt. Kontinuierliche Petri-Netze erlauben die strukturierte Erstellung solcher Differentialgeleichungssysteme. Auch hier geht man von einem qualitativen Modell – einem klassischen Petri-Netz – aus und ergänzt dieses um deterministische Reaktionsraten.

Im Gegensatz zu Stellen-Transitions-Netzen können die Stellen in kontinuierlichen Petri-Netzen nicht nur eine diskrete Anzahl von Marken aufweisen. Statt dessen werden reelle Zahlen verwendet, um Quantitäten zu beschreiben. Im biochemischen Anwendungsgebiet sind das dann beispielsweise die Konzentrationen der durch die jeweilige Stelle symbolisierten biochemischen Substanz. Die Transitionen feuern kontinuierlich mit einer bestimmten Geschwindigkeit, die von der Markierung der Eingangsstellen abhängt. In unserem Kontext werden damit Reaktionsraten modelliert, denen die Michaelis-Menten-Kinetik (vgl. Abschn. 2.6) oder das Massenwirkungsgesetz (mass-action kinetics) zugrunde liegt. Auf diese Weise fließen also die kinetischen Informationen in die Petri-Netz-Modelle mit ein. Diese Art der Darstellung ist äquivalent zu einer Modellierung mit gewöhnlichen Differentialgleichungen [HR08]. Sie verfügt darüber hinaus um eine formale grafische Repräsentation und diverse Analyse-Werkzeuge.

Qualitative (konventionelle) Petri-Netze unterscheiden sich strukturell nicht von kontinuierlichen [BGHO08].

Die Einträge der Inzidenzmatrix eines kontinuierlichen Petri-Netzes beschreiben nun den Abbau bzw. die Erzeugung von Substanzen in Abhängigkeit von der Geschwindigkeit, mit der die Transition arbeitet, und dem Kantengewicht. Ein Eintrag w_{ij} der Matrix gibt also an, wieviel Zufluss bzw. Abfluss an Substanzen die Transition j auf der Stelle i verursacht. Der Fluss ist dabei das Produkt aus der Transitionsgeschwindigkeit und dem Kantengewicht [HR08]. Bei einem negativen Matrixeintrag befindet sich die Stelle im Vorbereich der Transition und sonst in ihrem Nachbereich.

In kontinuierlichen Petri-Netzen muss die Definition für T-Invarianten angepasst werden, da die Transitionen kontinuierlich und nicht diskret feuern. (Die S-Invarianten funktionieren unter beiden Randbedingungen.) In [HR08] wird daher vorgeschlagen, das Konzept der „repetitiven Komponenten" aus der klassischen Analyse von Petri-Netzen durch ein Konzept der „konstanten / stabilen / stetigen (steady) Komponenten" zu ersetzen. Dabei gehören gerade diejenigen Transitionen zu diesen stabilen Komponenten, für die im Fließgleichgewicht (quasi steady state) der Gesamtfluss Null ist. Es handelt sich dabei um Vektoren, die aus Nullen und Einsen bestehen, da entweder ein Fluss besteht oder nicht. Für eine formale Definition siehe [HR08]. Anders ausgedrückt kann man auch sagen, dass eine stabile Komponente aus einer Menge von kontinuierlichen Transitionen besteht, deren simultanes Feuern insgesamt (als Gesamteffekt) keine Auswirkung auf die Markierung des Petri-Netzes hat.

6.6.3.3 Hybride funktionale Petri-Netze (Hybrid Functional Petri Nets, HFPN)

Hybride funktionale Petri-Netze (Hybrid Functional Petri Nets, HFPN) vereinigen Ideen von kontinuierlichen und funktionalen Petri-Netzen. Sie erlauben die

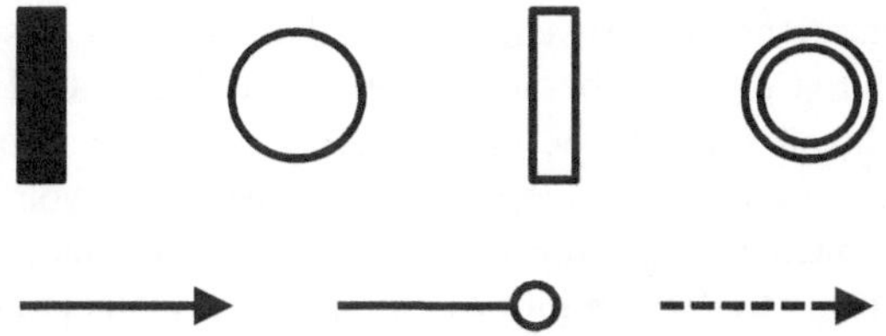

Abb. 6.19 Symbole für HFPN

Verwendung von diskreten und von kontinuierlichen Stellen und Transitionen gemeinsam in einem Modell. Kantengewichte können als Funktionen über der Markierung von Stellen definiert werden und neben normalen Kanten können auch Inhibitor- und Testkanten angegeben werden. Letztere entsprechen den weiter oben diskutierten Lesekanten.

Abbildung 6.19 zeigt die für HFPN zur Verfügung stehenden Symbole: diskrete Transition und Stelle, kontinuierliche Transition und Stelle, normale Kante, Inhibitorkante, Testkante (von links nach rechts und von unten nach oben).

In [MM04b] werden diverse biologische Modellierungsbeispiele für hybride funktionale Petri-Netze (HFPN) diskutiert, darunter auch der Glykolyse-Pathway. Es wird auch darauf eingegangen, wann diskrete und wann kontinuierliche Stellen und Transitionen zum Einsatz kommen sollten. Generell kommen die Autoren zu dem Schluss, dass Stoffflüsse kontinuierlich und Regulationsereignisse diskret modelliert werden sollten. Das geht natürlich nur, falls die Datenlage dies zulässt. In dem Paper wird auch die Modellierung grundlegender Strukturen – wie Komposition und Dekomposition von Molekülkomplexen, enzymatische Reaktionen, Proteinabbau etc. mit HFPN diskutiert. Die dort vorgestellten Simulationen wurden mit dem Werkzeug „Genomic Object Net" durchgeführt, der nicht kommerzielle Version des Cell Illustrators.

Die HFPN wurden in [NDMM04b] zu „Hybrid functional Petri net with extension" (HFPNe) weiterentwickelt, die alle bisher vorgestellten Petri-Netz-Erweiterungen umfassen. Laut [MLM06] kann jedes herkömmliche, gefärbte, stochastische oder hybride Petri Netz als ein spezielles HFPNe aufgefasst werden.

6.6.4 Petri-Netze mit Fuzzy-Logik

Die grundlegende Idee bei Erweiterung von Petri-Netzen um Fuzzy-Logik ist es, anstelle exakter Parameter Fuzzy-Werte zu verwenden, die es ermöglichen, unscharfe Grenzen zwischen verschiedenen Klassen von Werten zu ziehen, was der Wirklichkeit näher kommt als künstliche scharfe Grenzen [BCE+09]. So kann man zum Beispiel ausdrücken, dass bestimmte Moleküle in hoher Konzentration vorliegen, ohne zu sagen, wo genau denn nun „hohe Konzentration" anfängt.

In [WZ08] werden PNFL (Petri Nets with Fuzzy Logic) vorgestellt. Die Autoren heben als weitere Vorteile ihres Ansatzes gegenüber klassischen Petri-Netzen oder auch der Modellierung von Systemen mit gewöhnlichen Differentialgleichungen folgende Eigenschaften heraus: Anstelle von mathematischen Ausdrücken wird das Systemverhalten durch die Angabe von Regeln modelliert, die leichter zu entwickeln und zu verstehen sind, da sie der natürlichen Sprache ähnlicher sind. Der Ansatz erlaubt es weiterhin, alle möglichen Eigenschaften von Objekten zu beschreiben und auch nach und nach immer weitere Eigenschaften zu ergänzen. Durch die Kombination mit Petri-Netzen gibt es eine klare Visualisierung der beteiligten Objekte und ihrer Interaktionen.

Wir geben im folgenden einen knappen Überblick über Fuzzy-Logik und stellen dann den PNFL-Ansatz vor.

Eine Fuzzy-Menge (fuzzy set) beschreibt eine (abstrakte) Menge von Objekten. Tatsächlich im System vorhandene Objekte werden dann durch ihre Ähnlichkeit zu den Objekten der Fuzzy-Mengen beschrieben. Dadurch erfolgt eine gewichtete Zuordnung der Objekte zu diesen Mengen. Jede Fuzzy-Menge wird über einem Universe of Discourse U definiert, sodass sie durch eine Zugehörigkeitsfunktion (membership function) $FS : U \rightarrow [0, 1]$ beschrieben werden kann. Zu Fuzzy-Konzepten werden dann alle Fuzzy-Mengen zusammengefasst, die über dem gleichen Universe of Discourse definiert sind. Das könnten beispielsweise alle möglichen Konzentrationen sein mit den zugehörigen Fuzzy-Mengen für geringe, mittlere, hohe und gesättigte Konzentrationen [WZ08].

Basierend darauf werden Regeln aufgestellt, die (gewichtete) Fuzzy-Mengen von verschiedenen Plätzen auf andere Plätze abbilden und dabei die Gewichte neu berechnen. Man spricht auch von Voraussetzungen (premises) und Schlussfolgerungen (conclusions). Diese Regeln bestehen aus IF-THEN-Ausdrücken, in deren IF-Klauseln Fuzzy-Mengen auch und-verknüpft vorkommen können. Eine Menge solcher Regeln stellt ein Fuzzy-Logik-System dar.

In Petri-Netzen sieht es nun so aus, dass alle Fuzzy-Werte, die ein einzelnes Objekt beschreiben, zu einer Menge von Fuzzy-Marken auf einer bestimmten Stelle zusammengefasst werden. Mit Hilfe von Gewichten werden die tatsächlichen Werte bzw. Zuordnungen zu den Fuzzy-Mengen dargestellt. Die Kanten des Petri-Netzes sind mit Fuzzy-Logik-Systemen annotiert, die die Dynamik – hier also die Schaltbedingungen – beschreiben.

Laut [WZ08] können zwei generelle Modellierungsansätze unterschieden werden, die aber auch gemeinsam in einem Modell auftreten können:

1. Das Verhalten von Objekten kann durch die Modellierung des zugrundeliegenden biologischen Prozesses beschrieben werden.
2. Man kann aber auch das beobachtbare Verhalten der Objekte modellieren, ohne den zugrundeliegenden Prozess mitzubeschreiben. Das kann etwa dann nützlich sein, wenn der Prozess noch gar nicht bekannt ist, das beobachtbare Verhalten der Objekte aber Einfluss auf andere Teile des Systems hat.

6.7 Modellierungsansätze

Bei der Erstellung von Petri-Netzen, die biologische Netzwerke beschreiben, gibt es unterschiedliche Herangehensweisen, die wir im Folgenden diskutieren wollen. Zum einen kann man solche Netze qualitativ oder quantitativ modellieren und zum anderen können sie entweder von Hand erstellt oder beispielsweise aus Datenbanken generiert werden.

6.7.1 Qualitative vs. quantitative Modellierung

Traditionell werden biochemische Reaktionen oder Reaktionsfolgen quantitativ zum Beispiel mit gewöhnlichen Differentialgleichungen (ordinary differential equations, ODE) modelliert (vgl. Abschn. 2.6). Allerdings müssen dazu die kinetischen Parameter der einzelnen Reaktionen bekannt sein, was oft nicht der Fal ist. Sind genügend Parameter bekannt, so lassen sich die fehlenden mit verschiedenen Methoden abschätzen (vgl. z. B. [KHK+05]). Laut [SHK06] sind für Signaltransduktionswege oft nur 50–60% der Parameter bekannt, sodass die normalerweise eingesetzten Methoden zur Parameterschätzung nicht funktionieren. Als alternativer Ansatz wird dort eine qualitative Modellierung mit Petri-Netzen vorgeschlagen, die später um quantitative Aspekte erweitert werden kann.

Hinzu kommt, dass durch die Hochdurchsatzexperimente große Mengen an qualitativen Daten erzeugt werden, während quantitative Daten längst nicht in diesem Umfang gewonnen werden. Das Verhältnis zwischen qualitativen und quantitativen Daten verschiebt sich also immer mehr [GBSH+08].

In [GH06] diskutieren Gilbert und Heiner, wie man Petri-Netz-Ansätze und die traditionelle Modellierung mit ODEs zusammenführen kann, indem man durch Analysen des Petri-Netz-Modells aus diesem die Anfangskonzentrationen für das ODE-Modell ableitet.

Neben der Tatsache, dass oft die Datenlage für eine quantitative Modellierung nicht ausreichend ist, hat die qualitative Modellierung auch den Vorteil, dass sich manche Analysen effizienter mit qualitativen Modellen durchführen lassen oder überhaupt nur für diese in Frage kommen. Zum Beispiel lassen sich mögliche Signalflüsse innerhalb eines Netzwerks mit Hilfe von ODE-Systemen nicht sinnvoll analysieren [SHK06]. Für metabolische Netze wurden dazu qualitative Methoden entwickelt, die die Stöchiometrie berücksichtigen (vgl. Abschn. 5.5). Wir haben in Abschn. 6.5.1 gesehen, dass diese Analysen mit der Bestimmung von Invarianten für Petri-Netze übereinstimmen. Die Invariantenanalyse konnte mit bestimmten Anpassungen auf Signaltransduktionsnetzwerke übertragen werden (vgl. oben Abschn. 6.5.2.3), sodass nun auch für diese entsprechende Analysen durchgeführt werden können.

Dadurch dass hybride Petri-Netze zur Modellierung zur Verfügung stehen, lassen sich qualitative und quantitative Daten gut miteinander integrieren. Die qualitativen Netze können nach und nach um quantitative Informationen ergänzt werden.

6.7.2 Manuelle Erstellung von Petri-Netzen vs. automatische Generierung

Die meisten der in der Literatur diskutierten Petri-Netze, die biologische Pathways beschreiben, wurden manuell auf Basis von Literatur- oder Lehrbuchwissen erstellt oder auch auf Basis anderer bereits existierender Modelle entwickelt. Werden Lehrbuchwissen und bereits bestehende Modelle als Grundlage verwendet, so geht es meistens darum, die Angemessenheit des Ansatzes zu überprüfen bzw. zu demonstrieren, und darauf aufbauend neue Analysemethoden zu entwickeln und vorzustellen.

Der Aufbau (neuer) Modelle auf Basis von Literaturwissen und evtl. eigenen Experimenten ist die traditionelle Vorgehensweise auch für andere Modellierungsansätze in der Biologie (vgl. oben Kap. 5). Hier werden einzelne Informationen erstmals – ggf. unter bestimmten Randbedingungen – in einen größeren Zusammenhang gesetzt. Petri-Netze bieten hier besondere Vorteile bei der Modellerstellung, da sie eine graphische Repräsentation mit Analyse- und Simulationsmöglichkeiten verbinden. Die Modellierer können ihr Modell während der Erstellung analysieren und simulieren und bekommen so Hinweise auf noch fehlende Komponenten oder Widersprüche im Modell.

Dieses manuelle Vorgehen hat den Vorteil, dass es sicherlich die höchste Qualität der erstellten Netze liefert, da Experten jede einzelne Stelle und jede einzelne Transition hinterfragt haben. Der Preis dafür ist ein großer zeitlicher und personeller Aufwand bei der Erstellung der Netze. Da zudem die zur Verfügung stehende Menge an Daten rasant anwächst, wird der Wunsch größer, auch Petri-Netze aus bestehenden Datensammlungen automatisch zu generieren.

Es gibt einige Veröffentlichungen, die zeigen, wie bestimmte Grundstrukturen biologischer Netzwerke in Petri-Netze überführt werden können. Für Stellen-Transitions-Netze haben wir solche Abbildungen oben in Abschn. 6.5 diskutiert. Für Petri-Netz-Erweiterungen finden sich solche Diskussionen beispielsweise für gefärbte Petri-Netze mit Zeitbezug in [LZLP06] und für HFPN in [NDMM05].

In [KZL00] wird ein Ansatz vorgestellt, in dem verschiedene Datenbanken (u.a. KEGG und BRENDA) automatisch analysiert und Petri-Netze generiert wurden. Allerdings wurden die Petri-Netze in einem selbstentwickelten Format gespeichert und eigene spezielle Algorithmen zur Analyse entwickelt.

Der Biopathway Executer (BPE), der in [NDMM04a] vorgestellt wird, übersetzte metabolische Pathways aus KEGG und BioCyc in hybride funktionale Petri-Netze, die mit Genomic Object Net simuliert werden konnten. Interessant dabei ist, dass die KEGG- und BioCyc-Graphiken, die die Pathways repräsentieren, beibehalten und in animierbare Graphiken umgewandelt wurden, sodass der Signal- oder Stofffluss sichtbar gemacht werden konnte. Typischerweise wurde dabei eine KEGG- bzw. BioCyc-Pathway-Map in ein Petri-Netz umgesetzt. Es konnten aber auch z. B. mehrere KEGG-Maps in ein gemeinsames Petri-Netz umgesetzt werden. Zur graphischen Darstellung wurden dann eigene Repräsentationen generiert. Signaltransduktionswege konnten noch nicht berücksichtigt werden. Dieser Ansatz ist inzwischen in dem Werkzeug Cell Illustrator (s.u.) aufgegangen. Die animierbaren KEGG- und BioCyc-Graphiken wurden anscheinend nicht weiter verfolgt.

Ein neuerer Ansatz ist MoVisPP (Modeling and Visualization of Pathways using Petri nets) [CHH+09], der auf einem Data-Warehouse aufsetzt, das Daten aus KEGG, ENZYME, OMIM, u.a. sowie der Gene Ontology integriert (vgl.

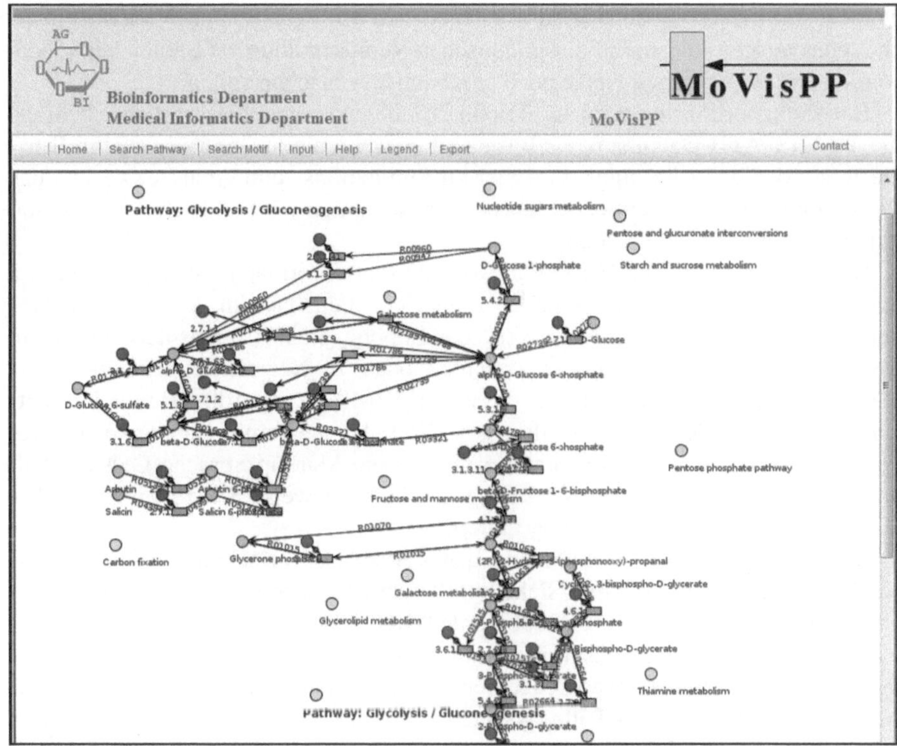

Abb. 6.20 Screenshot von MoVissPP (Glykolyse-Pathway)

Abschn. 3.1.5, 3.1.6 sowie 4.4.1). Die Generierung der Petri-Netze stützt sich dabei vor allem auf die KEGG-Daten, die durch aus anderen Datenbanken stammende Informationen ergänzt werden. Es werden qualitative HFPN generiert, daher können auch Inhibitorkanten verwendet werden. Das Werkzeug MoVisPP selbst ermöglicht lediglich eine graphische Repräsentation der berechneten Petri-Netze, stellt aber verschiedene Exportformate (CSML, PNML, SBML) zur Verfügung, sodass etwa der Cell Illustrator als Simulations- und Analysewerkzeug verwendet werden kann. Abbildung 6.20 zeigt einen Screenshot von MoVisPP. Das angezeigte Petri-Netz stellt den Referenzpathway für Glykolyse dar.

In [BCE+09] wird ein Ansatz vorgestellt, in dem Petri-Netze nicht nur auf Basis einschlägiger Datenbanken sondern auch mit Hilfe von Text-Mining-Verfahren generiert werden.

Ein Mittelweg zwischen der manuellen Erstellung biologischer Petri-Netze durch Experten und der (semi-)automatischen Generierung auf Basis mehrerer Datenbanken ist die Verwendung von manuell kurierten Pathway-Datenbanken als Datenbasis. In [NSL+08] werden Transformationsregeln für die Umsetzung von Signaltransduktionswegen der TRANSPATH-Datenbank in HFPN vorgestellt. Dabei wird nicht nur festgelegt, wie TRANSPATH-Einträge in das CSML-Format abgebildet werden, sondern es werden für die verschiedenen Molekülarten auch unterschiedliche Icons ausgewählt, die in der graphischen Repräsentation als Stellen verwendet werden und die erstellten Netze noch anschaulicher machen sollen.

Ein ähnlicher Ansatz wird in [TE08b, Täu08] vorgestellt. Dort dient ebenfalls die TRANSPATH-Datenbank als Basis und es werden einzelne Pathways in Petri-Netze konvertiert. Allerdings wird hier zu Simulations- und Analysezwecken das Werkzeug CPN Tools verwendet. Diesen Ansatz hatten wir in Abschn. 5.6.3 schon kurz vorgestellt (vgl. Abb. 5.24).

Durch die allmähliche Verbreitung von Austauschformaten (siehe Abschn. 3.2 und 4.4.3) wird die automatische Erstellung von Petri-Netzen (und anderen Modellen) einfacher. Das Petri-Netz-Werkzeug Snoopy [RMH10] beispielsweise kann SBML-Daten importieren und exportieren, sodass es Netzwerkinformationen aus allen Datenbanken einlesen kann, die einen SBML-Export (direkt oder indirekt) zur Verfügung stellen. Der Cell Illustrator [NSJ$^+$10] als kommerzieller Nachfolger von Genomic Object Net verwendet seine eigene Markup-Sprache CSML, stellt aber Konvertierungstools zur Verfügung, die beispielsweise SBML- und CellML-Modelle in das CSML-Format überführen.

Speziell für Petri-Netze wurde ein eigenes Austauschformat entwickelt, die Petri Net Markup Language (PNML, siehe http://www.pnml.org/index.php), die kürzlich als ISO/IEC-Standard verabschiedet wurde [HKK$^+$09]. Dieses Format ist nicht auf biologische Interaktionen ausgerichtet sondern wurde allgemein als Austauschformat zwischen Petri-Netz-Werkzeugen entwickelt. Dadurch wird es möglich, Petri-Netz-Repräsentationen von Pathways auch mit solchen Petri-Netz-Werkzeugen auszutauschen, die SBML nicht unterstützen.

Durch die Entwicklung, Standardisierung und Verbreitung von Austauschformaten kann also auch die Modellerstellung ein Stück weit automatisiert werden. Allerdings erfordern solche automatisch generierten Modelle eine Nachbearbeitung – sei es direkt durch Experten oder auf der Basis von Analyseverfahren, die die Plausibilität der generierten Modelle überprüfen. Dazu können beispielsweise die in Abschn. 6.5.3 vorgestellten Kriterien herangezogen werden.

6.8 Zusammenfassung und Literaturhinweise

In diesem Kapitel wurde die Modellierung biologischer Netzwerke mit Petri-Netzen ausführlich vorgestellt. Wir haben zunächst die grundlegenden Definitionen eingeführt, angefangen bei Netzgraphen über Bedingungs-Ereignis- und Stellen-Transitions-Netze bis zu Markierungen und Inzidenzmatritzen.

Betrachtet man die Struktur von Petri-Netzen, so gibt es bestimmte Grundsituationen, die immer wieder auftreten. Dies sind Kausalität, Konflikt, Nebenläufigkeit, Rückwärtskonflikt sowie Fork und Join. Diese Grundsituationen lassen sich auch biologisch interpretieren. Beispielsweise wird die Dekomposition eines Moleküls als eine Verzweigung (Fork) dargestellt und die Synthese zweier Moleküle zu einem neuen als Join.

Neben diesen Grundsituationen gibt es spezielle strukturelle Eigenschaften, die Petri-Netze aufweisen können. Dazu gehören strukturelle Deadlocks und Fallen, deren Vorhandensein auf Modellierungsfehler hindeuten kann.

Die dynamischen Eigenschaften beziehen neben dem Netzgraphen immer auch die aktuelle Markierung mit ein. Interessant ist hier zum Beispiel die Frage nach der Erreichbarkeit bestimmter Markierungen. Auf der Erreichbarkeit bauen die verschiedenen Lebendigkeitseigenschaften auf. Im Kontext metabolischer Netzwerke würde man erwarten, dass die Petri-Netze lebendig sind, wenn eine ausreichende Menge an zu verstoffwechselnden Metaboliten ins Netz gelangt.

Für die effiziente Analyse von Petri-Netzen ist es oft entscheidend, ob das Netz beschränkt ist oder nicht. Im biologischen Kontext bedeutet Beschränktheit, dass sich etwa in metabolischen Netzwerken keine Stoffwechselprodukte akkumulieren können. Invarianten sind weitere interessante dynamische Eigenschaften. Man unterscheidet zwischen Transitions- und Stelleninvarianten. Liegt eine T-Invariante vor, so liegt das Netz nach Ablauf aller an der Invariante beteiligten Transitionen wieder in seinem Ausgangszustand vor. S-Invarianten besagen, dass sich die gewichtete Gesamtzahl der Marken auf den beteiligten Stellen nicht ändert.

Viele der strukturellen Eigenschaften von Petri-Netzen sowie die Invarianten können mit Graphenalgorithmen auf der Netzstruktur überprüft bzw. gefunden werden. Lebendigkeitseigenschaften hingegen erfordern eine Zustandsraumanalyse.

Wir haben ausführlich die Besonderheiten biologischer Petri-Netze betrachtet. Zu nennen wären da zum Beispiel typische Strukturen und ihre biologische Interpretation, wie etwa enzymatische Reaktionen oder Signalkaskaden, und minimale T-Invarianten, die den Elementary Flux Modes entsprechen. Es wurden Validierungskriterien für die Invariantenanalyse bei biologischen Petri-Netzen aufgestellt.

Es gibt verschiedene Erweiterungen der klassischen Petri-Netze. Wir haben u.a. gefärbte, funktionale, stochastische, kontinuierliche und hybride Petri-Netze vorgestellt. Abschließend haben wir unterschiedliche Ansätze zur Modellierung mit Petri-Netzen betrachtet und insbesondere qualitative und quantitative Modellierung gegenübergestellt sowie die manuelle Erstellung bzw. automatische Generierung von Petri-Netzen.

Wir beschließen dieses Kapitel mit Hinweisen zur weiterführenden Literatur:

Es gibt diverse Lehrbücher, die sich ausführlich mit Petri-Netzen und ihren theoretischen Grundlagen auseinandersetzen. Aktuelle Beispiele sind [GV03, DA05, PW08]. Auf grundlegende Artikel zu den verschiedenen Petri-Netz-Erweiterungen haben wir bereits in Tabelle 6.1 hingewiesen.

Die Website http://www.informatik.uni-hamburg.de/TGI/PetriNets/ enthält eine umfangreiche Liste von Literaturreferenzen.

Einen umfassenden Überblick über den Einsatz der verschiedenen Arten von Petri-Netzen zur Modellierung biologischer Netzwerke bietet das kürzlich erschienene Buch [KRS11]. Weitere Übersichten finden sich z. B. in [PRA05, MLM06, Cha07, Win10]. In [HR04] werden anhand des Glykolyse-Pathways verschiedene Petri-Netz-Ansätze miteinander verglichen. Die Autoren weisen darauf hin, dass man vielfältigere Modellierungsmöglichkeiten durch die Verwendung höherer Petri-Netze mit eingeschränkteren Analysemöglichkeiten bezahlt. Daher müsse genau abgewogen werden, welche Zwecke die Modellierung erfüllen soll, bevor man sich für die zu verwendenden Petri-Netz-Variante entscheidet.

In [PRA05] wird außerdem eine umfangreiche Liste an biologischen Fragestellungen angegeben, die mit Hilfe von Petri-Netzen beantwortet werden können. Diese Fragen sind beispielsweise solche, die sich mit der Erreichbarkeit oder Unerreichbarkeit bestimmter Systemzustände befassen. Dabei geht es etwa darum, von welchen Anfangsmarkierungen ein erwünschter Zustand erreichbar ist. Oder die Frage ist, ob ein bestimmter Zustand trotz der Inhibierung einer Aktion erreicht werden kann. Andere Fragestellungen beschäftigen sich mit dem Auffinden bestimmter (Teile von) Pathways durch Invarianten-Analyse, wie wir sie bereits diskutiert haben. Und schließlich werden auch quantitative Fragen diskutiert, z. B. nach dem zeitlichen Systemverhalten.

In [ZOS03] werden die topologischen Eigenschaften von metabolischen Petri-Netzen analysiert und in [RMT$^+$08] diejenigen von Signalnetzwerken.

Dass sich Signalkaskaden modular modellieren lassen und zwar sowohl mit qualitativen Petri-Netzen als auch mit kontinuierlichen und mit gewöhnlichen Differentialgleichungen wird in [BGHO08] gezeigt.

Es gibt eine ganze Reihe von Petri-Netz-Werkzeugen, die die Erstellung und Analyse klassischer Petri-Netze sowie der verschiedenen Erweiterungen ermöglichen. Teilweise sind es umfangreiche Gesamtpakete wie zum Beispiel die Software CPN/Tools, die die Erstellung, Analyse und Simulation von gefärbten Petri-Netzen erlaubt [JKW07]. Dieses Werkzeug und sein Vorgänger Design/CPN werden seit Ende der 1980er Jahre an der Universität Aarhus entwickelt.

Andere Werkzeuge verfolgen einen modularen Ansatz wie zum Beispiel Snoopy. Es handelt sich dabei um ein Werkzeug zur Erstellung und Animation verschiedener Arten von Petri-Netzen und wird an der Universität Cottbus entwickelt [RMH10]. Snoopy verfügt über diverse Schnittstellen, sodass zur Analyse bestimmter Eigenschaften der Netze andere Werkzeuge zum Einsatz kommen können.

Eine ausführliche Übersicht über Petri-Netz-Werkzeuge ist ebenfalls auf der Website http://www.informatik.uni-hamburg.de/TGI/PetriNets/ zu finden. Einen Überblick über im biologischen Kontext eingesetzte Petri-Netz-Werkzeuge geben z. B. [PRA05, Cha07, JKT$^+$10]. In [CHH$^+$09] werden außerdem die modellierten biologischen Pathways oder Netzwerke mit aufgeführt und Literaturreferenzen angegeben.

Literaturverzeichnis

[AAAF⁺10]   B. Aranda, P. Achuthan, Y. Alam-Faruque, I. Armean, A. Bridge, C. Derow, M. Feuermann, A.T. Ghanbarian, S. Kerrien, J. Khadake, J. Kerssemakers, C. Leroy, M. Menden, M. Michaut, L. Montecchi-Palazzi, S.N. Neuhauser, S. Orchard, V. Perreau, B. Roechert, K. van Eijk, and H. Hermjakob. The IntAct molecular interaction database in 2010. *Nucleic Acid Res.*, 38(Database Issue): D525–D531, 2010.

[Aar10]   S. Aaronson. Complexity Zoo, http://qwiki.stanford.edu/wiki/Petting_Zoo, 2010.

[ABH⁺05]   B. Alberts, D. Bray, K. Hopkin, A. Johnson, J. Lewis, M. Raff, K. Roberts, and P. Walter. *Lehrbuch der Molekularen Zellbiologie*. Wiley-VCH-Verlag, Weinheim, 3. edition, 2005.

[ABS⁺07]   A. Abate, Y. Bai, N. Sznajder, C.L. Talcott, and A. Tiwari. Quantitative and probabilistic modeling in pathway logic. In *Proceedings 7th IEEE International Conference on Bioinformatics and Bioengineering (BIBE), Boston*, pages 922–929, 2007.

[AKSCH08]   H. Amir-Kroll, A. Sadot, I.R. Cohen, and D. Harel. Gemcell: a generic platform for modeling multi-cellular biological systems. *Theor. Comput. Sci.*, 391(3):276–290, 2008.

[Alo07]   U. Alon. *An Introduction to Systems Biology. Design Principles of Biological Circuits*. Chapman and Hall, London, New York, 2007.

[Apw05]   Rolf Apweiler. Sequence Databases. In Andreas D. Baxevanis and B.F. Francis Oullette, editors, *Bioinformatics: A Practical Guide to the Analysis of Genes and Proteins*, pages 3–24. Wiley, Hoboken, New Jersey, 2005.

[AvH09]   G. Antoniou and F. van Harmelen. Web Ontology Language: OWL. In S. Staab and R. Studer, editors, *Handbook on Ontologies*, pages 91–110. Springer-Verlag, Berlin, 2. edition, 2009.

[BA99]   A.-L. Barabási and R. Albert. Emergence of scaling in random networks. *Science*, 286(5439):509–512, October 1999.

[Bai00]   A. Bairoch. The ENZYME database in 2000. *Nucleic Acid Res.*, 28(1):304–305, 2000.

[Bal02]   G. Balbo. Introduction to stochastic Petri nets. In *Lectures on Formal Methods and Performance Analysis: First EEF/Euro Summer School on Trends in Computer Science*, pages 84–155. Springer, New York, 2002.

[Bax00]   A.D. Baxevanis. The molecular database collection: an online compilation of relevant database resources. *Nucleic Acid Res.*, 28(1):1–7, 2000.

[BBA⁺03]   B. Boeckmann, A. Bairoch, R. Apweiler, M.C. Blatter, A. Estreicher, E. Gasteiger, M.J. Martin, K. Michoud, C. O'Donovan, I. Phan, S. Pilbout, and M. Schneider. The SWISS-PROT protein knowledgebase and its supplement TrEMBL in 2003. *Nucleic Acid Res.*, 31(1):365–370, 2003.

S. Eckstein, *Informationsmanagement in der Systembiologie*,
DOI 10.1007/978-3-642-18234-1, © Springer-Verlag Berlin Heidelberg 2011

[BBL05]   F. Baader, S. Brandt, and C. Lutz. Pushing the el envelope. In *Proceedings of the 19th international joint conference on Artificial intelligence*, pages 364–369. San Francisco, CA, USA, 2005. Morgan Kaufmann Publishers Inc.

[BC05]   G.D. Bader and M.P. Cary. BioPAX – Biological Pathways Exchange Language Level 2, Version 1.0 Documentation, BioPAX Recommendation. http://www. biopax.org/release/biopax-level2-documentation.pdf, 2005.

[BCE+09]   F. Birzele, G. Csaba, F. Erhard, C. Friedel, R. Küffner, T. Petri, L. Windhager, and R. Zimmer. Algorithmische Systembiologie mit Petrinetzen – Von qualitativen zu quantitativen Systemmodellen. *Informatik-Spektrum*, 23(4):310–319, 2009.

[BCS06]   G.D. Bader, M.P. Cary, and C. Sander. Pathguide: a pathway resource list. *Nucleic Acids Res.*, 34(Database issue):D504–D506, 2006.

[Bec04]   D. Beckett. RDF/XML Syntax Specification (Revised). W3C Rec. http://www. w3.org/TR/2004/REC-rdf-syntax-grammar-20040210/, 2004.

[BG04]   D. Brickley and R.V. Guha. RDF Vocabulary Description Language 1.0: RDF Schema. W3C Recommendation 10 February 2004, http://www.w3.org/TR/2004/ REC-rdf-schema-20040210/, 2004.

[BGHO08]   R. Breitling, D. Gilbert, M. Heiner, and R. Orton. A structured approach for the engineering of biochemical network models, illustrated for signalling pathways. *Brief. Bioinform.*, 9(5):404–421, 2008.

[BHNM07]   H. Berman, K. Henrick, H. Nakamura, and J.L. Markley. The worldwide Protein Data Bank (wwPDB): ensuring a single, uniform archive of PDB data. *Nucleic Acid Res.*, 35(Database Issue):D301–D303, 2007.

[BHS09]   F. Baader, I. Horrocks, and U. Sattler. Description logics. In S. Staab and R. Studer, editors, *Handbook on Ontologies*, pages 21–43. Springer-Verlag, Berlin, 2. edition, 2009.

[BK03]   F. Bry and P. Kröger. A computational biology database digest: data, data analysis, and data management. *Distrib. Parallel Databases*, 13(1):7–42, 2003.

[BK08]   C. Baier and J.-P. Katoen. *Principles of Model Checking*. The MIT Press, Cambridge, MA, 2008.

[BKML+08]   D.A. Benson, I. Karsch-Mizrachi, D.J. Lipman, J. Ostell, and D.L. Wheeler. GenBank. *Nucleic Acid Res.*, 36(Database Issue):D25–D30, 2008.

[BMFS09]   A. Bauer-Mehren, L.I. Furlong, and F. Sanz. Pathway databases and tools for their exploitation: benefits, current limitations and challenges. *Mol. Syst. Biol.*, 5(290), July 2009.

[BMLB05]   Z. Ben-Miled, N. Li, and O.A. Bukhres. BACIIS: biological and chemical information integration system. *J. Database Manag.*, 16(3):72–85, 2005.

[BMM+07]   L. Bertram, M.B. McQueen, K. Mullin, D. Blacker, and R.E. Tanzi. Systematic meta-analyses of Alzheimer disease genetic association studies: the AlzGene database. *Nat. Genet.*, 39(1):17–23, 2007.

[BN03]   F. Baader and W. Nutt. Basic description logics. In F. Baader, D. Calvanese, D.L. McGuinness, D. Nardi, and P.F. Patel-Schneider, editors, *The description logic handbook: theory, implementation, and applications*, pages 43–95. Cambridge University Press, New York, NY, USA, 2003.

[BO04]   A.-L. Barabási and Z.N. Oltvai. Network biology: understanding the cell's functional organization. *Nat. Rev. Genet.*, 5:101–113, February 2004.

[Bö08]   F. Börnke. Protein interaction networks. In B.H. Junker and F. Schreiber [JS08], pages 207–232, Chapter 9.

[BOB+92]   H.M. Berman, W.K. Olson, D.L. Beveridge, J. Westbrook, A. Gelbin, T. Demeny, S.-H. Hsieh, A.R. Srinivasan, and B. Schneider. The nucleic acid database: a comprehensive relational database of three-dimensional structures of nucleic acids. *Biophys. J.*, 63:751–759, 1992.

[Bor97]   W.N. Borst. *Construction of Engineering Ontologies for Knowledge Sharing and Reuse*. PhD thesis, Universiteit Twente, Enschede, September 1997.

[BS06]   O. Bodenreider and R. Stevens. Bio-ontologies: current trends and future directi-
            ons. *Brief. Bioinform.*, 7(3):256–274, 2006.

[BTW$^+$07] T. Barrett, D.B. Troup, S.E. Wilhite, P. Ledoux, D. Rudnev, C. Evangelista, I.F.
            Kim, A. Soboleva, M. Tomashevsky, and R. Edgar. NCBI GEO: mining tens of
            millions of expression profiles—database and tools update. *Nucleic Acid Res.*,
            35(Database Issue):D760–D765, 2007.

[Bur99]   C. Burks. Molecular biology database list. *Nucleic Acid Res.*, 27(1):1–9, 1999.

[CAA$^+$08] G. Cochrane, R. Akhtar, P. Aldebert, N. Althorpe, A. Baldwin, et al. Priorities for
            nucleotide trace, sequence and annotation data capture at the Ensembl Trace Archi-
            ve and the EMBL Nucleotide Sequence Database. *Nucleic Acid Res.*, 36(Database
            issue):D5–D12, 2008.

[CAD$^+$10] R. Caspi, T. Altman, J.M. Dale, K. Dreher, C.A. Fulcher, The MetaCyc database of
            metabolic pathways and enzymes and the BioCyc collection of pathway/genome
            databases. *Nucleic Acids Res.*, 38(Database issue):D473–D479, 2010.

[Car08]   L. Cardelli. Artificial Biochemistry. Technical report, Microsoft Research Cam-
            bridge, Cambridge, 2008.

[CBGS06]   E. Cerami, G. Bader, B. Gross, and C. Sander. cPath: open source software for col-
            lecting, storing, and querying biological pathways. *BMC Bioinformatics*, 7(1):497,
            2006.

[CDGH06]   M. Calder, A. Duguid, S. Gilmore, and J. Hillston. Stronger computational mo-
            delling of signalling pathways using both continuous and discrete-state methods.
            In C. Priami, editor, *CMSB*, volume 4210 of *LNCS*, pages 63–77, Secaucus, NJ,
            USA, 2006. Springer.

[CFF$^+$08] R. Caspi, H. Foerster, C.A. Fulcher, P. Kaipa, M. Krummenacker, M. Latendres-
            se, S. Paley, S.Y. Rhee, A.G. Shearer, C. Tissier, T.C. Walk, P. Zhang, and P.D.
            Karp. The MetaCyc Database of metabolic pathways and enzymes and the Bio-
            Cyc collection of Pathway/Genome Databases. *Nucleic Acid Res.*, 36(Database
            issue):D623–D631, 2008.

[CG10]   G.R. Cochrane and M.Y. Galperin. The 2010 Nucleic Acids Research Database
            Issue and online Database Collection: a community of data resources. *Nucleic
            Acid Res.*, 38(Database Issue):D1–D4, 2010.

[CGHV10]   M. Calder, S. Gilmore, J. Hillston, and V. Vyshemirsky. Formal methods for
            biochemical signalling pathways. In Paul Boca, Jonathan P. Bowen, and Jawed
            Siddiqi, editors, *Formal Methods: State of the Art and New Directions*. Springer,
            London, 2010.

[CH03]   M. Chen and R. Hofestädt. Quantitative Petri net model of gene regulated meta-
            bolic networks in the cell. *In Silico Biol.*, 3(3):347–365, 2003.

[Cha07]   C. Chaouiya. Petri net modelling of biological networks. *Brief. Bioinform.*,
            8(4):210–219, 2007.

[CHH$^+$09] M. Chen, S. Hariharaputran, R. Hofestädt, B. Kormeier, and S. Spangardt. Petri
            net models for the semi-automatic construction of large scale biological networks.
            Nat. Comput., 2009 doi:10.1007/s11047-009-9151-y.

[CHK08]   P. Combes, D. Harel, and H. Kugler. Modeling and verification of a telecommu-
            nication application using live sequence charts and the play-engine tool. *Software
            Syst. Model.*, 7(2):157–175, 2008.

[CHKT06]   S. Conrad, W. Hasselbring, A. Koschel, and R. Tritsch. *Enterprise Application
            Integration. Grundlagen - Konzepte - Entwurfsmuster - Praxisbeispiele.* Spektrum
            Akademischer Verlag, Heidelberg, 2006.

[CL06]   C.G. Cassandras and S. Lafortune. *Introduction to Discrete Event Systems.* Sprin-
            ger, New York, NY 2006.

[Coh09]   S.M. Cohen. Aristotle's metaphysics. In E.N. Zalta, editor, *The Stanford Encyclo-
            pedia of Philosophy.* Spring 2009 edition, 2009.

[Con10]   The UniProt Consortium. The Universal Protein Resource (UniProt) in 2010.
            Nucleic Acids Res., 38(suppl_1):D142–D148, 2010.

[CSC⁺07]   M.S. Cline, M. Smoot, E. Cerami, A. Kuchinsky, N. Landys, et al. Integration of biological networks and gene expression data using Cytoscape. *Nat. Protoc.*, 2(10):2366–2382, September 2007.

[CSG⁺09]   A. Chang, M. Scheer, A. Grote, I. Schomburg, and D. Schomburg. BRENDA, AMENDA and FRENDA: the enzyme information system: new content and tools in 2009. *Nucleic Acid Res.*, 37(Database Issue):D588–D592, 2009.

[DA05]   R. David and H. Alla. *Discrete, Continuous, and Hybrid Petri Nets.* Springer, Heidelberg, 2005.

[DECS65]   M.O. Dayhoff, R.V. Eck, M.A. Chang, and M.R. Sochard. *Atlas of Protein Sequence and Structure.* Vol. 1. National Biomedical Research Foundation, Silver Spring, MD, 1965.

[DGL⁺08]   J. Dönitz, B. Goemann, M. Lizé, H. Michael, N. Sasse, E. Wingender, and A.P. Potapov. EndoNet: an information resource about regulatory networks of cell-to-cell communicationdagger. *Nucleic Acid Res.*, 36(Database Issue):D689–D694, 2008.

[DH01]   W. Damm and D. Harel. LSCs: breathing life into message sequence charts. *Formal Meth. Syst. Des.*, 19(1):45–80, 2001.

[dJ02]   H. de Jong. Modeling and simulation of genetic regulatory systems: a literature review. *J. Comput. Biol.*, 9(1):67–103, 2002.

[DK06]   S.M. Dauphinee and A. Karsan. Lipopolysaccharide signaling in endothelial cells. *Lab Invest.*, 86(1):9–22, 2006.

[DKR03]   H. Do, T. Kirsten, and E. Rahm. Comparative evaluation of microarray-based gene expression databases. In G. Weikum, H. Schöning, and E. Rahm, editors, *Datenbanksysteme für Business, Technologie und Web (BTW 2003)*, volume 26 of LNI, pages 482–501. Leipzig, 2003. GI.

[DS09]   A. Doms and M. Schroeder. Semantic search with gopubmed. In *Semantic Techniques for the Web: The REWERSE Perspective*, pages 309–342. Springer, Berlin, Heidelberg, 2009.

[DWH10]   A. Divoli, M.A. Wooldridge, and M.A. Hearst. Full text and figure display improves bioscience literature search. *PLoS ONE*, 5(4):e9619, April 2010.

[EE04]   R. Eckstein and S. Eckstein. *XML und Datenmodellierung - XML-Schema und RDF zur Modellierung von Daten und Metadaten einsetzen.* dpunkt-Verlag, Heidelberg, 2004.

[EHC03]   S. Efroni, D. Harel, and I.R. Cohen. Toward rigorous comprehension of biological complexity: modeling, execution, and visualization of thymic T-cell maturation. *Genome Res.*, 13(11):2485–2497, 2003.

[EHC07]   S. Efroni, D. Harel, and I.R. Cohen. Emergent dynamics of thymocyte development and lineage determination. *PLoS Comput. Biol.*, 3(1):127–136, 2007.

[EK04]   B.A. Eckman and A. Kaufmann. Querying BLAST within a Data Federation. *IEEE Data Eng. Bull.*, 27(3):12–19, 2004.

[ELJ06]   Y.-H. Eoma, S. Leeb, and H. Jeong. Exploring local structural organization of metabolic networks using subgraph patterns. *J. Theor. Biol.*, 241(4):823–829, 2006.

[EMRU07]   R. Ewald, C. Maus, A. Rolfs, and A. Uhrmacher. Discrete event modelling and simulation in systems biology. *J. Simul.*, 1:81–96, 2007.

[ET07]   S. Eckstein and C. Täubner. An extendable system for conceptual modeling and simulation of signal transduction pathways. In J.-L. Hainaut, et al., editors, *International Workshop on Conceptual Modelling for Life Sciences Applications (CMLSA 2007) at ER 2007*, LNCS 4802, pages 54–63. Berlin, Heidelberg, 2007. Springer.

[FAB⁺08]   P. Flicek, B.L. Aken, K. Beal, B. Ballester, M. Caccamo, et al. Ensembl 2008. *Nucleic Acid Res.*, 36(Database Issue):D707–D714, 2008.

[Fen04]   D. Fensel. *Ontologies: A Silver Bullet for Knowledge Management and Electronic Commerce.* Springer, Berlin, 2004.

[FFF⁺03]   J. Förster, I. Famili, P. Fu, B.Ø. Palsson, and J. Nielsen. Genome-scale reconstruction of the *Saccharomyces cerevisiae* metabolic network. *Genome Res.*, 13:244–253, 2003.

[FGM+98]   W. Fujibuchi, S. Goto, H. Migimatsu, I. Uchiyama, A. Ogiwara, and M. Kanehisa. DBGET/LinkDB: an integrated database retrieval system. In *Pacific Symposium on Biocomputing (PSB'97)*, pages 683–694, 1998.

[FH07]   J. Fisher and T.A. Henzinger. Executable cell biology. *Nat. Biotechnol.*, 25(11):1239–1249, November 2007.

[FPH+05]   J. Fisher, N. Piterman, E.J.A. Hubbard, M.J. Stern, and D. Harel. Computational insights into *Caenorhabditis elegans* vulval development. *Proc. Nat. Acad. Sci. U. S. A.*, 102(6):1951–1956, 2005.

[FPHH07]   J. Fisher, N. Piterman, A. Hajnal, and T.A. Henzinger. Predictive modeling of signaling crosstalk during *C. elegans* vulval development. *PLoS Comput. Biol.*, 3(5):e92, May 2007.

[FS08]   F. Fages and S. Soliman. Formal Cell Biology in Biocham. In M. Bernardo, P. Degano, and G. Zavattaro, editors, *8th International School on Formal Methods for the Design of Computer, Communication, and Software Systems (SFM 2008), Advanced Lectures*, volume 5016 of *LNCS*, pages 54–80. Berlin, 2008. Springer.

[FSCR04]   F. Fages, S. Soliman, and N. Chabrier-Rivier. Modelling and querying interaction networks in the biochemical abstract machine BIOCHAM. *J. Biol. Phys. Chem.*, 4:64–73, 2004.

[FST05]   C. Francke, R.J. Siezen, and B. Teusink. Reconstructing the metabolic network of a bacterium from its genome. *Trends Microbiol.*, 13(11):550–558, 2005.

[GBSH+08]   E. Grafahrend-Belau, F. Schreiber, M. Heiner, A. Sackmann, B.H. Junker, S. Grunwald, A. Speer, K. Winder, and I. Koch. Modularization of biochemical networks based on classification of Petri net t-invariants. *BMC Bioinformatics*, 9:90, 2008.

[Gen08]   The Gene Ontology Consortium. The Gene Ontology project in 2008. *Nucleic Acid Res.*, 36(Database Issue):D440–D444, 2008.

[Gen10a]   The Gene Ontology Consortium. An Introduction to the Gene Ontology. http://www.geneontology.org/GO.doc.shtml, 2010.

[Gen10b]   The Gene Ontology Consortium. The Gene Ontology in 2010: extensions and refinements. *Nucleic Acid Res.*, 38(Database issue):D331–D335, 2010.

[GFG+06]   D. Gilbert, H. Fuss, X. Gu, R. Orton, S. Robinson, V. Vyshemirsky, M.J. Kurth, C.S. Downes, and W. Dubitzky. Computational methodologies for modelling, analysis and simulation of signalling networks. *Brief. Bioinform.*, 7(4):339–353, 2006.

[GH06]   D. Gilbert and M. Heiner. From petri nets to differential equations - an integrative approach for biochemical network analysis. In S. Donatelli and P.S. Thiagarajan, editors, *ICATPN, volume 4024* of *LNCS*, pages 181–200. Springer, New York, NY 2006.

[GKR+09]   A. Grote, J. Klein, I. Retter, I. Haddad, S. Behling, B. Bunk, I. Biegler, S. Yarmolinetz, D. Jahn, and R. Münch. PRODORIC (release 2009): a database and tool platform for the analysis of gene regulation in prokaryotes. *Nucleic Acid Res.*, 37(Database issue):D61–D65, 2009.

[GLCB+07]   A. Gomez Llana, J.A. Carsi, A. Boronat, I. Ramos, C. Täubner, and S. Eckstein. Biological data migration using a model-driven approach. In *ATEM 2007 – 4th International Workshop on (Software) Language Engineering*, Berlin, 2007. Springer.

[GMR+03]   A. Gattiker, K. Michoud, C. Rivoire, A.H. Auchincloss, E. Coudert, T. Lima, P. Kersey, M. Pagni, C.J.A. Sigrist, C. Lachaize, A.L. Veuthey, E. Gasteiger, and A. Bairoch. Automated annotation of microbial proteomes in SWISS-PROT. *Comput. Biol. Chem.*, 27(1):49–58, February 2003.

[GN02]   M. Girvan and M.E.J. Newman. Community structure in social and biological networks. *Proc. Nat. Acad. Sci. U. S. A.*, 99(12):7821–7826, 2002.

[GNC+08]   A. Garny, D.P. Nickerson, J. Cooper, R. Weber dos Santos, A.K. Miller, S. McKeever, P.M.F. Nielsen, and P.J. Hunter. CellML and associated tools and techniques. *Philos. Trans. R. Soc. A: Math., Phys. Eng. Sci.*, 366(1878):3017–3043, 2008.

[GOS09]   N. Guarino, D. Oberle, and S. Staab. What is an ontology? In S. Staab and R. Studer, editors, *Handbook on Ontologies*, pages 1–17. Springer, Berlin, 2. edition, 2009.

[GP98]   P.J.E. Goss and J. Peccoud. Quantitative modeling of stochastic systems in molecular biology by using stochastic Petri nets. *Proc. Nat. Acad. Sci.*, 95(12):6750–6755, 1998.

[Gro09]   W3C OWL Working Group. OWL 2 Web Ontology Language – Document Overview. W3C Recommendation 27 October, 2009, http://www.w3.org/TR/2009/REC-owl2-overview-20091027/, 2009.

[Gru93]   T.R. Gruber. A translation approach to portable ontology specifications. *Knowl. Acquis.*, 5(2):199–220, 1993.

[GS08]   C.A. Goble and R. Stevens. State of the nation in data integration for bioinformatics. *J. Biomed. Inform.*, 41:687–693, 2008.

[GSN$^+$01] C.A. Goble, R. Stevens, G. Ng, S. Bechhofer, N.W. Paton, P.G. Baker, M. Peim, and A. Brass. Transparent access to multiple bioinformatics information sources. *IBM Syst. J. Special issue on deep computing for the life sci.*, 40(2):532 – 552, 2001.

[GV03]   C. Girault and R. Valk. *Petri Nets for Systems Engineering – A Guide to Modeling, Verification, and Applications*. Springer, Berlin, 2003.

[GW09]   C. Golbreich and E.K. Wallace. OWL 2 Web Ontology Language – New Features and Rationale. W3C Recommendation 27 October, 2009, http://www.w3.org/TR/2009/REC-owl2-new-features-20091027/, 2009.

[Hay04]   P. Hayes. RDF Semantics. W3C Recommendation 10 February, 2004, http://www.w3.org/TR/2004/REC-rdf-mt-20040210/, 2004.

[HBH$^+$10] M. Hucka, F. Bergmann, S. Hoops, S. Keating, S. Sahle, and D. Wilkinson. The Systems Biology Markup Language (SBML): Language Specification for Level 3 Version 1 Core (Release 1 Candidate). Available from Nature Precedings, http://dx.doi.org/10.1038/npre.2010.4123.1, 2010.

[HCM$^+$07] M.E. Higgins, M. Claremont, J.E. Major, C. Sander, and A.E. Lash. CancerGenes: a gene selection resource for cancer genome projects. *Nucleic Acid Res.*, 35(Database issue):D721–D726, 2007.

[HD06]   M.-T. Hütt and M. Dehnert. *Methoden der Bioinfomatik - eine Einführung*. Springer, Berlin 2006.

[HDS01]   F. Hynne, S. Danø, and P.G. Sørensen. Full-scale model of glycolysis in *Saccharomyces cerevisiae*. *Biophys. Chem.*, 94(1–2):121–163, 2001.

[HG97]   D. Harel and E. Gery. Executable object modeling with statecharts. *IEEE Comput.*, 30(7):31–42, 1997.

[HGD08]   M. Heiner, D. Gilbert, and R. Donaldson. Petri Nets for Systems and Synthetic Biology. In M. Bernardo, P. Degano, and G. Zavattaro, editors, *Formal Methods for Computational Systems Biology*, *LNCS* 5016, pages 215–264. Springer, Berlin, 2008.

[Hil05]   J. Hillston. Process algebras for quantitative analysis. In *20th IEEE Symposium on Logic in Computer Science (LICS 2005)*, pages 239–248, U.S., 2005. IEEE Computer Society.

[HK04a]   M. Heiner and I. Koch. Petri net based model validation in systems biology. *Proceeding of the International Conference on Application and Theory of Petri Nets*, (ICATPN), Bologna, Italy, LNCS 3099, pages 216–237. Springer, Berlin, 2004.

[HK04b]   T. Hernandez and S. Kambhampati. Integration of biological sources: current systems and challenges ahead. *SIGMOD Record*, 33(3):51–60, 2004.

[HKK$^+$09] L.M. Hillah, E. Kindler, F. Kordon, L. Petrucci, and N. Trèves. A primer on the Petri Net Markup Language and ISO/IEC 15909-2. *Petri Net Newslett.*, 76:9–28, October 2009.

[HKR08]   M. Hartung, T. Kirsten, and E. Rahm. Analyzing the evolution of life science ontologies and mappings. In A. Bairoch, S. Cohen Boulakia, and C. Froidevaux, editors, *DILS*, volume 5109 of *LNCS*, pages 11–27. Berlin, Heidelberg, 2008. Springer.

[HKRS08] P. Hitzler, M. Krötzsch, S. Rudolph, and Y. Sure. *Semantic Web – Grundlagen*. Springer, Berlin, Heidelberg, 2008.

[HM03] D. Harel and R. Marelly. *Come, Let's Play – Scenario Based Programming Using LSCs and the Play-Engine*. Springer, Berlin, 2003.

[Hor05] Matthew Horridge. *OWLVizGuide*. University of Manchester, 2005.

[Hor09] Matthew Horridge. *A Practical Guide to Building OWL Ontologies Using Protégé and CO-ODE Tools*. Edition 1.2. The University of Manchester, 2009.

[HPK08] D. Hull, S.R. Pettifer, and D.B. Kell. Defrosting the digital library: Bibliographic tools for the next generation web. *PLoS Comput. Biol.*, 4(10):e1000204, October 2008.

[HR04] S. Hardy and P.N. Robillard. Modeling and simulation of molecular biology systems using petri nets: modeling goals of various approaches. *J. Bioinform. Comput. Biol.*, 2(4):595–613, 2004.

[HR08] S. Hardy and P.N. Robillard. Petri net-based method for the analysis of the dynamics of signal propagation in signaling pathways. *Bioinformatics*, 24(2):209–217, 2008.

[HSA⁺05] A. Hamosh, A.F. Scott, J.S. Amberger, C.A. Bocchini, and V.A. McKusick. Online Mendelian Inheritance in Man (OMIM), a knowledgebase of human genes and genetic disorders. *Nucleic Acid Res.*, 33(Database Issue):D514–D517, 2005.

[HT98] R. Hofestädt and S. Thelen. Quantitative modeling of biochemical networks. *In Silico Biol.*, 1(1):39–53, 1998.

[HTL07] P. Hussels, S. Trißl, and U. Leser. What's new? what's certain? – scoring search results in the presence of overlapping data sources. In S. Cohen Boulakia and V. Tannen, editors, *DILS*, volume 4544 of *LNCS*, pages 231–246. Berlin, Heidelberg, 2007. Springer.

[HZ06] X. He and J. Zhang. Why do hubs tend to be essential in protein networks? *PLoS Genet.*, 2:826–834, 06 2006.

[HZBF07] R. Hammami, A. Zouhir, J. Ben Hamida, and I. Fliss. BACTIBASE: a new web-accessible database for bacteriocin characterization. *BMC Microbiol.*, 7:89, 2007. doi:10.1186/1471-2180-7-89.

[IFR⁺04] A.J. Iafrate, L. Feuk, M.N. Rivera, M.L. Listewnik, P.K. Donahoe, Y. Qi, S.W. Scherer, and C. Lee. Detection of large-scale variation in the human genome. *Nat. Genet.*, 36:949–951, 2004. doi:10.1038/ng1416.

[IGH01] T. Ideker, T. Galitski, and L. Hood. A new approach to decoding life: systems biology. *Annu. Rev. Genomics Hum. Genet.*, 2(1):343–372, 2001.

[IIiT⁺03] K. Ikeo, J. Ishi-i, T. Tamura, T. Gojobori, and Y. Tateno. CIBEX: center for information biology gene expression database. *C. R. Biol.*, 326(10–11):1079–1082, 2003.

[Int01] International Human Genome Sequencing Consortium. Initial sequencing and analysis of the human genome. *Nature*, 409(6822):860–921, 2001.

[Int04] International Human Genome Sequencing Consortium. Finishing the euchromatic sequence of the human genome. *Nature*, 431(7011):931–945, 2004.

[ISS06] P.J. Ingram, M.P.H. Stumpf, and J. Stark. Network motifs: structure does not determine function. *BMC Genomics*, 7:108, 2006.

[Jen97] K. Jensen. *Coloured Petri Nets – Basic Concepts, Analysis Methods and Practical Use*. Springer, Berlin, 2. edition, 1997.

[JKT⁺10] S. Janowski, B. Kormeier, T. Töpel, K. Hippe, R. Hofestädt, N. Willassen, R. Friesen, S. Rubert, D. Borck, P. Haugen, and M. Chen. Modeling of cell-cell communication processes with Petri nets using the example of quorum sensing. *In Silico Biol.*, 10(0003), 2010.

[JKW07]   K. Jensen, L.M. Kristensen, and L. Wells. Coloured Petri Nets and CPN Tools
             for modelling and validation of concurrent systems. *Int. J. Softw. Tools Technol.
             Transfer (STTT)*, Special Section CPN 04/05:213–254, 2007.

[JMBO01]   H. Jeong, S.P. Mason, A.-L. Barabási, and Z.N. Oltvai. Lethality and centrality in
             protein networks. *Nature*, 411:41–42, 2001.

[JNSM07]   E. Jeong, M. Nagasaki, A. Saito, and S. Miyano. Cell system ontology: representa-
             tion for modeling, visualizing, and simulating biological pathways. *In Silico Biol.*,
             7(6):623–638, 2007.

[JS08]   B.H. Junker and F. Schreiber, editors. *Analysis of Biological Networks*. Wiley
             Interscience, Hoboken, New Jersey, 2008.

[Jun08]   B.H. Junker. Networks in biology. In B.H. Junker, F. Schreiber [JS08], pages 3–14,
             Chapter 1.

[KAG$^+$08] M. Kanehisa, M. Araki, S. Goto, M. Hattori, M. Hirakawa, M. Itoh, T. Katayama,
             S. Kawashima, S. Okuda, T. Tokimatsu, and Y. Yamanishi. KEGG for linking
             genomes to life and the environment. *Nucleic Acid Res.*, 36(Database Issue):D480–
             D484, 2008.

[Kar03]   P.D. Karp. What database management system(s) should be employed in bioinfor-
             matics applications? *OMICS: A J. Integr. Biol.*, 7(1):35–36, 2003.

[Kau69]   S.A. Kauffman. Metabolic stability and epigenesis in randomly constructed gene-
             tic nets. *J. Theor. Biol.*, 22(3):437–467, 1969.

[KC04]   G. Klyne and J.J. Carroll. Resource Description Framework (RDF): Concepts and
             Abstract Syntax. W3C Recommendation 10 February 2004, http://www.w3.org/
             TR/2004/REC-rdf-concepts-20040210/, 2004.

[KCVGC$^+$05] I.M. Keseler, J. Collado-Vides, S. Gama-Castro, J. Ingraham, S. Paley, IT. Paulsen,
             M. Peralta-Gil, and P.D. Karp. EcoCyc: a comprehensive database resource for
             Escherichia coli. Nucleic Acid Res., 33(Database issue):D334–D337, 2005.

[KE05]   A. Kupfer and S. Eckstein. Coevolution of database schemas and associated onto-
             logies in biological context. In D. Nelson, S. Stirk, H. Edwards, and K. McGarry,
             editors, *22nd British National Conference on Databases: Workshops and Posters*,
             volume 2, pages 45–50. Sunderland, 2005. University of Sunderland Reg Vardy
             Gallery.

[KENM06a]   A. Kupfer, S. Eckstein, K. Neumann, and B. Mathiak. A coevolution approach for
             database schemas and related ontologies. In *19th IEEE Int. Symp. on Computer-
             Based Medical Systems (CBMS 2006)*, pages 605–610, U.S., 2006. IEEE Computer
             Society.

[KENM06b]   A. Kupfer, S. Eckstein, K. Neumann, and B. Mathiak. Keeping track of changes in
             database schemas and related ontologies. In O. Vasilecas, J. Eder, and A. Caplins-
             kas, editors, *7th International Baltic Conference on Databases and Information
             Systems*, pages 63–68, U.S., 2006. IEEE Computer Society.

[KENM06c]   A. Kupfer, S. Eckstein, K. Neumann, and B. Mathiak. Handling Changes of Da-
             tabase Schemas and Corresponding Ontologies. In J.F. Roddick, et al., editors, *ER
             (Workshops)*, volume 4231 of *LNCS*, pages 227–236, Berlin, Heidelberg, 2006.
             Springer.

[KES$^+$06] A. Kupfer, S. Eckstein, B. Störmann, K. Neumann, and B. Mathiak. Methods for
             a Synchronised Evolution of Databases and Associated Ontologies. In *DB&IS*,
             volume 155 of *Frontiers in Artificial Intelligence and Applications*, pages 89–102,
             Amsterdam, 2006. IOS Press.

[KESM07]   A. Kupfer, S. Eckstein, B. Störmann, and B. Mathiak. A database ontology for
             signal transduction pathways. *Int. J. Bioinformatics Research and Applications*,
             3(3):326–340, 2007.

[KFNM04]   H. Knublauch, R.W. Fergerson, N.F. Noy, and M.A. Musen. The Protégé OWL
             Plugin: an open development environment for semantic web applications. In S.A.
             McIlraith, D. Plexousakis, and F. van Harmelen, editors, *International Semantic*

Web Conference, volume 3298 of *LNCS*, pages 229–243, Berlin, Heidelberg, 2004. Springer.

[KGF⁺10] M. Kanehisa, S. Goto, M. Furumichi, M. Tanabe, and M. Hirakawa. KEGG for representation and analysis of molecular networks involving diseases and drugs. *Nucleic Acids Res.*, 38(Database issue):D355–D360, 2010.

[KH08] I. Koch and M. Heiner. Petri nets. In B.H. Junker and F. Schreiber [JS08], pages 139–179, Chapter 7.

[KHC01] N. Kam, D. Harel, and I.R. Cohen. Modeling biological reactivity: Statecharts vs. Boolean Logic. In *2nd International Conference on Systems Biology (ICSB 2001)*, pages 301–310, 2001.

[KHK⁺04] N. Kam, D. Harel, H. Kugler, R. Marelly, A. Pnueli, E.J.A. Hubbert, and M.J. Stern. Formal modelling of *C. elegans* development – a scenario-based approach. In G. Ciobanu and G. Rozenberg, editors, *Modelling in Molecular Biology*, pages 151–173. Springer, Berlin, 2004.

[KHK⁺05] E. Klipp, R. Herwig, A. Kowald, C. Wierling, and H. Lehrach. *Systems Biology in Practice – Concepts, Implementation and Application*. Wiley-VCH, Weinheim, 2005.

[KHT09] S. Klamt, U.-U. Haus, and F. Theis. Hypergraphs and cellular networks. *PLoS Comput. Biol.*, 5(5):e1000385, May 2009.

[Kit00] H. Kitano. Perspectives on systems biology. *New Generation Computing*, 18(3):199–216, 2000.

[KKM⁺08] N. Kam, H. Kugler, R. Marelly, L. Appleby, J. Fisher, A. Pnueli, D. Harel, M.J. Stern, and E.J. A. Hubbard. A scenario-based approach to modeling development: a prototype model of *c. elegans* vulval fate specification. *Dev. Biol.*, 323(1):1–5, 2008.

[KKS⁺07] P.D. Karp, I.M. Keseler, A. Shearer, M. Latendresse, M. Krummenacker, S.M. Paley, I. Paulsen, J. Collado-Vides, S. Gama-Castro, M. Peralta-Gil, A. Santos-Zavaleta, M.I. Peñaloza-Spínola, C. Bonavides-Martinez, and J. Ingraham. Multi-dimensional annotation of the *Escherichia coli* K-12 genome. *Nucleic Acid Res.*, 35(22):7577–7590, 2007.

[Kle01] J.S. Kleinfeld. Six degrees: urban myth? *Psychology Today*, 2001.

[KLH09] H. Kugler, A. Larjo, and D. Harel. Biocharts: a visual formalism for complex biological systems. *J. R. Soc. Interface*, 2009.

[KLN06] C. Kuttler, C. Lhoussaine, and J. Niehren. A stochstic Pi calculus for concurrent objects. Technical Report 6076, INRIA – Institut National De Recherche En Informatique et En Automatique, 2006.

[KOMK⁺05] P.D. Karp, C.A. Ouzounis, C. Moore-Kochlacs, L. Goldovsky, P. Kaipa, D. Ahrén, S. Tsoka, N. Darzentas, V. Kunin, and N. López-Bigas. Expansion of the BioCyc collection of pathway/genome databases to 160 genomes. *Nucleic Acid Res.*, 33(19):6083–6089, 2005.

[KON99] T. Kawabata, M. Ota, and K. Nishikawa. The protein mutant database. *Nucleic Acid Res.*, 27(1):355–357, 1999.

[KPL03] J. Köhler, S. Philippi, and M. Lange. SEMEDA: ontology based semantic integration of biological databases. *Bioinformatics*, 19(18):2420–2427, 2003.

[KPV⁺06] M. Krull, S. Pistor, N. Voss, A. Kel, I. Reuter, D. Kronenberg, H. Michael, K. Schwarzer, A. Potapov, C. Choi, O. Kel-Margoulis, and E. Wingender. TRANSPATH(R): an information resource for storing and visualizing signaling pathways and their pathological aberrations. *Nucleic Acids Res.*, 34(Database issue):D546–D551, 2006.

[KRS11] I. Koch, W. Reisig, and F. Schreiber, editors. *Modeling in Systems Biology: The Petri Net Approach*. Springer, Berlin, 2011.

[KSH05] N. Kresge, R.D. Simoni, and R.L. Hill. Otto Fritz Meyerhof and the elucidation of the glycolytic pathway. *J. Biol. Chem.*, 280(4):e3–e3, 2005.

[KSRG07]   S. Klamt, J. Saez-Rodriguez, and E. Gilles. Structural and functional analysis of cellular networks with cellnetanalyzer. *BMC Syst. Biol.*, 1(1):2, 2007.

[KSRL⁺06]   S. Klamt, J. Saez-Rodriguez, J.A. Lindquist, L. Simeoni, and E.D. Gilles. A methodology for the structural and functional analysis of signaling and regulatory networks. *BMC Bioinformatics*, 7:56, 2006.

[Kup10]   A. Kupfer. *Ontosync – Synchronising Ontologies and Databases for System Spanning Queries*. Reihe Informatik. Sierke Verlag, Göttingen, 2010. Dissertation, TU Braunschweig.

[Kut06]   C. Kuttler. *Modeling Bacterial Gene Expression in a Stochastic Pi Calculus with Concurrent Objects*. PhD thesis, Université des Sciences et Technologie de Lille - Lille 1, 2006.

[KZL00]   R. Küffner, R. Zimmer, and T. Lengauer. Pathway analysis in metabolic databases via differential metabolic display (DMD). *Bioinformatics*, 16(9):825–836, 2000.

[Les07]   A.M. Lesk. *Introduction to Genomics*. Oxford University Press, Oxford, 2007.

[Les08]   A.M. Lesk. *Introduction to Bioinformatics*. Oxford University Press, New York, NY, 3. edition, 2008.

[LGB99]   S. Lawrence, C.L. Giles, and K. Bollacker. Digital libraries and autonomous citation indexing. *IEEE Computer*, 32(6):67–71, 1999.

[LGEP08]   J.M. Lee, E.P. Gianchandani, J.A. Eddy, and J.A. Papin. Dynamic analysis of integrated signaling, metabolic, and regulatory networks. *PLoS Comput. Biol.*, 4(5):e1000086, 2008.

[Llo03]   C. Lloyd. Cellml Description of Hynee et al's 2001 Full Scale Model of Glycolysis in *Saccharomyces cerevisiae*. http://models.cellml.org/exposure/ccf8393eee249f78c6705a4ffd8cbd35/hynne_dano_sorensen_2001.cellml/view, 2003.

[LN05]   U. Leser and F. Naumann. (Almost) Hands-Off Information Integration for the Life Sciences. In *2nd Biennial Conference on Innovative Data Systems Research (CIDR), Asilomar, CA*, USA, pages 131–143, 2005.

[LN06]   N. Le Novère. Model storage, exchange and integration. *BMC Neurosci.* 7(Suppl 1):S11, Oct 2006.

[LN07]   U. Leser and F. Naumann. *Informationsintegration. Architekturen und Methoden zur Integration verteilter und heterogener Datenquellen*. dpunkt-Verlag, Heidelberg, 2007.

[LPW⁺06]   T. Lee, Y. Pouliot, V. Wagner, P. Gupta, D. Stringer-Calvert, J. Tenenbaum, and P. Karp. Biowarehouse: a bioinformatics database warehouse toolkit. *BMC Bioinformatics*, 7(1):170, 2006.

[LRR⁺02]   T.I. Lee, N.J. Rinaldi, F. Robert, D.T. Odom, Z. Bar-Joseph, et al. Transcriptional regulatory networks in *Saccharomyces cerevisiae*. *Science*, 298(5594):799–804, 2002.

[LST09]   P. Lambrix, L. Strömbäck, and H. Tan. Information integration in bioinformatics with ontologies and standards. In F. Bry and J. Maluszynski, editors, *Semantic Techniques for the Web*, volume 5500 of *LNCS*, page 343–376. Springer, Berlin, 2009.

[LTS⁺05]   Y. Lee, J. Tsai, S. Sunkara, S. Karamycheva, G. Pertea, R. Sultana, V. Antonescu, A. Chan, F. Cheung, and J. Quackenbush. The TIGR Gene Indices: clustering and assembling EST and known genes and integration with eukaryotic genomes. *Nucleic Acid Res.*, 33(Database Issue):D71–D74, 2005.

[LZLP06]   D.-Y. Lee, R. Zimmer, S.-Y. Lee, and S. Park. Colored Petri net modeling and simulation of signal transduction pathways. *Metab. Eng.*, 8(2):112–122, 2006.

[Ma'09]   A. Ma'ayan. Insights into the organization of biochemical regulatory networks using graph theory analyses. *J. Biol. Chem.*, 284(9):5451–5455, 2009.

[Mat08]   B. Mathiak. *Using Layout Data for the Analysis of Scientific Literature*. Reihe Informatik. Sierke Verlag, Göttingen, 2008. Dissertation, TU Braunschweig.

[May81]   E.W. Mayr. An algorithm for the general petri net reachability problem. In *STOC*, pages 238–246, New York, NY, USA, 1981. ACM.

[MBD04]   E.T. Munoz, L.D. Bogarad, and M.W. Deem. Microarray and EST database estimates of mRNA expression levels differ: the protein length versus expression curve for *C. elegans*. *BMC Genomics*, 5(1):30, 2004. http://www.biomedcentral.com/1471-2164/5/30.

[MBW+07]   F.M. McCarthy, S.M. Bridges, N. Wang, G.B. Magee, W.P. Williams, D.S. Luthe, and S.C. Burgess. AgBase: a unified resource for functional analysis in agriculture. *Nucleic Acid Res.*, 35(Database Issue):D599–D603, 2007.

[MCH+09]   B. Motik, B.C. Grau, I. Horrocks, Z. Wu, A. Fokoue, and C. Lutz. OWL 2 Web Ontology Language – Profiles. W3C Recommendation 27 October, 2009, http://www.w3.org/TR/2009/REC-owl2-profiles-20091027/, 2009.

[ME04]   Brigitte Mathiak and Silke Eckstein. Five steps to text mining in biomedical literature. In T. Scheffer, editor, *In PKDD/ECML 2004 Proceedings of the 15th European Conference on Machine Learning and the 8th European Conference on Principles and Practice of Knowledge Discovery in Databases, Workshop on "Data Mining and Text Mining for Bioinformatics", Pisa*, pages 47–50. 2004.

[Mes00]   José Meseguer. Rewriting logic and Maude: a Wide-Spectrum Semantic Framework for Object-Based Distributed Systems. In Scott F. Smith and Carolyn L. Talcott, editors, *Proceedings of the 4th International Conference on Formal Methods for Open Object-Based Distributed Systems (FMOODS), Stanford, California*, volume 177, pages 89–117, Amsterdam, 2000. Kluwer.

[MFL06]   H. Müller, J.-C. Freytag, and U. Leser. Describing differences between databases. In *CIKM '06: Proceedings of the 15th ACM International Conference on Information and Knowledge Management*, pages 612–621. ACM, New York, NY, 2006.

[MFS09]   Elisabetta De Maria, François Fages, and Sylvain Soliman. On Coupling models using model-checking: Effects of Irinotecan Injections on the Mammalian Cell Cycle. In P. Degano and R. Gorrieri, editors, *7th International Conference on Computational Methods in Systems Biology (CMSB 2009)*, volume 5688 of *LNCS*, pages 142–157, Berlin, Heidelberg, 2009. Springer.

[MGC04]   MGC Project Team. The status, quality, and expansion of the NIH full-length cDNA project: the Mammalian Gene Collection (MGC). *Genome Res.*, 14(10b):2121–2127, 2004.

[Mil67]   S. Milgram. The small world problem. *Psychology Today*, pages 60–67, Mai 1967.

[Mil99]   R. Milner. *Communicating and Mobile Systems. Pi-calculus*. Cambridge University Press, Cambridge, 1999.

[MJN+05]   A. Ma'ayan, S.L. Jenkins, S. Neves, A. Hasseldine, E. Grace et al. Formation of regulatory patterns during signal propagation in a mammalian cellular network. *Science*, 309(5737):1078–1083, 2005.

[MJRS+09]   M. Mesiti, E. Jiménez-Ruiz, I. Sanz, R. Berlanga-Llavori, P. Perlasca, G. Valentini, and D. Manset. XML-based approaches for the integration of heterogeneous biomolecular data. *BMC Bioinformatics*, 10(Suppl 12):7, 2009.

[MKB+07]   Brigitte Mathiak, Andreas Kupfer, Carolina R. Bartulos, Tatjana Scope, Johann Weiland, and Silke Eckstein. Discovering Gene Expression Data from the Tables of Full Text Publications. In *Workshops Proceedings of the 7th IEEE International Conference on Data Mining (ICDM 2007), October 28–31, 2007, Omaha, Nebraska, USA*, pages 113–118, U.S., 2007. IEEE Computer Society.

[MKE09]   Brigitte Mathiak, Andreas Kupfer, and Silke Eckstein. Using Layout Data for the Analysis of Scientific Literature. In D.A. Zighed, S. Tsumoto, Z.W. Ras, and H. Hacid, editors, *Mining Complex Data*, volume 165 of *Studies in Computational Intelligence*, pages 3–22. Springer, Berlin, Heidelberg, 2009.

[MKM+05]   Brigitte Mathiak, Andreas Kupfer, Richard Münch, Claudia Täubner, and Silke Eckstein. Mining pdf documents for pictures. In B. Berendt and A. Hotho et al., editors, *Proc. European Web Mining Forum (EWMF 2005) (ECML/PKDD 2005)*, *Porto*, pages 52–63, 2005.

[MKM⁺05a] B. Mathiak, A. Kupfer, R. Münch, C. Täubner, and S. Eckstein. CaptionSearch: mining images from publications. In *Proceedings of the 1st International Workshop on Mining Complex Data (MCD'05) in Conjunction with ICDM'05*, pages 61–64. Houston, TX, 2005.

[MKM⁺05b] B. Mathiak, A. Kupfer, R. Münch, C. Täubner, and S. Eckstein. Analysing layout information: searching pdf documents for pictures. In M. Bauer, B. Brandherm, J. Fürnkranz, G. Grieser, A. Hotho, A. Jedlitschka, and A. Kröner, editors, *Lernen, Wissensentdeckung und Adaptivität (LWA) 2005, GI Workshops, Saarbrücken*, pages 190–195. DFKI, 2005.

[MKM⁺05c] B. Mathiak, A. Kupfer, R. Münch, C. Täubner, and S. Eckstein. Mining pdf documents for pictures. In B. Berendt and A. Hotho et al., editors, *Proceedings of European Web Mining Forum (EWMF 2005) (ECML/PKDD 2005), Porto*, pages 52–63. 2005.

[MKM⁺06] B. Mathiak, A. Kupfer, R. Münch, C. Täubner, and S. Eckstein. Improving literature preselection by searching for images. In E.G. Bremer, J. Hakenberg, E.H. Han, D.P. Berrar, and W. Dubitzky, editors, *Proceedings of the International Workshop on Knowledge Discovery in Life Science Literature (KDLL 2006) at PAKDD 2006*, volume 3886 of *Lecture Notes in Computer Science*, pages 18–28, Berlin, Heidelberg, 2006. Springer.

[MKS⁺06] B. Mathiak, A. Kupfer, T. Scope, B. Störmann, and S. Eckstein. Using image classification for biomedical literature retrieval. In *Workshops Proceedings of the 6th IEEE International Conference on Data Mining (ICDM 2006), 18–22 December 2006, Hong Kong, China*, pages 185–189, U.S., 2006. IEEE Computer Society.

[MLM06] H. Matsuno, C. Li, and S. Miyano. Petri net based descriptions for systematic understanding of biological pathways. *IEICE Trans. Fundam. Electron. Commun. Comput. Sci.*, E89-A(11):3166–3174, 2006.

[MM04] S. Miyano and H. Matsuno. How to Model and Simulate Biological Pathways with Petri Nets – A New Challenge for Systems Biology, 2004.

[MM04a] F. Manola and E. Miller. RDF Primer. W3C Recommendation 10 February, 2004, http://www.w3.org/TR/2004/REC-rdf-primer-20040210/, 2004.

[MM04b] S. Miyano and H. Matsuno. How to Model and Simulate Biological Pathways with Petri Nets-A New Challenge for Systems Biology, Biopathway Analysis Center, Faculty of Science, Yamaguchi University, Japan, http://genome.ib.sci.yamaguchi-u.ac.jp/~gon/presentation/ICATPN2004.pdf, 2004.

[MSDG08] EBI-EMBL Macromolecular Structure Database Group. The MSD Search Database. http://www.ebi.ac.uk/msd-srv/docs/dbdoc/refaindex.html, September 2008.

[MSS⁺01] A. Maedche, S. Staab, N. Stojanovic, R. Studer, and Y. Sure. SEAL – a framework for developing SEmantic Web PortALs. In B.J. Read, editor, *BNCOD*, volume 2097 of *LNCS*, pages 1–22, Berlin, Heidelberg, 2001. Springer.

[Mun00] K. Munk, editor. *Grundstudium Biologie – Biochemie, Zellbiologie, Ökologie, Evolution*. Spektrum Akademischer Verlag, Berlin, Heidelberg, 2000.

[MvH04] OWL Web Ontology Language, Overview. http://www.w3.org/TR/2004/REC-owl-features-20040210/, 2004.

[MZ03] H. Ma and A.-P. Zeng. Reconstruction of metabolic networks from genome data and analysis of their global structure for various organisms. *Bioinformatics*, 19(2):270–277, 2003.

[MZYZ04] H.-W. Ma, X.-M. Zhao, Y.-J. Yuan, and A.-P. Zeng. Decomposition of metabolic network into functional modules based on the global connectivity structure of reaction graph. *Bioinformatics*, 20(12):1870–1876, 2004.

[NDMM04a] M. Nagasaki, A. Doi, H. Matsuno, and S. Miyano. Integrating biopathway databases for large-scale modeling and simulation. In *APBC '04: Proceedings of the 2nd Conference on Asia-Pacific bioinformatics*, pages 43–52, Darlinghurst, Australia, Australia, 2004. Australian Computer Society, Inc.

[NDMM04b] M. Nagasaki, A. Doi, H. Matsuno, and S. Miyano. A versatile petri net based architecture for modeling and simulation of complex biological processes. *Genome Inform*, 15(1):180–197, 2004.

[NDMM05] M. Nagasaki, A. Doi, H. Matsuno, and S. Miyano. Petri Net Based Description and Modeling of Biological Pathways. *Algebraic Biology – Computer Algebra in Biology*, pages 19–31, 2005.

[Nel07] M. Nelson. Biological Database Design, Lecture Slides. http://www.32geeks.com/classes/biodb_design_2007/, 2007.

[Nom08] Nomenclature Committee of the International Union of Biochemistry and Molecular Biology (NC-IUBMB). Enzyme Nomenclature. Recommendations of the Nomenclature Committee of the International Union of Biochemistry and Molecular Biology on the Nomenclature and Classification of Enzymes by the Reactions they Catalyse. http://www.chem.qmul.ac.uk/iubmb/enzyme/, Sept. 2008.

[NSD$^+$09] M. Nagasaki, A. Saito, A. Doi, H. Matsuno, and S. Miyano. *Foundations of Systems Biology: Using Cell Illustrator and Pathway Databases*. Springer Publishing Company, Incorporated, London, 2009.

[NSJ$^+$10] M. Nagasaki, A. Saito, E. Jeong, C. Li, K. Kojima, E. Ikeda, and S. Miyano. Cell Illustrator 4.0: a computational platform for systems biology. *In Silico Biol.*, 10(0002), 2010.

[NSL$^+$08] M. Nagasaki, A. Saito, C. Li, E. Jeong, and S. Miyano. Systematic reconstruction of transpath data into cell system markup language. *BMC Syst. Biol.*, 2(1):53, 2008.

[OK06] K. Oda and H. Kitano. A comprehensive map of the toll-like receptor signaling network. *Mol. Syst. Biol.*, 2(0015), 2006.

[OSK$^+$07] S. Orchard, L. Salwinski, S. Kerrien, L. Montecchi-Palazzi, M. Oesterheld, V. Stümpflen, A. Ceol, A. Chatr-aryamontri, J. Armstrong, P. Woollard, et al. The minimum information required for reporting a molecular interaction experiment (MIMIx). *Nat. Biotechnol.*, 25(8):894–898, August 2007.

[ÖV99] M.T. Özsu and P. Valduriez. *Principles of Distributed Database Systems*. Prentice Hall, Upper Saddle River, NJ, USA, 1999.

[Pal06] B.Ø. Palsson. *Systems Biology: Properties of Reconstructed Networks*. Cambridge University Press, Cambridge, 2006.

[PB08] F.J. Planes and J.E. Beasley. A critical examination of stoichiometric and path-finding approaches to metabolic pathways. *Brief. Bioinform.*, 9(5):422–436, 2008.

[PCC06] A. Phillips, L. Cardelli, and G. Castagna. A graphical representation for biological processes in the stochastic pi-calculus. In C. Priami, A. Ingólfsdóttir, B. Mishra, and H. Riis Nielson, editors, *Transactions in Computational Systems Biology*, volume of 4230 *LNCS*, pages 123–152. Springer, 2006.

[PdLC05] C.P. de Laborda and S. Conrad. Relational.OWL – A Data and Schema Representation Format Based on OWL. In S. Hartmann and M. Stumptner, editors, *APCCM*, volume 43 of *CRPIT*, pages 89–96, Sydney, 2005. Australian Computer Society.

[Pet62] C.A. Petri. *Kommunikation mit Automaten*. PhD thesis, Institut für Instrumentelle Mathematik, Schriften des IIM Nr. 2, 1962, Second Edition:, New York: Griffiss Air Force Base, Technical Report RADC-TR-65–377, Vol. 1, 1966, Pages: Suppl. 1, English translation, Bonn, 1962.

[Pet76] C.A. Petri. Interpretations of Net Theory. St. Augustin: Gesellschaft für Mathematik und Datenverarbeitung Bonn, Interner Bericht ISF-75–07, 2. edition, 1976.

[PHJ04] M. Pellegrini, D. Haynor, and J.M. Johnson. Protein interaction networks. *Expert Rev. Proteomics*, 1(2):239–249, 2004.

[PHPS05] J.A. Papin, T. Hunter, B.O. Palsson, and S. Subramaniam. Reconstruction of cellular signalling networks and analysis of their properties. *Nat. Rev. Mol. Cell Biol.*, 6:99–111, February 2005.

[PKS+07]   H. Parkinson, M. Kapushesky, M. Shojatalab, N. Abeygunawardena, R. Coulson, A. Farne, E. Holloway, N. Kolesnykov, P. Lilja, M. Lukk, R. Mani, T. Rayner, A. Sharma, E. William, U. Sarkans, and A. Brazma. ArrayExpress—a public database of microarray experiments and gene expression profiles. *Nucleic Acid Res.*, 35(Database Issue):D747–D750, 2007.

[Pot08]   A.P. Potapov. Signal transduction and gene regulation networks. In B.H. Junker, F. Schreiber [JS08], pages 183–206, Chapter 8.

[PR08]   C.A. Petri and W. Reisig. Petri net. *Scholarpedia*, 3(4):6477, 2008.

[PRA05]   M. Peleg, D. Rubin, and R.B. Altman. Using Petri net tools to study properties and dynamics of biological systems. *J. Am. Med. Inform. Assoc.*, 12(2):181–199, 2005.

[Pri95]   C. Priami. The stochastic π-calculus. *Compu. J.*, 38(7):578–589, 1995.

[Pri09]   C. Priami. Algorithmic systems biology. *Commun. ACM*, 52(5):80–88, 2009.

[PRMGR+06]   D. Pérez-Rey, V. Maojo, M. García-Remesal, R. Alonso-Calvo, H. Billhardt, F. Martin-Sánchez, and A. Sousa. ONTOFUSION: ontology-based integration of genomic and clinical databases. *Comput. Biol. Med.*, 36:712–730, 2006.

[PSP+04]   J.A. Papin, J. Stelling, N.D. Price, S. Klamt, S. Schuster, and B.O. Palsson. Comparison of network-based pathway analysis methods. *Trends Biotechnol.*, 22(8):400–405, 2004.

[PW08]   L. Priese and H. Wimmel. *Petri-Netze*. Springer, 2. edition, 2008.

[RAB+08]   A. Rogers, I. Antoshechkin, T. Bieri, D. Blasiar, C. Bastiani, P. Canaran, et al. WormBase 2007. *Nucleic Acid Res.*, 36(Database Issue):D612–D617, 2008.

[RAB+09]   A. Rostin, O. Albrecht, J. Bauckmann, F. Naumann, and U. Leser. A machine learning approach to foreign key discovery. In *Proceedings of the 12th International Workshop on the Web and Databases (WebDB), Providence, RI*, 2009.

[RC09]   K. Raman and N. Chandra. Flux balance analysis of biological systems: applications and challenges. *Brief. Bioinform.*, 10(4):435–449, 2009.

[RCC+04]   F. Radicchi, C. Castellano, F. Cecconi, V. Loreto, and D. Parisi. Defining and identifying communities in networks. *Proc. Nat. Acad. Sci. U.S.A.*, 101(9):2658–2663, 2004.

[RLM96]   V.N. Reddy, M.N. Liebman, and M.L. Mavrovouniotis. Qualitative analysis of biochemical reaction systems. *Comput. Biol. Med.*, 26(1):9–24, 1996.

[RMH10]   C. Rohr, W. Marwan, and M. Heiner. Snoopy–a unifying Petri net framework to investigate biomolecular networks. *Bioinformatics*, 26(7):974–975, 2010.

[RML93]   V.N. Reddy, M.L. Mavrovouniotis, and M.N. Liebman. Petri net representation in metabolic pathways. In *Proceedings of International Conference on Intelligent Systems for Molecular Biology. (ISMB)*, pages 328–336, 1993.

[RMSB09]   O. Ruebenacker, I.I. Moraru, J.C. Schaff, and M.L. Blinov. Integrating BioPAX pathway knowledge with SBML models. *Syst. Biol., IET*, 3(5):317–328, September 2009.

[RMT+08]   D. Ruths, M. Muller, J.-T. Tseng, L. Nakhleh, and P.T. Ram. The signaling Petri net-based simulator: a non-parametric strategy for characterizing the dynamics of cell-specific signaling networks. *PLoS Comput. Biol.*, 4(2):e1000005, February 2008.

[RPS+04]   A. Regev, E.M. Panina, W. Silverman, L. Cardelli, and E. Shapiro. Bioambients: an abstraction for biological compartments. *Theor. Comput. Sci.*, 325(1):141–167, 2004.

[RS04]   A. Regev and E. Shapiro. The pi-calculus as an abstraction for biomolecular systems. In G. Ciobanu and G. Rozenberg, editors, *Model. Mol. Biol.*, pages 219–266. Springer, Berlin, 2004.

[RSM+02]   E. Ravasz, A. Somera, D.A. Mongru, Z.N. Oltvai, and A.L. Barabási. Hierarchical organization of modularity in metabolic networks. *Science*, 297:1551–1555, 2002.

[RSM+08] M. Rosa da Silva, J. Sun, H. Ma, F. He, and A.-P. Zeng. Metabolic networks. In B.H. Junker, F. Schreiber [JS08], pages 233–253, Chapter 10.

[RSS01] A. Regev, W. Silverman, and E. Shapiro. Representation and simulation of biochemical processes using the pi- calculus process algebra. In R.B. Altman, A.K. Dunker, L. Hunter, and T.E. Klein, editors, *Pacific Symposium on Biocomputing*, volume 6, pages 459–470. World Scientific Press, Singapore, 2001.

[SAR+07] B. Smith, M. Ashburner, C. Rosse, C. Bard, W. Bug, W. Ceusters, L.J. Goldberg, K. Eilbeck, A. Ireland, C.J. Mungall, The OBI Consortium, N. Leontis, P. Rocca-Serra, A. Ruttenberg, S.-A. Sansone, R.H. Scheuermann, N. Shah, P.L. Whetzel, and S. Lewis. The OBO Foundry: coordinated evolution of ontologies to support biomedical data integration. *Nat. Biotechnol.*, 25:1251–1255, 2007.

[SBB+10] E.W. Sayers, T. Barrett, D.A. Benson, E. Bolton, S.H. Bryant, et al. Database resources of the National Center for Biotechnology Information. *Nucleic Acid Res.*, 38(Database issue):D5–D16, 2010.

[SBF98] R. Studer, V.R. Benjamins, and D. Fensel. Knowledge engineering: Principles and methods. *Data Knowl. Eng.*, 25(1–2):161–197, 1998.

[Sch98] A. Schrijver. *Theory of Linear and Integer Programming*. Wiley, New York, NY, 1998.

[Sch08] H. Schwöbbermeyer. Network motifs. In B.H. Junker, F. Schreiber [JS08], pages 85–111, Chapter 5.

[SCK+05] B. Smith, W. Ceusters, B. Klagges, J. Kohler, A. Kumar, J. Lomax, C. Mungall, F. Neuhaus, A. Rector, and C. Rosse. Relations in biomedical ontologies. *Genome Biol.*, 6(5):R46, 2005.

[SDKZ02] I. Shmulevich, E.R. Dougherty, S. Kim, and W. Zhang. Probabilistic Boolean networks: a rule-based uncertainty model for gene regulatory networks . *Bioinformatics*, 18(2):261–274, 2002.

[SEJGM02] B. Schoeberl, C. Eichler-Jonsson, E.D. Gilles, and G. Müller. Computational modeling of the dynamics of the MAP kinase cascade activated by surface and internalized EGF receptors. *Nat. Biotechnol.*, 20:370–375, 2002.

[SFB+08] A. Sadot, J. Fisher, D. Barak, Y. Admanit, M.J. Stern, E.J.A. Hubbard, and D. Harel. Towards verified biological models. *IEEE/ACM Trans. Comput. Biol. Bioinform.*, 5(2):223–234, 2008.

[SH94] S. Schuster and C. Hilgetag. On elementary flux modes in biochemical reaction systems at steady state. *J. Biol. Syst. (JBS)*, 2(2):165–182, 1994.

[SHK06] A. Sackmann, M. Heiner, and I. Koch. Application of Petri net based analysis techniques to signal transduction pathways. *BMC Bioinformatics*, 7(482), 2006.

[SHL07] L. Strömbäck, D. Hall, and P. Lambrix. A review of standards for data exchange within systems biology. *Proteomics*, 7(6):857–867, 2007.

[SJW06] H. Schmidt, M. Jirstrand, and O. Wolkenhauer. Information technology in systems biology (informationstechnologien in der systembiologie). *IT – Information Technol.*, 48(3):133–139, 2006.

[SL09] R. Stevens and P. Lord. Applications of ontologies in bioinformatics. In S. Staab and R. Studer, editors, *Handbook on Ontologies*, pages 735–756. Springer, Berlin, Heidelberg, 2. edition, 2009.

[SLC+05] S.H. Sheu, D.R. Jr. Lancia, K.H. Clodfelter, M.R. Landon, and S. Vajda. PRECISE: a database of predicted and consensus interaction sites in enzymes. *Nucleic Acid Res.*, 33(Database Issue):D206–D211, 2005.

[SLP00] C.H. Schilling, D. Letscher, and B.Ø. Palsson. Theory for the systemic definition of metabolic pathways and their use in interpreting metabolic function from a pathway-oriented perspective. *J. Theor. Biol.*, 203(3):229–248, 2000.

[SMGS+08] B. Squires, C. Macken, A. Garcia-Sastre, S. Godbole, J. Noronha, V. Hunt, R. Chang, C.N. Larsen, E. Klem, K. Biersack, and R.H. Scheuermann. BioHealthBase: informatics support in the elucidation of influenza virus host–pathogen interactions and virulence. *Nucleic Acid Res.*, 36(Database issue):D497–D503, 2008.

[SMS+04] L. Salwinski, C.S. Miller, A.J. Smith, F.K. Pettit, J.U. Bowie, and D. Eisenberg. The database of interacting proteins: 2004 update. *Nucleic Acid Res.*, 32(Database Issue):D449–D451, 2004.

[SN10] Y.-J. Shin and M. Nourani. Statecharts for gene network modeling. *PLoS ONE*, 5(2):e9376, February 2010.

[SOMMA02] S.S. Shen-Orr, R. Milo, S. Mangan, and U. Alon. Network motifs in the transcriptional regulation network of *Escherichia coli*. *Nat. Genet.*, 31:64–68, 2002.

[SOO+08] H. Sugawara, O. Ogasawara, K. Okubo, T. Gojobori, and Y. Tateno. DDBJ with new system and face. *Nucleic Acid Res.*, 36 Database Issue:D22–D24, 2008.

[SRES+09] J. Saez-Rodriguez, J. Epperlein, R. Samaga, D.A. Lauffenburger, S. Klamt, and P.K. Sorger. Discrete logic modelling as a means to link protein signalling networks with functional analysis of mammalian signal transduction. *Mol. Syst. Biol.*, 5(331), 2009.

[SRSL+07] J. Saez-Rodriguez, L. Simeoni, J.A. Lindquist, R. Hemenway, U. Bommhardt, B. Arndt, U.-U. Haus, R. Weismantel, E.D. Gilles, S. Klamt, and B. Schraven. A logical model provides insights into t cell receptor signaling. *PLoS Comput. Biol.*, 3:e163, August 2007.

[SS09] S. Staab and R. Studer. *Handbook on Ontologies*. Springer, Berlin, Heidelberg, 2009.

[SSP+09] J. Supper, L. Spangenberg, H. Planatscher, A. Dräger, A. Schröder, and A. Zell. BowTieBuilder: modeling signal transduction pathways. *BMC Syst. Biol.*, 3(67), 2009.

[SSPH99] C.H. Schilling, S. Schuster, B.O. Palsson, and R. Heinrich. Metabolic pathway analysis: basic concepts and scientific applications in the post-genomic era. *Biotechnol. Prog.*, 15(3):296–303, 1999.

[Ste10] J.-H. Steinle. SBML, CSML und CellML – Vergleich der Datenaustauschsprachen am Beispiel eines Stoffwechselweges. Studienarbeit, TU Braunschweig, Juni 2010.

[SZL08] R. Steuer and G.Z. L'opez. Global network properties. In B.H. Junker and F. Schreiber [JS08], pages 31–63, Chapter 3.

[Tal08] C. Talcott. Pathway logic. In *Formal Methods for Computational Systems Biology*, volume 5016 of *LNCS*, pages 21–53. Springer, Berlin, Heidelberg, 2008. Springer.

[TD06] C. Talcott and D.L. Dill. Multiple representations of biological processes. In *Transactions on Computational Systems Biology VI*, volume 4220 of *LNCS*, pages 221–245. Springer, Berlin, Berlin 2006.

[TE07] C. Täubner and S. Eckstein. Signal transduction pathways as concurrent reactive systems – a modeling and simulation approach using LSCs and the play-engine. In Nicola Cannata and Emanuela Merelli, editors, *From Biology To Concurrency and back. Satellite Workshop of Concur, Lisbon, Portugal 2007*, COmplex SYstem Research Group, University of Camerino, Italy, 2007.

[TE08a] C. Täubner and S. Eckstein. Signal transduction pathways as concurrent reactive systems: a modeling and simulation approach using LSCs and the play-engine. *Electron. Notes Theor. Comput. Sci.*, 194(3):149–164, 2008.

[TE08b] C. Täubner and S. Eckstein. Modellierung und Simulation biologischer Prozesse mit diskreten Modellierungssprachen: ein MDE-Ansatz. In *Modellierung 2008*, pages 149–164. Springer, Berlin, 2008.

[TME07] C. Täubner, B. Mathiak, and S. Eckstein. Modeling and management of signal transduction pathways with life sequence charts. In *ICDM Workshop on Mining and Management of Biological Data*, pages 119–126. Omaha, NE, 2007. IEEE Computer Society.

[TMK+06] C. Täubner, B. Mathiak, A. Kupfer, N. Fleischer, and S. Eckstein. Modelling and Simulation of the TLR4 Pathway with Coloured Petri Nets. In A.P. Dhawan, F.A. Laine, M. Akay, and K.H. Chon, editors, *Proceedings of the 28th Annual International Conference of IEEE Engineering in Medicine and Biology Society*, page 221. IEEE, New York, NY, 2006.

[TRM+05] S. Trißl, K. Rother, H. Müller, T. Steinke, I. Koch, R. Preissner, C. Frömmel, and U. Leser. Columba: an integrated database of proteins, structures, and annotations. *BMC Bioinformatics*, 6, 2005.

[Täu08] C. Täubner. *Modellierung und Simulation von Signaltransduktionswegen - Anwendung von diskreten Modellierungssprachen in der Systembiologie*. Reihe Informatik. Sierke Verlag, Göttingen, 2008. Dissertation, TU Braunschweig.

[UDZ05] A.M. Uhrmacher, D. Degenring, and B. Zeigler. Discrete Event Multi-level Models for Systems Biology. In *Transactions on Computational Systems Biology*, volume 3380 of *LNBI*, pages 66–89. Springer, 2005.

[Uni08] The UniProt Consortium. The Universal Protein Resource (UniProt). *Nucleic Acid Res.*, 36(Database issue):D190–D195, 2008.

[Val78] R. Valk. Self-modifying nets, a natural extension of petri nets. In G. Ausiello and C. Böhm, editors, *ICALP*, volume 62 of *LNCS*, pages 464–476, Berlin, Heidelberg, 1978. Springer.

[VAM+01] J.C. Venter, M.D. Adams, E.W. Myers, P.W. Li, R.J. Mural, et al. The sequence of the human genome. *Science*, 291(5507):1304–1351, 2001.

[VDS+07] I. Vastrik, P. D'Eustachio, E. Schmidt, G. Joshi-Tope, G. Gopinath, et al. Reactome: a knowledge base of biologic pathways and processes. *Genome Biol.*, 8:R39, 2007. PMID: 17367534.

[VHK03] K. Voss, M. Heiner, and I. Koch. Staedy state analysis of metabolic pathways using Petri nets . *In Silico Biol.*, 3(0031), 2003.

[vKS06] A. von Kamp and S. Schuster. Metatool 5.0: fast and flexible elementary modes analysis. *Bioinformatics*, 22(15):1930–1931, 2006.

[VMMR+05] S. Velankar, P. McNeil, V. Mittard-Runte, A. Suarez, D. Barrell, R. Apweiler, and K. Henrick. E-MSD: an integrated data resource for bioinformatics. *Nucleic Acid Res.*, 33(Database Issue):D262–D265, 2005.

[Wai09] G.A. Wainer. *Discrete-Event Modeling and Simulation: A Practitioner's Approach*. CRC Press, Inc., Boca Raton, FL, 2009.

[WBB+07] D.L. Wheeler, T. Barrett, D.A. Benson, S.H. Bryant, K. Canese, et al. Database resources of the National Center for Biotechnology Information. *Nucleic Acid Res.*, 35(Database Issue):D5–D12, 2007.

[WC53a] J.D. Watson and F.H.C. Crick. Molecular structure of nucleic acids: a structure for deoxyribose nucleic acid. *Nature*, 171:737–738, April 1953.

[WC53b] J.D. Watson and F.H.C. Crick. Genetical implications of the structure of deoxyribonucleic acid. *Nature*, 171:964–967, May 1953.

[WCE+04] D.L. Wheeler, D.M. Church, R. Edgar, S. Federhen, W. Helmberg, T.L. Madden, J.U. Pontius, G.D. Schuler, L.M. Schriml, E. Sequeira, T.O. Suzek, T.A. Tatusova, and L. Wagner. Database resources of the National Center for Biotechnology Information: update. *Nucleic Acid Res.*, 32(Database Issue):D35–D40, 2004.

[WCH+07] E. Wingender, T. Crass, J.D. Hogan, A.E. Kel, O.V. Kel-Margoulis, and A.P. Potapov. Integrative content-driven concepts for bioinformatics "beyond the cell". *J. Biosci.*, 32(1):169–180, 2007.

[WCP+09] D. Wang, L. Cardelli, A. Phillips, N. Piterman, and J. Fisher. Computational modeling of the egfr network elucidates control mechanisms regulating signal dynamics. *BMC Syst. Biol.*, 3(1):118, 2009.

[WDYH07] C. Wang, C. Ding, Q. Yang, and S. Holbrook. Consistent dissection of the protein interaction network by combining global and local metrics. *Genome Biol.*, 8(12):R271, 2007.

[WHL$^+$09]   S.M. Wimalaratne, M.D.B. Halstead, C.M. Lloyd, M.T. Cooling, E.J. Crampin, and P.F. Nielsen. Facilitating modularity and reuse: guidelines for structuring CellML 1.1 models by isolating common biophysical concepts. *Exp. Physiol.*, 94(5):472–485, 2009.

[Win08]   E. Wingender. The TRANSFAC project as an example of framework technology that supports the analysis of genomic regulation Edgar Wingender . *Brief. Bioinform.*, 9(4):326–332, 2008. doi:10.1093/bib/bbn016.

[Win10]   E. Wingender. Petri net applications in molecular biology -preface. *In Silico Biol.*, 10(0001), 2010.

[WKG$^+$08]   D.S. Wishart, C. Knox, A.C. Guo, D. Cheng, S. Shrivastava, D. Tzur, B. Gautam, and M. Hassanali. DrugBank: a knowledgebase for drugs, drug actions and drug targets. *Nucleic Acid Res.*, 36(Database issue):D901–D906, 2008.

[WNH$^+$04]   C.H. Wu, A. Nikolskaya, H. Huang, L.S. Yeh, D.A. Natale, et al. PIRSF: family classification system at the Protein Information Resource. *Nucleic Acid Res.*, 32(Database Issue):D112–D114, 2004.

[Wol07]   O. Wolkenhauer. Why Systems Biology is (Not) Called Systems Biology. *BioForum Europe*, pages 38–39, April 2007.

[WRR$^+$09]   M.C. Walter, T. Rattei, R. Arnold, U. Güldener, M. Münsterkötter et al. PEDANT covers all complete RefSeq genomes. *Nucleic Acid Res.*, 37(Database issue):D408–D411, 2009.

[WS98]   D.J. Watts and S.H. Strogatz. Collective dynamics of 'small-world' networks. *Nature*, 393:440–442, June 1998.

[WSM$^+$08]   M. Waters, S. Stasiewicz, B.A. Merrick, K. Tomer, P. Bushel, et al. CEBS—Chemical Effects in Biological Systems: a public data repository integrating study design and toxicity data with microarray and proteomics data. *Nucleic Acid Res.*, 36(Database Issue):D892–D900, 2008.

[WTK$^+$07]   D.S. Wishart, D. Tzur, C. Knox, R. Eisner, A.C. Guo, et al. HMDB: the Human Metabolome Database. *Nucleic Acid Res.*, 35(Database Issue):D521–D526, 2007.

[WZ08]   L. Windhager and R. Zimmer. Intuitive Modeling of Dynamic Systems with Petri Nets and Fuzzy Logic. In *Proc. German Conference on Bioinformatics GCB 2008, September 9–12, 2008, Dresden*, volume P-136 of *LNI*, pages 106–115, Dresden, Germany, 2008. GI.

[YSR$^+$07]   S. Yooseph, G. Sutton, D.B. Rusch, A.L. Halpern, S.J. Williamson, et al. The Sorcerer II global ocean sampling expedition: expanding the universe of protein families. *PLoS Biol.*, 5:e16, 2007.

[ZDFYC07]   P. Zweigenbaum, D. Demner-Fushman, H. Yu, and K.B. Cohen. Frontiers of biomedical text mining: current progress. *Brief. Bioinform.*, 8(5):358–375, 2007.

[Zei84]   B.P. Zeigler. *Multifacetted modelling and discrete event simulation*. Academic Press Professional, Inc., San Diego, CA, 1984.

[ZFD$^+$06]   J. Zhang, L. Feuk, G.E. Duggan, R. Khaja, and S.W. Scherer. Development of bioinformatics resources for display and analysis of copy number and other structural variants in the human genome. *Cytogenet Genome Res.*, 115:205–214, 2006.

[ZLAE02]   E.M. Zdobnov, R. Lopez, R. Apweiler, and T. Etzold. The EBI SRS server–recent developments. *Bioinformatics*, 18(2):368–373, 2002. PMID: 11847095.

[Zol10]   E. Zolin. Complexity of Reasoning in Description Logics. http://www.cs.man.ac.uk/~ezolin/dl/, 2010.

[ZOS03]   I. Zevedei-Oancea and S. Schuster. Topological analysis of metabolic networks based on Petri net theory. *In Silico Biol.*, 3(0029), 2003.

[ZQ05]   Dongxiao Zhu and Zhaohui S. Qin. Structural comparison of metabolic networks in selected single cell organisms. *BMC Bioinformatics*, 6(8), 2005.